"十四五"职业教育国家规划教材

"十三五"职业教育国家规划教材修订版
"十二五"职业教育国家规划教材修订版
普通高等教育"十一五"国家级规划教材修订版
2007年度普通高等教育国家精品教材修订版
机械工业出版社精品教材

自动检测与转换技术

第4版

编 著 梁 森 王侃夫 黄杭美
主 审 倪成凤

机械工业出版社

本书是与高职高专国家级“自动检测技术”精品课程配套的教材，是“十二五”职业教育国家规划教材、2007年度普通高等教育国家精品教材修订版。主要介绍在生产、科研、生活等领域常用传感器及检测技术的工作原理、特性参数、选型、安装使用及调试等方面的知识。对测量技术的基本概念、误差理论、抗干扰技术、电磁兼容及计算机在检测系统中的应用也作了介绍。

本书反映了近年来的新技术和新器件在自动检测领域中的应用，有较多的应用实例。考虑到近年来学生的实际状况，降低了教材的难度。每章均附有较多的启发性的思考题及应用型习题，可供不同专业方向的教师选择。与教材配套的各章PPT、教案、在线练习及部分习题分析等，可在配套的课程网站上下载。

本书可作为高职、高专的电气自动化、机械制造自动化、智能控制、智能制造、机器人、仪表仪器、电机与电器、风电、数控、机电一体化、材料、能源、汽车、轨道交通、物流、农机、计算机、信息、轻工、楼宇、安保、环保、矿业等专业的教材，也可供生产、管理、运行人员及有关工程技术人员参考。

图书在版编目（CIP）数据

自动检测与转换技术/梁森，王侃夫，黄杭美编著. —4版. —北京：机械工业出版社，2019.6（2025.1重印）

“十二五”职业教育国家规划教材修订版 普通高等教育“十一五”国家级规划教材修订版 2007年度普通高等教育国家精品教材修订版

ISBN 978-7-111-62119-5

Ⅰ. ①自… Ⅱ. ①梁… ②王… ③黄… Ⅲ. ①自动检测-高等职业教育-教材②传感器-高等职业教育-教材 Ⅳ. ①TP274②TP212

中国版本图书馆CIP数据核字（2019）第037087号

机械工业出版社（北京市百万庄大街22号 邮政编码100037）

策划编辑：于 宁 责任编辑：于 宁

责任校对：陈 越 封面设计：鞠 杨

责任印制：邓 博

唐山三艺印务有限公司印刷

2025年1月第4版第24次印刷

184mm×260mm · 17.75印张 · 434千字

标准书号：ISBN 978-7-111-62119-5

定价：49.80元

电话服务

客服电话：010-88361066

010-88379833

010-68326294

网络服务

机 工 官 网：www.cmpbook.com

机 工 官 博：weibo.com/cmp1952

金 书 网：www.golden-book.com

机工教育服务网：www.cmpedu.com

关于“十四五”职业教育
国家规划教材的出版说明

为贯彻落实《中共中央关于认真学习宣传贯彻党的二十大精神的决定》《习近平新时代中国特色社会主义思想进课程教材指南》《职业院校教材管理办法》等文件精神，机械工业出版社与教材编写团队一道，认真执行思政内容进教材、进课堂、进头脑要求，尊重教育规律，遵循学科特点，对教材内容进行了更新，着力落实以下要求：

1. 提升教材铸魂育人功能，培育、践行社会主义核心价值观，教育引导学生树立共产主义远大理想和中国特色社会主义共同理想，坚定“四个自信”，厚植爱国主义情怀，把爱国情、强国志、报国行自觉融入建设社会主义现代化强国、实现中华民族伟大复兴的奋斗之中。同时，弘扬中华优秀传统文化，深入开展宪法法治教育。

2. 注重科学思维方法训练和科学伦理教育，培养学生探索未知、追求真理、勇攀科学高峰的责任感和使命感；强化学生工程伦理教育，培养学生精益求精的大国工匠精神，激发学生科技报国的家国情怀和使命担当。加快构建中国特色哲学社会科学学科体系、学术体系、话语体系。帮助学生了解相关专业和行业领域的国家战略、法律法规和相关政策，引导学生深入社会实践、关注现实问题，培育学生经世济民、诚信服务、德法兼修的职业素养。

3. 教育引导学生深刻理解并自觉实践各行业的职业精神、职业规范，增强职业责任感，培养遵纪守法、爱岗敬业、无私奉献、诚实守信、公道办事、开拓创新的职业品格和行为习惯。

在此基础上，及时更新教材知识内容，体现产业发展的新技术、新工艺、新规范、新标准。加强教材数字化建设，丰富配套资源，形成可听、可视、可练、可互动的融媒体教材。

教材建设需要各方的共同努力，也欢迎相关教材使用院校的师生及时反馈意见和建议，我们将认真组织力量进行研究，在后续重印及再版时吸纳改进，不断推动高质量教材出版。

机械工业出版社

前言

本书是根据高职、高专教学基本要求及教育部启动的“高等学校教育质量与教学改革工程”的精神编写的高等职业技术教育机电类专业教材，是普通高等教育“十一五”“十二五”“十三五”职业教育国家规划教材、2007年度普通高等教育国家精品教材修订版。从2005年出版至今，已连续印刷三十多次、十几万册，受到广大读者的好评。随着检测技术的不断进步，有必要在保留第3版特色的基础上，对本书进行修订。

在修订中，作者广泛听取了众多读者的各种建议，考虑到学生的现状和就业岗位的要求，降低了教材的难度，删除了过时及不常用的传感器，压缩了公式推导及烦琐的计算，增加了近年来出现的新型传感器和检测技术，突出了应用。在考虑取材深度和广度时，主要着眼于提高高职、高专学生的应用能力的培养。

为贯彻落实党的二十大精神，加强教材建设，本书在更新传感器与检测技术时，尽量贴近智能网联汽车、大飞机制造、智慧物流检测、水下声呐探测等典型应用场景，同时也把当前我国在环境监测、高端装备等涉及检测技术中“卡脖子”的专项与专利技术介绍给学生，鼓励他们为祖国发展贡献力量。

针对本书以测量原理划分章节带来的不足之处，编写中，对经常遇到的诸如温度、压力、流量、液位、振动等被测量以及无损探伤、接近开关、位置检测、频谱分析等有较大实用价值的内容在相关联的章节中做了集中论述，其中温度测量贯彻了ITS-90新标准。

本书的第一特色是：本书的素材多来源于最近几年的公司网站、国内外专利文献、科技论文等。在编写过程中，作者还先后深入几十家有关厂商和生产车间，了解、收集了较先进的产品技术资料、图片，甚至实地测绘了许多图样。有相当部分应用电路和实例是作者近十年来从事科研开发、技术改造的成果总结，均编入有关章节中，因此具有较高的真实性和可参考性。

本书的第二特色是：有较多的启发性思考题及应用型习题。尽量减少死记硬背的题型，要求学生灵活应用本章学过的知识来解决实际问题。一些习题还具有知识拓展的功能，要求学生利用网络，收集有关资料，拓宽思路，培养学生的学习兴趣，培养学生独立思考和解决实际问题的能力，有利于不同专业方向的学校安排对应的课程设计。本教材的习题题量较大，有利于各校根据各自的专业方向来布置合适的作业。

本书的第三特色是：作者还为本书的出版建立了一个对应的“传感器与检测技术教辅网站”，网址是：http://www.liangsen.net/，以及 http://www.sensor-measurement.net/。

作者将众多参考文献放到上述课程网站上。包含13个章节的电子教案、授课视频、对应的10万字以上专业拓展资料、传感器的现场应用照片、传感器公司的网站链接、多媒体课件、几十个原理动画、上千张实用照片和十几段现场使用录像，部分录像有英文和德文配音；同时还上传了作业分析、辅导。学生在学习各章时，可以上网同步阅读有关章节的资料，了解检测技术的发展历史，了解传感器的选型、安装、调试和使用，加深对课程内容的理解，提高学习本课程的兴趣，培养自主学习和终身学习的习惯。

配套的课程网站还提供了在线练习，有利于读者检验自己的掌握程度。

本书的第四个特色是：在各章节难度较大之处，嵌入了几十个相关的二维码，读者用手机扫一扫，就可以打开对应的传感器原理动画演示、现场应用演示等资料，拓展了读者的知识面，适应学生的手机阅读习惯。

本书的第五个特色是：以培养学生“职业能力”为主线，教材内容包括了培养创新意识的职业素养，使得素质目标与知识目标、技能目标并举。教材融入思政元素，培养学生的绿色环保理念，内容涉及国家新能源、新动力和环保减碳政策。还介绍了新冠疫情防护、检测的传感器原理，培养学生的家国情怀。

本书可作为高职、高专的电气自动化、机械制造自动化、智能控制、智能制造、机器人、仪表仪器、电机与电器、风电、数控、机电一体化、材料、能源、汽车、轨道交通、物流、农机、计算机、信息、轻工、楼宇、安保、环保、矿业等专业的教材，也可供生产、管理、运行人员及有关工程技术人员参考。每章均附有较多的启发性的思考题及应用型习题，可供不同专业方向的教师选择。本书的参考学时为48~60学时。

本书由上海电机学院梁森（绪论、第一、二、三、四、六、八、十、十二章及统稿）、王侃夫（第七、十一、十三章）、杭州职业技术学院黄杭美（第五、九章）编写。

倪成凤研究员担任本书的主审，对书稿进行了认真、负责、全面的审阅。在本书编写过程中，还得到了上海交通大学朱承高、忻建华，上海大学黄正荣、朱铮良，福州大学郑崇苏，上海理工大学孔凡才、谢根涛，湖南科技大学吴新开，福州大学薛昭武，南通大学王士森，山东科技大学武超，南京化工职业技术学院王永红，河南工业职业技术学院王煜东，原上海机电工业学校阮智利，温州职业技术学院徐虎，广西机电职业技术学院秦培林，上海电机学院苏中义、王海群、刘桂英，东北石油大学曹雪，山东外贸职业学院王明霄，烟台南山学院苏凤、上海发电设备成套设计研究院肖伯乐、刘春林，上海电气自动化研究所张玉龙、周宜，上海工业自动化仪表研究所范铠、姜世昌，上海重型机器厂陈克，上海量具刃具厂宋伟强，上海汽轮机厂陈禹明，上海精良电子公司段超，天津图尔克传感器公司李倚天，上海华东电子仪器厂朱美丽、郑学芳，杭州强牛网络科技有限公司何益峥、余维燕，上海轴承滚子厂黄吉平等专家、工程技术人员，以及深圳精星电子公司、上海803研究所、上海硅酸盐研究所、东方振动和噪声技术研究所、中国计量测试学会流量计量专业委员会、上海市计量测试技术研究院、铁道科学研究院、北京声振联合高新技术研究所、容向系统科技有限公司、技成培训、电力专家联盟、中国机器人网、知乎等多家单位的大力支持。他们对本书的修订提出了许多宝贵意见，作者在此一并表示衷心的感谢。

由于传感器技术发展较快，作者水平有限，本书内容难免存在遗漏和不妥之处，敬请读者批评指正。我们热诚希望本书能对从事和学习自动检测技术的广大读者有所帮助，并欢迎您将对本书的意见和建议通过E-mail告诉我们，E-mail地址是liangsen2@126.com，需要电子教案、授课PPT、习题及试卷的教师可与作者联系。

作 者

目录

绪　论

检测（Detection）是利用各种物理、化学效应，选择合适的方法与装置，将生产、科研、生活等各方面的有关信息通过检查与测量的方法赋予定性或定量结果的过程。能够自动地完成整个检测处理过程的技术称为自动检测与转换技术。

在信息社会的一切活动领域中，从日常生活、生产活动到科学实验，时时处处都离不开检测。现代化的检测手段在很大程度上决定了生产、科学技术的发展水平，而科学技术的发展又为检测技术提供了新的理论基础和制造工艺，同时对检测技术提出了更高的要求。

一、检测技术在国民经济中的地位和作用

检测技术是现代化领域中很有发展前途的技术，它在国民经济中起着极其重要的作用。

在机械制造行业中，通过对机床的许多静态、动态参数如工件的加工准确度、切削速度、床身振动等进行在线检测，从而控制加工质量。在化工、电力等行业中，如果不随时对生产工艺过程中的温度、压力、流量等参数进行自动检测，生产过程就无法控制甚至产生危险。在交通领域，一辆现代汽车中的传感器就有几十种之多，分别用以检测车速、方位、负载、振动、油压、油量、温度和燃烧过程等。在国防科研中，检测技术用得更多，许多尖端的检测技术都是因国防工业需要而发展起来的，例如，研究飞机的强度，就要在机身、机翼上贴上几百片应变片并进行动态测量；在导弹、卫星的研制中，检测技术就更为重要，必须对它们的每个构件进行强度和动态特性的测试、运行姿势测量等。近年来，随着家电工业的兴起，检测技术也进入了人们的日常生活中，例如，自动检测并调节房间温度、湿度的空调机；自动检测衣服污度和重量、利用模糊技术的智能洗衣机等。图 0-1 ~ 图 0-3 所示为检测技术在这些领域应用的一些典型示例。

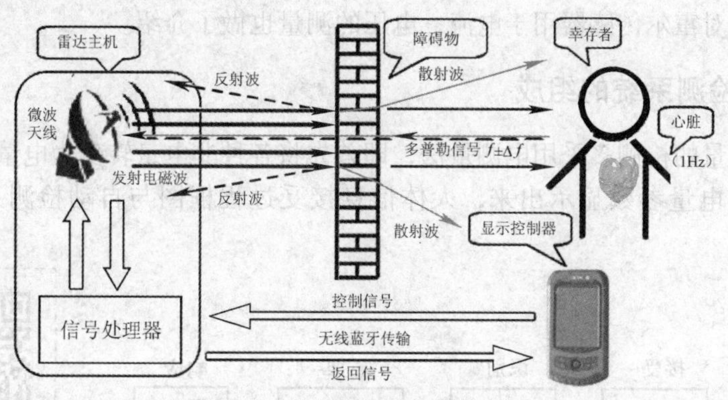

图 0-1　生命探测仪的工作原理

近几十年来，自动控制理论、计算机技术迅速发展，并已应用到生产和生活的各个领域。但是，由于作为“感觉器官”的传感器技术没有与计算机技术协调发展，出现了信息处理功能发达、检测功能不足的局面。目前许多国家已投入大量人力、物力，发展各类新型传感器，检测技术在国民经济中的地位也日益提高。

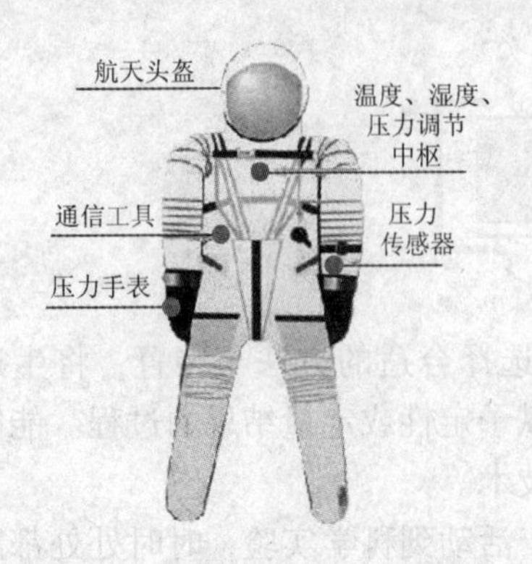

图 0-2 航天服与传感器示意图

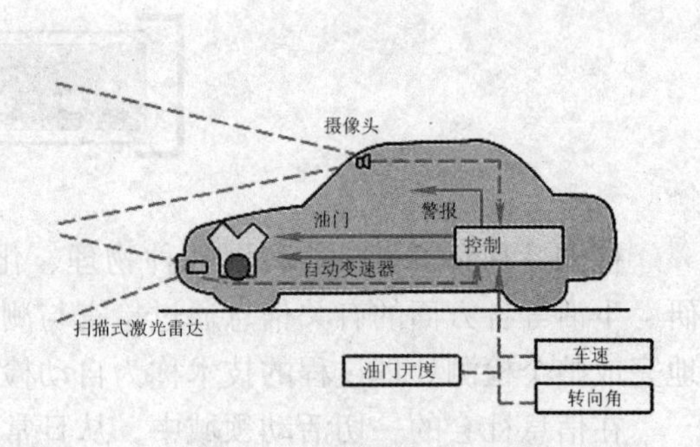

图 0-3 检测技术在车辆碰撞预防系统中的应用

二、工业检测技术的内容

工业检测技术的内容较广泛，常见的工业检测涉及的内容见表 0-1。

表 0-1 工业检测涉及的内容

被测量类型	被测量	被测量类型	被测量
热工量	温度、热量、比热容、热流、热分布、压力（压强）、压差、真空度、流量、流速、物位、液位、界面	物体的性质和成分量	气体、液体、固体的化学成分、浓度、黏度、湿度、密度、酸碱度、浊度、透明度、颜色
机械量	直线位移、角位移、速度、加速度、转速、应力、应变、力矩、振动、噪声、质量（重量）	状态量	工作机械的运动状态（启停等）、生产设备的异常状态（超温、过载、泄漏、变形、磨损、堵塞、断裂等）
几何量	长度、厚度、角度、直径、间距、形状、平行度、同轴度、粗糙度、硬度、材料缺陷	电工量	电压、电流、功率、电阻、阻抗、频率、脉宽、相位、波形、频谱、磁感应强度、电场强度、材料的磁性能

显然，在实际工业生产中，需要检测的量远不止以上所举的项目。而且随着自动化、现代化的发展，工业生产将对检测技术提出越来越多的新要求，本教材主要是向读者介绍非电量的检测技术，对霍尔传感器用于电流、电压的测量也做了介绍。

三、自动检测系统的组成

目前，非电量的检测多采用电测量法，即首先将各种非电量转变为电量，然后经过一系列的处理，将非电量参数显示出来，人体信息接受过程框图与自动检测系统框图比较如图 0-4所示。

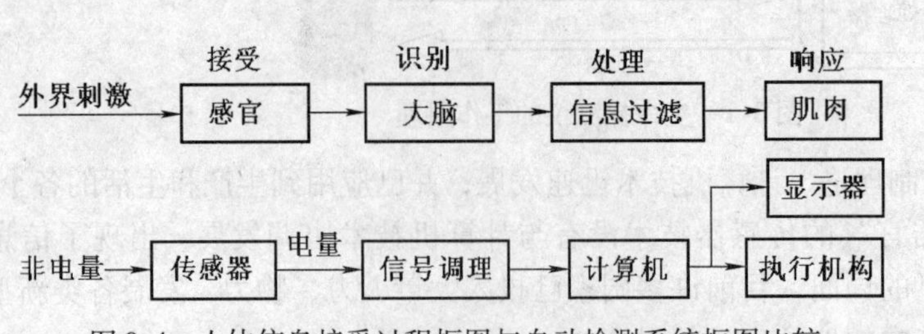

图 0-4 人体信息接受过程框图与自动检测系统框图比较

人的眼睛、大脑、手与自来水开关的闭环控制过程演示

1. 系统框图

系统框图用于表示一个系统各部分和各环节之间的关系，用来描述系统的输入、输出、中间处理等基本功能和执行逻辑过程的概念模式。在产品说明书、科技论文中，能够清晰地表达比较复杂的系统各部分之间的关系及工作原理。

在检测系统中，将各主要功能或电路的名称画在框内，按信号的流程，将几个框用箭头联系起来，有时还可以在箭头上方标出信号的名称。对具体的检测系统或传感器而言，必须将框图中的各项赋予具体的内容。

2. 传感器

传感器（Transducer）在本教材中是指一个能将被测的非电量变换成电量的器件（传感器的确切定义见第一章第三节）。

3. 信号调理电路

信号调理电路也称信号处理电路，包括放大（或衰减）电路、滤波电路、隔离电路等。放大电路的作用是把传感器输出的电量变成具有一定驱动和传输能力的电压、电流或频率信号等，以推动后级的显示器、数据处理装置及执行机构。

能够将非电量（温度）转换成电量（电压）的传感器（热电偶）演示

4. 显示器

目前常用的显示器有以下几种：模拟显示、数字显示、图像显示及记录仪等。模拟量是指连续变化量。模拟显示是利用指针对标尺的相对位置来表示读数的，常见的有毫伏表、微安表和模拟光柱等，如图 0-5 所示。

数字显示目前多采用发光二极管（LED）和液晶显示器（LCD）等，以数字的形式来显示读数。前者亮度高、耐振动、可适应较宽的温度范围；后者耗电少、集成度高，如图 0-6 所示。带背光板的 LCD 能在夜间观看，但耗电有所增加。

a) 指针式模拟电压表

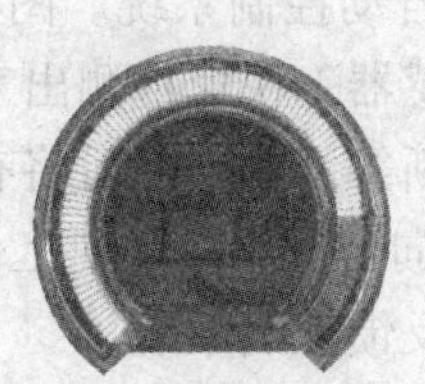

b) 光柱式模拟电压表

图 0-5　模拟电压表

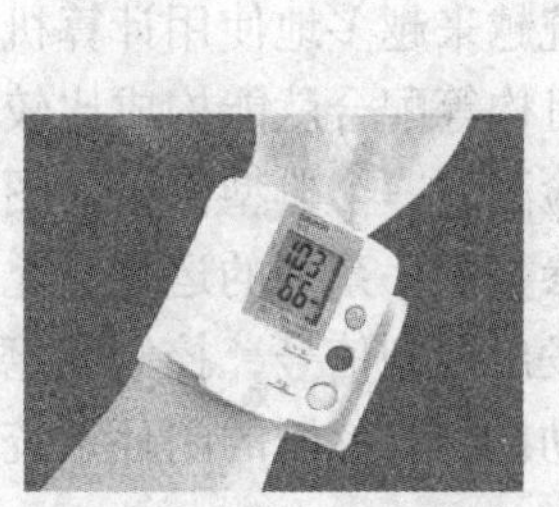

a) 电子血压计的LCD显示

b) 压力表的LED显示

图 0-6　数字显示

图像显示是用点阵 LCD 来显示读数或被测参数的变化曲线，有时还可用图表或彩色图等形式来反映整个生产线上的多组数据。

记录仪主要用来记录被检测对象的动态变化过程，常用的记录仪有笔式记录仪、高速打印机、绘图仪、数字存储示波器、磁带记录仪和无纸记录仪等，如图 0-7 所示。

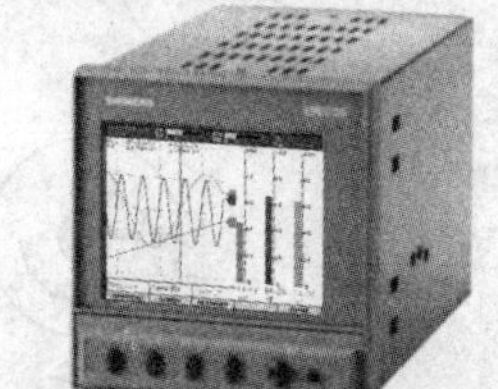

图 0-7　无纸记录仪的图像显示

5. 数据处理装置

数据处理装置用来对测试所得的实验数据进行处理、运算、逻辑判断和线性变换，对动态测试结果做频谱分析等，完成这些工作必须采用计算机技术。

数据处理的结果通常送到显示器和执行机构中去，以显示运算处理的各种数据或控制各种被控对象。在不带数据处理装置的自动检测系统中，显示器和执行机构由信号调理电路直接驱动。

6. 执行机构

执行机构通常是指各种继电器、电磁铁、电磁阀门、电磁调节阀和伺服电动机等，如图0-8、图0-9所示。它们在电路中是起通断、控制、调节和保护等作用的电器设备。许多检测系统能输出与被测量有关的电流或电压信号，作为自动控制系统的控制信号，去驱动这些执行机构。

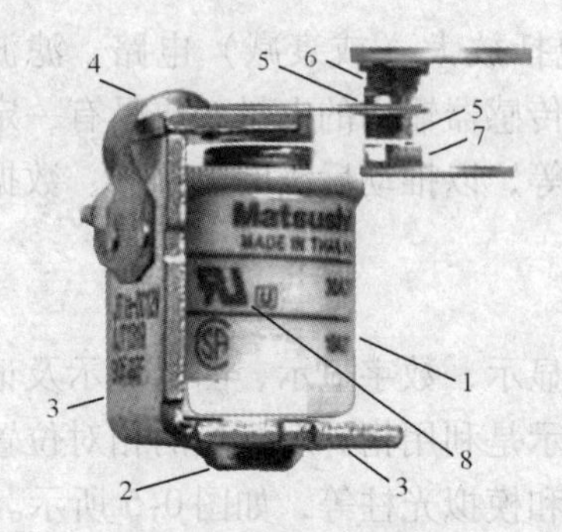

图0-8 电磁继电器的结构

1—电磁线圈 2—铁心 3—铁扼 4—簧片

5—动触点 6—常闭触点（动断触点）

7—常开触点（动合触点） 8—安全试验标记

图0-9 电磁阀

7. 自动检测系统举例

当代检测系统越来越多地使用计算机或微处理器来控制执行机构的工作。检测技术、计算机技术与执行机构等配合就能构成比较典型的自动控制系统。图0-10所示的自动磨削测控系统就是自动检测的一个典型例子。图中的传感器1快速检测出工件的直径参数D，计算机一方面对直径参数做一系列的运算、比较、判断等工作，然后将有关参数送到显示器显示出来；另一方面发出控制信号，控制研磨盘的径向位移x，直到工件加工到规定要求为止。该系统是一个自动检测与控制的闭环系统，也称反馈控制系统。

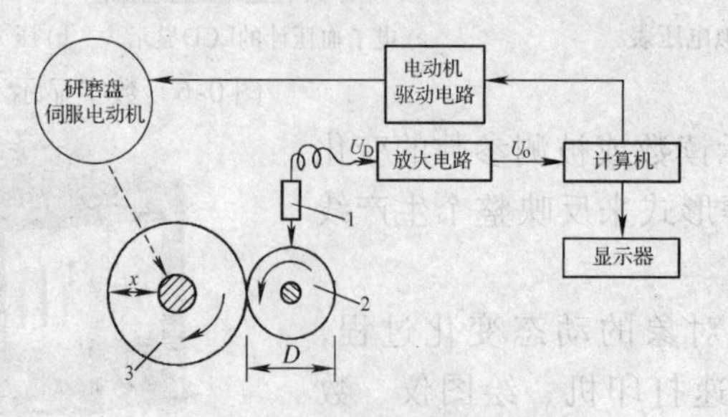

图0-10 自动磨削测控系统

1—传感器 2—被研磨工件 3—研磨盘

工件磨削闭环测控系统演示

四、检测技术的发展趋势

近年来，随着半导体、计算机技术的发展，新型或具有特殊功能的传感器不断涌现出来，检测装置也向小型化、固体化及智能化方向发展，应用领域也越加宽广。上至茫茫太空，下至海底、井下，大至工业生产系统，小至家用电器、个人用品，我们都可以发现检测技术的广泛运用。当前，检测技术的发展主要表现在以下几个方面：

1. 不断提高检测系统的测量准确度、量程范围、延长使用寿命、提高可靠性

随着科学技术的不断发展，对检测系统测量准确度的要求也相应地在提高。近年来，人们研制出许多高精度的检测仪器以满足各种需要。例如，用直线光栅测量直线位移时，测量范围可达二、三十米，而分辨率可达微米级；人们已研制出能测量小至几帕的微压力和大到几千兆帕高压的压力传感器；开发了能够测出极微弱磁场的磁敏传感器等。

从20世纪60年代开始，人们对传感器的可靠性和故障率的数学模型进行了大量的研究，使得检测系统的可靠性及寿命大幅度地提高。现在许多检测系统可以在极其恶劣的环境下连续工作数十万小时。目前人们正在不断努力进一步提高检测系统的各项性能指标。

2. 应用新技术和新的物理效应，扩大检测领域

检测原理大多以各种物理效应为基础，近代物理学的进展如纳米技术、激光、红外、超声、微波、光纤、放射性同位素等新成就都为检测技术的发展提供了更多的依据。如图像识别、激光测距、红外测温、C型超声波无损探伤、放射性测厚、中子探测爆炸物等非接触测量得到迅速的发展。

20世纪70年代以前，检测技术主要用于工业部门。如今，检测领域正扩大到整个社会需要的各个方面。不仅包括工程、海洋开发、宇宙航行等尖端科学技术和新兴工业领域，而且已涉及生物、医疗、环境污染监测、危险品和毒品的侦察、安全监测等方面，并且已开始渗入到人类的日常生活设施之中。

3. 发展集成化、功能化的传感器

随着半导体集成电路技术的发展，硅和砷化镓电子元件的高度集成化大量地向传感器领域渗透。人们将传感元件与信号处理电路制作在同一块硅片上，从而研制出体积更小、性能更好、功能更强的传感器。例如，已研制出高精度的PN结测温集成电路；又如，人们已能将排成阵列的上千万个光敏元件及扫描放大电路制作在一块芯片上，制成彩色CCD数码照相机、摄像机以及可摄影的手机等。今后还将在光、磁、温度、压力等领域开发出新型的集成度很高的传感器。

4. 采用计算机技术，使检测技术智能化

自20世纪70年代微处理器问世以来，人们已迅速将计算机技术应用到测量技术中，使检测仪器智能化，从而扩展了功能，提高了准确度和可靠性，目前研制的检测系统大多都带有微处理器。

5. 发展机器人传感器

机器人是由计算机控制的复杂机器，它具有类似人的肢体及感官功能；动作程序灵活；有一定程度的智能；在工作时可以不依赖人的操纵。机器人传感器在机器人的控制中起了非常重要的作用，正因为有了传感器，机器人才具备了类似人类的知觉功能和反应能力。

机器人上安装了触觉传感器、视觉传感器、力觉传感器、接近觉传感器、超声波传感器、听觉传感器以及语言识别系统，使其能够完成复杂的工作。

6. 发展无线传感器网络检测系统

随着微电子技术的发展，现在已可以将十分复杂的信号调理和控制电路集成到单块芯片中。传感器的输出不再是模拟量，而是符合某种协议格式（如可即插即用）的数字信号。通过企业内外网络实现多个检测系统之间的数据交换和共享，构成网络化的检测系统。还可以远在千里之外，随时随地浏览现场工况，实现远程调试、远程故障诊断、远程数据采集和实时操作。

无线传感器网络（WSN）是由大量微型、低成本、低功耗的静止或移动的传感器以自组织和多跳的方式构成的无线网络，以协作形式，感知、采集、处理和传输该网络覆盖地理区域内被感知对象的信息，并最终把这些信息发送给网络的所有者。

无线传感器网络可监测包括地震、电磁、温度、湿度、噪声、光强度、压力、土壤成分、移动物体的大小、速度和方向等周边环境中多种多样的数据。潜在的应用领域有：远程战场、无人机、防爆、救灾、环境、医疗、保健、家居、工业和商业等领域。

总之，检测技术的蓬勃发展适应了国民经济发展的迫切需要，是一门充满希望和活力的新兴技术，目前取得的进展已十分瞩目，今后还将有更大的飞跃。

五、本课程的任务和学习方法

本课程的任务是：在阐明测量基本原理的基础上，使读者逐一了解各种传感器如何将非电量转换为电量，掌握相应的测量转换、信号调理电路和应用。本书对误差处理、弹性元件、电磁兼容原理及抗干扰技术也给予适当的介绍，对自动检测技术的综合应用以及现代测试系统举了较多的实例，以使读者能解决工作现场的实际问题。

本课程涉及的学科面广，需要有较广泛的基础/专业知识和适当的理论知识。学好这门课程的关键在于理论联系实际，要举一反三，富于联想，善于借鉴，关心和观察周围的各种机械、电气、仪表等设备，重视实验，才能学得活、学得好。

本书各章均附有数量较多的思考题与习题，引导读者循序渐进地掌握检测技术的基本概念和实际应用能力。读者可根据自身的专业方向选做其中的一部分。对本书中的分析、思考题及应用型设计题，可利用讨论课的方式来学习和掌握。读者还必须掌握上网查阅资料的技巧，收集网上有关资料后，才能完成课后的一些习题，这种训练方法有利于读者掌握最新的技术发展和学科动态。

利用“百度图片”搜索查找“压力传感器”图片的结果如图0-11所示，利用“百度网页”搜索到的“无线传感器网络”的页面如图0-12所示。

由于传感器的品种繁多，检测技术的实践性较强，建议对照实物来学习和理解传感器原理。在开卷考试中，学生可以翻阅有关的借阅到的书籍资料，以及作业和笔记，从而模拟工作现场工作环境，培养学生的查阅资料能力。

在学习过程中，还可以登录与本书配套的 http://www.liangsen.net/（自动检测技术课程网）或 http://www.sensor-measurement.net/（检测技术教辅网站），可以在网站上下载30万字以上的有关拓展阅读专业资料，下载有关章节的多媒体课件、原理动画和众多专业

图 0-11 利用“百度图片”搜索“压力传感器”的页面

图 0-12 利用“百度网页”搜索“无线传感器网络”资料的页面

图片，了解检测技术的发展历史，掌握传感器的选型、安装、调试和使用，以便于更好地理解学习本书各部分时所遇到的知识难点。还可以在 BBS 上提问，并与作者进行讨论。也可以利用百度或谷歌搜索引擎，找到“自动检测技术课程网”和“检测技术教辅网站”。该网站的传感器原理动画链接如图 0-13 所示。

图 0-13 自动检测技术课程网的传感器原理动画链接

第一章 Chapter 1

检测技术的基本概念

测量是检测技术的主要组成部分，测量得到的是定量的结果。人类生产力的发展促进了测量技术的进步。商品交换必须有统一的度、量、衡；天文、地理也离不开测量；17 世纪工业革命对测量提出了更高的要求，如蒸气机必需配备压力表、温度表、流量表及水位表等仪表。现代社会要求测量必须达到更高的准确度、更小的误差、更快的速度、更高的可靠性，测量的方法也日新月异。本章主要介绍测量的基本概念、测量方法、误差分类、测量结果的数据处理以及传感器的基本特性等内容，是检测与转换技术的理论基础。

第一节　测量的基本概念及方法

测量（Measurement）是借助专门的技术和仪表设备，采用一定的方法取得某一客观事物定量数据资料的认识过程。

对于测量方法，从不同的角度出发，有不同的分类方法。

1. 静态测量和动态测量

根据被测量是否随时间变化，可分为静态测量和动态测量。例如，用激光干涉仪对建筑物的缓慢沉降作长期监测就属于静态测量；又如，用光导纤维陀螺仪测量火箭的飞行速度、方向就属于动态测量。

2. 直接测量和间接测量

根据测量的手段不同，可分为直接测量和间接测量，如图 1-1 所示。用标定的仪表直接读取被测量的测量结果，该方法称为直接测量。例如，用磁电式仪表测量电流、电压；用离子敏场效应晶体管测量 pH 值和甜度等。间接测量的过程比较复杂，首先要对与被测量有确定函数关系的量进行直接测量，将测量值代入函数关系式，经过计算求得被测量。

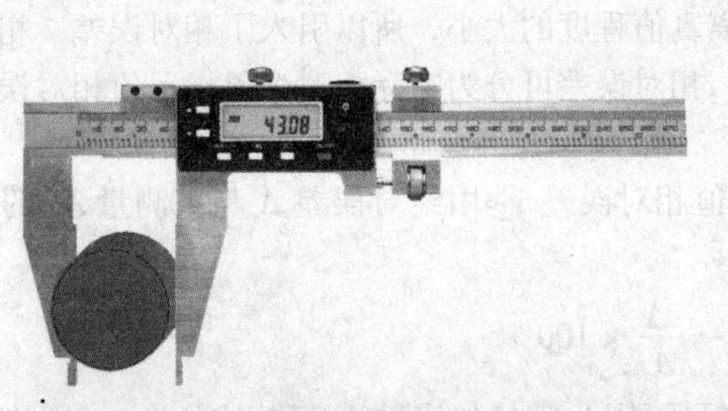

a) 用游标卡尺直接测量工件的直径

b) 阿基米德测量比重的构想

图 1-1　直接测量与间接测量

3. 模拟式测量和数字式测量

根据测量结果的显示方式，可分为模拟式测量和数字式测量。数字式测量稳定性较高。

4. 接触式测量和非接触式测量

根据测量时是否与被测对象接触，可分为接触式测量和非接触式测量。例如用多普勒雷达测速仪测量汽车超速与否就属于非接触式测量。非接触式测量不影响被测对象的运行工况，是目前发展的趋势。利用红外线辐射成像仪测量供电变压器的表面温度如图1-2所示。

图1-2　利用红外线辐射成像仪测量供电变压器的表面温度

5. 在线测量和离线测量

为了监视生产过程，或在生产流水线上监测产品质量的测量称为在线测量，反之，则称为离线测量。例如，现代自动化机床采用边加工、边测量的方式就属于在线测量，它能保证产品质量的一致性。离线测量虽然能测量出产品的合格与否，但无法实时监控产品质量。

第二节　测量误差及分类

测量的目的是希望通过测量求取被测量的真值。所谓真值，是指在一定条件下被测量客观存在的实际值。真值有理论真值、约定真值和相对真值之分。例如，三角形三个内角之和为180°，“米”是光在真空中，在1/299 792 458s时间间隔内，运行路程的长度等。这种真值称为理论真值。又如，在标准条件下，水的三相点为273.16K，银的凝固点是961.78℃，这类真值均称为约定真值。相对真值：凡准确度高两级以上的仪表的误差与准确度低的仪表的误差相比，前者的误差是后者的1/3以下时，则高两级仪表的测量值可以认为是相对真值。相对真值在误差测量中的应用最为广泛。

测量值与真值之间的差值称为测量误差。测量误差可按其不同特征进行分类。

一、绝对误差和相对误差

1. 绝对误差

绝对误差Δ是指测量值A_x与真值A_0之间的差值。即

$$\Delta = A_x - A_0 \tag{1-1}$$

2. 相对误差及准确度等级

有时绝对误差不足以反映测量值偏离真值程度的大小，所以引入了相对误差。相对误差用百分比的形式来表示，一般多取正值。相对误差可分为实际相对误差、示值相对误差和满度相对误差等。

（1）示值（标称）相对误差γ_x　示值相对误差γ_x用绝对误差Δ与被测量A_x的百分比来表示

$$\gamma_x = \frac{\Delta}{A_x} \times 100\% \tag{1-2}$$

（2）满度（引用）相对误差γ_m　测量下限为零的仪表的满度相对误差γ_m用绝对误差Δ与仪器满度值A_m的百分比来表示

$$\gamma_m = \frac{\Delta}{A_m} \times 100\% \quad (1\text{-}3)$$

（3）准确度等级　在多数情况下，上述相对误差多取正值。对测量下限不为零的仪表而言，在式（1-3）中，可用量程（$A_{max} - A_{min}$）来代替分母中的A_m。上式中，当Δ取最大值Δ_m时，满度相对误差常被用来确定仪表的引用度等级S，即

$$S = \left|\frac{\Delta_m}{A_m}\right| \times 100 \quad (1\text{-}4)$$

根据准确度等级S及量程范围，可以推算出该仪表可能出现的最大绝对误差Δ_m。准确度等级S规定取一系列标准值。我国模拟仪表有下列七种等级：0.1、0.2、0.5、1.0、1.5、2.5、5.0。它们分别表示对应仪表的满度相对误差不应超过的百分比。仪表在正常工作条件下使用时，各等级仪表的引用误差不超过表1-1所规定的值。

表1-1　仪表的准确度等级和对应的引用误差

准确度等级	0.1	0.2	0.5	1.0	1.5	2.5	5.0
对应的引用误差	±0.1%	±0.2%	±0.5%	±1.0%	±1.5%	±2.5%	±5.0%

我们可以从仪表的使用说明书上读得仪表的准确度等级，也可以从仪表面板上的标志判断出仪表的等级。从图1-3所示的电压表右侧，我们可以看到该仪表的准确度等级为5.0级，它表示对应仪表的满度相对误差（引用误差）不超过5.0%。同类仪表的等级数值越小，准确度就越高，价格就越贵。

图1-3　从电压表上读取绝对误差和准确度等级

随着测量技术的进步，目前部分行业的仪表还增加了以下几种准确度等级：0.005、0.01、0.02、（0.03）、0.05、0.2、（0.25）、（0.3）、（0.35）、（0.4）、（2.0）、4.0等。只有在必要时，才可采用括号内的准确度等级。

仪表的准确度习惯上称为精度，准确度等级习惯上称为精度等级。根据仪表的等级可以确定测量的满度相对误差和最大绝对误差。例如，在正常情况下，用0.5级、量程为100℃温度表来测量温度时，可能产生的最大绝对误差为

$$\Delta_m = (\pm 0.5\%) A_m = \pm(0.5\% \times 100)℃ = \pm 0.5℃$$

在测量领域中，还经常使用正确度、精密度、精确度等名词来评价测量结果。这些术语的叫法虽然十分普遍，但也比较容易引起混乱。本教材只采用准确度这个名词来表达测量结果误差的大小。

在正常工作条件下，可以认为仪表的最大绝对误差基本不变，而示值相对误差γ_x随示值的减小而增大。例如用上述温度表来测量80℃温度时，相对误差$\gamma_x = (\pm 0.5/80) \times 100\% = \pm 0.525\%$，而用它来测量10℃温度时，相对误差$\gamma_x = (\pm 0.5/10) \times 100\% = \pm 5\%$。

例1-1　某压力表准确度为2.5级，量程为0～1.5MPa，测量结果显示为0.70MPa，试求：1）可能出现的最大满度相对误差γ_m；2）可能出现的最大绝对误差Δ_m为多少千帕？3）可能出现的最大示值相对误差γ_x。

解　1）可能出现的最大满度相对误差可以从准确度等级直接得到，即$\gamma_m = 2.5\%$。

2）$\Delta_m = \gamma_m A_m = 2.5\% \times 1.5\text{MPa} = 0.0375\text{MPa} = 37.5\text{kPa}$

3）$\gamma_x = \dfrac{\Delta_m}{A_x} \times 100\% = \dfrac{0.0375}{0.70} \times 100\% = 5.36\%$

绝对误差与相对误差演示

由上例可知，γ_x 总是大于（满度时等于）γ_m。

例 1-2 现有0.5级的0～300℃的和1.0级的0～100℃的两个温度计，要测量80℃的温度，试问采用哪一个温度计好？

解 用0.5级表测量时，可能出现的最大示值相对误差为

$$\gamma_x = \frac{\Delta_{m1}}{A_x} \times 100\% = \frac{300 \times 0.5\%}{80} \times 100\% = 1.875\% \approx 1.88\%$$

若用1.0级表测量时，可能出现的最大示值相对误差为

$$\gamma_x = \frac{\Delta_{m2}}{A_x} \times 100\% = \frac{100 \times 1.0\%}{80} \times 100\% = 1.25\%$$

计算结果表明，用1.0级表比用0.5级表的示值相对误差反而小，所以更合适。由上例可知，在选用仪表时应兼顾精度等级和量程，通常希望示值落在仪表满度值的2/3左右。

二、粗大误差、系统误差和随机误差

误差产生的原因和类型很多，其表现形式也多种多样，针对造成误差的不同原因，也有不同的解决办法，下面对此作一些简介。

1. 粗大误差

明显偏离真值的误差称为粗大误差，也叫过失误差。粗大误差主要是由于测量人员的粗心大意及电子测量仪器受到突然且强大的干扰所引起的。如测错、读错、记错、外界过电压尖峰干扰等造成的误差。就数值大小而言，粗大误差明显超过正常条件下的误差。当发现粗大误差时，应予以剔除。

2. 系统误差

系统误差也称为装置误差，它反映了测量值偏离真值的程度。凡误差的数值固定或按一定规律变化者，均属于系统误差。按其表现的特点，可分为恒值误差和变值误差两大类。恒值误差在整个测量过程中，其数值和符号都保持不变。例如，由于刻度盘分度差错或刻度盘移动而使仪表刻度产生误差，皆属此类。

引起系统误差的因数称为系统效应。例如，环境温度及湿度的波动、电源的电压下降、电子元器件老化、机械零件变形移位、仪表零点漂移等。

系统误差具有规律性，因此可以通过实验的方法或引入修正值的方法计算修正，也可以重新调整测量仪表的有关部件予以消除。

3. 随机误差

测量结果与在重复条件下，对同一被测量进行无限多次测量所得结果的平均值之差称为随机误差。随机误差大多是由影响量的随机变化引起的，这种变化带来的影响称为随机效应，它导致重复观测中的分散性。

随机误差有时也表达为：在同一条件下，多次测量同一被测量，有时会发现测量值时大时小，误差的绝对值及正、负以不可预见的方式变化，该误差称为随机误差。随机误差反映了测量值离散性的大小。随机误差是测量过程中许多独立的、微小的、偶然的因素引起的综

合结果。

存在随机误差的测量结果中，虽然单个测量值误差的出现是随机的，既不能用实验的方法消除，也不能修正，但是就误差的整体而言，服从一定的统计规律。因此通过增加测量次数，利用概率论的一些理论和统计学的一些方法，可以掌握看似毫无规律的随机误差的分布特性，并进行测量结果的数据统计处理。

在这里，我们以超声波测距仪多次测量两座大楼之间的距离为例来说明。由于空气的抖动、气温的变化、仪器受到电磁波干扰等原因，所以即使用准确度很高的测距仪去测量，也会发现测量值时大时小。而且无法预知下一时刻的干扰情况，测量数据如图 1-4 所示。

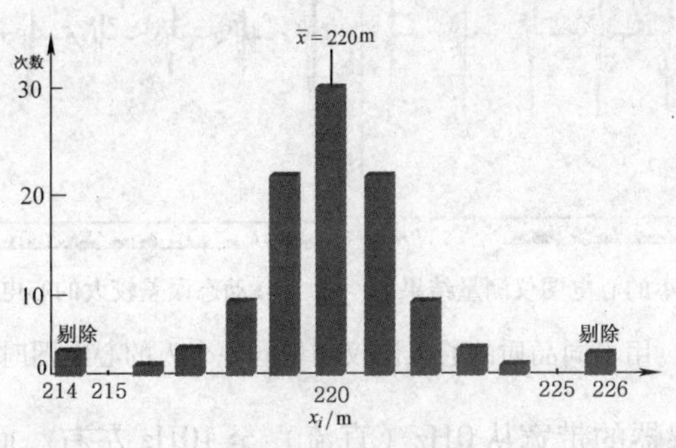

图 1-4 用超声波测距仪多次测量两座大楼之间距离的统计数据

对正态分布曲线进行分析，可以发现有如下规律：

（1）有界性　在一定的条件下，随机误差的测量结果 x_i 有一定的分布范围，超过这个范围的可能性非常小。当某一次测量结果的误差超过一定的界限后，即可认为该误差属于粗大误差，应予以剔除。

（2）对称性　x_i 对称地分布于图中的算术平均值$\bar{x}$两侧，当测量次数增多后，$\bar{x}$两侧的误差相互抵消。

（3）集中性　绝对值小的误差比绝对值大的误差出现的次数多，因此测量值集中分布于算术平均值$\bar{x}$附近。人们常将剔除粗大误差后的$\bar{x}$值看成测量值的最近似值。

$$\bar{x}=\frac{1}{n}\sum_{i=1}^{n}x_i=\frac{x_1+x_2+x_3+\cdots+x_n}{n} \tag{1-5}$$

三、静态误差和动态误差

1. 静态误差

在被测量不随时间变化时所产生的误差称为静态误差。前面讨论的误差多属于静态误差。

2. 动态误差

当被测量随时间迅速变化时，系统的输出量在时间上不能与被测量的变化精确吻合，这种误差称为动态误差。例如，被测水温突然上升到 100℃，玻璃水银温度计的水银柱不可能立即上升到 100℃。如果此时就记录读数，必然产生误差。

引起动态误差的原因很多。例如，用笔式记录仪记录心电图时，由于记录笔有的惯性较大，所以记录的结果在时间上滞后于心电的变化，有可能记录不到特别尖锐的窄脉冲。又如，用放大器放大含有大量高次谐波的周期信号（例如很窄的矩形波）时，由于放大器的频响及电压上升率不够，故造成高频段的放大倍数小于低频段，最后在示波器上看到的波形失真很大，产生误差。从图 1-5 可以看出，用不同品质的心电图仪测量同一个人的心电图时，由于其中一台放大器的带宽不够，动态误差较大，描绘出的窄脉冲幅度偏小。

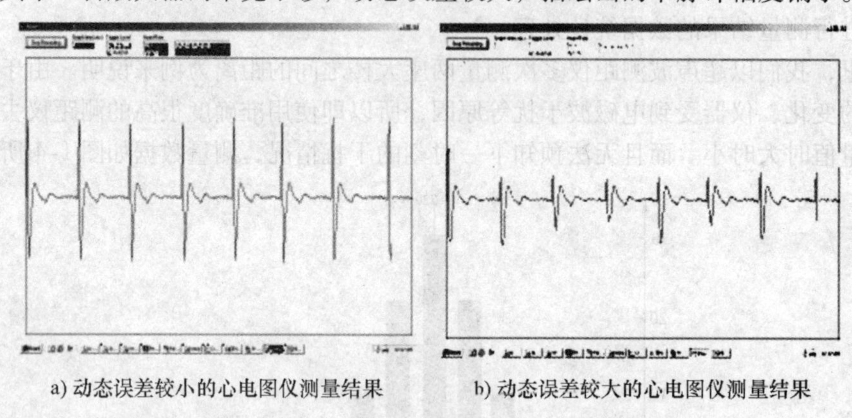

a) 动态误差较小的心电图仪测量结果　　b) 动态误差较大的心电图仪测量结果

图 1-5　用不同品质的心电图仪测量同一个人的心电图时的曲线

一般静态测量要求仪器的带宽从 0Hz（直流）至 10Hz 左右。而动态测量要求带宽超过 10kHz。这就要求采用高速运算放大器，并尽量减小电路的时间常数。

对用于动态测量、带有机械结构的仪表而言，应尽量减小机械惯性，提高机械结构的谐振频率，才能尽可能真实地反映被测量的迅速变化。

第三节　传感器及其基本特性

一、传感器的定义及传感器的组成

传感器是一种检测装置，能感受到被测量的信息，并能将检测感受到的信息，按一定规律变换成为电信号或其他所需形式的信息输出，以满足信息的传输、处理、存储、显示、记录和控制等要求，它是实现自动检测和自动控制的首要环节，有时也可以称为换能器、检测器和探头等。常用传感器的输出信号多为易于处理的电量，如电压、电流、频率和数字信号等。

传感器由敏感元件，传感元件及测量转换电路三部分组成，如图 1-6 所示。

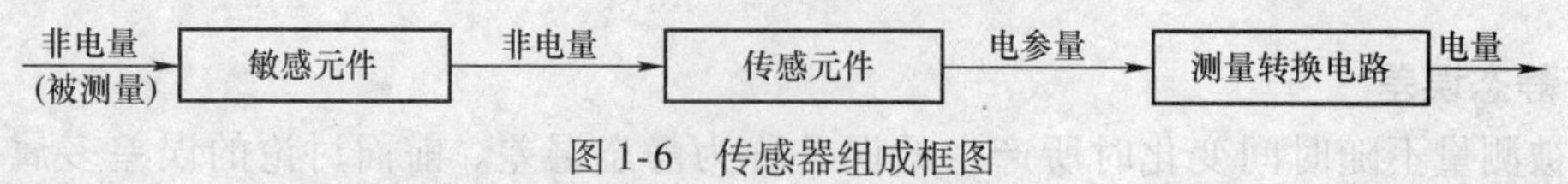

图 1-6　传感器组成框图

图 1-6 中的敏感元件是在传感器中直接感受被测量的元件，即被测量通过传感器的敏感元件转换成与被测量有确定关系、更易于转换的非电量。这一非电量通过传感元件后就被转换成电参量。测量转换电路的作用是将传感元件输出的电参量转换成易于处理的电压、电流或频率量。应该指出，不是所有的传感器都有敏感、传感元件之分，有些传感器是将两者合二为一的。

图 1-7 为一台测量压力用的电位器式压力传感器结构简图。当被测压力 p 增大时，弹簧管撑直，通过齿条带动齿轮转动，从而带动电位器的电刷产生角位移。电位器电阻的变化量

反映了被测压力 p 值的变化。在这个传感器中，弹簧管为敏感元件，它将压力转换成角位移 α。电位器为传感元件，它将角位移转换为电参量——电阻的变化（ΔR）。当电位器的两端加上电源后，电位器就组成分压比电路，它的输出量是与压力成一定关系的电压 U_o。在这个例子中，电位器又属于分压比式测量转换电路。

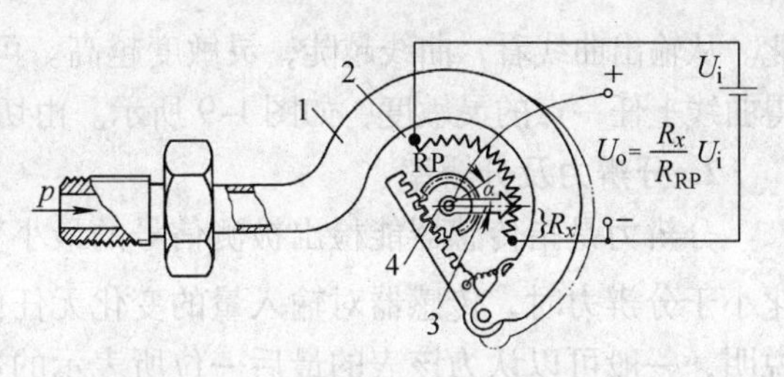

图 1-7 电位器式压力传感器示意图

1—弹簧管（敏感元件） 2—电位器（传感元件、测量转换电路） 3—电刷 4—传动机构（齿轮－齿条）

结合上述工作原理，可将图 1-6 方框中的内容具体化，见图 1-8。

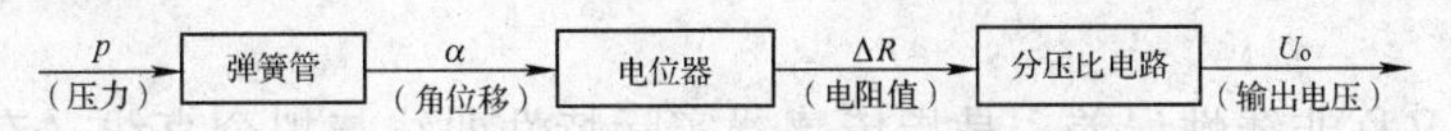

图 1-8 电位器式压力传感器原理框图

二、传感器的分类

传感器的种类名目繁多，分类不尽相同。常用的分类方法有：

（1）按被测量分类 可分为位移、力、力矩、转速、振动、加速度、温度、压力、流量、流速等传感器。

（2）按测量原理分类 可分为电阻、电容、电感、光栅、热电偶、超声波、激光、红外、光导纤维等传感器。

（3）按传感器输出信号的性质分类 可分为输出为开关量（“1”和“0”或“开”和“关”）的开关型传感器；输出为模拟量的模拟型传感器，输出为脉冲或代码的数字型传感器。

本教材采用第二种分类法。例如，第二章为电阻式传感器，分别论述了各种不同的电阻传感器利用电阻变化的原理来测量各自不同的对象。

考虑到某些物理量（例如流量、振动等）的测量可以采用多种不同的测量原理来测量，所以本教材还在有关章节中，集中论述某一物理量的多种测量方法。例如在第五章中，就论述了测量流量的几种不同方法。又如，在第七章中就集中论述了无损探伤的概念；在第九章集中论述了温度的测量方法及 ITS-90 国际温标等。

三、传感器的基本特性

传感器的特性一般指输入、输出特性。它有静态、动态之分。传感器动态特性的研究方法与控制理论中介绍的相似，故不再重复。下面仅介绍其静态特性的一些指标。

1. 灵敏度

灵敏度是指传感器在稳态下输出变化值与输入变化值之比，用 K 表示，即

$$K = \frac{dy}{dx} \approx \frac{\Delta y}{\Delta x} \tag{1-6}$$

式中，Δx 是输入量的变化值；Δy 是输出量的变化值。

对线性传感器而言，灵敏度为一常数；对非线性传感器而言，灵敏度随输入量的变化而变

化。从输出曲线看，曲线越陡，灵敏度越高。可以通过作该曲线的切线的方法（作图法）求得曲线上任一点的灵敏度，如图 1-9 所示。由切线的斜率可以看出，x_2 点的灵敏度比 x_1 点高。

2. 分辨力及分辨率

分辨力是指传感器能检出被测信号的最小变化量 Δ_{min}，是具有量纲的数。当被测量的变化小于分辨力时，传感器对输入量的变化无任何反应。对数字仪表而言，如果没有其他附加说明，一般可以认为该表的最后一位所表示的数值就是它的分辨力。一般地说，分辨力的数值小于仪表的最大绝对误差。例如，本章习题中的图 1-13 所示数字式温度计的分辨力为 0.1℃，若该仪表的精度为 1.0 级，则最大绝对误差将达到 ±2.0℃，比分辨力大得多。但是若没有其他附加说明，有时也可以认为分辨力就等于它的最大绝对误差。将分辨力除以仪表的满度量程就是仪表的分辨率，也称相对分辨力。它常以百分比表示，是量纲为 1 的数。

3. 线性度

线性度 γ_L 又称非线性误差，是指传感器实际特性曲线与拟合直线（有时也称理论直线）之间的最大偏差与传感器量程范围内的输出之百分比。如图 1-10 所示，它可用下式表示，且多取其正值

$$\gamma_L = \frac{\Delta_{Lmax}}{y_{max} - y_{min}} \times 100\% \tag{1-7}$$

式中，Δ_{Lmax} 是最大非线性误差；$y_{max} - y_{min}$ 是输出范围。

拟合直线的选取有多种方法，图 1-10 是将传感器输出起始点与满量程点连接起来的直线作为拟合直线，这条直线称为端基理论直线，按上述方法得出的线性度称为端基线性度。

图 1-9 用作图法求取不同斜率情况下的传感器灵敏度

图 1-10 传感器的端基线性度示意图
1—拟合直线 $y = ax + b$ 2—实际特性曲线

设计者和使用者总是希望非线性误差越小越好，也即希望仪表的静态特性接近于直线，这是因为线性仪表的刻度是均匀的，容易标定，不容易引起读数误差。现在多采用计算机来纠正检测系统的非线性误差。

大多数传感器的输出多为非线性。直接用一次函数拟合的结果将产生较大的误差。目前多采用计算机进行曲线拟合。

作图法求取传感器的线性度演示

4. 稳定性

稳定性包含稳定度和环境影响量两个方面。稳定度是指仪表在所有条件都恒定不变的情况下，在规定的时间内能维持其示值不变的能力。稳定度一般以仪表的示值变化量和时间的长短之比来表示。例如，某仪表输出电压值在 8h 内的最大变化量为

1.3mV，则表示为1.3mV/8h。

环境影响量仅指由外界环境变化而引起的示值变化量。示值的变化由两个因素构成。一是零漂，二是灵敏度漂移。零漂是指原先已调零的仪表在受外界环境影响后，输出不再等于零，而有一定的漂移。

在测量前是可以发现零漂的，并且可以用重新调零的办法来克服。但是在不间断测量过程中，零漂是附加在仪表输出读数上，因此是无法发现的。带微机的智能化仪表通过软件可以定时地将输入信号暂时切断，测出此时的零漂，并存放在存储器中。在恢复正常测量后，将测量值减掉零漂值就相当于重新调零，称为软件调零。

造成环境影响量的因素有温度、湿度、气压、电源电压、电源频率等。在这些因素中，温度变化对仪表的影响最难克服，必须予以特别的重视。具体的克服办法见第十二章第一节。

表示环境量时，必须同时写出示值偏差及造成这一偏差的影响因素。例如，0.1μA/($U\pm5\%U$)表示电源电压变化±5%时，将引起示值变化0.1μA。又如，0.2mV/℃表示环境温度每变化1℃将引起示值变化0.2mV。

5. 电磁兼容性（Electromagnetic Compatibility，缩写为EMC）

所谓电磁兼容是指电子设备在规定的电磁干扰环境中能按照原设计要求正常工作的能力，而且也不向处于同一环境中的其他设备释放超过允许范围的电磁干扰。

随着科学技术、生产力的发展，高频、宽带、大功率的电器设备几乎遍布地球的所有角落，随之而来的电磁干扰也越来越严重地影响检测系统的正常工作。轻则引起测量数据上下跳动；重则造成检测系统内部逻辑混乱、系统瘫痪，甚至烧毁电子线路。因此抗电磁干扰技术就显得越来越重要。自20世纪70年代以来，越来越强调电子设备、检测、控制系统的电磁兼容性。

对检测系统来说，主要考虑在恶劣的电磁干扰环境中，系统必须能正常工作，并能取得精度等级范围内的正确测量结果。具体的抗电磁干扰、提高电磁兼容能力的方法将在第十三章中介绍。

6. 可靠性

可靠性是反映检测系统在规定的条件下，在规定的时间内是否耐用的一种综合性的质量指标。

常用的可靠性指标有以下几种：

（1）故障平均间隔时间（MTBF） 它是指两次故障间隔的时间；

（2）平均修复时间（MTTR） 它是指排除故障所花费的时间；

（3）故障率或失效率（λ） 它可用图1-12的故障率变化曲线来说明。故障率的变化大体上可分成三个阶段：

1）初期失效期 仪表或传感器开始使用阶段故障率很高，失效的可能性很大，但随着使用时间的增加而迅速降低。故障原因主要是设计或制造上有缺陷，所以应尽量在使用前期予以暴露，并消除之。有时为了加速渡过这一危险期，在检测系统通电的情况下，将之放置于高温环境→低温环境→高温环境……反复循环，这称为“老化”试验。老化之后的系统在现场使用时，故障率大为降低。老化试验设备见图1-11。

2）偶然失效期 这期间的故障率较低，是构成检测系统使用寿命的主要部分。

3）衰老失效期 这期间的故障率随时间的增加而迅速增大，经常损坏和维修。原因是元器件老化，随时都有可能损坏。因此有的使用部门规定系统超过使用寿命时，即使还未发生故障也应及时退休，以免造成更大的损失。

上述故障率曲线形如一个浴盆，故称“浴盆曲线”，如图 1-12 所示。

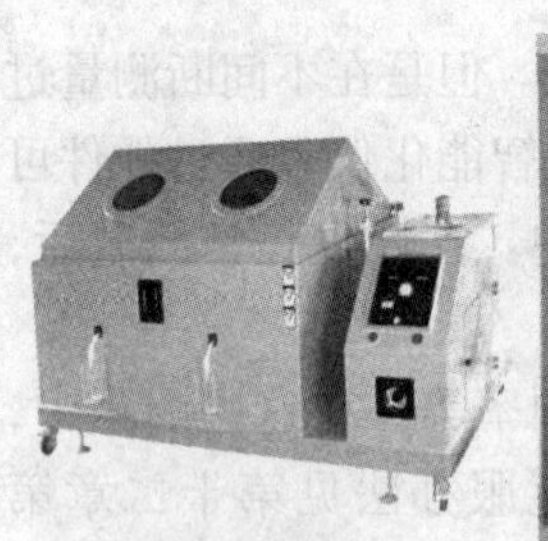

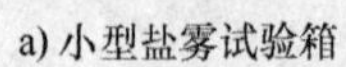

a) 小型盐雾试验箱

b) 高低温循环老化室

图 1-11 老化试验设备

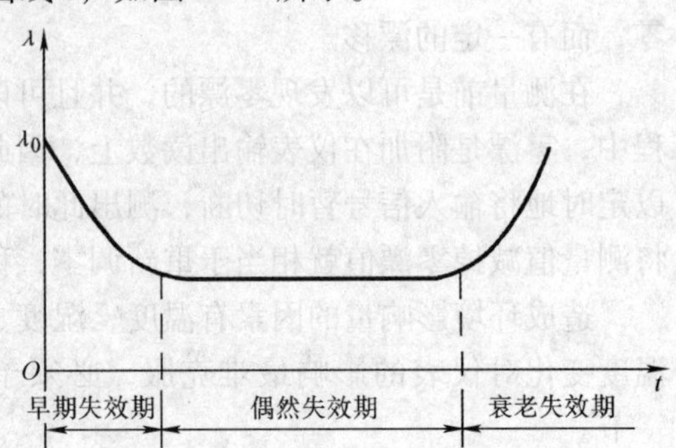

图 1-12 故障率变化浴盆曲线

思考题与习题

1. 单项选择题

1）某压力仪表厂生产的压力表满度相对误差均控制在 0.4% ~0.6%，该压力表的准确度等级应定为________级，另一家仪器厂需要购买压力表，希望压力表的满度相对误差小于 0.9%，应购买________级的压力表。

A. 0.2　　B. 0.5　　C. 1.0　　D. 1.5

2）某采购员分别在三家商店购买 100kg 大米、10kg 苹果、1kg 巧克力，发现均缺少约 0.5kg，但该采购员对卖巧克力的商店意见最大，在这个例子中，产生此心理作用的主要因素是________。

A. 绝对误差　　B. 示值相对误差　　C. 满度相对误差　　D. 准确度等级

3）在选购线性仪表时，必须在同一系列的仪表中选择适当的量程。这时必须考虑到应尽量使选购的仪表量程为被测量的________左右为宜。

A. 3 倍　　B. 10 倍　　C. 1.5 倍　　D. 0.75 倍

4）用万用表交流电压档（频率上限仅为 5kHz）测量频率高达 500kHz、10V 左右的高频电压，发现示值还不到 2V，该误差属于________。用该表直流电压档测量 5 号干电池电压，发现每次示值均为 1.8V，该误差属于________。

A. 系统误差　　B. 粗大误差　　C. 随机误差　　D. 动态误差

5）重要场合使用的元器件或仪表，购入后需进行高、低温循环老化试验，其目的是为了________。

A. 提高精度　　B. 加速其衰老　　C. 测试其各项性能指标　　D. 提高可靠性

2. 各举出两个非电量电测的例子来说明

1）静态测量；　　2）动态测量；　　3）直接测量；　　4）间接测量；

5）接触式测量；　　6）非接触式测量；　　7）在线测量；　　8）离线测量。

3. 有一温度计，它的测量范围为 0 ~200℃，准确度为 0.5 级，求：

1）该表可能出现的最大绝对误差 Δ_m 为多少摄氏度？

2）当示值分别为 20℃、100℃时的示值相对误差 γ_{x20} 和 γ_{x100} 分别为百分之多少？

4. 欲测 240V 左右的电压，要求测量示值相对误差的绝对值不大于 0.6%，请计算后回答：1）若选用量程为 250V 的电压表，其准确度应选哪一级？2）若选用量程为 300V 的电压表，其准确度又应分别选哪一级？3）若选用 500V 量程的电压表，其准确度等级又应选哪一级？

5. 已知待测拉力约为70N左右。现有两只测力仪表，一只为0.5级，测量范围为0～500N；另一只为1.0级，测量范围为0～100N。请计算后回答：选用哪一只测力仪表较好？为什么？

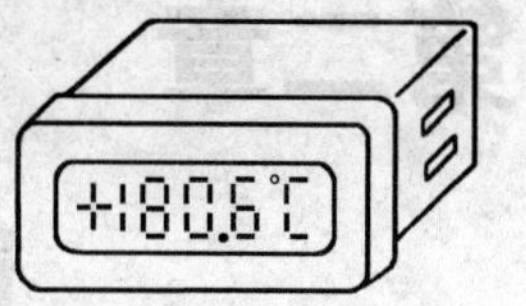

6. 用一台3 $\frac{1}{2}$位（俗称3位半）、准确度为0.5级（已包含最后一位的±1误差）的数字式电子温度计，测量汽轮机高压蒸汽的温度，数字面板上显示出如图1-13所示的数值。假设其最后一位即为分辨力，求该仪表的：

图1-13　数字式电子温度计面板示意图

1）分辨力Δ、分辨率及最大显示值t_{max}。

2）可能产生的最大满度相对误差γ_m和绝对误差Δ_m。

3）被测温度的示值。

4）示值相对误差γ_x。

5）被测温度的实际值上下限。

（提示：该三位半数字表的量程上限为199.9℃，下限为0℃）

7. 有一台测量流量的仪表，测量范围为0～10m^3/s，输入输出特性曲线如图1-14所示，请用作图法求该仪表在1m^3/s和8m^3/s时的灵敏度K_1、K_2，和该仪表的端基线性度。

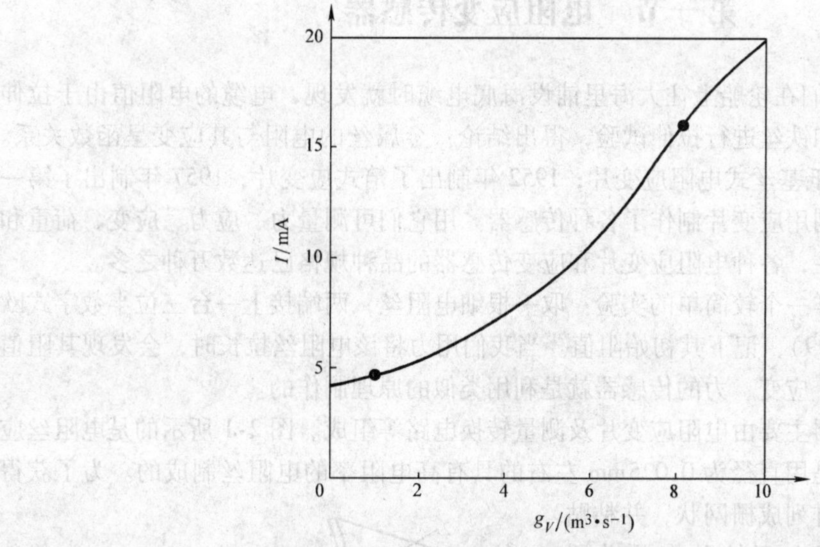

图1-14　流量计输入/输出特性

8. 图1-15a～c是不同的射击弹着点示意图。请你分别说出图a、b、c各包含什么误差。

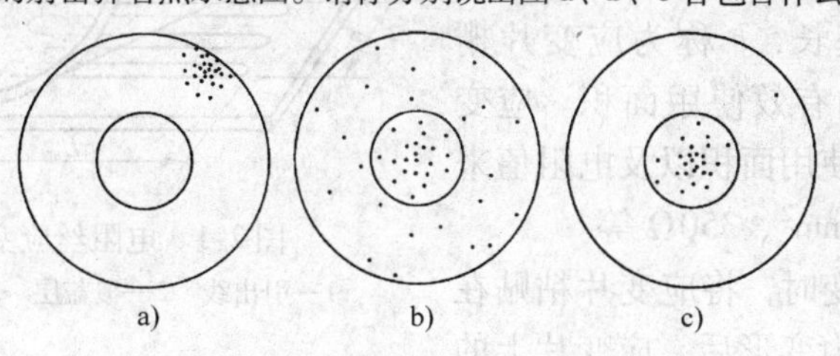

图1-15　射击弹着点示意图

第二章 电阻传感器

Chapter 2

电阻传感器种类繁多，应用的领域也十分广泛。它们的基本原理都是将各种被测非电量转换成电阻的变化量，然后通过对电阻变化量的测量，达到非电量电测的目的。本章研究的电阻传感器有电阻应变片、测温热电阻、气敏电阻及湿敏电阻等。利用电阻传感器可以测量应变、力、荷重、加速度、压力、转矩、温度、湿度、气体成分及浓度等。

第一节 电阻应变传感器

早在 1856 年，人们在轮船上往大海里铺设海底电缆时就发现，电缆的电阻值由于拉伸而增加，继而对铜丝和铁丝进行拉伸试验，得出结论：金属丝的电阻与其应变呈函数关系。1936 年，人们制出了纸基丝式电阻应变片；1952 年制出了箔式应变片；1957 年制出了第一批半导体应变片，并利用应变片制作了各种传感器。用它们可测量力、应力、应变、荷重和加速度等物理量。现在，各种电阻应变片和应变传感器的品种规格已达数万种之多。

我们也可以做这样一个较简单的实验：取一根细电阻丝，两端接上一台三位半数字式欧姆表（分辨率为 1/1999），记下其初始阻值。当我们用力将该电阻丝拉长时，会发现其阻值略有增加。测量应力、应变、力的传感器就是利用类似的原理制作的。

电阻应变式传感器主要由电阻应变片及测量转换电路等组成。图 2-1 所示的是电阻丝应变片结构示意图。它是用直径为 0.025mm 左右的具有高电阻率的电阻丝制成的。为了获得高的电阻值，电阻丝排列成栅网状，并粘贴在绝缘基片上，线栅上面粘贴有覆盖层（保护用），电阻丝两端焊有引出线。图中 L 称为应变片的工作基长，b 称为应变片栅宽。$b \times L$ 为应变片的有效使用面积。应变片规格一般是用有效使用面积以及电阻值来表示，例如 $(3\times10)\text{mm}^2$、350Ω 等。

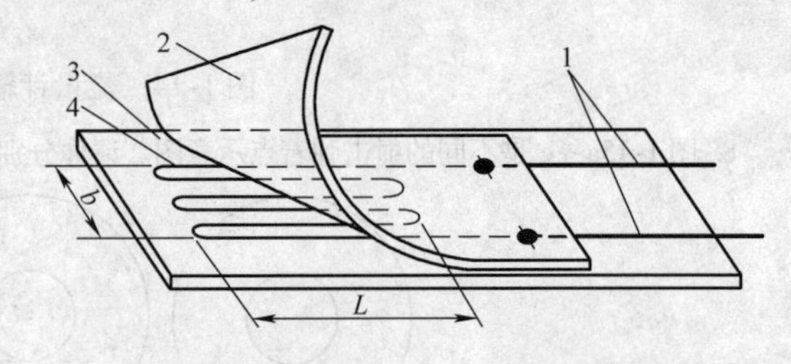

图 2-1 电阻丝应变片结构示意图

1—引出线 2—覆盖层 3—基底 4—电阻丝

用应变片测试应变时，将应变片粘贴在试件表面。当试件受力变形后，应变片上的电阻丝也随之变形，从而使应变片电阻值发生变化，通过测量转换电路最终转换成电压或电流的变化。

应变片具有体积小、价格便宜、准确度高、频率响应好等优点，被广泛应用于工程测量及科学实验中。

一、应变片的工作原理

导体或半导体材料在外界力的作用下，会产生机械变形，其电阻值也将随着发生变化，这种现象称为应变效应。下面以金属丝应变片为例分析这种效应。

设有一长度为L、截面积为A、半径为r、电阻率为ρ的金属单丝，它的电阻值R可表示为

$$R = \rho \frac{L}{A} = \rho \frac{L}{\pi r^2}$$

当沿金属丝的长度方向作用均匀拉力（或压力）时，上式中ρ、r、L都将发生变化（如图2-2所示），从而导致电阻值R发生变化。例如金属丝受拉时，L将变长、r变小，均导致R变大；又如，某些半导体受拉时，ρ将变大，导致R变大。

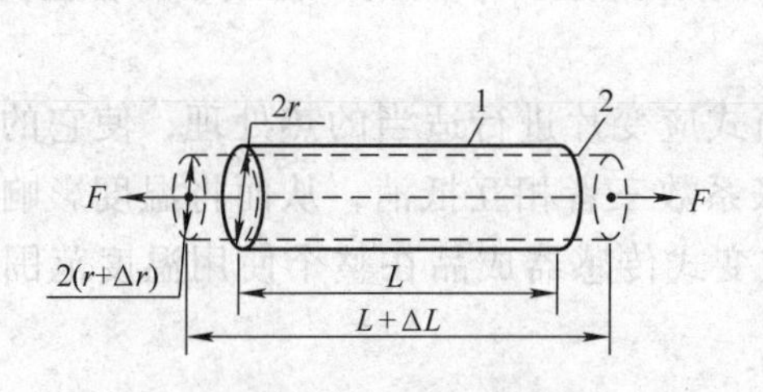

图2-2 金属丝的拉伸变形
1—拉伸前 2—拉伸后

实验证明，电阻丝及应变片的电阻相对变化量$\Delta R/R$与材料力学中的轴向应变ε_x的关系在很大范围内是线性的，即

$$\frac{\Delta R}{R} = K\varepsilon_x \tag{2-1}$$

式中，K是电阻应变片的灵敏度。

对于不同的金属材料，K略微不同，一般为2左右。而对半导体材料而言，由于其感受到应变时，电阻率ρ会产生很大的变化，所以灵敏度比金属材料大几十倍。

在材料力学中，$\varepsilon_x = \Delta L/L$称为电阻丝的轴向应变，也称纵向应变，是量纲为1的数。ε_x通常很小，常用10^{-6}表示之。例如，当ε_x为0.000001时，在工程中常表示为1×10^{-6}或μm/m，在应变测量中，也常将之称为微应变（με）。

对金属材料而言，当它受力之后所产生的轴向应变最好不要大于1000με，即1000μm/m，否则有可能超过材料的极限强度而导致断裂。

由材料力学可知，$\varepsilon_x = F/(AE)$，所以$\Delta R/R$又可表示为

$$\frac{\Delta R}{R} = K\frac{F}{AE} \tag{2-2}$$

如果应变片的灵敏度K和试件的横截面积A以及弹性模量E均为已知，则只要设法测出$\Delta R/R$的数值，即可获知试件受力F的大小。

二、应变片的种类结构与粘贴

1. 应变片的类型与结构

应变片可分为金属应变片及半导体应变片两大类。前者可分成金属丝式、箔式、薄膜式三种。图2-3为几种不同类型的电阻应变片。

金属丝式应变片使用最早，有纸基、胶基之分。由于金属丝式应变片蠕变较大，金属丝易脱胶，有逐渐被箔式所取代的趋势。但其价格便宜，多用于要求不高的应变、应力的大批量、一次性试验。

金属箔式应变片中的箔栅是金属箔通过光刻、腐蚀等工艺制成的。箔的材料多为电阻率高、热稳定性好的铜镍合金（康铜）。箔的厚度一般为5μm左右，箔栅的尺寸、形状可以按使用者的需要制作，图2-3b就是其中的一种。由于金属箔式应变片与片基的接触面积比丝式大得多，所以散热条件较好，可允许流过较大的电流，而且在长时间测量时的蠕变也较小。箔式应变片的一致性较好，适合于大批量生产，目前广泛用于各种应变式传感器的制造中。

在制造工艺上，还可以对金属箔式应变片进行适当的热处理，使它的线胀系数、电阻温度系数以及被粘贴的试件的线胀系数三者相互抵消，从而将温度影响减小到最小的程度。目前，利用这种方法已可使应变式传感器成品在整个使用温度范围内的温漂小于万分之几。

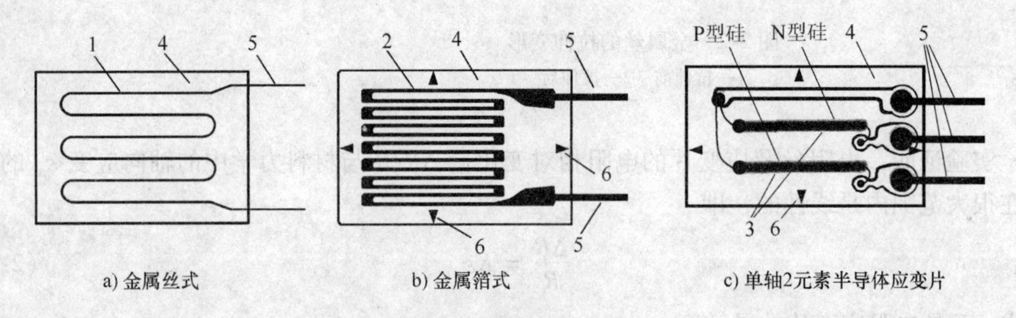

图2-3 几种不同类型的电阻应变片

1—电阻丝 2—金属箔 3—半导体 4—基片 5—引脚 6—定位标记

金属薄膜式应变片主要是采用真空蒸镀技术，在薄的绝缘基片上蒸镀上金属材料薄膜，最后加保护层形成，它是近年来薄膜技术发展的产物。

半导体应变片是用半导体材料作敏感栅而制成的。当它受力时，电阻率随应力的变化而变化。它的主要优点是灵敏度高（灵敏度比金属丝式、金属箔式大几十倍）；主要缺点是灵敏度的一致性差、温漂大、电阻与应变间非线性严重。在使用时，需采用温度补偿及非线性补偿措施。图2-3c中N型和P型半导体在受到拉力时，一个电阻值增大，一个电阻值减小，可构成双臂半桥，同时又具有温度自补偿功能。

表2-1列出了上海某电子仪器厂生产的一些应变片的主要技术参数，仅供参考。表2-1中，PZ型为纸基丝式应变片；PJ型为胶基丝式应变片；BA、BB、BX型为箔式应变片；PBD型为半导体应变片。

表 2-1 应变片主要技术指标

参数名称	电阻值/Ω	灵敏度	电阻温度系数/(1/℃)	极限工作温度/℃	最大工作电流/mA
PZ-120 型	120	1.9~2.1	20×10^{-6}	-10~40	20
PJ-120 型	120	1.9~2.1	20×10^{-6}	-10~40	20
BX-200 型	200	1.9~2.2	—①	-30~60	25
BA-120 型	120	1.9~2.2	—	-30~200	25
BB-350 型	350	1.9~2.2	—	-30~170	25
PBD-1K 型	1000 (1±10%)	145 (1±5%)	<0.4%	<40	15
PBD-120 型	120 (1±10%)	120 (1±5%)	<0.2%	<40	25

① 可根据被粘贴材料的线膨胀系数进行自补偿加工，以下同。

2. 应变片的粘贴

应变片是通过粘合剂粘贴到试件上的，粘合剂的种类很多，要根据基片材料、工作温度、潮湿程度、稳定性、是否加温加压、粘贴时间等多种因素合理选择。

应变片的粘贴质量直接影响应变测量的准确度，必须十分注意。应变片的粘贴工艺包括：试件贴片处的表面处理、贴片位置的确定、应变片的粘贴和固化、引出线的焊接及保护处理等。现将粘贴工艺简述如下：

(1) 试件的表面处理　为了保证一定的粘合强度，必须将试件表面处理干净，清除杂质、油污及表面氧化层等。粘贴表面应保持平整、光滑。最好在表面打光后，采用喷砂处理。面积约为应变片的 3~5 倍。

(2) 确定贴片位置　在应变片上标出敏感栅的纵、横向中心线，在试件上按照测量要求划出中心线。精密的可以用光学投影方法来确定贴片位置。

(3) 粘贴　首先用甲苯、四氢化碳等溶剂清洗试件表面。如果条件允许，也可采用超声清洗。应变片的底面也要用溶剂清洗干净，然后在试件表面和应变片的底面各涂一层薄而均匀的胶水等。贴片后，在应变片上盖上一张聚乙烯塑料薄膜并加压，将多余的胶水和气泡排出。加压时要注意防止应变片错位。

(4) 固化　贴好后，根据所使用的粘合剂的固化工艺要求进行固化处理和时效处理。

(5) 粘贴质量检查　检查粘贴位置是否正确，粘合层是否有气泡和漏贴，敏感栅是否有短路或断路现象，以及敏感栅的绝缘性能等。

(6) 引线的焊接与防护　检查合格后即可焊接引出线。引出导线要用柔软、不易老化的胶合物适当地加以固定，以防止导线摆动时折断应变片的引线。然后在应变片上涂一层柔软的防护层，以防止大气对应变片的侵蚀，保证应变片长期工作的稳定性。

三、应变片的测量转换电路

金属应变片的电阻变化范围很小，如果直接用欧姆表测量其电阻值的变化将十分困难、且误差很大，这从下面的运算结果就可看出来。

例 2-1　有一金属箔式应变片，标称阻值 R_0 为 100Ω，灵敏度 $K=2$，纵向粘贴在横截面积为 9.8mm^2 的钢质圆柱体上，钢的弹性模量 $E=2\times10^{11}\text{N/m}^2$，钢圆柱所受拉力 $F=0.2\text{t}$，求受拉后应变片的阻值 R。

解　钢圆柱体的轴向应变

$$\varepsilon_x = \frac{F}{AE} = \frac{0.2 \times 10^3 \times 9.8}{9.8 \times 10^{-6} \times 2 \times 10^{11}} \mathrm{m/m} = 0.001\mathrm{m/m} = 1000\mu\mathrm{m/m}$$

通常情况下，可以认为粘贴在试件上的应变片的应变约等于试件上的应变，所以有

$$\frac{\Delta R}{R} = K\varepsilon_x = 2 \times 0.001 = 0.002$$

应变片电阻的变化量

$$\Delta R = R_0 \times 0.002 = (100 \times 0.002)\Omega = 0.2\Omega$$

由于应变片受到拉伸，所以电阻值比标称阻值增加了 ΔR。受拉力后的阻值 R 为

$$R = R_0 + \Delta R = (100 + 0.2)\Omega = 100.2\Omega$$

直接用欧姆表很难观察到这 0.2Ω 的变化，所以必须使用不平衡电桥来测量这一微小的变化量。下面分析该桥式测量转换电路是如何将 $\Delta R/R$ 转换为输出电压 U_o 的。

图 2-4 称为桥式测量转换电路。电桥的一个对角线结点 a、c 接入电源电压 U_i，另一个对角线结点 b、d 为输出电压 U_o。为了使电桥在测量前的输出电压为零，应该选择 4 个桥臂电阻，使 $R_1R_3 = R_2R_4$ 或 $R_1/R_2 = R_4/R_3$，这就是电桥平衡的条件。

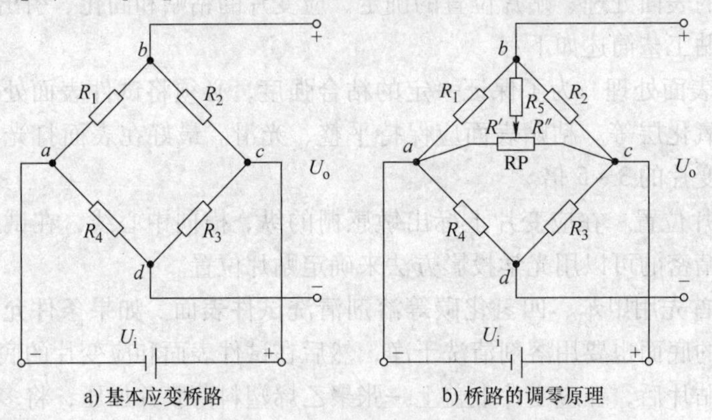

图 2-4 桥式测量转换电路

当每个桥臂电阻变化值 $\Delta R_i \ll R_i$，且电桥输出端的负载电阻为无限大、全等臂形式工作，即 $R_1 = R_2 = R_3 = R_4$（初始值）时，电桥输出电压可用下式近似表示（误差小于1%）：

$$U_o = \frac{U_i}{4}\left(\frac{\Delta R_1}{R_1} - \frac{\Delta R_2}{R_2} + \frac{\Delta R_3}{R_3} - \frac{\Delta R_4}{R_4}\right) \tag{2-3}$$

由于 $\Delta R/R = K\varepsilon_x$，当各桥臂应变片的灵敏度 K 都相同时，有

$$U_o = \frac{U_i}{4}K(\varepsilon_1 - \varepsilon_2 + \varepsilon_3 - \varepsilon_4) \tag{2-4}$$

根据不同的要求，应变电桥有不同的工作方式：单臂半桥工作方式（即 R_1 为应变片，R_2、R_3、R_4 为固定电阻，$\Delta R_2 \sim \Delta R_4$ 均为零）、双臂半桥工作方式（即 R_1、R_2 为应变片，R_3、R_4 为固定电阻，$\Delta R_3 = \Delta R_4 = 0$）、全桥工作方式（即电桥的 4 个桥臂都为应变片）。上面讨论的三种工作方式中的 ε_1、ε_2、ε_3、ε_4 可以是试件的拉应变，也可以是试件的压应变，取决于应变片的粘贴方向及受力方向。若是拉应变，ε 应以正值代入；若是压应变，ε 应以负值代入。

如果设法使试件受力后，应变片 $R_1 \sim R_4$ 产生的电阻增量（或感受到的应变 $\varepsilon_1 \sim \varepsilon_4$）正

负号相间，就可以使输出电压 U_o 成倍地增大。上述三种工作方式中，全桥四臂工作方式的灵敏度最高，双臂半桥次之，单臂半桥灵敏度最低。

采用双臂半桥或全桥的另一个好处是能实现温度自补偿的功能。当环境温度升高时，桥臂上的应变片温度同时升高，温度引起的电阻值漂移数值一致，代入式（2-3）中可以相互抵消，所以这两种桥路的温漂较小。

实际使用中，R_1、R_2、R_3、R_4 不可能严格地成比例关系，所以即使在未受力时，桥路的输出也不一定能为零，因此必须设置调零电路，如图 2-4b 所示。调节 RP，最终可以使 $R'_1/R'_2=R_4/R_3$，电桥趋于平衡，U_o 被预调到零位，这一过程称为调零。图中的 R_5 是用于减小调节范围的限流电阻。上述的调零方法在电子秤等仪器中被广泛使用。

四、应变效应的应用

应变效应的应用十分广泛。它除了可以测量应变外，还可测量应力、弯矩、扭矩、加速度及位移等物理量。电阻应变片的应用可分为两大类：第一类是将应变片粘贴于某些弹性体上，并将其接到测量转换电路，这样就构成测量各种物理量的专用应变式传感器。由第一章讨论可知，传感器由敏感元件、传感元件、测量转换电路组成。在应变式传感器中，敏感元件一般为各种弹性体，传感元件就是应变片，测量转换电路一般为桥路。第二类是将应变片贴于被测试件上，然后将其接到应变仪上就可直接从应变仪上读取被测试件的应变量。下面按应变式传感器和应变仪测量两大类分别介绍它的一些应用。

1. 应变式传感器

（1）应变式力传感器　图 2-5 所示为应变式测力传感器的几种形式。

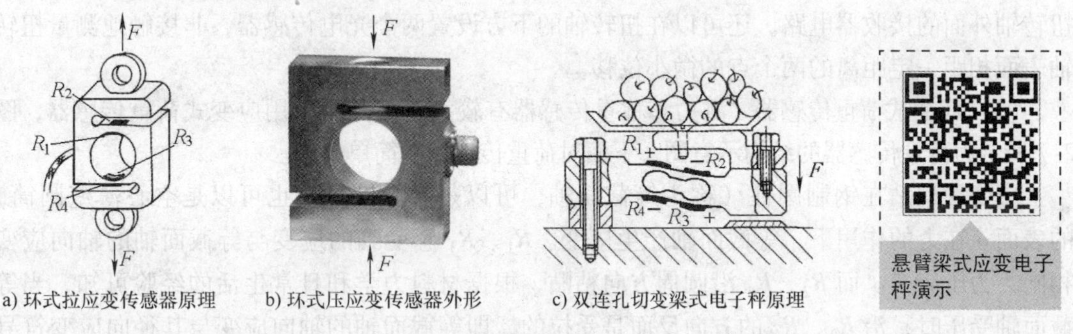

a) 环式拉应变传感器原理　b) 环式压应变传感器外形　c) 双连孔切变梁式电子秤原理

图 2-5　应变式测力传感器的几种形式

切变梁是一端固定、一端自由的弹性敏感元件。它的特点是灵敏度比较高。所以多用于较小力的测量。例如，民用电子称中就多采用切变梁。当力 F 以图 2-5c 所示的方向作用于切变梁的末端时，切变梁上产生剪切应变，上表面靠近固定端的 R_1 以及下表面靠近自由端的 R_3 产生拉应变；反之，R_2、R_4 产生压应变，4 个应变片的应变大小相等，符号依此相间，测量电桥的输出与力 F 成正比。

（2）应变式转矩（扭矩）传感器　应变式转矩传感器如图 2-6 所示。应变片粘贴在扭转轴的表面。

扭转轴是专门用于测量力矩和转矩的弹性敏感元件。力矩 T 等于作用在力臂 l 上的力 F 与力臂 l 的乘积，$T=Fl$。在图 2-6 中，力臂 $l=D/2$。力矩的单位为牛顿·米（N·m），在

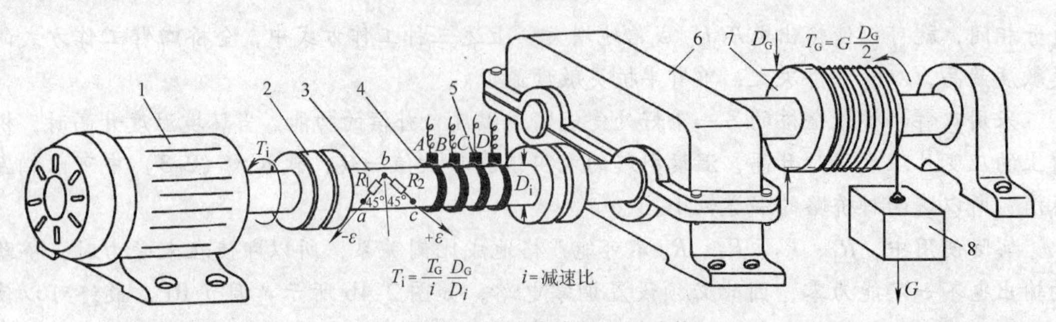

图 2-6 应变式转矩传感器（测功装置）

1—电动机 2—联轴器 3—扭转轴 4—信号引出滑环（集电环） 5—电刷 6—减速器 7—转鼓（卷扬机） 8—重物 T_i—输入力矩 T_G—输出力矩 i—减速比

小力矩测量时，也用 mN · m（1mN · m = 10^{-3}N · m）为单位。使机械部件转动的力矩叫做转动力矩，简称转矩。任何部件在转矩的作用下，必定产生某种程度的扭转变形。因此，习惯上又常把转动力矩叫做扭转力矩，简称扭矩。在试验和检测各类回转机械中，转矩（扭矩）通常是一个重要的必测参数。

在扭矩 T 的作用下，扭转轴的表面将产生拉伸或压缩应变。在轴表面上与轴线成45°方向上（如图 2-6 中的 b 点与 a 点的连线方向）的应变与 b 点与 c 点的连线方向上的应变数值相等，但符号相反。

R_1、R_2 与粘贴在扭转轴背面的 R_3、R_4 组成全桥，代入式（2-4）中，可以使灵敏度得到提高。桥路的 4 个结点 a、b、c、d 分别通过 4 个信号集电环和电刷引出。为了克服电刷与集电环的接触电阻造成的误差，也可以利用无线电模块将旋转轴的应变测量值发射传送到扭转轴外面的接收器电路。还可以在扭转轴的下方设置两个光电传感器，非接触地测量扭转轴表面相距一定距离的两个点的微小位移。

（3）应变式荷重传感器 测力和称重传感器有较大一部分是采用应变式荷重传感器，图 2-7 所示为荷重传感器的结构示意图。下面对荷重传感器作简单介绍。

应变片粘贴在钢制圆柱（称为等截面轴，可以是实心圆柱，也可以是空心薄壁圆筒）的表面。在力的作用下，等截面轴产生应变。R_1、R_3 感受到的应变与等截面轴的轴向应变相同，为压应变。而 R_2、R_4 沿圆周方向粘贴，根据材料力学和日常生活的经验可知，当等截面轴受压时，沿 R_2、R_4 的方向反而是受拉的，即等截面轴的轴向应变与其径向应变符号相反。R_1、R_2、R_3、R_4 以正负相间的数值代入式（2-3）或式（2-4）中，可获得较大的输出电压。

等截面轴的特点是加工方便，但灵敏度（在相同力作用下产生的应变）比悬臂梁低，适用于载荷较大的场合。空心轴在同样的截面积下，轴的直径可加大，可提高轴的抗弯能力。

当被测力较大时，一般多用钢材制作弹性敏感元件，钢的弹性模量约为 2×10^{11}N/m²。当被测力较小时，可用铝合金或铜合金。铝的弹性模量约为 0.7×10^{11}N/m²。材料的刚度越大，弹性模量也就越大，其灵敏度就越低，能承受的载荷就越大。

荷重传感器的输出电压 U_o 正比于荷重 F。实际运用中，生产厂商一般均给出荷重传感器的灵敏度 K_F。设荷重传感器的满量程为 F_m，桥路激励电压为 U_i，满量程时的输出电压为 U_{om}，则 K_F 被定义为

$$K_F = \frac{U_{om}}{U_i} \tag{2-5}$$

当 K_F 为常数时，桥路所加的激励源电压 U_i 越高，满量程输出电压 U_{om} 也越高。

由于 U_o 往往是 mV 数量级，而 U_i 往往是 V 级，所以荷重传感器的灵敏度以 mV/V 为单位。在额定荷重范围内，输出电压 U_o 与被测荷重 F 成正比，所以有

$$\frac{U_o}{U_{om}} = \frac{F}{F_m} \tag{2-6}$$

将式（2-5）代入式（2-6）可得到在被测荷重为 F 时的输出电压

$$U_o = \frac{F}{F_m}U_{om} = \frac{K_F U_i}{F_m}F \tag{2-7}$$

例 2-2 现用图2-7所示的荷重传感器称重。当桥路电压为 12V 时，测得桥路的输出电压为 8mV，求被测荷重为多少吨。

解 从图2-7所示的荷重传感器铭牌上得到 $F_m = 100 \times 10^3$N，$K_F = 2$mV/V，根据式（2-5）得 $U_{om} = 24$mV。被测荷重

$$F = \frac{U_o}{U_{om}}F_m = \frac{U_o}{K_F U_i}F_m = \frac{8 \times 10^{-3}}{2 \times 10^{-3} \times 12}100 \times 10^3 = 3.4\text{t}$$

a) 外形图

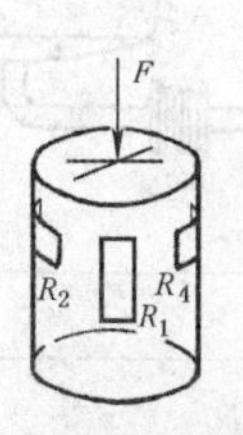

b) 承重等截面圆柱

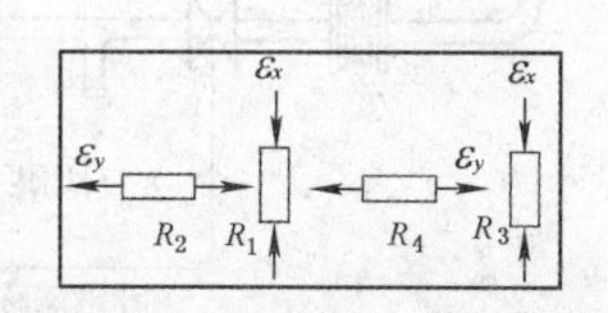

c) 应变片在等截面圆柱展开图上的位置

图 2-7 荷重传感器结构示意图

图 2-8a 是荷重传感器用于测量汽车质量（重量）的汽车衡的示意图。这种汽车衡便于在称重现场和控制室让驾驶员和计量员同时了解测量结果，并打印数据。

图 2-8b 是荷重传感器用于测量液体质量（液位）的液罐秤的示意图。计算机根据液体的密度及荷重传感器的测量结果，通过电动调节阀分别控制 A、B 储液罐的液位，并按一定的比例进行混合。图中每只储液罐共使用 4 只荷重传感器及 4 个桥路激励源，4 个桥路的输出电压串联起来，总的输出电压与储液罐的质量成正比。要得到液体的实际质量，必须扣除金属罐体的重量。如果罐体内部各高度的截面积是已知的，还可以根据液体的质量和密度换算出储液罐内的液位。

现在较常用的办法是用一个桥路激励源来激励 4 个桥路，由 4 路 A－D 转换器将 4 个桥路的输出转换为 4 个数字量，由微处理器进行加法运算。

（4）压阻式固态压力传感器　压阻式传感器是利用半导体材料的压阻效应和集成电路工艺制成的传感器。由于它没有可动部分，所以有时也称为固态传感器。它在工业中多用于与应变有关的力、重力、压力、压差、真空度等物理量的测量。经过适当的换算，也可用于

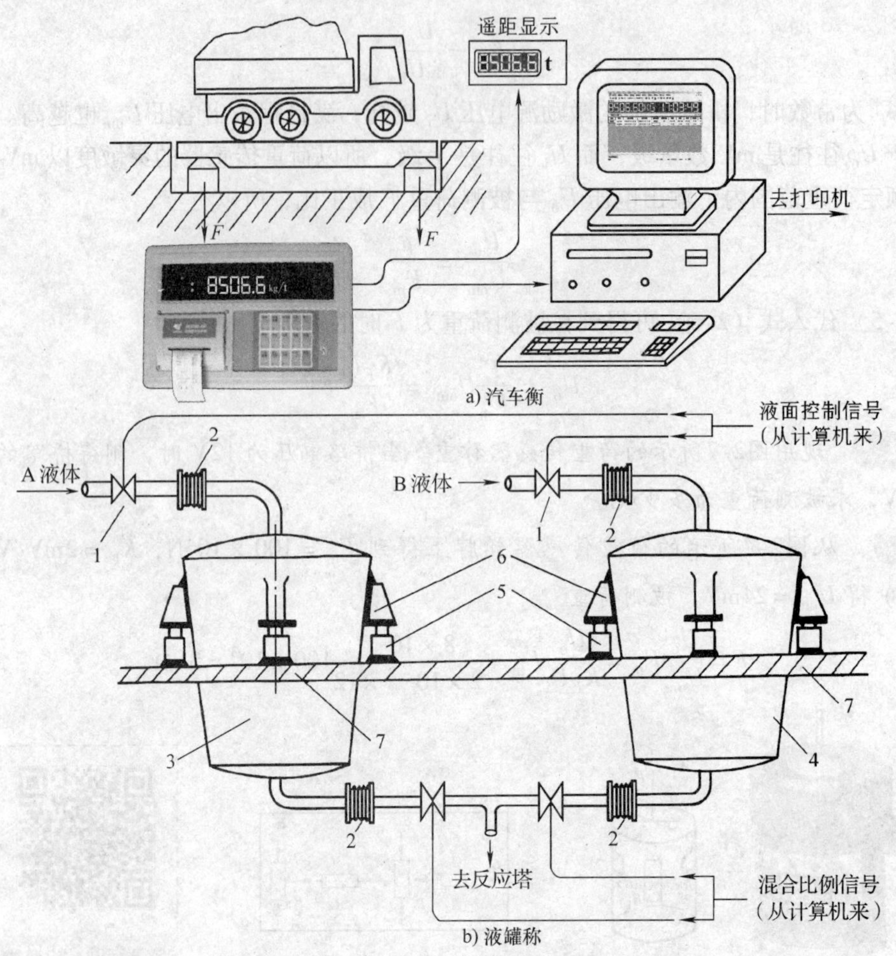

图 2-8 荷重传感器的应用

1—电动比例调节阀 2—膨胀节 3—化学原料储液罐 A 4—化学原料储液罐 B

5—荷重传感器（每罐各 4 只） 6—支撑构件 7—支撑平台

液位、流量、加速度、振动等参量的测量。下面主要介绍压阻式固态压力传感器在压力（差压）测量中的应用。

压阻式固态压力传感器由外壳、硅膜片和引出线等所组成，如图 2-9a 所示，其核心部分是一块方形的硅膜片（图 2-9b）。在硅膜片上，利用集成电路工艺制作了 4 个阻值相等的电阻。

等截面薄片沿直径方向上各点的径向应变是不同的。图 2-9b 中的虚线圆内是硅杯承受压力的区域。由于 R_2、R_4 距圆心很近，所以它们感受的应变是正的（拉应变），而 R_1、R_3 处于膜片的边缘区，所以它们的应变是负的（压应变）。4 个电阻之间利用面积相对较大、阻值较小的扩散电阻（图中的阴影区）引线连接，构成全桥。硅片的表面用 SiO_2 薄膜加以保护，并用超声波焊上金丝，作全桥的引线。硅膜片底部被加工成中间薄（用于产生应变）、周边厚（起支撑作用），如图 2-9d 中的杯型，所以也称为硅杯。硅杯在高温下用玻璃粘接剂粘接在热胀冷缩系数相近的玻璃基板上。将硅杯和玻璃基板紧密地安装到图 2-9a所示的壳体中，就制成了压力传感器。

当图 2-9d 所示的硅杯两侧存在压力差时，硅膜片产生变形，4 个应变电阻在应力的作用下，阻值发生变化，电桥失去平衡，输出电压与膜片两侧的压差成正比。当 p_2 进气口向大气敞开时，输出电压对应于“表压”（相对于大气压的压力）；当 p_2 进气口封闭，并抽真空时，输出电压对应于“绝对压力”。

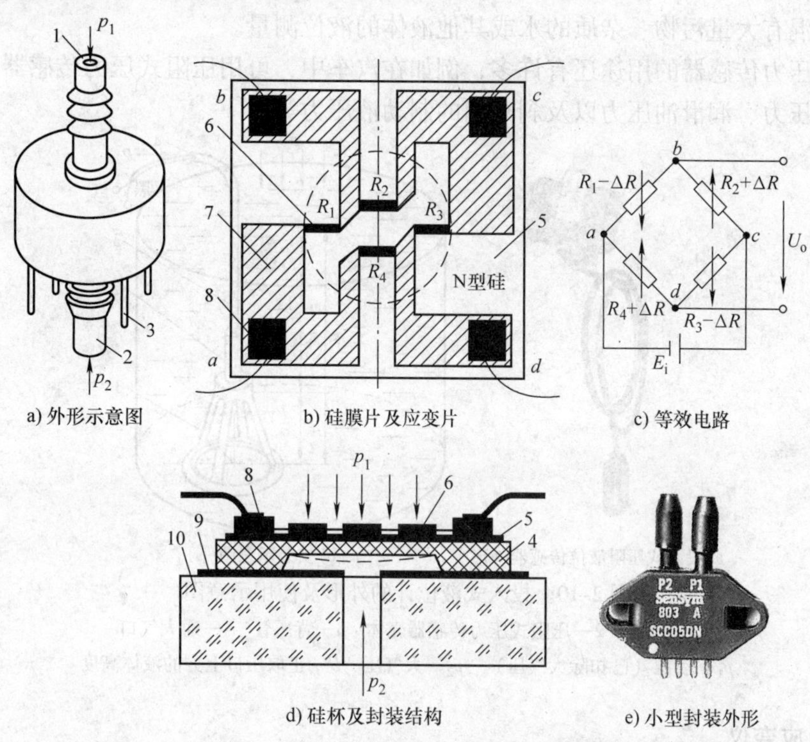

a) 外形示意图　b) 硅膜片及应变片　c) 等效电路

d) 硅杯及封装结构　e) 小型封装外形

图 2-9　压阻式固态压力（差压）传感器

1—进气口 1（高压侧）　2—进气口 2（低压侧）　3—引脚　4—硅杯　5—单晶硅膜片
6—扩散型应变片　7—扩散电阻引线　8—电极及引线　9—玻璃粘结剂　10—玻璃基板

压阻式固态压力传感器与其他型式的压力传感器相比有许多突出的优点。由于 4 个应变电阻是直接制作在同一硅片上的，所以工艺一致性好，灵敏度 K 相等，4 个电阻 $R_1 \sim R_4$ 初始值相等，温度引起的电阻值漂移能互相抵消。由于半导体压阻系数很高，所以这种压力传感器的灵敏度较高，输出信号大。又由于硅膜片本身就是很好的弹性元件，而 4 个扩散型应变电阻又是直接制作在硅片上，所以迟滞、蠕变都非常小，动态响应快。随着半导体技术的发展，还有可能将信号调理电路、温度补偿电路等一起制作在同一硅片上，所以其性能将越来越好。目前，这种体积小、集成度高、性能好的压力传感器在工业中得到越来越广泛的应用。压阻式固态压力传感器的小型封装外形如图 2-9c 所示。

（5）压阻式压力传感器在液位测量中的应用　压阻式压力传感器体积小、结构简单、灵敏度高，将其倒置于液体底部时，可以测出液体的液位。这种型式的液位计称为投入式液位计。图 2-10 是投入式液位计的使用示意图。

压阻式压力传感器安装在不锈钢壳体内，并用不锈钢支架固定放置于液体底部。传感器的高压侧 p_1 的进压孔（用柔性不锈钢隔离膜片隔离，用硅油传导压力）与液体相通。安装高度 h_0 处水的表压 $p_1 = \rho g H$，式中，ρ 为液体密度；g 为重力加速度。传感器的低压侧进气孔通过一根很长的橡胶“背压管”与大气相通，传感器的信号线、电源线也通过该“背压管”与外界的仪表接口相连接。被测液位 h 可由下式得到:

$$h = h_0 + H = h_0 + p_1/(\rho g) \tag{2-8}$$

g 为标准重力加速度 $9.8\mathrm{m/s^2}$。这种投入式液位传感器安装方便，适应于深度为几米至几十米，且混有大量污物、杂质的水或其他液体的液位测量。

压阻式压力传感器的用途还有许多，例如在汽车中，可用压阻式压力传感器来测量进气压力、燃油压力、润滑油压力以及刹车用的制动液压力等。

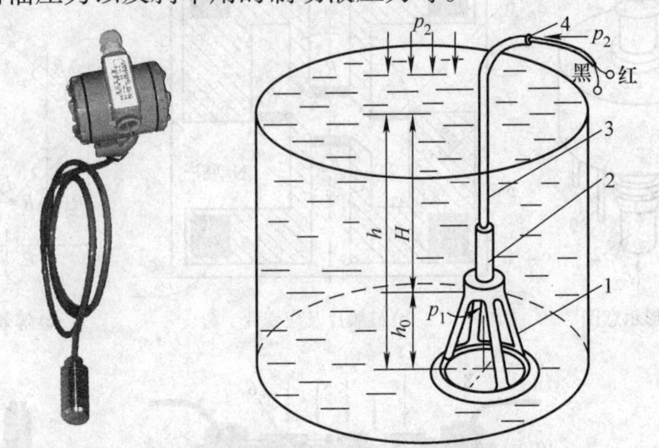

a) 投入式压阻液位传感器外形　　b) 安装示意图

图 2-10　投入式液位计的外形及使用示意图

1—支架　2—压阻式压力传感器壳体　3—背压管　4—通大气口

p_1—表压（已扣除大气压）　p_2—大气压　H—正取压口上方的液体高度

2. 电阻应变仪

（1）电阻应变仪简介　电阻应变仪是专门用于测量电阻应变片应变量的仪器。当被测量是被测试件的应变、应力等物理量时，可以将应变片粘贴在被测物的被测点上，然后用引线将其接到应变仪的接线端子上。读取应变仪的读数，就可以直接得到被测点的应变，经适当换算，还可以得到应力等参数。

应变仪主要由电桥和桥路电源、放大器、显示器等组成。从应变仪内部的放大器工作原理来看，应变仪可分为直流放大式和载波交流放大式两大类。从理论上讲，用直流电或交流电作为桥路电源都是可以的。过去，由于直流放大器稳定性比交流放大器差得多，所以工业上多采用交流电桥及载波交流放大器来放大桥路输出的 mV 级信号。但是，交流电桥的调平衡较复杂，尤其是在长距离测试时，受引线的寄生参量如分布电容、电感的影响很大，交流电桥的平衡更加困难。由于上述原因，桥路的交流电源的频率不能太高，所以致使这种应变仪的动态响应相应较差。随着半导体集成电路技术的发展，高质量的直流放大器如低漂移运算放大器、斩波自稳零放大器等已得到应用，将电桥回路改用直流供电，将使应变仪的工作响应频率大为提高，桥路平衡也容易得多，所以直流电桥的应用越来越广泛。

（2）电阻应变仪的分类　从应变仪的用途来看，应变仪可分为静态应变仪和动态应变仪。静态应变仪是用来测量不随时间而变化（或缓慢变化）的静态应变的，它的准确度很高，分辨力可达 $1\mu\mathrm{m/m}$（即 $1\mu\varepsilon$）。早期的静态应变仪多采用零位式测量，平衡十分困难，测量速度也较慢。目前多采用低漂移、高准确度的直流放大器，先将微弱的桥路输出信号予以放大，然后作 A－D 转换，并用数码管直接显示出应变值。

动态应变仪用于测量动态应变，其工作频率一般为 0～2kHz，有的可高达 10kHz 以上。它采用动态特性、稳定性、线性度均很好的放大器来放大桥路输出的动态电压信号，放大器的输出可以直接驱动示波器，从而描绘出动态应变的波形；也可以用磁带记录仪记录下动态应变的有关数据，以便分析测量结果。图 2-11 是使用直流电源作为桥路电源的动态应变仪原理框图。

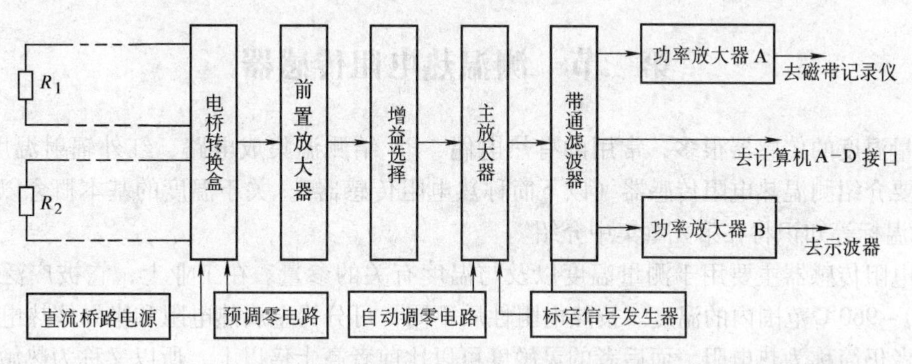

图 2-11　动态应变仪的原理框图

一台应变仪通过仪器内的切换开关，可测几十个测点。如果要测量更多的测点，可采用预调平衡箱来扩展。

随着集成电路、数显技术的不断发展，智能化应变仪应运而生，其功能和性能日趋完善。能做到定时、定点自动切换，测量数据可自动修正、存储、显示和打印记录。若配上适当的接口，还可以与电子计算机连接，将测量数据传送给计算机。

3. 电阻应变仪的应用实例

图 2-12 是应变仪用于人体骨盆和下肢受力、应变测试示意图。它的研究为运动员训练、

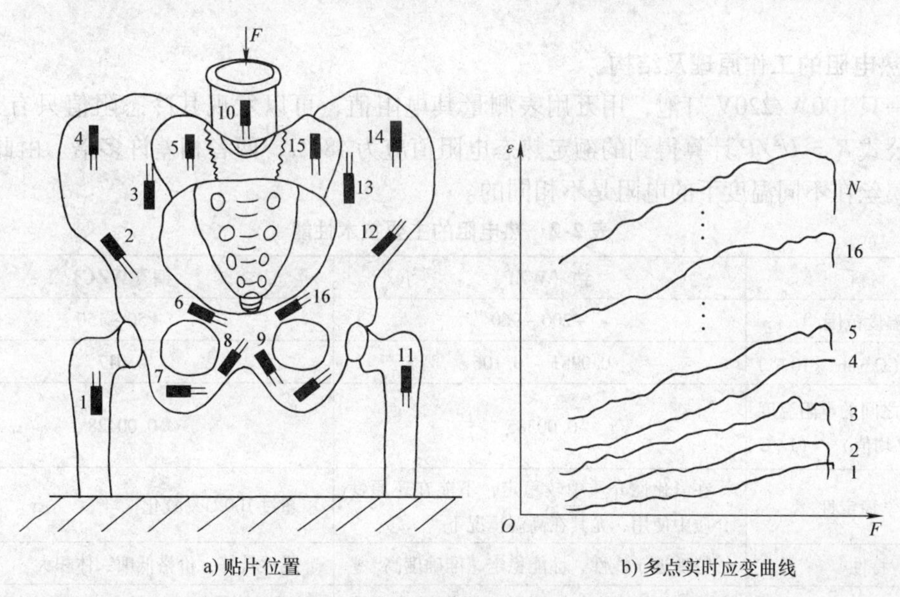

图 2-12　骨盆受力分布试验

骨折预防和治疗提供了科学依据。试验前，将冷冻状态的正常成年人新鲜尸体骨盆去掉肌肉，清洗并用砂纸打磨之后，在图中的测试点上粘贴应变片，并接入应变仪。试验时，将骨盆下端两股骨垂直置于试验机工作台上，压力施加于腰椎上。从应变仪的显示器上逐点、快速读出其应变值，并自动描出应变曲线，直至骨盆或关节破坏为止。

上述试验的基本原理还可以用于测量飞机、汽车、农具等应力集中处的应力、应变，以便确定材料的最佳厚度。试验结束后，可将应变片铲除。

第二节　测温热电阻传感器

测量温度的传感器很多，常用的有热电偶、PN 结测温集成电路、红外辐射温度计等。本节简要介绍测温热电阻传感器（以下简称热电阻传感器），关于温度的基本概念以及 ITS-90 国际温标等知识将在第九章集中介绍。

热电阻传感器主要用于测量温度以及与温度有关的参量。在工业上，它被广泛用来测量 -200 ~ 960℃范围内的温度。按热电阻性质不同，可分为金属热电阻和半导体热电阻两大类。前者仍简称为热电阻，而后者的灵敏度可以比前者高十倍以上，所以又称为热敏电阻。

一、金属热电阻

热电阻主要是利用金属的电阻值随温度升高而增大这一特性来测量温度的。目前较为广泛应用的热电阻材料是铂和铜，它们的电阻温度系数在 $3\sim6\times10^{-3}$/℃范围内。作为测温用的热电阻材料，希望具有电阻温度系数大、线性好、性能稳定、使用温度范围宽、加工容易等特点。在铂、铜中，铂的性能最好，采用特殊的结构可以制成标准温度计，它的适用温度范围为 -200 ~ 960℃；铜热电阻价廉并且线性较好，但高温下易氧化，故只适用于温度较低（-50 ~ 150℃）的环境中，目前已逐渐被铂热电阻所取代。表 2-2 列出了热电阻的主要技术性能。

1. 热电阻的工作原理及结构

取一只 100W/220V 灯泡，用万用表测量其电阻值，可以发现其冷态阻值只有几十欧，但是用公式 $R=U^2/P$ 计算得到的额定热态电阻值应为 484Ω，两者相差许多倍。由此可以知道，金属丝在不同温度下的电阻是不相同的。

表 2-2　热电阻的主要技术性能

材料	铂（WZP）	铜（WZC）
使用温度范围/℃	-200 ~ 960	-50 ~ 150
电阻率/（$\Omega\cdot m\times10^{-6}$）	0.0981 ~ 0.106	0.017
0 ~ 100℃之间的电阻温度系数 α（平均值）/（1/℃）	0.00385	0.00428
化学稳定性	在氧化性介质中较稳定，不能在还原性介质中使用，尤其在高温情况下	超过 100℃易氧化
特性	特性近于线性、性能稳定、准确度高	线性较好、价格低廉、体积大
应用	适于较高温度的测量，可作标准测温装置	适于测量低温、无水分、无腐蚀性介质的温度

温度升高，金属内部原子晶格的振动加剧，从而使金属内部的自由电子通过金属导体时的阻力增大，宏观上表现出电阻率变大，电阻值增大，我们称其为正温度系数，即电阻值与温度的变化趋势相同。

金属热电阻按其结构类型来分，有普通式、铠装式和薄膜式等。普通式热电阻由感温元件（金属电阻丝）、支架、引出线、保护套管及接线盒等基本部分组成。为避免电感分量，电阻丝常采用双线并绕，制成无感电阻。铂热电阻的内部结构如图 2-13 所示，外形结构如图 2-14 所示。铠装式热电阻的外形及结构如图 2-15 所示。

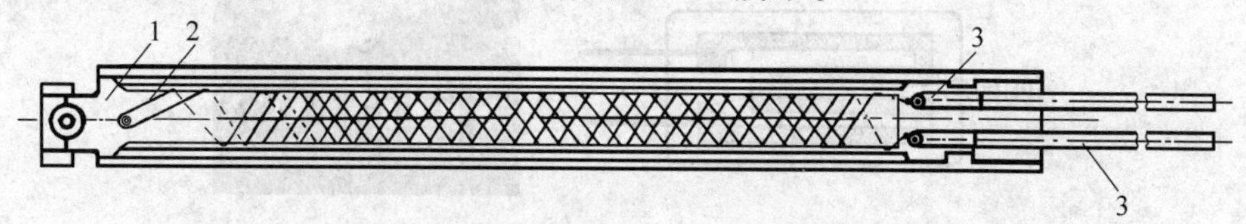

图 2-13　铂热电阻的内部结构

1—铆钉　2—铂电阻丝　3—耐高温引脚

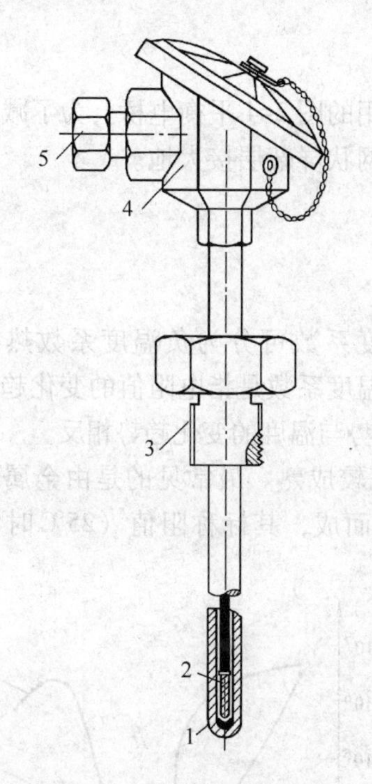

图 2-14　装配式热电阻外形

1—保护套管　2—热电阻　3—紧固螺栓　4—接线盒　5—引出线密封套管

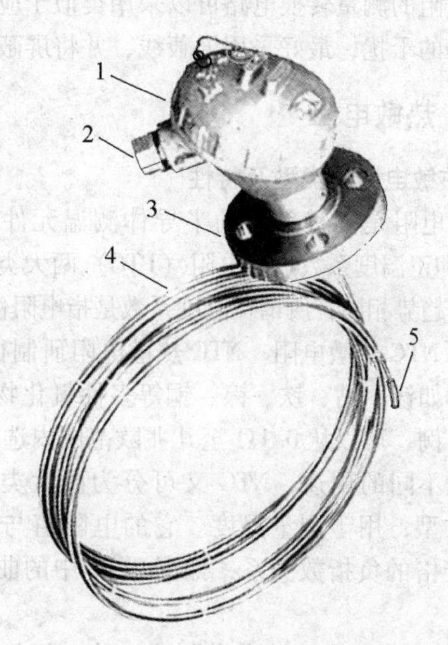

图 2-15　铠装式热电阻的外形及结构

1—接线盒　2—引出线密封管　3—法兰盘（Flange）　4—柔性外套管　5—测温端部

目前还研制生产了薄膜式铂热电阻，如图 2-16 所示。它是利用真空镀膜法或用糊浆印刷烧结法使铂金属薄膜附着在耐高温基底上。其尺寸可以小到几平方毫米，可将其粘贴在被测高温物体上，测量局部温度，具有热容量小、反应快的特点。

目前我国全面施行“1990 国际温标”。按照 ITS-90 标准，国内统一设计的工业用铂热电阻在 0℃时的阻值 R_0 有 25Ω、100Ω 等几种。分度号分别用 Pt25、Pt100 等表示。薄膜式铂热电阻有 100Ω、1000Ω 等数种。铜热电阻在 0℃时的阻值 R_0 值为 50Ω、100Ω 两种，分度号分别用 Cu50、Cu100 表示。

从实验可知，金属热电阻的阻值 Rt 与温度 t 之间呈非线性关系。因此必须每隔一度测出铂热电阻和铜热电阻在规定的测温范围内的 Rt 与 t 之间的对应电阻值，并列成表格，这种表格称为热电阻分度表，见附录 D。该分度表是根据 ITS-90 标准所规定的实验方法而得到的，不同国家、不同厂商的同型号产品均需符合国际电工委员会（IEC）给出的分度表。

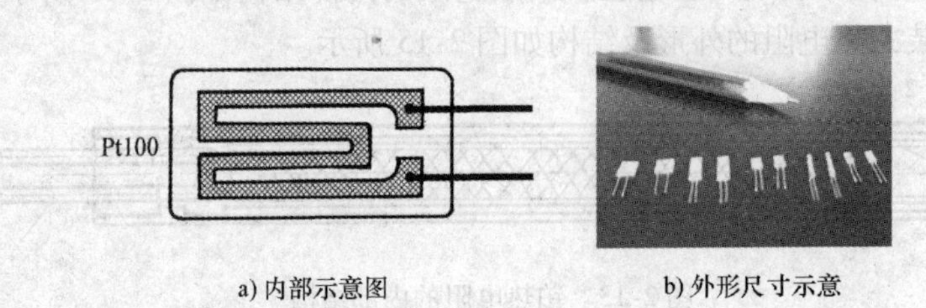

a) 内部示意图　b) 外形尺寸示意

图 2-16　薄膜式铂热电阻

2. 热电阻的测量转换电路

热电阻的测量转换电路可以采用类似于应变片所使用的图 2-4 平衡电桥。为了减小环境电、磁场的干扰，最好采用屏蔽线，并将屏蔽线的金属网状屏蔽层接大地。

二、热敏电阻

1. 热敏电阻的类型及特性

热敏电阻是一种新型的半导体测温元件。按其温度系数可分为负温度系数热敏电阻（NTC）和正温度系数热敏电阻（PTC）两大类。所谓正温度系数是指电阻值的变化趋势与温度的变化趋势相同；所谓负温度系数是指电阻值的变化趋势与温度的变化趋势相反。

（1）NTC 热敏电阻　NTC 热敏电阻研制得较早，也较成熟。最常见的是由金属氧化物组成的。如锰、钴、铁、镍、铜等多种氧化物混合烧结而成，其标称阻值（25℃时）视氧化物的比例，可以从 0.1Ω 至几兆欧范围内选择。

根据不同的用途，NTC 又可分为两大类：第一类指数型，用于测量温度。它的电阻值与温度之间呈严格的负指数关系，如图 2-17 中的曲线 2 所示。

指数型 NTC 的灵敏度由制造工艺、氧化物含量决定。用户可根据需要选择，其准确度和一致性可达 0.1%。因此，NTC 的离散性较小，测量准确度较高。

例如，在 25℃时的标称阻值为 10.0kΩ 的 NTC，在 -30℃时阻值高达 130kΩ；而在 100℃时，只有 850Ω，相差两个数量级，灵敏度很高，多用于空调、电热水器等，在 0～100℃范围内作测温元件。

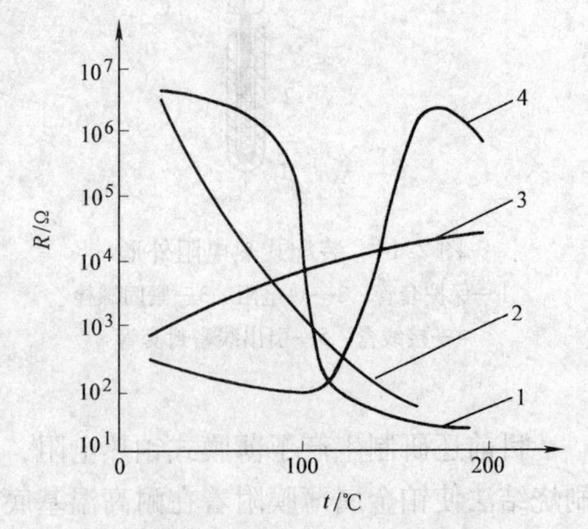

图 2-17　各种热敏电阻的特性曲线
1—突变型 NTC　2—负指数型 NTC
3—线性型 PTC　4—突变型 PTC

第二类为突变型，又称临界温度型（CTR）。当温度上升到某临界点时，其电阻值突然下降，多用于各种电子电路中抑制浪涌电流。例如，在整流回路中串联一只突变型 NTC，可减小上电时的冲击电流。负突变型热敏电阻的温度-电阻特性如图 2-17 中的曲线 1 所示。

（2）PTC 热敏电阻　典型的 PTC 热敏电阻通常是在钛酸钡中掺入其他金属离子，以改变其温度系数和临界点温度。它的温度-电阻特性曲线呈非线性，如图 2-17 中的曲线 4 所示。它在电子电路中多起限流、保护作用。当流过 PTC 的电流超过一定限度或 PTC 感受到的温度超过一定限度时，其电阻值突然增大，可以用于自恢复熔断器。大功率的 PTC 型陶瓷热电阻还可以用于电热暖风机。当 PTC 的温度达到设定值（例如210℃）时，PTC 的阻值急剧上升，流过 PTC 的电流减小，使暖风机的温度基本恒定于设定值上，提高了安全性。

近年来还研制出掺有大量杂质的 Si 单晶 PTC。它的电阻变化接近线性，如图 2-17 中的曲线 3 所示，其最高工作温度上限为 140℃左右。

热敏电阻可根据使用要求，封装加工成各种形状的探头，如圆片形、柱形、珠形、铠装式、薄膜式和厚膜式等，如图 2-18 所示。

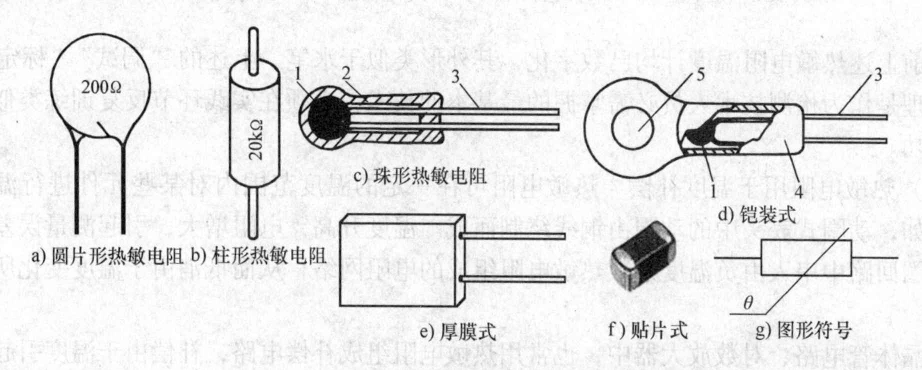

图 2-18　热敏电阻的外形、结构及图形符号

1—热敏电阻　2—玻璃外壳　3—引出线　4—纯铜外壳　5—传热安装孔

2. 热敏电阻的应用

热敏电阻具有尺寸小、响应速度快、灵敏度高等优点，因此它在许多领域得到广泛应用。热敏电阻在工业上的用途很广，根据产品型号不同，其适用范围也各不相同，具体有以下三方面：

（1）热敏电阻测温　作为测量温度的热敏电阻一般结构较简单，价格较低廉。没有外面保护层的热敏电阻只能应用在干燥的地方；密封的热敏电阻不怕湿气的侵蚀，可以使用在较恶劣的环境下。由于热敏电阻的阻值较大，故其连接导线的电阻和接触电阻可以忽略，因此热敏电阻可以在长达几千米的远距离测量温度中应用。测量电路多采用桥路或分压电路。图 2-19 是热敏电阻测量温度的原理图。利用其原理还可以用作其他测温、控温电路。

调试时，必须先调零，再调满度，最后再验证刻度盘中其他各点的误差是否在允许范围内，上述过程称为标定。具体做法如下：用更高一级的数字式温度计监测水温，将绝缘的热敏电阻放入 32℃（表头的零位）的温水中，待热量平衡后，调节 RP_1，使指针指在 32℃上，再加入热水，使其上升到 45℃。待热量平衡后，调节 RP_2，使指针指在 45℃上。再加入冷水，逐渐降温，检查 32～45℃范围内刻度的准确性。如果不准确：①可重新刻度；②在带计算机的情况下，可用软件修正之。

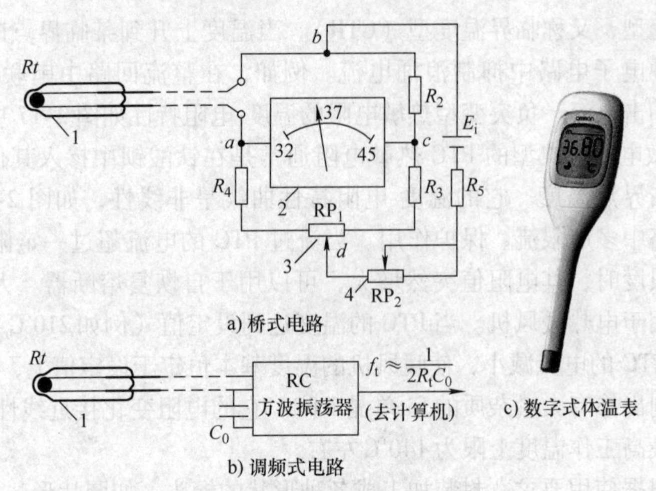

图 2-19 热敏电阻体温表原理图

1—热敏电阻 2—指针式显示器 3—调零电位器 4—调满度电位器

目前上述热敏电阻温度计均已数字化，其外形类似于水笔。上述的“调试”“标定”的基本原理是作为检测技术人员必需掌握的最基本的技术，必须在实践环节反复训练类似的调试基本功。

(2) 热敏电阻用于温度补偿 热敏电阻可在一定的温度范围内对某些元件进行温度补偿。例如，动圈式表头中的动圈由铜线绕制而成。温度升高，电阻增大，引起测量误差。可以在动圈回路中串入由负温度系数热敏电阻组成的电阻网络，从而抵消由于温度变化所产生的误差。

在晶体管电路、对数放大器中，也常用热敏电阻组成补偿电路，补偿由于温度引起的漂移误差。

(3) 热敏电阻用于温度控制及过热保护 在电动机的定子三相绕组中嵌入 PTC 突变型热敏电阻并与继电器串联。当电动机过载时定子电流增大，引起发热。当电动机的绕组温度大于 PTC 的转折温度（居里点）时，继电器控制电路中的电流可以由几十毫安突变为十分之几毫安，因此继电器失电复位，通知有关的控制电路，从而实现过热保护。PTC 热敏电阻用于电动机的过载保护电路如图 2-20 所示。

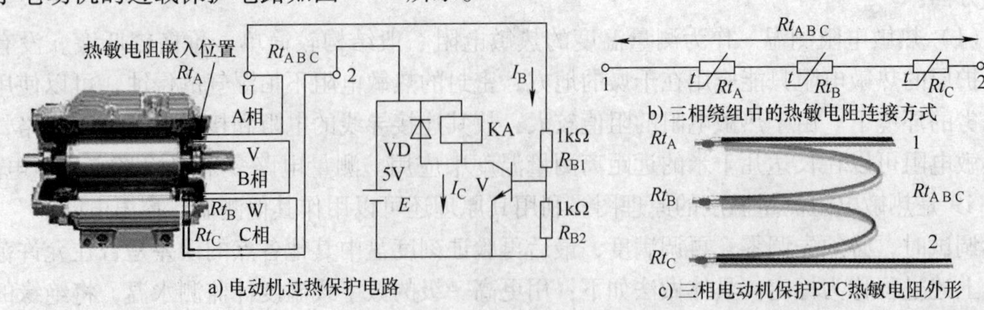

图 2-20 PTC 热敏电阻用于电动机的过载保护电路

热敏电阻在家用电器中用途也十分广泛，如空调与干燥器、电热水器、电烤箱温度控制等都用到热敏电阻。

(4) NTC 热敏电阻用于汽车油箱油位的判断 NTC 突变型热敏电阻用于汽车油位报警

如图 2-21 所示。将 NTC 热敏电阻 Rt 置于汽车燃油箱中的某个高度位置，在检测电路中施加 12V 电压，有微小电流流过 Rt，热敏电阻会产生微热。当燃油液位高于报警下限时，燃油带走 Rt 的热量，Rt 的温度较低，电阻值较大。反之，当燃油液面降低到报警下限时，Rt 暴露在空气中，热量散发比在燃油中慢，所以温度升高，阻值降低。当 Rt 的阻值下降到一定值时，与 Rt 串联的红色 LED 亮，产生油位报警信号。R_1 用于限流，在测量装置发生短路故障时，流过短路点的电流不超过 12mA，可以避免电火花引发燃油燃烧。NTC 热敏电阻在汽车中还用于冷却水温的测量等。

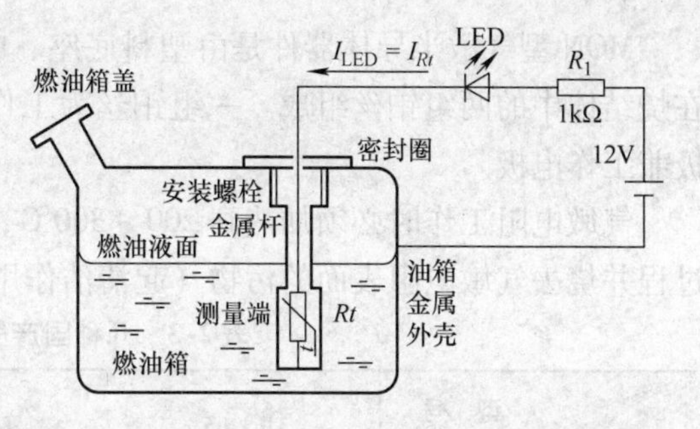

图 2-21 NTC 突变型热敏电阻用于汽车油位报警

第三节 气敏电阻传感器

工业、科研、生活、医疗、农业等许多领域都需要测量环境中某些气体的成分、浓度。例如，煤矿中瓦斯气体浓度超过极限值时，有可能发生爆炸；家庭发生煤气泄漏时，将发生悲剧性事件；农业塑料大棚中 CO_2 浓度不足时，农作物将减产；锅炉和汽车发动机汽缸燃烧过程中氧含量不正确时，效率将下降，并造成环境污染。

使用气敏电阻传感器（以下简称气敏电阻），可以把某种气体的成分、浓度等参数转换成电阻变化量，再转换为电流、电压信号。

气敏电阻品种繁多，本节主要介绍测量还原性气体的 MQN 型气敏电阻以及 TiO_2 氧浓度气敏电阻。

一、还原性气体传感器

所谓还原性气体就是在化学反应中能给出电子、化学价升高的气体。还原性气体多数属于可燃性气体，例如石油蒸气、酒精蒸气、甲烷、乙烷、煤气、天然气以及氢气等。

测量还原性气体的气敏电阻一般是用 SnO_2、ZnO 或 Fe_2O_3 等金属氧化物粉料添加少量铂催化剂、激活剂及其他添加剂，按一定比例烧结而成的半导体器件。图 2-22 是 MQN 型气敏电阻的结构及测量转换电路简图，表 2-3 示出了几种国产气敏电阻的主要特性。

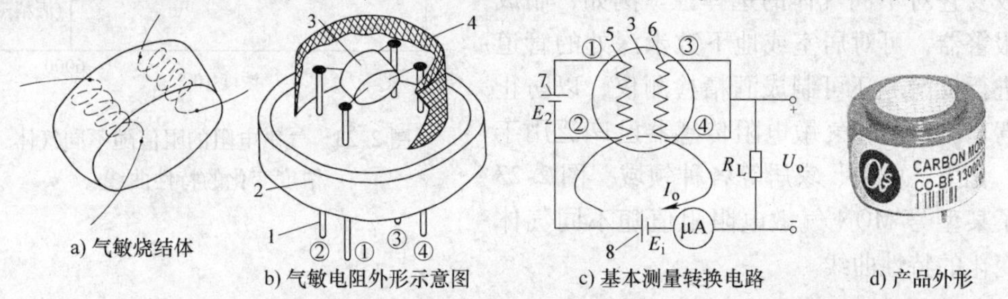

图 2-22 MQN 型气敏电阻的结构、测量电路及外形

1—电极引脚 2—塑料底座 3—烧结体 4—不锈钢网罩 5—加热电极 6—工作电极 7—加热回路电源 8—测量回路电源

MQN 型气敏半导体器件是由塑料底座、电极引线、不锈钢网罩、气敏烧结体以及包裹在烧结体中的两组铂丝组成。一组铂丝为工作电极，另一组（图中的左边铂丝）为加热电极兼工作电极。

气敏电阻工作时必须加热到200～300℃，其目的是加速被测气体的化学吸附和电离的过程并烧去气敏电阻表面的污物（起清洁作用）。

表 2-3　几种国产气敏电阻的主要特性

参数 \ 型号	UL-206	UL-282	UL-281	MQN-10
检测对象	烟　雾	酒精蒸气	煤　气	各种可燃性气体
测量回路电压/V	15 ±1.5	15 ±1.5	10 ±1	10 ±1
加热回路电压/V	5 ±0.5	5 ±0.5	清洗 5.5 ±0.5 工作 0.8 ±0.1	5 ±0.5
加热电流/mA	160～180	160～180	清洗 170～190 工作 25～35	160～180
环境温度/℃	-10～+50	-10～+50	-10～+50	-20～+50
环境相对湿度 RH（%）	<95	<95	<95	<95

气敏电阻的工作原理十分复杂，涉及材料的微晶结构、化学吸附及化学反应，有不同的解释模式。简单地说，当 N 型半导体的表面在高温下遇到离解能较小（易失去电子）的还原性气体（可燃性气体）时，气体分子中的电子将向气敏电阻表面转移，使气敏电阻中的自由电子浓度增加，电阻率下降，电阻减小。还原性气体浓度越高，电阻下降就越多。这样，就把气体的浓度信号转换成电信号。气敏电阻使用时应尽量避免置于油雾、灰尘环境中，以免老化。

气敏半导体在被测气体浓度较低时有较大的电阻变化，而当被测气体浓度较大时，其电阻率的变化逐渐趋缓，有较大的非线性。这种特性较适用于气体的微量检漏、浓度检测或超限报警。控制烧结体的化学成分及加热温度，可以改变它对不同气体的选择性。例如，制成煤气报警器，可对居室或地下数米深处的管道漏点进行检漏。还可制成酒精检测仪，以防止酒后驾车。目前，气敏电阻传感器已广泛用于石油、化工、电力、家居等各种领域。图 2-23 示出了某型号 MQN 气敏电阻阻值随不同气体浓度变化的特性曲线。

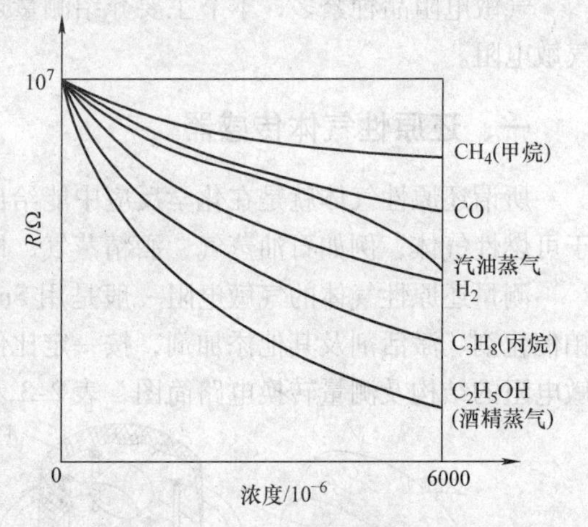

图 2-23　气敏电阻的阻值随不同气体浓度变化的特性曲线

二、二氧化钛氧浓度传感器

半导体材料二氧化钛（TiO_2）属于 N 型半导体，对氧气十分敏感。其电阻值的大小取决于周围环境的氧气浓度。当周围氧气浓度较大时，氧原子进入二氧化钛晶格，改变了半导体的电阻率，使其电阻值增大。上述过程是可逆的，当氧气浓度下降时，氧原子析出，电阻值减小。

图 2-24a、b 是用于汽车或燃烧炉排放气体中的氧浓度传感器结构图及测量转换电路。TiO_2 气敏电阻与补偿热敏电阻同处于陶瓷绝缘体的末端。当氧气含量减小时，R_{TiO_2} 的阻值减小，U_o 增大。

在图 2-24b 中，与 TiO_2 气敏电阻串联的热敏电阻 Rt 起温度补偿作用。当环境温度升高时，TiO_2 气敏电阻的阻值会逐渐减小，只要 Rt 也以同样的比例减小，根据分压比定律，U_o 不受温度影响，减小了测量误差。事实上，Rt 与 TiO_2 气敏电阻是相同材料制作的，只不过是 Rt 被陶瓷密封起来，以免与燃烧尾气直接接触。

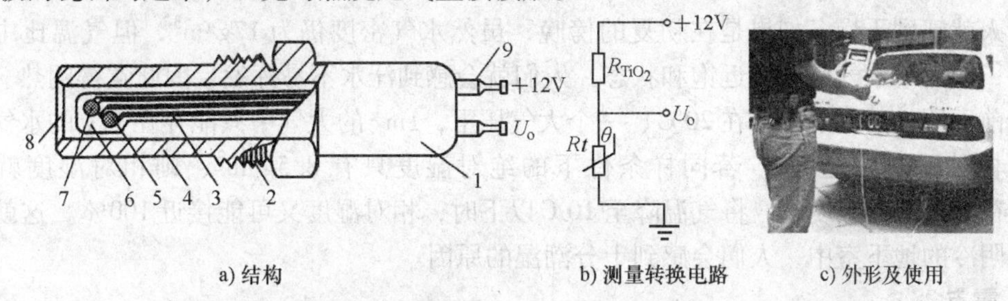

a) 结构　　b) 测量转换电路　　c) 外形及使用

图 2-24　TiO_2 氧浓度传感器结构、测量转换电路外形及使用

1—外壳（接地）　2—安装螺栓　3—搭铁线　4—保护管　5—补尝电阻　6—陶瓷片　7—TiO_2 氧敏电阻　8—进气口　9—引脚

TiO_2 气敏电阻必须在≥100℃的高温下才能工作。汽车之类的燃烧器刚起动时，排气管的温度较低，TiO_2 气敏电阻无法工作，所以还必须在 TiO_2 气敏电阻外面套一个加热电阻丝（图中未画出），进行预热以激活 TiO_2 气敏电阻。

目前还有一种二氧化锆（ZrO_2）氧浓度传感器，可以安装在烟道及汽车的排气系统中用于测量氧浓度，读者可参阅有关参考资料。

第四节　湿敏电阻传感器

一、大气的湿度与露点

在我国江南的黄梅天，人们经常会感到闷热不适，地面返潮，这种现象的本质是空气中的相对湿度太大造成的。

湿度的检测与控制在现代科研、生产、生活中的地位越来越重要。例如，许多储物仓库在湿度超过某一程度时，物品易发生变质或霉变现象；居室的湿度希望适中；而纺织厂要求车间的相对湿度保持在 60% ~70%；在农业生产中的温室育苗、食用菌培养、水果保鲜等都需要对湿度进行检测和控制。

1. 绝对湿度与相对湿度

地球表面的大气层是由 78% 的氮气、21% 的氧气、一小部分二氧化碳、水气以及其他一些惰性气体混合而成的。由于地面上的水和植物会发生水分蒸发现象，因而大气中水气的含量也会发生波动，使空气出现潮湿或干燥现象。大气的水气含量通常用大气中水气的密度来表示。即以每 $1m^3$ 大气所含水气的克数来表示，它称为大气的绝对湿度。要想直接测量大气中的水气含量是十分困难的，由于水气密度与大气中的水气分压强成正比，所以大气的绝对湿度又可以用大气中所含水气的分压强来表示，常用单位是 mmHg 或 Pa。

在许多与大气湿度有关的现象中，如农作物的生长、有机物的发霉、人的干湿感觉等都与大气的绝对湿度没有很大的关系，而主要是与大气中的水气离饱和状态的远近程度即相对湿度有关。所谓饱和状态是指在某一压力、温度下，大气中的水气的含量的最大值。相对湿度是空气的绝对湿度与同温度下的饱和状态空气绝对湿度的比值，它能准确说明空气的干湿程度。在一定的大气压力下，两者之间的数量关系是确定的，可以查表得到有关数据。

例如，同样是 $17g/m^3$ 的绝对湿度，如果是在炎热的夏季中午，由于离当时的饱和状态尚远，人就感到干燥；如果是在初夏的傍晚，虽然水气密度仍为 $17g/m^3$，但气温比中午下降很多，使大气水气密度接近饱和状态，人们就会感到汗水不易挥发，因此觉得闷热。

在前面所举的例子中，在20℃、一个大气压下，$1m^3$ 的大气中只能存在17g 的水气，则此时的相对湿度为 100%。若同样条件下的绝对湿度只有 $8.5g/m^3$，则相对湿度就只有 50%。在上述绝对湿度下，将气温降至 10℃以下时，相对湿度又可能接近 100%。这就是为什么在阴冷的地下室中，人们会感到十分潮湿的原因。

2. 露点

降低温度可以使原先未饱和的水气变成饱和水气而产生结露现象。露点就是指：使大气中原来所含有的未饱和水气变成饱和水气所必须降低温度而达到的温度值。因此，只要测出露点就可以通过查表得到当时大气的绝对湿度。这种方法可以用来标定本节介绍的湿敏电阻传感器。露点与农作物的生长有很大关系。另外，结露也严重影响电子仪器的正常工作，必须予以注意。

二、湿敏电阻传感器的分类

水是一种强极性的电解质。水分子极易吸附于固体表面并渗透到固体内部，从而引起固体的各种物理变化。如早期人们使用毛发吸水而变长的毛发湿度计以及湿棉花球因水分蒸发而温度降低的干湿球湿度计等。将湿度变成电信号的传感器有红外线湿度计、微波湿度计、超声波湿度计、石英晶体振动式湿度计、湿敏电容湿度计、湿敏电阻湿度计等。湿敏电阻又有多种不同的结构型式。常用的有金属氧化物陶瓷湿敏电阻、金属氧化物膜型湿敏电阻和高分子材料湿敏电阻等，下面分别予以介绍。

1. 金属氧化物陶瓷湿度传感器

金属氧化物陶瓷湿度传感器是当今湿度传感器的发展方向之一。近几年研究出许多电阻型湿敏多孔陶瓷材料，如 LaO_3-TiO_2、SnO_2-Al_2O_3-TiO_2、La_2O_3-TiO_2-V_2O_5、TiO_2-Nb_2O_5、MnO_2-Mn_2O_3 和 NiO 等。下面重点介绍 $MgCr_2O_4$-TiO_2 陶瓷湿度传感器，其结构和外形示意图如图 2-25 所示。

$MgCr_2O_4$-TiO_2（铬酸镁-氧化钛）等金属氧化物以高温烧结的工艺制成多孔性陶瓷半导体薄片。它的气孔率高达 25% 以上，具有 1μm 以下的细孔分布。与日常生活中常用的结构致密的陶瓷相比，其接触空气的表面积显著增大，所以水气极易被吸附于其表层及其孔隙之中，使其电阻值下降。当相对湿度从 1% 变化到 95% 时，其电阻值变化高达 4 个数量级左

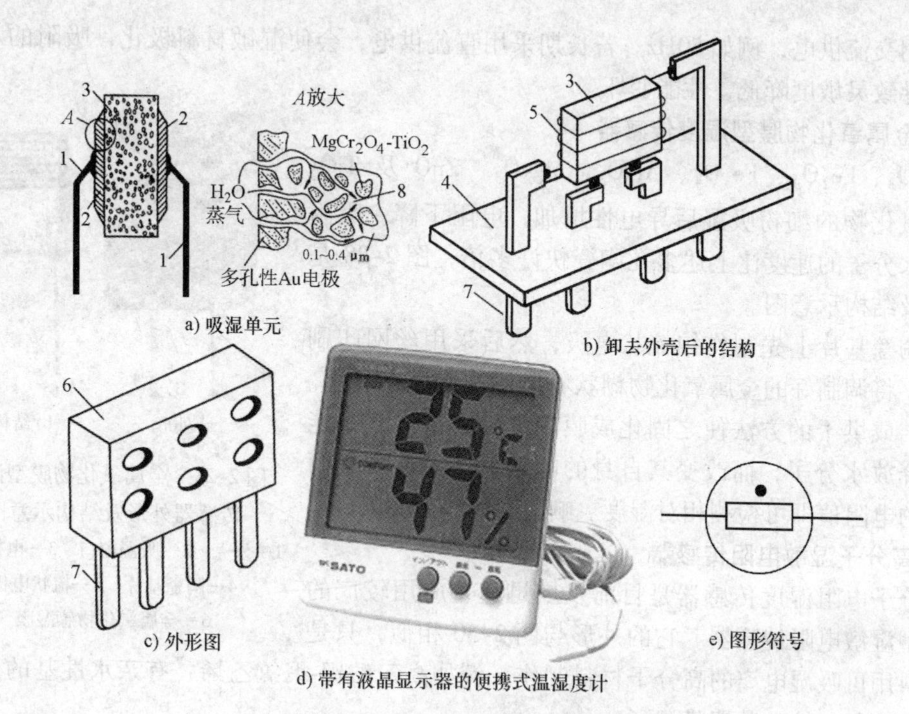

图 2-25 陶瓷湿度传感器的结构和外形

1—引线 2—多孔性电极 3—多孔陶瓷（$MgCr_2O_4-TiO_2$） 4—底座 5—镍铬加热丝 6—外壳 7—引脚 8—气孔

右，所以在测量电路中必须考虑采用对数压缩技术。其电阻与相对湿度关系曲线如图 2-26 所示。测量转换电路框图如图 2-27 所示。

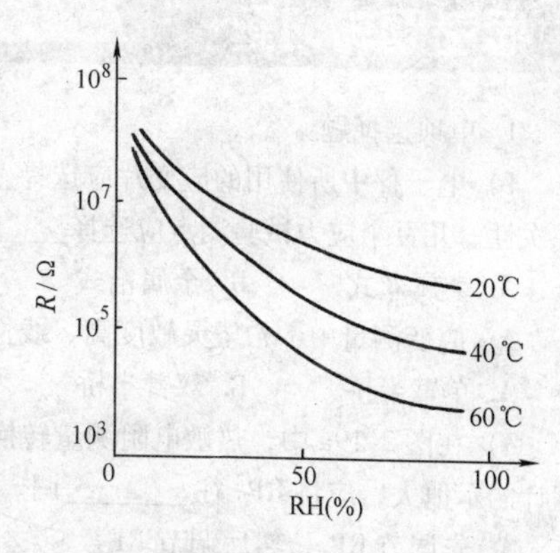

图 2-26 $MgCr_2O_4$-TiO_2 陶瓷湿度传感器相对湿度与电阻的关系

由于多孔陶瓷置于空气中易被灰尘、油烟污染，从而堵塞气孔，使感湿面积下降。如果将湿敏陶瓷加热到 300℃以上，就可使污物挥发或烧掉，使陶瓷恢复到初始状态。所以必须定期给加热丝（见图 2-25b）通电。陶瓷湿敏传感器吸湿快（3min 左右），而脱湿要慢许多，从而产生滞后现象，称为湿滞。当吸附的水分子不能全部脱出时，会造成重现性误差及测量误差。有时可用重新加热脱湿的办法来解决。即每次使用前应先加热 1min 左右，待其冷却至室温后，方可进行测量。陶瓷湿敏传感器的湿度-电阻的标定比温度传感器的标定困难得多。它的误差较大，稳定性也较差，使用时还应考虑温度补偿。陶瓷湿敏电

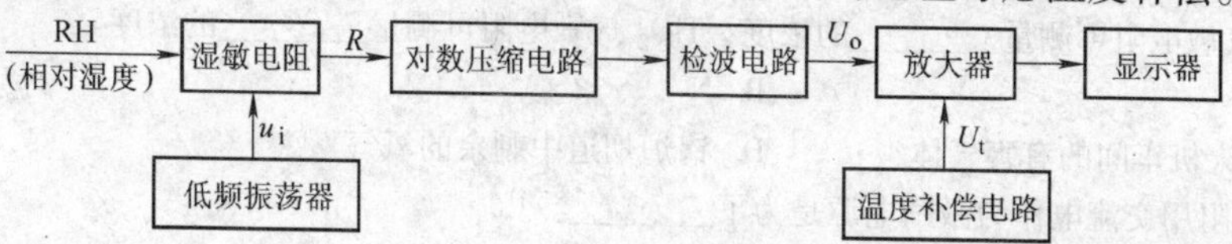

图 2-27 湿敏电阻传感器测量转换电路框图

阻应采用交流供电，例如50Hz。若长期采用直流供电，会使湿敏材料极化，吸附的水分子电离，导致灵敏度降低，性能变坏。

2. 金属氧化物膜型湿度传感器

Cr_2O_3、Fe_2O_3、Fe_3O_4、Al_2O_3、Mg_2O_3、ZnO 及 TiO_2 等金属氧化物的细粉吸湿后导电性增加，电阻下降。吸附或释放水分子的速度比上述多孔陶瓷快许多倍，图2-28是其外形及结构示意图。

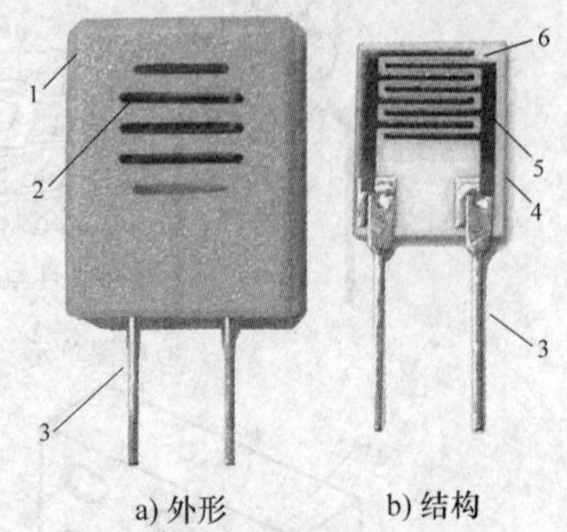

图2-28 金属氧化物膜型湿度传感器外形及结构示意图

1—外壳 2—吸湿窗口 3—电极引线 4—陶瓷基片 5—梳状电极 6—金属氧化物感湿膜

在陶瓷基片上先制作铂梳状电极，然后采用丝网印刷等工艺，将调制好的金属氧化物糊状物印刷在陶瓷基片上。采用烧结或烘干的方法使之固化成膜。这种膜在空气中能吸附或释放水分子，而改变其自身的电阻值。通过测量两电极间的电阻值即可检测相对湿度。响应时间小于1min。

3. 高分子湿敏电阻传感器

高分子电阻湿度传感器是目前发展迅速、应用较广的一类新型湿敏电阻传感器。它的外形与图2-30相似，只是吸湿材料用可吸湿电离的高分子材料制作。例如高氯酸锂-聚氯乙烯、有亲水性基的有机硅氧烷、四乙基硅烷的共聚膜等。

高分子湿敏电阻具有响应时间快、线性好、成本低等特点。

思考题与习题

1. 单项选择题

1）电子秤中所使用的应变片应选择________应变片；为提高集成度，测量气体压力应选择________；一次性、几百个应力试验测点应选择________应变片。

A. 金属丝式　B. 金属箔式　C. 电阻应变仪　D. 固态压阻式传感器

2）应变测量中，希望灵敏度高、线性好、有温度自补偿功能，应选择________测量转换电路。

A. 单臂半桥　B. 双臂半桥　C. 四臂全桥

3）在图2-19a中，热敏电阻测量转换电路调试过程的步骤是________。若发现毫伏表的示值比标准温度计的示值大，应将 RP_2 往________调。

A. 先调节 RP_1，然后调节 RP_2　B. 同时调节 RP_1、RP_2

C. 先调节 RP_2，然后调节 RP_1　D. 上　E. 下　F. 左　G. 右

4）图2-19中的 Rt（热敏电阻）应选择________热敏电阻，图2-20中的 Rt 应选择________热敏电阻。

A. NTC指数型　B. NTC突变型　C. PTC突变型　D. 线性型

5）MQN气敏电阻可测量________的浓度，TiO_2 气敏电阻可测量________的浓度。

A. CO_2　B. N_2

C. 气体打火机车间的有害气体　D. 锅炉烟道中剩余的氧气

6）湿敏电阻用交流电作为激励电源是为了________。

A. 提高灵敏度　B. 防止产生极化、电解作用

C. 减小交流电桥平衡难度　D. 便于放大

7）当天气变化时，有时会发现在地下设施（例如地下室）中工作的仪器内部印制板漏电增大、机箱

上有小水珠出现、电路板结露等，影响了仪器的正常工作。该水珠的来源是________。

A. 从天花板上滴下来的

B. 由于空气的绝对湿度达到饱和点而凝结成水滴

C. 空气的绝对湿度基本不变，但气温下降，室内的空气相对湿度接近饱和，当接触到温度比大气更低的仪器外壳时，空气的相对湿度达到饱和状态，而凝结成水滴

8）在使用测谎器时，被测试人由于说谎、紧张而手心出汗，可用________传感器来检测。

A. 应变片　　B. 热敏电阻　　C. 气敏电阻　　D. 湿敏电阻

2. 有一测量起重机起吊物质量（即物体的重量）的拉力传感器如图 2-29 所示。R_1、R_2、R_3、R_4 贴在等截面轴上，组成全桥，桥路电源为直流 6V。请画出测量转换电路（包括调零电路，注意$R_1 \sim R_4$的粘贴及受力方向是否与图 2-4 相同）。

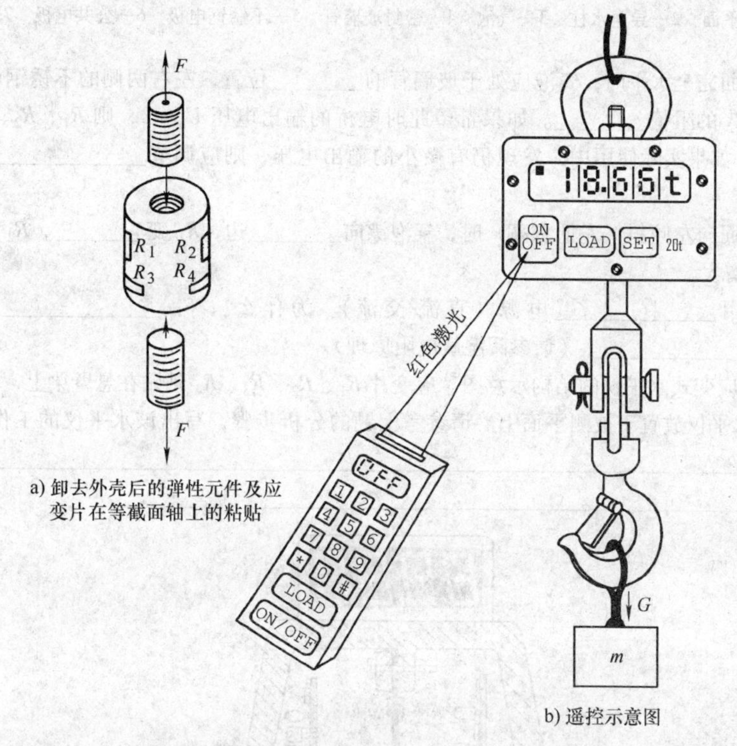

图 2-29　测量起重机起吊物重量的电子秤示意图

3. 有一额定荷重为 20×10^3 N 的等截面空心圆柱式荷重传感器，其灵敏度 K_F 为 2mV/V，桥路电压 U_i 为 12V，求：

1）在额定荷重时的输出电压 U_{om}；

2）当测得输出电压 U_o 为 6mV 时，承载为多少牛（N）？

3）若在额定荷重时要得到 4V 的输出电压（去 A－D 转换器），放大器的放大倍数应为多少倍？

4. Pt100 热电阻的阻值 Rt 与温度 t 的关系在 0～100℃范围内可用式 $Rt \approx R_0(1+\alpha t)$ 近似表示，求：

1）查表 2-2，写出铂金属的电阻温度系数 α。

2）计算当温度为 50℃时的电阻值。

3）查附录 D（工业热电阻分度表），50℃时的电阻值为多少欧？

4）计算法的误差为多少欧？示值相对误差又为多少？

5. 气泡式水平仪结构如图 2-30 所示，密封的玻璃管内充入导电液体，中间保留一个小气泡。玻璃管

两端各引出一根不锈钢电极。在玻璃管中间对称位置的下方引出一个不锈钢公共电极。请分析该水平仪的工作原理之后填空。

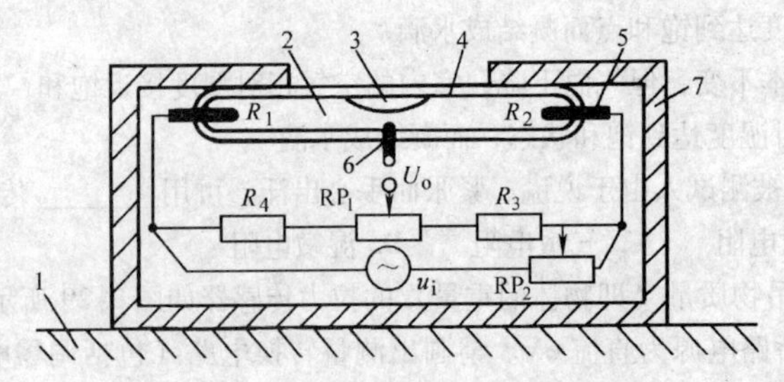

图 2-30 电子气泡式水平仪结构简图

1—被测平面 2—导电水柱 3—气泡 4—密封玻璃管 5—不锈钢电极 6—公共电极 7—外壳

1）当被测平面完全水平时，气泡应处于玻璃管的________位置，左右两侧的不锈钢电极与公共电极之间的电阻 R_1、R_2 的阻值________。如果希望此时电桥的输出电压 $U_o=0$，则 R_1、R_2、R_3、R_4 应满足________的条件。如果实际使用中，发现仍有微小的输出电压，则应调节__________________，使 U_o 趋向于零。

2）当被测平面向左倾斜（左低右高）时，气泡漂向________边，R_1 变________，R_2 变________，电桥失去平衡，U_o 增大。

3）U_i 应采用____________电源（直流/交流）。为什么？答：____。（请参阅湿敏电阻原理）。

6. 图 2-31 是应变式水平仪的结构示意图。应变片 R_1、R_2、R_3、R_4 粘贴在悬臂梁上，悬臂梁的自由端安装一质量块，水平仪放置于被测平面上。请参考上题的分析步骤，写出该水平仪的工作原理。答：____。

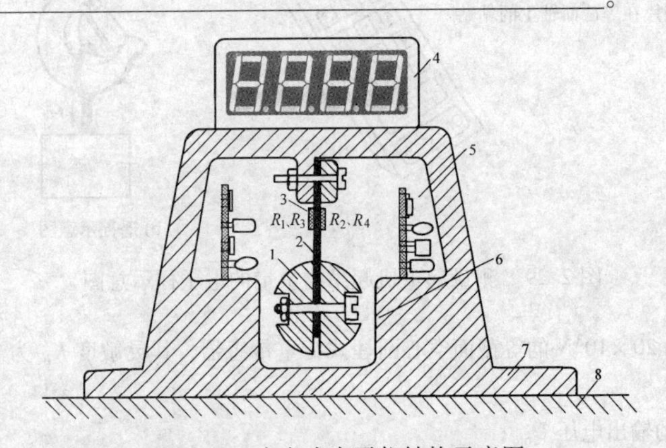

图 2-31 应变式水平仪结构示意图

1—质量块 2—悬臂梁 3—应变片 4—显示器 5—信号处理电路 6—限位器 7—外壳 8—被测平面

7. 图 2-32 是汽车进气管道中使用的热丝式气体流速（流量）仪的结构示意图。在通有干净且干燥气体、截面积为 A 的管道中部，安装有一根加热到 200℃ 左右的细铂丝 R_1。另一根相同长度的细铂丝安装在与管道相通、但不受气体流速影响的小室中，请分析填空。

1）设在 200℃ 时，$R_1=R_2=20\Omega$，$E_i=12V$，则流过 R_1 的电流为______A，使 R_1 处于微热状态。

2）当气体流速 $v=0$ 时，R_1 的温度与 R_2 的温度______，电桥处于______状态。当气体介质自身的温度发生波动时，R_1 与 R_2 同时感受到此波动，电桥仍然处于______状态，所以设置 R_2 是为了起______的作用。

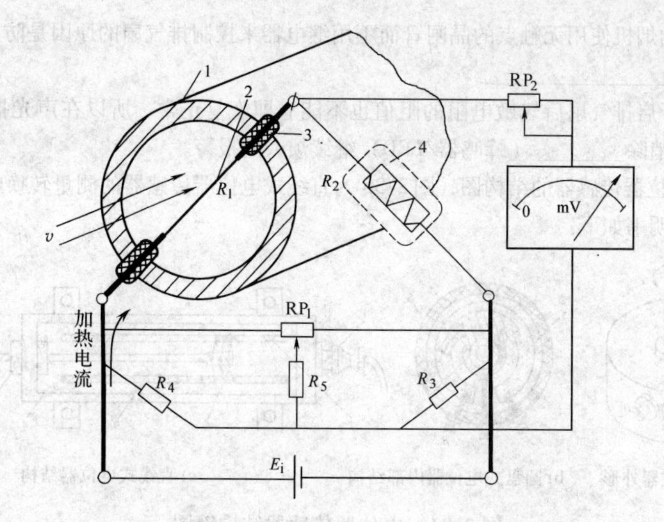

图 2-32　热丝式气体流速（流量）仪的结构示意图

1—进气管　2—铂丝　3—支架　4—与管道相通的小室（连通管道未画出）　R_2—与 R_1 相同的铂丝

3）当气体介质流动时，将带走 R_1 的热量，使 R_1 的温度变______，电桥______，毫伏表的示值与气体流速的大小成一定的函数关系。图中的 RP_1 称为______电位器，RP_2 称为______电位器。欲使毫伏表的读数增大，应将 RP_2 向______（左/右）调。

4）设管道的截面积 $A = 0.01m^2$，气体流速 $v = 2m/s$，则通过该管道的气体的体积流量 $q_V = A_V =$ __________ m^3/s。

5）如果被测气体含有水气，则测量得到的流量值将偏________（大/小），这是因为_________________；如果 R_1、R_2 改用铜丝，会产生________问题。

8. 100m 短跑比赛之前必须测量风速，以避免影响比赛成绩。请根据题 7 的原理，构思一个手持式风速、风向仪。请分别画出测量风速、风向的测量转换电路及仪器的外形（注：风速仪的铂丝可用 220V/35W的拇指式小型灯泡敲掉玻璃后露出钨丝代替，风向标的转轴可与合适的角位移传感器联轴）。

9. 图 2-33 为自动吸排油烟机原理框图，请分析填空。

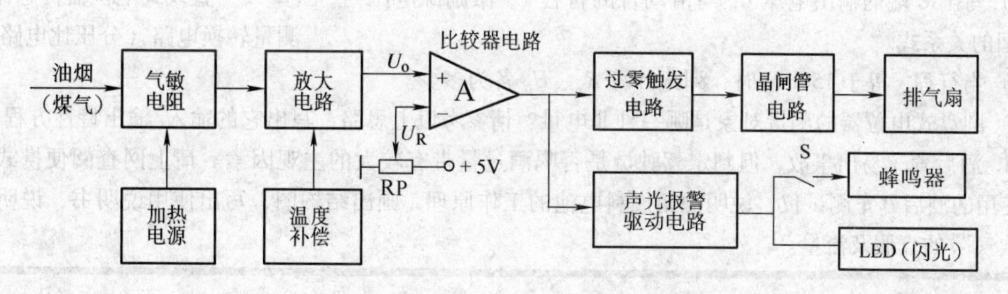

图 2-33　自动吸排油烟机（抽油烟机）电路原理框图

1）图中的气敏电阻是________类型，被测气体浓度越高，其电阻值就越________。

2）气敏电阻必须使用加热电源的原因是________________________，通常须将气敏电阻加热到________℃左右。因此使用电池为电源、作长期监测仪表使用时，电池的消耗较________（大/小）。

3）当气温升高后，气敏电阻的灵敏度将________（升高/降低），所以必须设置温度补偿电路，使电路的输出不随气温变化而变化。

4）比较器的参考电压 U_R 越小，检测装置的灵敏度就越________。若希望灵敏度不要太高，可将 RP 往________（左/右）调节。

5）该自动吸排油烟机使用无触点的晶闸管而不用继电器来控制排气扇的原因是防止________________________________。

6）由于即使在开启排气扇后气敏电阻的阻值也不能立即恢复正常，所以在声光报警电路中，还应串接一只控制开关，以消除________（蜂鸣器/LED）继续烦人的报警。

10. 图2-34为电位器传感器的结构图，图2-35为直线式电位器传感器的测量转换电路，查某直线式电位器传感器的产品说明书如下：

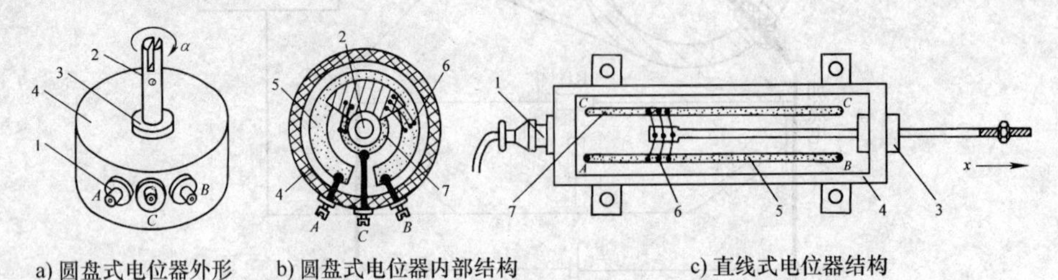

a) 圆盘式电位器外形　b) 圆盘式电位器内部结构　c) 直线式电位器结构

图2-34　电位器传感器结构简图

1—接线端子　2—转轴　3—微型轴承　4—外壳　5—导电塑料

6—滑动触点　7—滑动触点电压引出轨道（铜质）

①寿命：10^7 次以上；②温度系数：小于100ppm/℃（一个ppm表示一百万分之一，即10^{-6}）；③线性：优于0.1%；④使用温度范围：−50～+125℃；⑤最大端电压：40V；⑥最大行程：500mm；⑦额定电阻：10kΩ。

根据以上指标，计算有关数据，并回答问题：

1）当施加在该直线式电位器传感器A、B两端的电压为最大端电压时，电位器的功耗为多少毫瓦？若超过最大端电压，从稳定性看，将产生哪些问题？

2）当施加在电位器A、B两端的电压为24V、行程x从0增大到500mm时，U_o的变化范围为多少？

3）写出C端的输出电压U_o与滑动臂的行程x、激励源电压U_i之间的关系式。

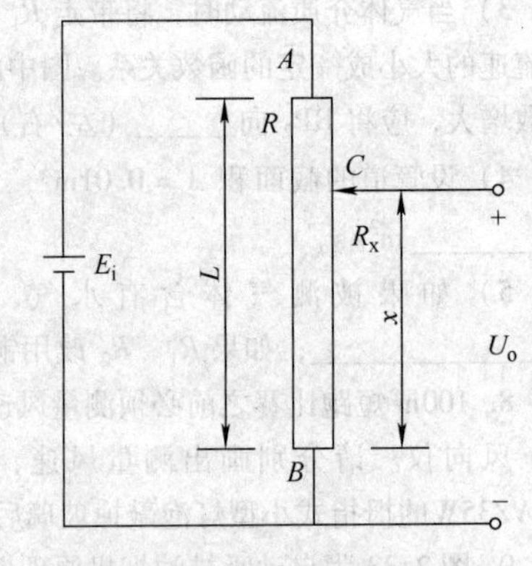

图2-35　直线式电位器传感器的测量转换电路（分压比电路）

4）当行程x等于150mm时，列式计算R_x、U_o各为多少。

5）圆盘式电位器的测量对象是哪一种非电量？请参考以上思路，写出它的输入/输出特性方程。

11. 酒后驾车易出事故，但判定驾驶员是否喝酒过量带有较大的主观因素。请上网查阅便携式、交通警察使用的酒后驾车测试仪，说明酒精燃料电池的工作原理，画出结构图，写出使用说明书，说明如何判断“吹气”的真假及流量。

第三章 Chapter 3

电感传感器

电感传感器是利用线圈自感或互感量系数的变化来实现非电量电测的一种装置。利用电感传感器能对位移以及与位移有关的工件尺寸、压力、振动等参数进行测量。它具有分辨力及测量准确度高（可分辨 1μm 的位移量）等一系列优点，因此在工业自动化测量技术中得到广泛的应用。它的主要缺点是响应较慢，不宜于快速动态测量，而且传感器的分辨力与测量范围有关，测量范围大，分辨力低，反之则高。

电感传感器种类很多，可分为自感式和互感量式两大类。人们习惯上讲电感传感器通常是指自感传感器。而互感量传感器是利用变压器原理，做成差动式，故常称为差动变压器传感器。

第一节　自感传感器

我们可以做以下实验：将一只 380V 交流接触器的绕组与交流毫安表串联后，接到机床用控制变压器的 36V 交流电压源上，如图 3-1 所示。这时毫安表的示值约为几十毫安。用手慢慢将接触器的活动铁心（称为衔铁）往下按，我们会发现毫安表的读数逐渐减小。当衔铁与固定铁心之间的气隙等于零时，毫安表的读数只剩下十几毫安。

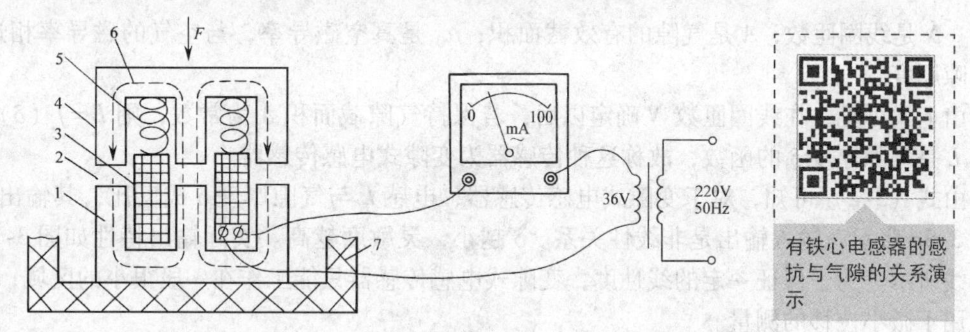

图 3-1　绕组铁心的气隙与电感量及电流的关系实验

1—固定铁心　2—气隙　3—绕组　4—衔铁　5—弹簧　6—磁力线　7—绝缘外壳

由电工知识可知，忽略绕组的直流电阻时，流过绕组的交流电流为

$$I=\frac{U}{Z}\approx\frac{U}{X_L}=\frac{U}{2\pi fL} \tag{3-1}$$

当铁心的气隙较大时，磁路的磁阻 R_m 也较大，绕组的电感量 L 和感抗 X_L 较小，所以电流 I 较大。当铁心闭合时，磁阻变小、电感变大，电流减小。我们可以利用本例中自感量随气隙而改变的原理来制作测量位移的自感传感器。

较实用的自感传感器的结构示意图如图 3-2a 所示。它主要由绕组、铁心、衔铁及测杆等组成。工作时，衔铁通过测杆（或转轴）与被测物体相接触，被测物体的位移将引起绕组电感量的变化，当传感器绕组接入测量转换电路后，电感的变化将被转换成电流、电压或频率的变化，从而完成非电量到电量的转换。

自感电感传感器常见的形式有变隙式、变截面式和螺线管式三种，如图 3-2a、b、c 所示。

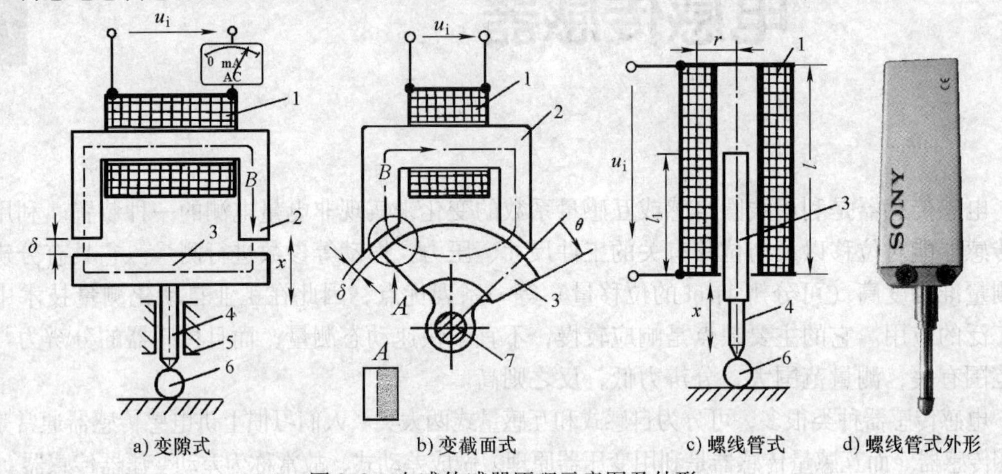

图 3-2　自感传感器原理示意图及外形

1—绕组　2—铁心　3—衔铁　4—测杆　5—导轨　6—工件　7—转轴

一、变隙式电感传感器

变隙式电感传感器的结构示意图如图 3-2a 所示。由磁路基本知识可知，电感量可由下式估算：

$$L \approx \frac{N^2 \mu_0 A}{2\delta} \tag{3-2}$$

式中　N 是线圈匝数；A 是气隙的有效截面积；μ_0 是真空磁导率，与空气的磁导率相近；δ 是气隙厚度。

由上式可见，在线圈匝数 N 确定以后，若保持气隙截面积 A 为常数，则 $L=f(\delta)$，即电感 L 是气隙厚度 δ 的函数，故称这种传感器为变隙式电感传感器。

由式（3-2）可知，对于变隙式电感传感器，电感 L 与气隙厚度 δ 成反比，其输出特性如图 3-3a 所示，输入输出是非线性关系。δ 越小，灵敏度越高。实际输出特性如图 3-3a 中的实线所示。为了保证一定的线性度，变隙式电感传感器只能工作在一段很小的区域，因而只能用于微小位移的测量。

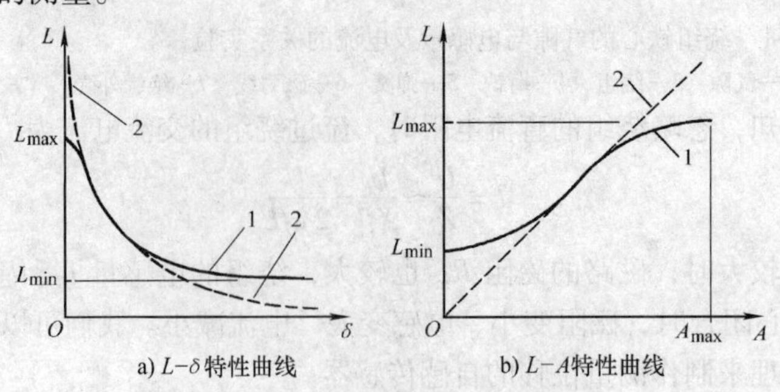

图 3-3　电感传感器的输出特性

1—实际输出特性　2—理想输出特性

二、变截面式电感传感器

由式（3-2）可知，在线圈匝数 N 确定后，若保持气隙厚度 δ_0 为常数，则 $L=f(A)$，即电感 L 是气隙有效截面积 A 的函数。故称这种传感器为变截面式电感传感器，其结构示意图如图 3-2b 所示。

对于变截面式电感传感器，理论上电感量 L 与气隙截面积 A 成正比，输入输出呈线性关系，如图 3-3b 中虚线所示，灵敏度为一常数。但是，由于漏感等原因，变截面式电感传感器在 $A=0$ 时，仍有较大的电感，所以其线性区较小，而且灵敏度较低。

三、螺线管式电感传感器

单线圈螺线管式电感传感器的结构如图 3-2c 所示。主要元件是一只螺线管和一根柱形衔铁。传感器工作时，衔铁在线圈中伸入长度的变化将引起螺线管电感量的变化。

对于长螺线管（$l \gg r$），当衔铁工作在螺线管的中部时，可以认为线圈内磁感应强度是均匀的。此时线圈的电感量 L 与衔铁插入深度 l_1 大致成正比。

这种传感器结构简单，制作容易，但灵敏度稍低，且衔铁在螺线管中间部分工作时，才有希望获得较好的线性关系。螺线管式电感传感器适用于测量稍大一点的位移。

四、差动电感传感器

上述三种电感传感器使用时，由于线圈中通有交流励磁电流，因而衔铁始终承受电磁吸力，会引起振动及附加误差，而且非线性误差较大；另外，外界的干扰如电源电压、频率的变化，温度的变化都使输出产生误差。所以在实际工作中常采用差动形式，既可以提高传感器的灵敏度，又可以减小测量误差。

（一）结构特点

差动式电感传感器的结构如图 3-4 所示。两个完全相同、单个绕组的电感传感器共用一根活动衔铁就构成了差动式电感传感器。

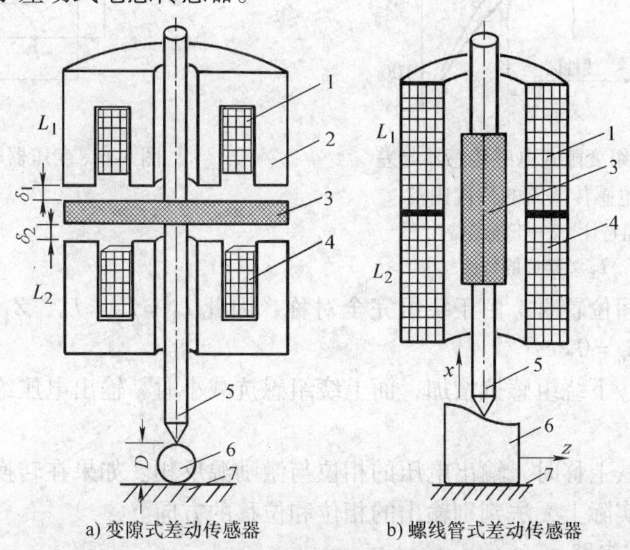

a) 变隙式差动传感器　　b) 螺线管式差动传感器

图 3-4　差动式电感传感器

1—上差动绕组　2—铁心　3—衔铁　4—下差动绕组　5—测杆　6—工件　7—基座

差动式电感传感器的结构要求是两个导磁体的几何尺寸完全相同，材料性能完全相同；两个绕组的电气参数（如电感、匝数、直流电阻、分布电容等）和几何尺寸也完全相同。

（二）工作原理和特性

在变隙式差动电感传感器中，当衔铁随被测量移动而偏离中间位置时，两个绕组的电感量一个增加，一个减小，形成差动形式。

图3-5示出了差动式电感传感器的特性曲线。从图3-5的曲线3可以看出，差动式电感传感器的线性较好，且输出曲线较陡，灵敏度约为非差动式电感传感器的两倍。

采用差动式结构除了可以改善线性、提高灵敏度外，对外界影响，如温度的变化、电源频率的变化等也基本上可以互相抵消，衔铁承受的电磁吸力也较小，从而减小了测量误差。

五、电感传感器的测量转换电路

电感传感器的测量转换电路一般采用电桥电路。转换电路的作用是将电感量的变化转换成电压或电流信号，以便送入放大器进行放大，然后用仪表指示出来或记录下来。

（一）变压器电桥电路

变压器电桥电路如图3-6所示。相邻两工作臂 Z_1、Z_2 是差动电感传感器的两个绕组阻抗。另两臂为激励变压器的二次绕组。输入电压约为10V，频率约为数千赫兹。输出电压取自 A、B 两点。图中的 u 表示交流电压的瞬时值。

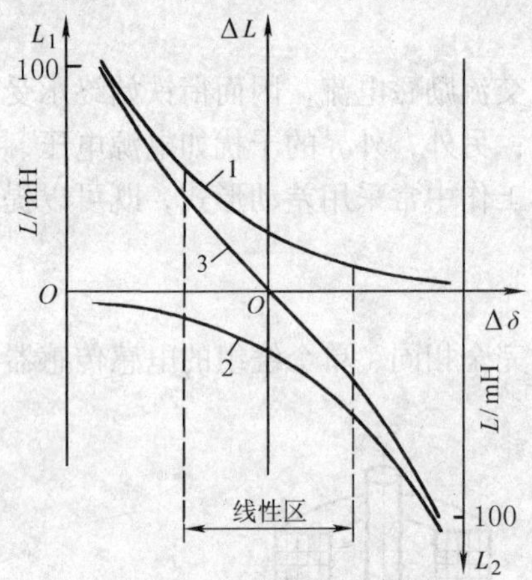

图3-5 单绕组变隙式电感传感器与差动变隙式电感传感器的特性比较

1—上绕组特性 2—下绕组特性

3—L_1、L_2 差接后的特性

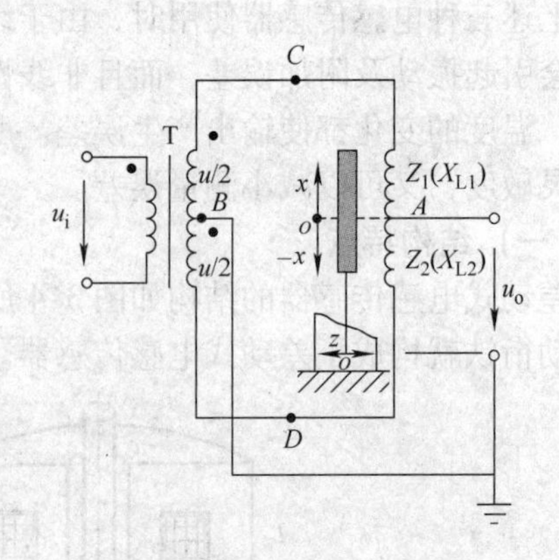

图3-6 变压器电桥电路

当衔铁处于中间位置时，由于绕组完全对称，因此 $L_1=L_2=L_0$，$Z_1=Z_2=Z_0$，此时桥路平衡，输出电压 $u_o=0$。

当衔铁下移时，下绕组感抗增加，而上绕组感抗减小时，输出电压绝对值增大，其相位与激励源同相。

与此相反，衔铁上移时，输出电压的相位与激励源反相。如果在转换电路的输出端接上普通指示仪表时，实际上无法判别输出的相位和位移的方向。

（二）相敏检波电路

“检波”与“整流”的含义相似，都指能将交流输入转换成直流输出的电路。但“检波”多用于描述信号电压的转换。

如果输出电压在送到指示仪前经过一个能判别相位的检波电路，则不但可以反映位移的大小（u_o 的幅值），还可以反映位移的方向（u_o 的相位）。这种检波电路称为相敏检波电路，其输出特性如图 3-7 所示。相敏检波电路的输出电压的平均值为直流，其极性由输入电压的相位决定。当衔铁向下位移时，检流计的仪表指针正向偏转。当衔铁向上位移时，仪表指针反向偏转。采用相敏检波电路，得到的输出信号既能反映位移大小，也能反映位移方向。

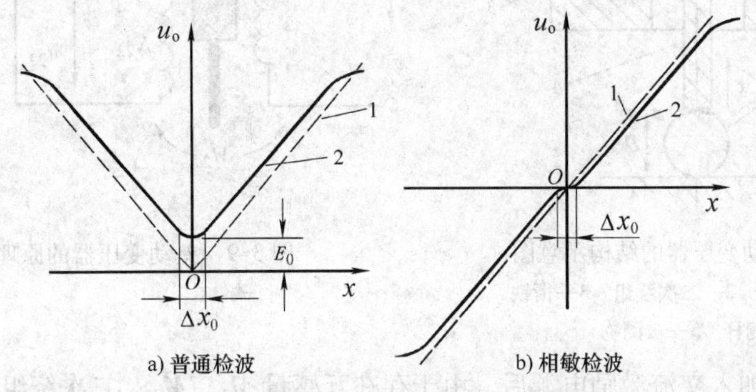

图 3-7 不同检波方式的输出特性曲线

1—理想特性曲线 2—实际特性曲线 E_0—零点残余电压 Δx_0—位移的不灵敏区

第二节 差动变压器传感器

电源中用到的单相变压器有一个一次绕组，有若干个二次绕组。当一次绕组加上交流激磁电压 U_i 后，将在二次绕组中产生感应电压 U_o。在全波整流电路中，两个二次绕组串联，总电压等于两个二次绕组的电压之和。但是，当我们将其中一个二次绕组的同名端对调后再串联时，就会发现总电压非但没有增加，反而相互抵消，我们称这种接法为差动接法。如果将变压器的结构加以改造，将铁心做成可以活动的，就可以制成用于检测非电量的另一种传感器——差动变压器传感器。

差动变压器传感器是把被测位移量转换为一次绕组与二次绕组间的互感量 M 的变化的装置。当一次绕组接入激励电源之后，二次绕组就将产生感应电动势，当一次绕组与两个二次绕组间的互感量变化时，感应电动势也相应变化。由于两个二次绕组采用差动接法，故称为差动变压器。目前应用最广泛的结构型式是螺线管式差动变压器。

一、差动变压器的工作原理

差动变压器的结构原理如图 3-8 所示。在线框上绕有一组输入线圈（称一次绕组）；在同一线框的上端和下端再绕制两组完全对称的线圈（称二次绕组），它们反向串联，组成差动输出形式。差动变压器的原理如图 3-9 所示。图中标有黑点的一端称为同名端，通俗说法是指线圈的“头”。

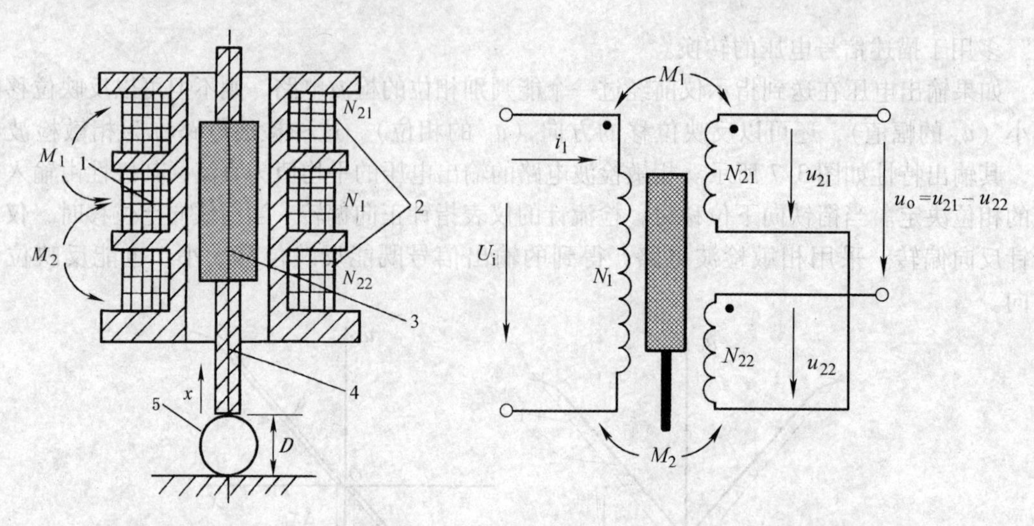

图 3-8 差动变压器的结构示意图

1— 一次绕组 2—二次绕组 3—衔铁 4—测杆 5—被测物

图 3-9 差动变压器的原理图

当一次绕组加入交流激励电源后，由于存在互感量 M_1、M_2，二次绕组 N_{21}、N_{22} 产生感应电动势 u_{21}、u_{22}，其数值与互感量成正比。由于 N_{21}、N_{22} 反向串联，所以二次绕组空载时的输出电压的瞬时值 u_o 等于 u_{21}、u_{22} 之差。

差动变压器的输出电压有效值 U 的特性如图 3-10 所示。图中的 x 表示衔铁位移量。当

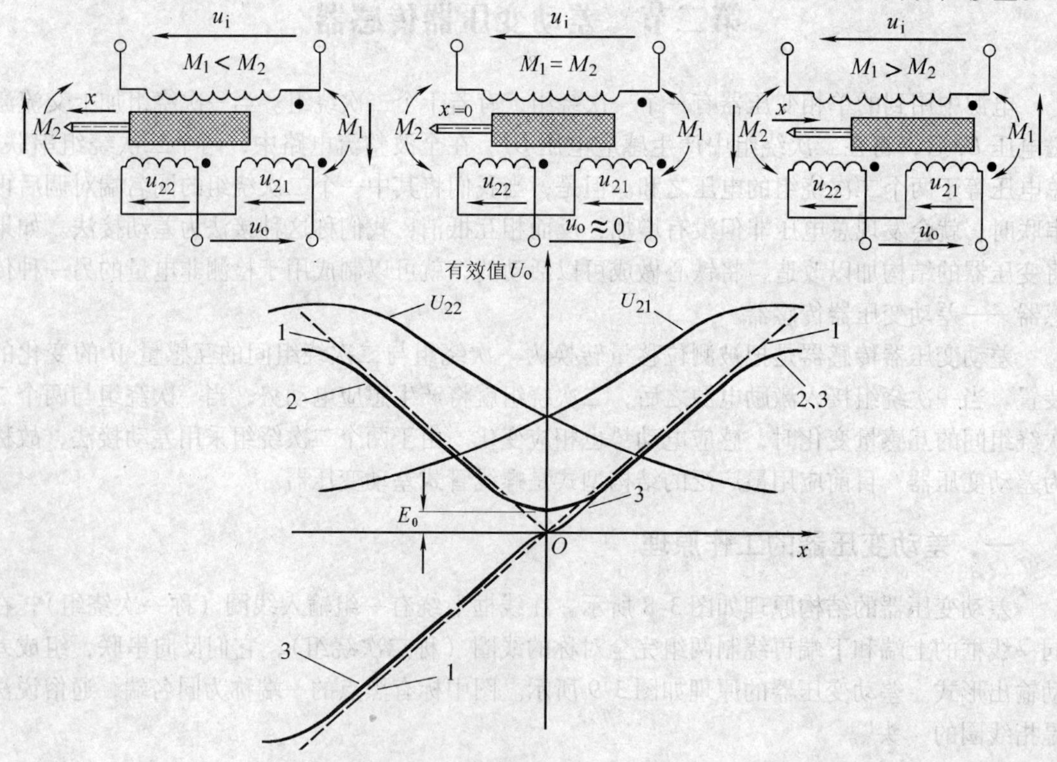

图 3-10 差动变压器的输出特性

1—理想输出特性 2—普通检波实际输出特性 3—相敏检波实际输出特性

差动变压器的结构及电源电压 u_i 一定时，互感量 M_1、M_2 的大小与衔铁的位置有关。

当衔铁处于中间位置时，$M_1=M_2=M_0$，所以 $u_o=0$。

当衔铁偏离中间位置向左移动时，N_1 与 N_{21}之间的互感量 M_1 减小，所以 u_{21}减小。与此同时，N_1 与 N_{22}之间的互感量 M_2 增大，u_{22}增大，u_o 不再为零，输出电压与激励源反相。

当衔铁偏离中间位置向右移动时，输出电压与激励源同相。与差动电感相似的原理，必须用相敏检波电路才能判断衔铁位移的方向，相敏检波电路的输出电压有效值见图 3-10 的曲线 3。

差动变压器传感器除以上结构形式外，还有其他的结构形式，如贝克曼（Beckman）公司生产的差压变送器就采用图 3-11 所示的结构。该传感器的上下互感线圈采用蜂房扁平结构，当被测压差为零时，圆片状铁氧体与两线圈的距离相等，u_o 为零。当它在被测差压作用下而上下移动时，改变了一、二次绕组之间的互感量，输出电压 u_o 反映了铁氧体的位移大小与方向。

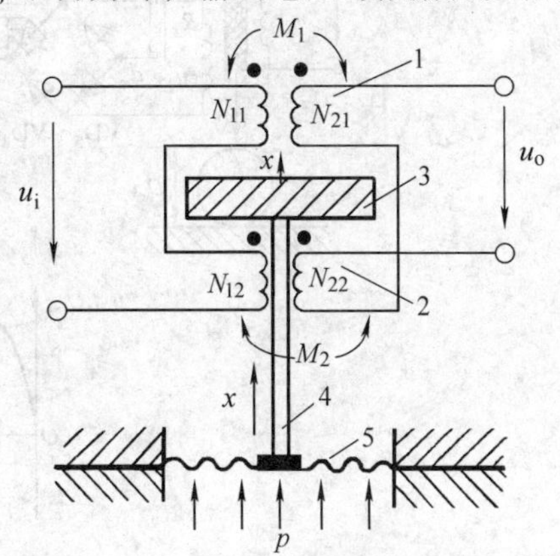

图 3-11 差压变送器的另一种结构形式
1、2—上、下互感绕组 3—圆片状铁氧体
4—测杆 5—波纹膜片

二、主要性能

（1）灵敏度 差动变压器的灵敏度用单位位移输出的电压或电流来表示。差动变压器的灵敏度一般可达 0.5～5V/mm，行程越小，灵敏度越高。有时也用单位位移及单位激励电压下输出的毫伏值来表示，即 mV/(mm·V)。

影响灵敏度的因素有：激励源电压和频率，差动变压器一、二次绕组的匝数比，衔铁直径与长度、材料质量、环境温度、负载电阻等。

为了获得高的灵敏度，在不使一次绕组过热的情况下，适当提高励磁电压，但以不超过 10V 为宜。电源频率以 1～10kHz 为好。此外，提高灵敏度还可以采用以下措施：提高绕组 Q 值；活动衔铁的直径在尺寸允许的条件下尽可能大些，这样有效磁通较大；选用导磁性能好，铁损小，涡流损耗小的导磁材料等等。

（2）线性范围 理想的差动变压器输出电压应与衔铁位移成线性关系。实际上由于衔铁的直径、长度、材质和线圈骨架的形状、大小的不同等均对线性有直接的影响。差动变压器线性范围约为线圈骨架长度的 1/10 左右。由于差动变压器中间部分磁场是均匀的且较强，所以只有中间部分线性较好。采用特殊的绕制方法（两头圈数多、中间圈数少），线性范围可以达 100mm 以上，上一节中的差动式电感传感器的线性范围与此相似。

三、差动变压器的测量转换电路

差动变压器的输出电压是交流分量，它与衔铁位移成正比，其输出电压如用交流电压表来测量时，无法判别衔铁移动的方向。除了采用差动相敏检波电路外，还常采用下述的测量电路来解决，如图 3-12 所示。

差动变压器的二次电压 u_{21}、u_{22}分别经 VD_1～VD_4、VD_5～VD_8 两个普通桥式电路整流，变成直流电压 U_{a0}、U_{b0}。由于 U_{a0}、U_{b0}是反向串联的，$U_{c3}=U_{ab}=U_{a0}-U_{b0}$。该电路是以两

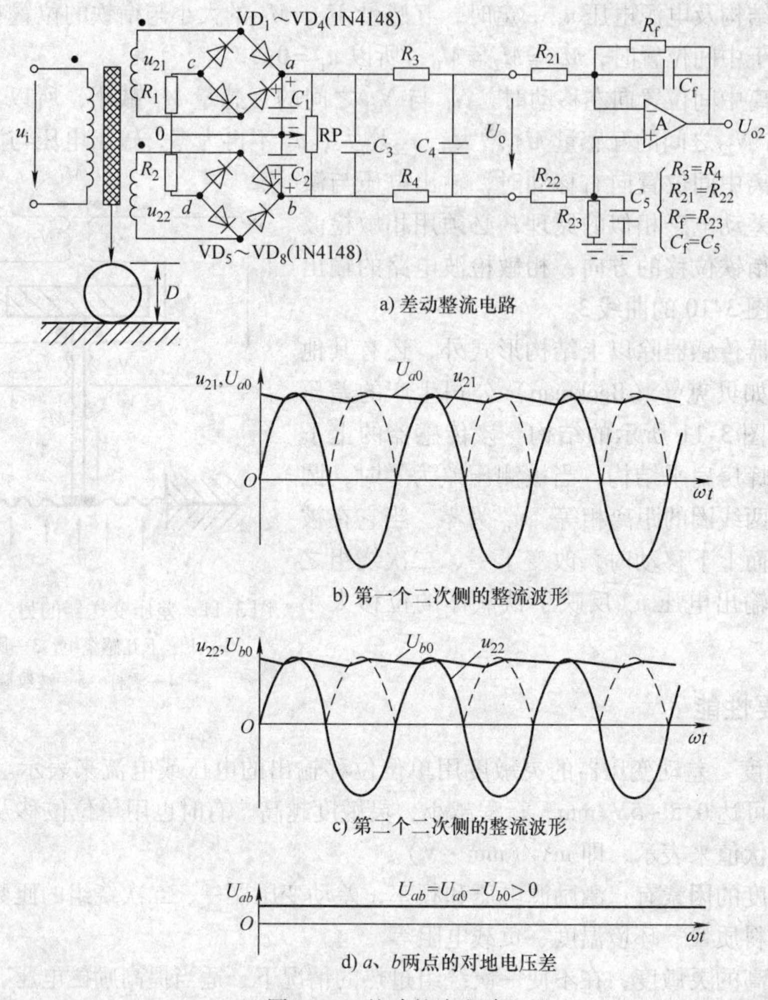

图3-12　差动整流电路

个桥路整流后的直流电压之差作为输出的，所以称为差动整流电路。图中的RP是用来微调电路平衡的。C_3、C_4、R_3、R_4 组成低通滤波电路，其时间常数 τ 必须大于 U_i 周期的十倍以上。A及 R_{21}、R_{22}、R_f、R_{23}组成差动减法放大器，用于克服 a、b 两点的对地共模电压。

图3-12b是当衔铁上移时的各点的输出波形。当差动变压器采用差动整流测量电路时，应恰当设置一次绕组和二次绕组的匝数比，使 u_{21}、u_{22} 在衔铁最大位移时，仍然能大于二极管死区电压（0.5V）的10倍，克服二极管的正向非线性的影响，减小测量误差。

随着微电子技术的发展，目前已能将上述相敏整流及信号放大电路、温度补偿电路等做成厚膜电路，装入差动变压器的外壳（靠近电缆引出部位）内，它的输出信号可设计成符合国家标准的1～5V或4～20mA（请参阅第三节二线制仪表的有关论述），这种型式的差动变压器称为LVDT位移传感器。

第三节　电感传感器的应用

自感传感器和差动变压器传感器主要用于位移测量，凡是能转换成位移变化的参数，如力、压力、差压、加速度、振动及工件尺寸等均可测量。

一、位移测量

轴向式电感测微器的结构如图 3-13 所示。测量时红宝石（或钨钢）测端接触被测物，被测物尺寸的微小变化使衔铁在差动绕组中产生位移，造成差动绕组电感量的变化，此电感变化通过电缆接到交流电桥，电桥的输出电压反映了被测体尺寸的变化。测微仪器的各档量程为 ±3μm、±10μm、±30μm、±100μm、±300μm，相应的指示表的分度值为 0.1μm、0.5μm、1μm、5μm、10μm，分辨力最高可达 0.1μm，准确度为 0.1% 左右，比较适合于测量相对位移。

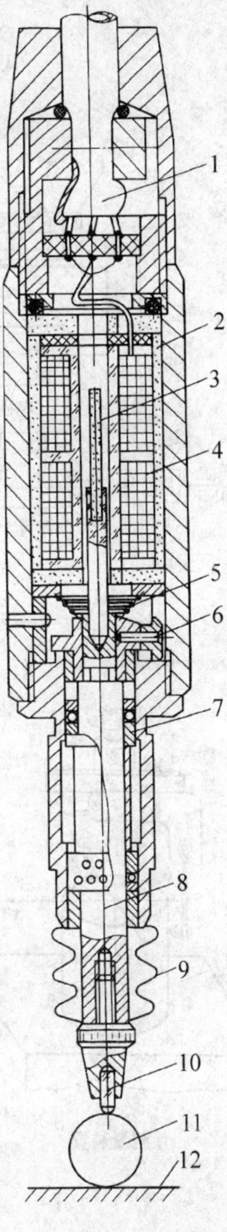

图 3-13 轴向式电感测微器
1—引线电缆 2—固定磁筒
3—衔铁 4—线圈 5—测力弹簧
6—防转销 7—钢球导轨（直线轴承）
8—测杆 9—密封套 10—测端
11—被测工件 12—基准面

二、电感式滚柱直径分选装置

用人工测量和分选轴承用滚柱的直径是一项十分费时且容易出错的工作。图 3-14 是电感式滚柱直径分选机的工作原理示意图。

由机械排序装置（振动料斗）送来的滚柱按顺序进入落料管 5。电感测微器的测杆在电磁铁的控制下，先是提升到一定的高度，气缸推杆 3 将滚柱推入电感测微器测头正下方（电磁限位挡板 8 决定滚柱的前后位置），电磁铁释放，钨钢测头 7 向下压住滚柱，滚柱的直径决定了衔铁的位移量。电感传感器的输出信号经相敏检波后送到计算机，计算出直径的偏差值。

完成测量后，测杆上升，限位挡板 8 在电磁铁的控制下移开，测量好的滚柱在推杆 3 的再次推动下离开测量区域。这时相应的电磁翻板 9 打开，滚柱落入与其直径偏差相对应的容器（料斗）11 中。同时，推杆 3 和限位挡板 8 复位。从图 3-14 中的虚线可以看到，批量生产的滚柱直径偏差概率符合随机误差的正态分布。上述测量和分选步骤均是在计算机控制下进行的。若在轴向再增加一只电感传感器，还可以在测量直径的同时，将滚柱的长度一并测出，请读者自行思考。

三、电感式圆度计

图 3-15 是测量轴类工件圆度的示意图。电感测头围绕工件缓慢旋转，也可以测头固定不动，工件绕轴心旋转，耐磨测端（多为钨钢或红宝石）与工件接触，通过杠杆，将工件不圆引起的位移传递给电感测头中的衔铁，从而使差动电感有相应的输出。信号经计算机处理后给出图 3-15b 所示图形。该图形按一定的比例放大工件的圆度，以便用户分析测量结果。

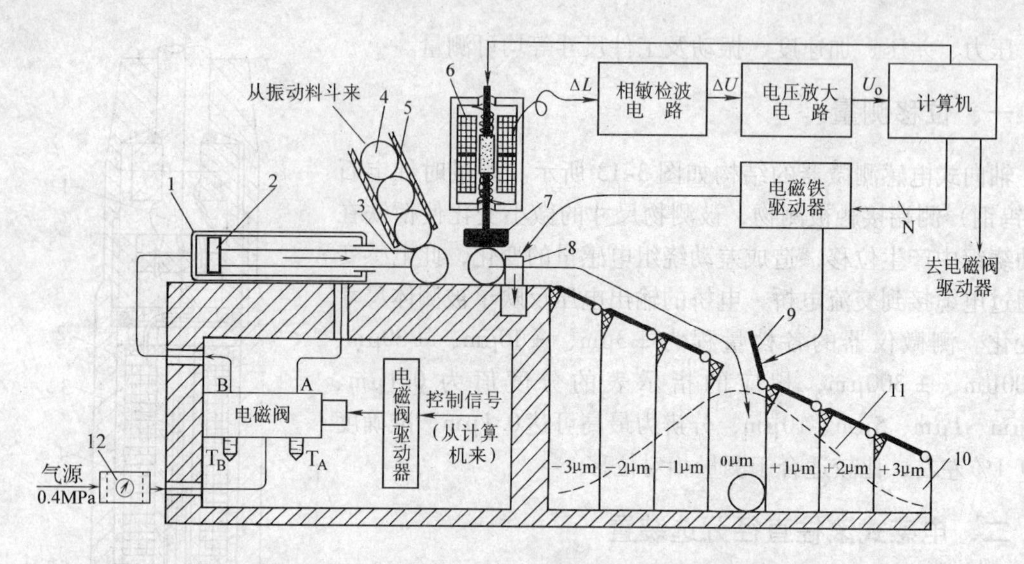

图 3-14　滚柱直径分选机的工作原理示意图

1—气缸　2—活塞　3—推杆　4—被测滚柱　5—落料管　6—电感测微器　7—钨钢测头　8—限位挡板　9—电磁翻板　10—滚柱的误差分布　11—容器（料斗）　12—气源处理三联件

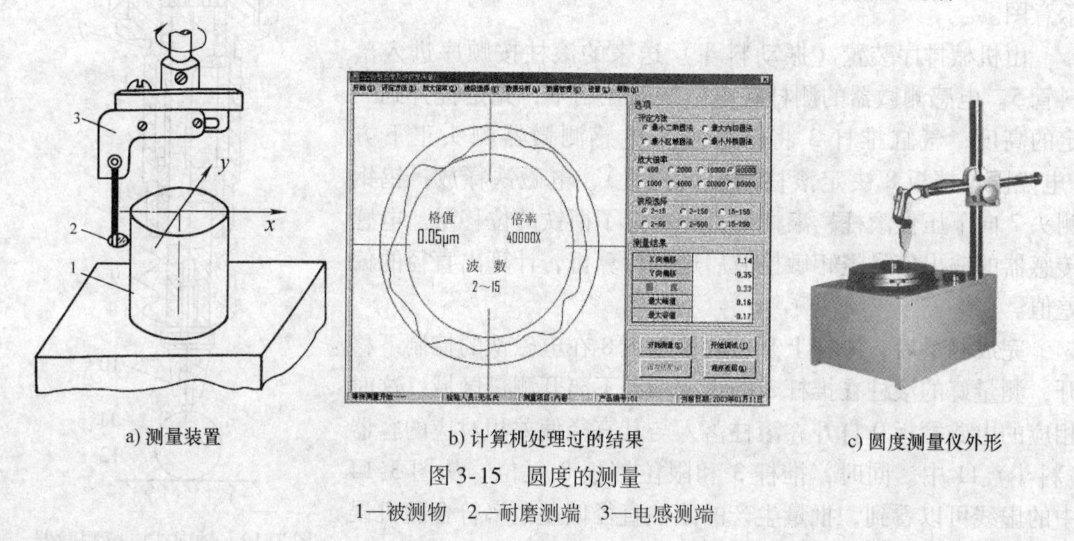

a) 测量装置　　b) 计算机处理过的结果　　c) 圆度测量仪外形

图 3-15　圆度的测量

1—被测物　2—耐磨测端　3—电感测端

四、压力测量

1. 差动变压器式压力变送器的结构及测量转换电路

图 3-16 为差动变压器式压力变送器的外形、结构及电路图。它适用于测量各种生产流程中液体、水蒸气及气体压力。在该图中能将压力转换为位移的弹性敏感元件称为膜盒。

膜盒由两片波纹膜片焊接而成。所谓波纹膜片是一种压有同心波纹的圆形薄膜。当膜片四周固定，两侧面存在压差时，膜片将弯向压力低的一侧，因此能够将压力变换为位移。波纹膜片比平膜片柔软得多，因此多用于测量较小压力的弹性敏感元件。

为了进一步提高灵敏度，常把两个膜片周边焊在一起，制成膜盒。它中心的位移量为单个膜片的两倍。由于膜盒本身是一个封闭的整体，所以密封性好，周边不需固定，给安装带来方便，它的应用比波纹膜片广泛得多。

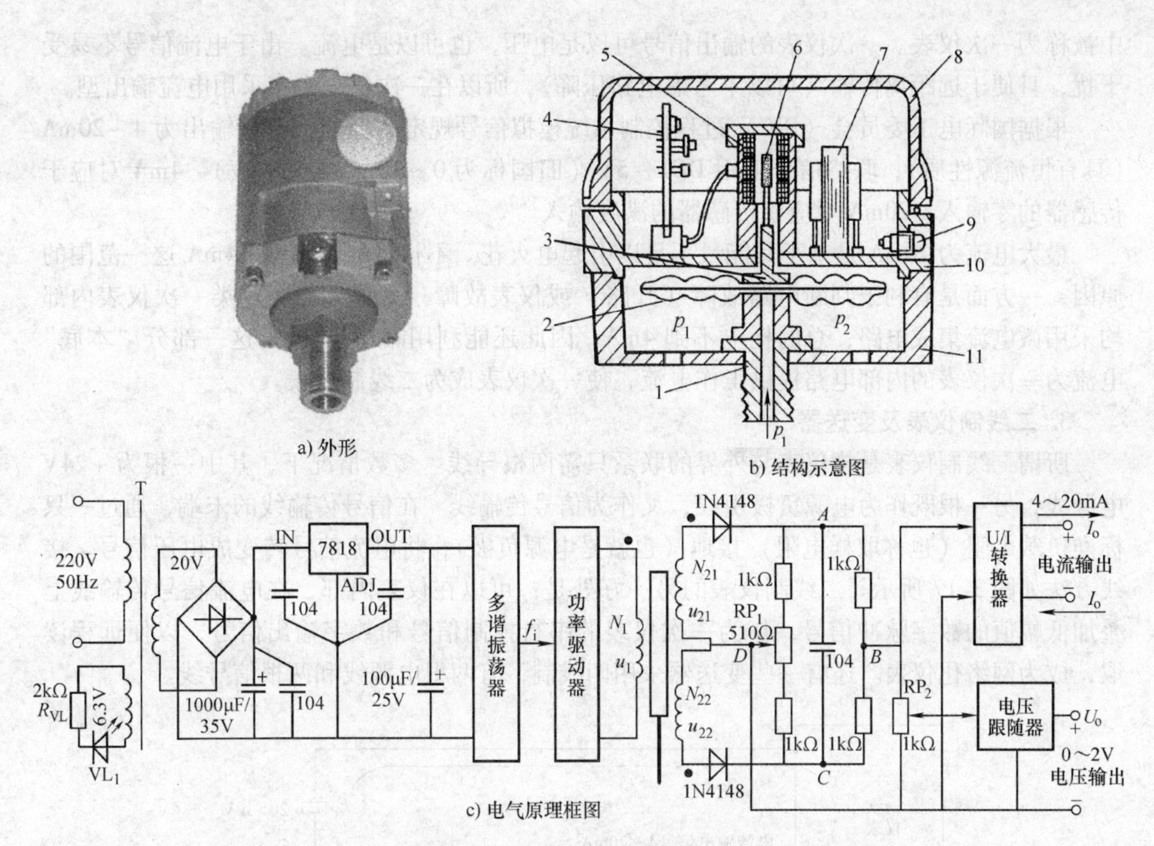

图 3-16　差动变压器式压力变送器的外形、结构及电路

1—压力输入接头　2—波纹膜盒　3—电缆　4—印制电路板　5—差动绕组　6—衔铁

7—电源变压器（可用开关电源代替）　8—罩壳　9—指示灯　10—密封隔板　11—安装底座

当被测压力未导入传感器时，膜盒 2 无位移。这时，活动衔铁在差动线圈的中间位置，因而输出电压为零。当被测压力从输入口 1 导入膜盒 2 时，膜盒在被测介质的压力作用下，其自由端产生正比于被测压力的位移，测杆使衔铁向上位移，在差动变压器的二次绕组中产生的感应电动势发生变化而有电压输出，此电压经过安装在印制电路板 4 上的电子电路处理后，送给二次仪表，加以显示。将压力转换成位移的弹性敏感元件除了膜盒之外，还有波纹管、弹簧管、等截面薄板、薄壁圆筒和薄壁半球等，后者的灵敏度最低，适合于较大压力的测量。

上述压力变送器的电气原理框图如图 3-16c 所示。220V 交流电通过降压、整流、滤波、稳压后，由逆变电路及功率驱动电路转变为 6V、2kHz 左右的稳频、稳幅方波交流电压，作为差动变压器的激励源。

差动变压器的二次输出电压通过半波差动整流电路、滤波电路后，作为变送器的输出信号，可接入二次仪表加以显示。电路中 RP_1 是调零电位器，RP_2 是量程调节电位器。差动整流电路的输出也可以进一步做电压-电流变换，输出与压力成正比的电流信号，称为电流输出型变送器，它在各种变送器中占有很大的比例。

2. 一次仪表

图 3-16 所示的压力变送器已经将传感器与信号处理电路组合在一个壳体中，这在工业

中被称为一次仪表。一次仪表的输出信号可以是电压，也可以是电流。由于电流信号不易受干扰，且便于远距离传输（可以不考虑电路压降），所以在一次仪表中多采用电流输出型。

根据国际电工委员会（IEC）过程控制系统模拟信号规定的标准，电流输出为4~20mA（具有恒流源性质）；联络信号采用DC1~5V（旧国标为0~10mA或0~2V）。4mA对应于传感器的零输入，20mA对应于传感器的满度输入。

最大电流为20mA是基于其能量不足以引起电火花。不让信号占有0~4mA这一范围的原因，一方面是有利于判断电路故障（开路）或仪表故障；另一方面，这类一次仪表内部均采用微电流集成电路，总的耗电不到4mA，因此还能利用略小于4mA这一部分“本底”电流为一次仪表的内部电路提供工作电流，使一次仪表成为二线制仪表。

3. 二线制仪表及变送器

所谓二线制仪表是指仪表与外界的联系只需两根导线。多数情况下，其中一根为+24V电源线，另一根既作为电源负极引线，又作为信号传输线。在信号传输线的末端，通过一只标准负载电阻（也称取样电阻）接地（也就是电源负极），将电流信号转变成电压信号。接线方法如图3-17所示。二线制仪表的另一好处是：可以在仪表内部，在电流信号传输线上叠加低幅值的数字脉冲信号，作为一次仪表的串行控制信号和数字输出信号，以便远程读取，成为网络化仪表。还有一些变送器采用四线制，有两根电源线和两根信号线。

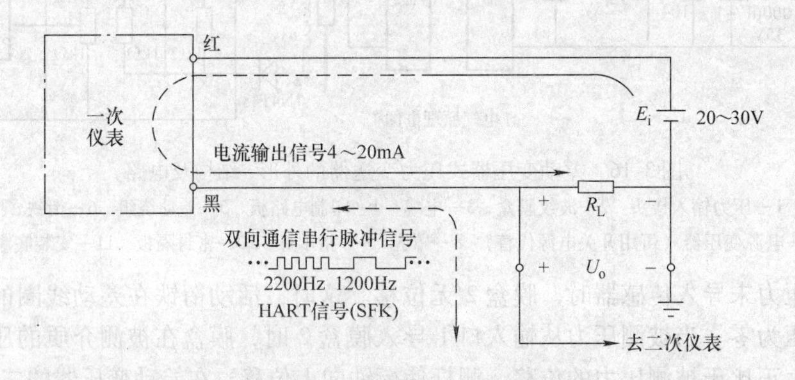

图3-17 二线制仪表的接线方法

在图3-17中，若取样电阻$R_L=250.0\Omega$，则对应于输入I_o为4~20mA的输出电压U_o为1~5V。

变送器是将感受到的物理量、化学量等信息，按一定规律转换成便于测量和传输的标准化信号的装置。也可以说，变送器是一种输出为标准化信号的传感器。变送器的输出信号可直接与电动过程控制仪表，例如与DDZ-Ⅲ调节器或DSP连接。

例 某二线制电流输出型温度变送器的产品说明书注明其量程范围为0~200℃，对应输出电流为4~20mA。求：当测得输出电流$I=12$mA时的被测温度t。

解 因为该仪表说明书未说明线性度，所以可以认为输出电流与压力之间为线性关系，即I与t的数学关系为一次方程，所以有

$$I=a_0+a_1t \tag{3-3}$$

式中 a_0、a_1为待求常数。

当$t=0$℃时，$I=4$mA，所以$a_0=4$mA

当 $t=200℃$ 时，$I=20mA$，代入式（3-3）得 $a_1=0.08mA/℃$

所以该温度变送器的输入/输出方程为 $I=4mA+0.08t$。

将 $I=12mA$ 代入上式得

$t=(I-4)a_1=(12mA-4mA)/(0.08mA/℃)=100℃$

由以上计算可知，虽然满量程（200℃）时的输出电流为20mA，但不能简单地认为10mA时的温度就是满量程的一半。图3-18是该4~20mA二次仪表的输入/输出特性曲线，据此也可用作图法来得到 t 与 I 的对应关系。

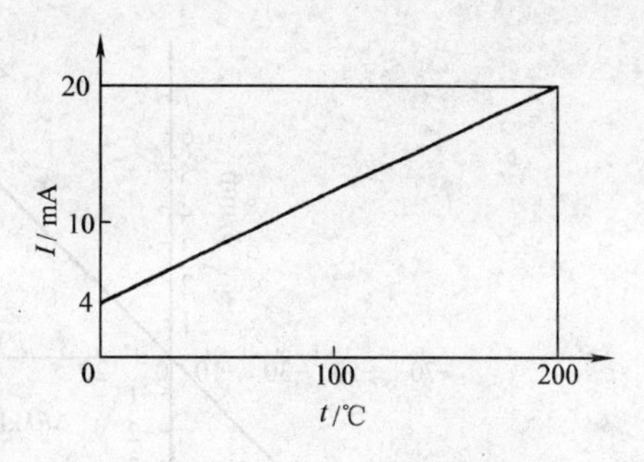

图3-18 二线制电流输出型温度变送器的输入/输出特性曲线

思考题与习题

1. 单项选择题

1）欲测量极微小的位移，应选择______自感传感器。希望线性好、灵敏度高、量程为1mm左右、分辨力为1μm左右，应选择______自感传感器为宜。

A. 变隙式　B. 变截面式　C. 螺线管式

2）希望线性范围为±1mm，应选择线圈骨架长度为______左右的螺线管式自感传感器或差动变压器。

A. 2mm　B. 20mm　C. 400mm　D. 1mm

3）螺线管式自感传感器采用差动结构是为了______。

A. 加长线圈的长度从而增加线性范围　B. 提高灵敏度，减小温漂

C. 降低成本　D. 增加线圈对衔铁的吸引力

4）自感传感器或差动变压器采用相敏检波电路最重要的目的是为了______。

A. 提高灵敏度　B. 将输出的交流信号转换成直流信号

C. 使检波后的直流电压能反映检波前交流信号的相位和幅度

D. 减小温漂

5）某车间用图3-14的装置来测量直径范围为 ϕ10mm±1mm轴的直径误差，应选择线性范围为______的电感传感器为宜（当轴的直径为 ϕ10mm±0.0mm时，预先调整电感传感器的安装高度，使衔铁正好处于电感传感器中间位置）。

A. 10mm　B. 4mm　C. 1mm　D. 12mm

6）希望远距离传送信号，应选用具有______输出的标准变送器。

A. 0~2V　B. 1~5V　C. 0~10mA　D. 4~20mA

2. 请将图3-2b改为差动变截面式自感传感器，画出示意图。

3. 差动变压器式压力变送器见图3-16a，差动变压器式压力传感器的特性曲线如图3-19所示。求：

1）当输出电压为50mV时，压力 p 为多少千帕？

2）在图a、b上分别标出线性区，综合判断整个压力传感器的压力测量范围是多少（线性误差小于2.5%）。

4. 有一台二线制压力变送器，量程范围为0~1MPa，对应的输出电流为4~20mA。求：

1）压力 p 与输出电流 I 的关系表达式（输入/输出方程）。

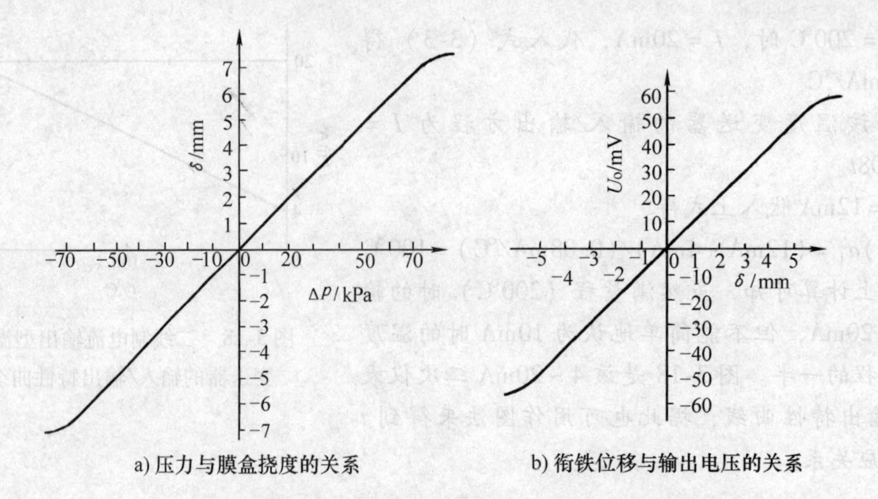

a) 压力与膜盒挠度的关系　　b) 衔铁位移与输出电压的关系

图 3-19　差动变压器式压力传感器特性曲线

2）画出压力与输出电流间的输入/输出特性曲线。

3）当 p 为 0MPa、1MPa 和 0.5MPa 时变送器的输出电流是多少毫安？

4）如果希望在信号传输终端将电流信号转换为 1～5V 电压，求负载电阻 R_L 的阻值是多少欧？

5）画出该两线制压力变送器的接线电路图（电源电压为 24V）。

6）如果测得变送器的输出电流为 5mA，求此时的压力 p 是多少千帕？

7）若测得变送器的输出电流为 0，试说明可能是哪几个原因造成的。

8）请将图 3-20 中的各元器件及仪表正确地连接起来。

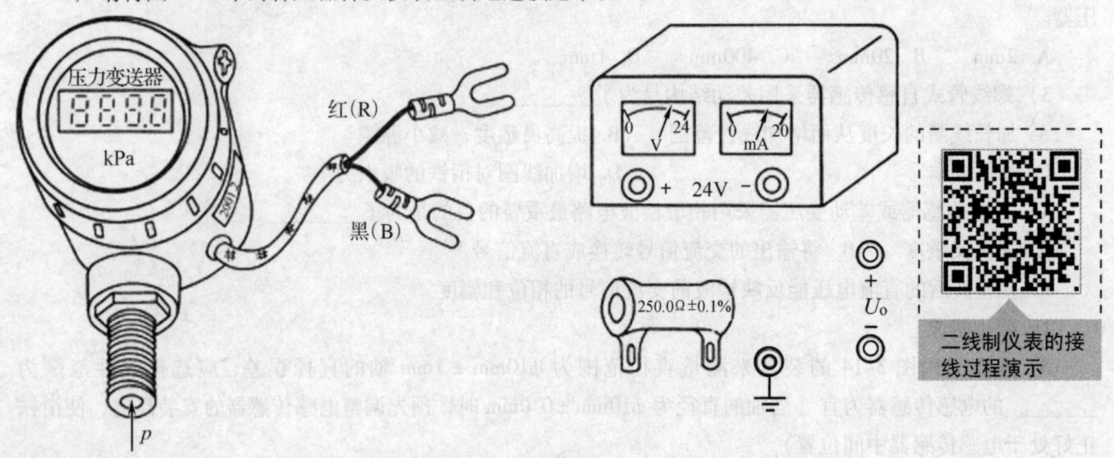

图 3-20　二线制仪表的正确连接

5. 图 3-21 是差动变压器式振动幅度测试传感器示意图。请分析其测量振幅的原理，并填空。

当振动体因振动而向左位移时，由于衔铁________性较大，所以留在原来位置，基本不动，所以相对于差动变压器绕组而言，相当于向________位移。N_1 与 N_{21} 之间的互感量 M_1 ________，所以 u_{21} ________。而 N_1 与 N_{22} 之间的互感量 M_2 ________，所以 u_{22} ________。$u_o = u_{21} - u_{22}$，其绝对值与振动的________（幅值 x/速度 v/加速度 a）成正比，而相位与 u_i ________（同相/反相）。反之，当振动体向右位移时，衔铁向________位移，u_o 与 u_i ________相。

6. 图 3-22 所示为两种测量转速的方法。请根据学过的电工知识，比较它们测量转速的工作原理有何本质区别，并分别写出图 3-22a 和图 3-22b 所举实例中转速 n 的计算公式。本图所示的磁电式探头是否需

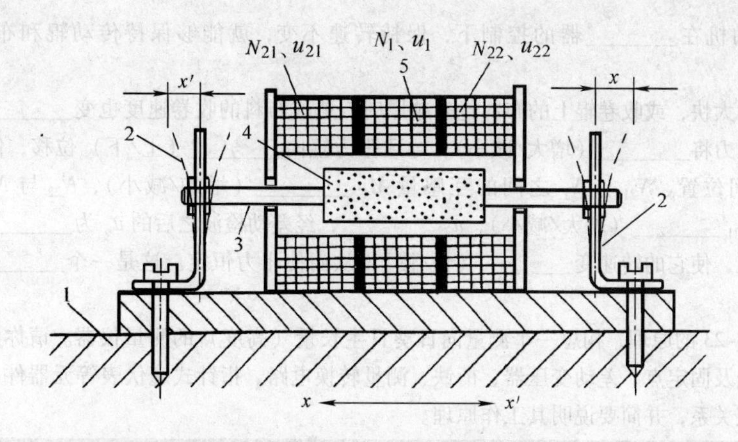

图 3-21 差动变压器式振幅传感器

1—振动体 2—弹簧片式悬臂梁 3—连杆 4—衔铁 5—差动变压器绕组

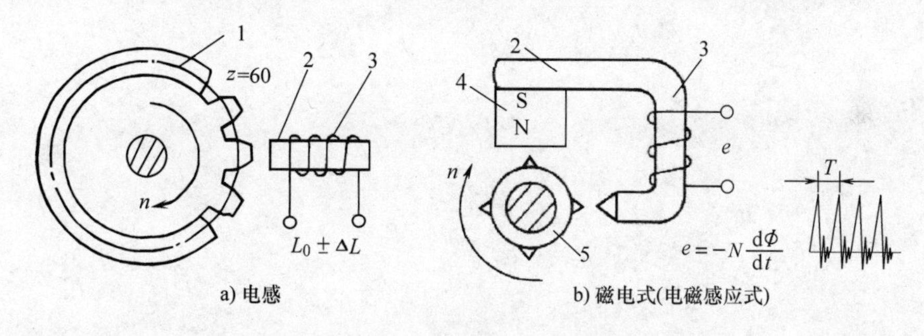

图 3-22 两种测量转速的方法

1— 被测旋转体（钢质齿轮） 2—导磁铁心 3—绕组 4—永久磁铁 5—汽车发动机曲轴转子

z—齿数 T—传感器输出脉冲的周期

要激励电源？为什么？

7. 生产布料的车间用图 3-23 所示的装置来检测和控制布料收卷过程中的松紧程度。请分析填空。

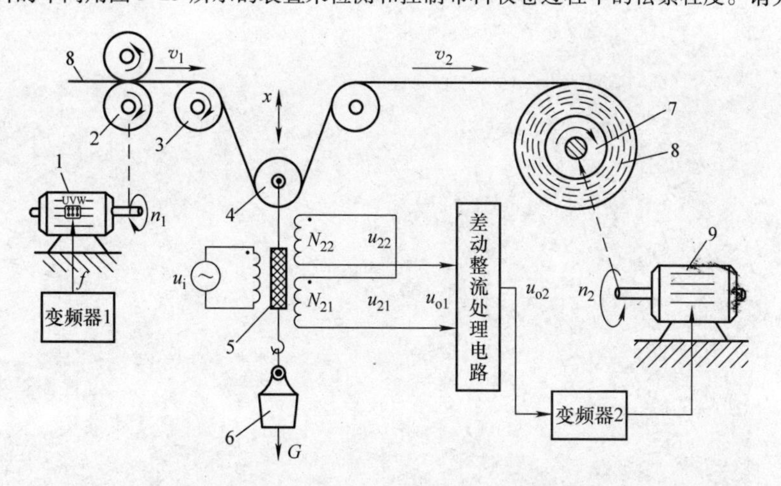

图 3-23 差动变压器式张力检测控制系统

1—变频传送电动机 2—传动辊 3—导向辊 4—张力辊 5—衔铁 6—砝码

7—收卷辊 8—布料 9—收卷电动机

变频传送电动机在________器的控制下，保持转速不变，就能够保持传动辊和布料的传送速度也________。

当收卷辊转动太快，或收卷辊上的布料越来越厚时，造成布料的收卷速度也变________，但传动辊不变，所以布料的张力将________（增大/减小），导致张力辊向________（上/下）位移，使差动变压器的衔铁不再处于中间位置。N_{21} 与 N_1 之间的互感量 M_1 ________（增加/减小），N_{22} 与 N_1 的互感量 M_2 ________，因此 u_{21}________（增大/减小），u_{22}________，经差动检波之后的 u_o 为________（负/正）值，去控制变频电动机，使它的转速变________（快/慢），从而使张力恒定。这是一个________（闭/开）环测控系统。

8. 请参考图3-23的原理，构思一个测量向日葵日生长量（高度）的测量仪器。请你画出向日葵、两只导向滑轮、细线及固定点、差动变压器、衔铁、测量转换电路、指针式毫伏表等元器件，应使读者能看清它们之间的安装关系，并简要说明其工作原理。

第四章 Chapter 4

电涡流传感器

当导体处于交变磁场中时，铁心会因电磁感应而在内部产生自行闭合的电涡流而发热。变压器和交流电动机的铁心都是用硅钢片叠制而成的，就是为了减小电涡流，避免发热。但人们也能利用电涡流做有益的工作。例如电磁灶、中频炉、高频淬火等都是利用电涡流原理而工作的。

在检测领域，电涡流的用途也很多，可以用来探测金属（安全检测、探雷等）、非接触地测量微小位移和振动，以及测量工件尺寸、转速、表面温度等诸多与电涡流有关的参数，还可以作为接近开关和进行无损探伤。电涡流传感器的最大特点是非接触测量。

第一节　电涡流传感器的工作原理

一、电涡流效应

电涡流传感器的基本工作原理是电涡流效应。根据法拉第电磁感应定律，金属导体置于变化的磁场中时，导体表面就会有感应电流产生。电流的流线在金属体内自行闭合，这种由电磁感应原理产生的旋涡状感应电流称为电涡流，这种现象称为电涡流效应，电涡流传感器就是利用电涡流效应来检测导电物体的各种物理参数的。

图 4-1 是电涡流传感器的工作原理示意图。当高频（100kHz 左右）信号源产生的高频电压施加到一个靠近金属导体附近的电感线圈 L_1 时，将产生高频磁场。如被测导体置于该交变磁场范围之内时，被测导体就产生电涡流 i_2。i_2 在金属导体的纵深方向并不是均匀分布的，而只集中在金属导体的表面，这称为集肤效应。

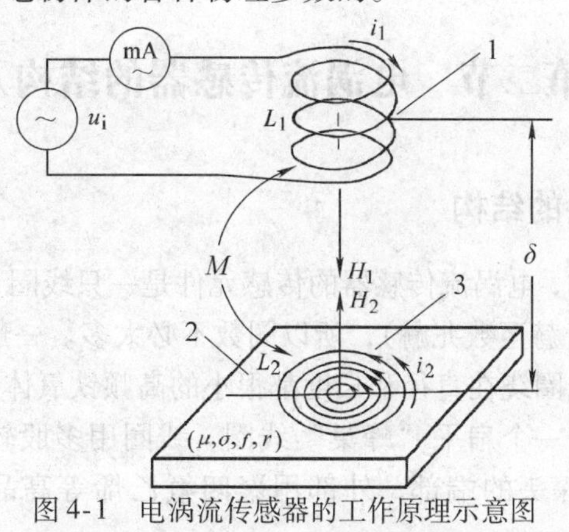

图 4-1　电涡流传感器的工作原理示意图

1—电涡流线圈　2—被测金属导体

3—电涡流

集肤效应与激励源频率 f、磁导率 μ、工件的电导率 σ 以及表面因素（粗糙度、沟痕、裂纹等）有关。频率 f 越高，电涡流渗透的深度就越浅，集肤效应就越严重。

由于存在集肤效应，电涡流只能检测导体表面的各种物理参数。改变 f，可控制检测深度。激励源频率一般设定在100kHz～1MHz。有时为了使电涡流能深入金属导体深处，或欲对距离较远的金属体进行检测，可采用十几千赫甚至几百赫的激励源频率。

二、电涡流线圈的等效阻抗分析

图4-1中的f、μ、σ均会影响电涡流i_2在金属导体中的深度。当渗透深度很浅时，电涡流流经的导体就很薄，横截面积很小，等效电阻很大，i_2也就很小。因此，线圈的阻抗变化与金属导体的μ、σ有关，与电涡流线圈的激励源频率f、激励电流i_1有关。除此之外，还与金属导体的形状、表面因素r（粗糙度、沟痕、裂纹等）有关。更重要的是与线圈到金属导体的间距（距离）x有关。

图4-1中的线圈也称为电涡流线圈。它可以等效为一个电阻R和一个电感L串联的回路。电涡流线圈受电涡流影响时的等效阻抗Z的函数表达式为

$$Z = R + \mathrm{j}\omega L = f(i_1、f、\mu、\sigma、r、x) \tag{4-1}$$

如果控制式（4-1）中的i_1、f、μ、σ、r不变，电涡流线圈的阻抗Z就成为间距x的单值函数，这样就成为非接触地测量位移的传感器。

如果控制x、i_1、f不变，就可以用来检测与表面电导率σ有关的表面温度、表面裂纹等参数，或用来检测与材料磁导率μ有关的材料型号、表面硬度等参数。

当距离x减小时，电涡流线圈的等效电感L减小，等效电阻R增大。从理论和实验都证明，此时流过线圈的电流i_1是增大的。这是因为线圈的感抗X_L的变化比R的变化大得多。从能量守恒角度来看，也要求增加流过电涡流线圈的电流，从而为被测金属导体上的电涡流提供额外的能量。

由于线圈的品质因数$Q(Q = X_L/R = \omega L/R)$与等效电感成正比，与等效电阻（高频时的等效电阻比直流电阻大得多）成反比，所以当电涡流增大时，Q下降很多。

电涡流线圈的阻抗与μ、σ、r、x之间的关系均是非线性关系，必须由计算机进行线性化纠正。

第二节　电涡流传感器的结构及特性

一、电涡流探头的结构

从上一节论述可知，电涡流传感器的传感元件是一只线圈，俗称为电涡流探头。由于激励源频率较高（数十千赫至数兆赫），所以圈数不必太多。一般为扁平空心线圈。有时为了使磁力线集中，可将线圈绕在直径和长度都很小的高频铁氧体磁心上。成品电涡流探头的结构十分简单，其核心是一个扁平“蜂巢”线圈。线圈用多股较细的绞扭漆包线（能提高Q值）绕制而成，置于探头的端部，外部用聚四氟乙烯等高品质因数塑料密封，如图4-2所示。

随着电子技术的发展，现在已能将测量转换电路安装到探头的壳体中。它具有输出信号大（输出信号为有一定驱动能力的直流电压或电流信号，有时还可以是开关信号）、不受输出电缆分布电容影响等优点。YD9800系列电涡流探头的性能见表4-1。

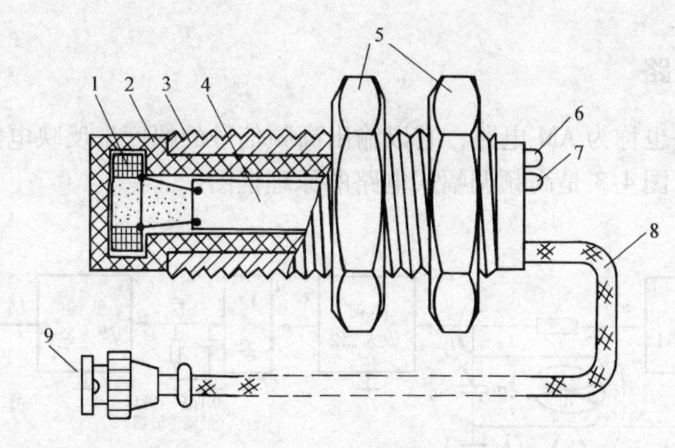

图 4-2 电涡流探头的结构

1—电涡流线圈 2—探头壳体 3—壳体上的位置调节螺纹 4—印制电路板 5—夹持螺母 6—电源指示灯 7—阈值指示灯 8—输出屏蔽电缆线 9—电缆插头

表 4-1 YD9800 系列电涡流位移传感器特性①

线圈直径 ϕ /mm	壳体螺纹 /mm	线性范围 /mm	最佳安装距离 /mm	最小被测面 ϕ /mm	分辨力 /μm
5	M8 ×1	1	0. 5	15	1
11	M14 ×1. 5	4	2	35	4
25	M16 ×1. 5	8	4	70	8
50	M30 ×2	25	12	100	10

① 工作温度：-50 ~ +175℃；线性误差：1%；灵敏度温漂：0.05%/℃；稳定度：1%/年；互换性误差≤5%；频响：0 ~10kHz。

由上表可知，探头的直径越大，测量范围就越大，但分辨力就越差，灵敏度也降低。

二、被测体材料、形状和大小对灵敏度的影响

线圈阻抗变化与金属导体的电导率、磁导率有关。对于非磁性材料，被测体的电导率越高，则灵敏度越高。但被测体是磁性材料时，其磁导率将影响电涡流线圈的感抗，其磁滞损耗还将影响电涡流线圈的 Q 值，所以其灵敏度要视具体情况而定。

为了充分利用电涡流效应，被测体为圆盘状物体的平面时，物体的直径应大于线圈直径的 2 倍以上，否则将使灵敏度降低；被测体为轴状圆柱体的圆弧表面时，它的直径必须为线圈直径的 4 倍以上，才不影响测量结果。被测体的厚度也不能太薄，一般情况下，厚度在 0. 2mm 以上时，测量就不受影响。另外，在测量时，传感器线圈周围除被测导体外，应尽量避开其他导体，以免干扰高频磁场，引起线圈的附加损失。

第三节 电涡流传感器的测量转换电路

电涡流探头与被测金属之间的互感量变化可以转换为探头线圈的等效阻抗（主要是等效电感）以及品质因数 Q（与等效电阻有关）等参数的变化。因此测量转换电路的任务是把这些参数变换为频率、电压或电流。相应地有调幅式、调频式和电桥法等多种电路，这里简单介绍调幅式和调频式测量转换电路。

一、调幅式电路

所谓调幅式电路也称为 AM 电路，它以输出高频信号的幅度来反映电涡流探头与被测金属导体之间的关系。图 4-3 是高频调幅式电路的原理框图。

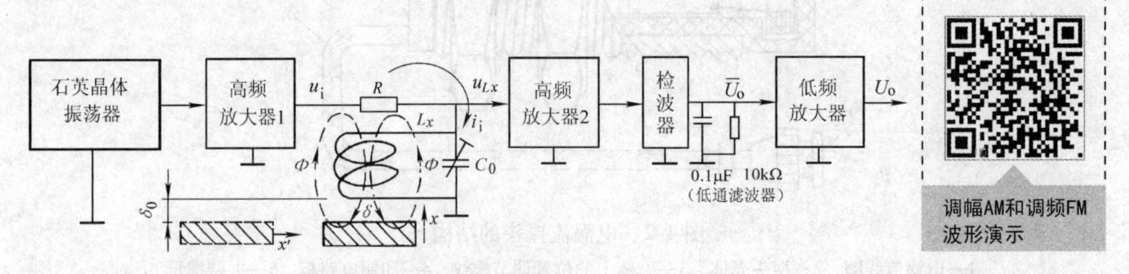

图 4-3 高频调幅式测量转换电路

石英晶体振荡器通过耦合电阻 R，向由探头线圈和一个微调电容 C_0 组成的并联谐振回路提供一个稳频、稳幅的高频激励信号，相当于一个恒流源。当被测金属导体距探头相当远时，调节 C_0，使 L_xC_0 的谐振频率等于石英晶体振荡器的频率 f_0，此时谐振回路的 Q 值和阻抗 Z 也最大，恒定电流 i_i 在 L_xC_0 并联谐振回路上的压降 u_{Lx} 也最大

$$u_{Lx} = i_i Z \tag{4-2}$$

当被测体为非磁性金属时，探头线圈的等效电感 L_x 减小，并引起 Q 值下降，并联谐振回路谐振频率 $f_1 > f_0$，处于失谐状态，输出电压 u_{Lx} 及 U_o 就大大降低。

当被测体为磁性金属时，探头线圈的电感量略为增大，但由于被测磁性金属体的磁滞损耗，使探头线圈的 Q 值亦大大下降，输出电压也降低。以上几种情况见图 4-4 的曲线 0、1、2、3。被测体与探头的间距越小，输出电压就越低。经高放、检波、低放之后，输出的直流电压反映了被测物的位移量。

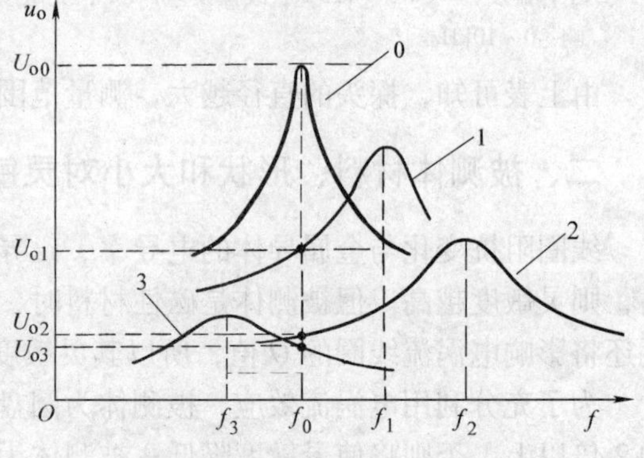

图 4-4 定频调幅式的谐振曲线

0—探头与被测物间距很远时 1—非磁性金属、间距较小时
2—非磁性金属、间距与探头线圈直径相等时
3—磁性金属、间距较小时

调幅式的输出电压 U_o 与位移 x 不是线性关系，必须用千分尺逐点标定，并用计算机线性化之后才能用数码管显示出位移量。

调幅式还有一个缺点，就是电压放大器的放大倍数的漂移会影响测量准确度，必须采取各种温度补偿措施。

二、调频式电路

所谓调频式电路也称为 FM 电路，是将探头线圈的电感量 L 与微调电容 C_0 构成 LC 振荡器，以振荡器的频率 f 作为输出量。此频率可以通过 F－V 转换器（又称为鉴频器）转换成电压，由表头显示。也可以直接将频率信号（TTL 电平）送到计算机的计数定时器，测量出频率。

调频式的测量转换电路的原理框图如图 4-5 所示。我们知道，并联谐振回路的谐振频率为

$$f=\frac{1}{2\pi\sqrt{LC_0}} \tag{4-3}$$

当电涡流线圈与被测体的距离 x 变小时，电涡流线圈的电感量 L 也随之变小，引起 LC 振荡器的输出频率变大，此频率可直接用计算机测量。如果要用模拟仪表进行显示或记录时，必须使用鉴频器，将 Δf 转换为电压 ΔU_o，鉴频器的特性如图 4-5b 所示。

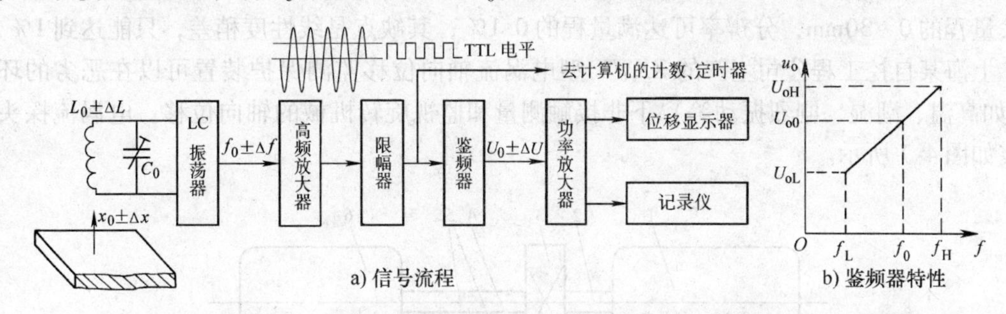

图 4-5　调频式测量转换电路的原理框图及鉴频器特性

图 4-6 是用调频式测量铜板与电涡流探头间距 δ 时的特性曲线。测试时选用直径 ϕ40mm，$L_0=100\mu$H 的电涡流探头，被测导体的面积必须比探头直径大 1 倍以上，在这个实验中，选取直径 ϕ100mm 的纯铜板。导磁金属的频率变化不太明显，主要是 Q 值发生变化，不太适合调频式测量。

当铜板距离探头无穷远时，调节 C_0，使振荡器的振荡频率为 1MHz。然后使铜板逐渐靠近探头，用频率计逐点测量振荡器的输出频率 f，并计算出 Δf 值。可以发现 $\delta-\Delta f$ 的关系为非线性，如图 4-6 所示。如果用示波器观察振荡幅度，还可以发现振荡幅度随间距缩小而降低，但是由于限幅器的限幅特性，输入到鉴频器的幅度始终保持 TTL 电平（低电平为 0 ~ 0.8V，高电平为 3.4 ~ 5V），因此调频式电路受温度、电源电压等外界因素影响较小。

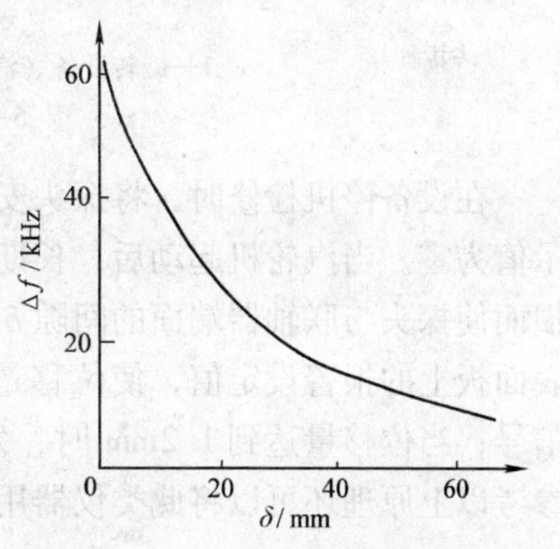

图 4-6　铜板与探头的 $\delta-\Delta f$ 曲线

第四节　电涡流传感器的应用

电涡流探头线圈的阻抗受诸多因素影响，例如金属材料的厚度、尺寸、形状、电导率、磁导率、表面因素及距离等。只要固定其他因素就可以用电涡流传感器来测量剩下的一个因素，因此电涡流传感器的应用领域十分广泛。但也同时带来许多不确定因素，一个或几个因素的微小变化就会影响测量结果，所以电涡流传感器多用于定性测量。即使要用作定量测量，也必须采用前面述及的逐点标定、计算机线性纠正和温度补偿等措施。下面就几个主要应用作简单的介绍。

一、位移的测量

某些旋转机械，如高速旋转的汽轮机对轴向位移的要求很高。当汽轮机运行时，叶片在高压蒸气推动下高速旋转，它的主轴承受巨大的轴向推力。若主轴的位移超过规定值时，叶片有可能与其他部件碰撞而断裂。因此用电涡流式传感器测量金属工件的微小位移量就显得十分重要。利用电涡流原理可以测量诸如汽轮机主轴的轴向位移、电动机轴向窜动、磨床换向阀、先导阀的位移和金属试件的热膨胀系数等。位移测量范围可以从高灵敏度的0～1mm到大量程的0～30mm，分辨率可达满量程的0.1%，其缺点是线性度稍差，只能达到1%。

上海某自控工程公司生产的ZXWY型电涡流轴向位移监测保护装置可以在恶劣的环境（例如高温、潮湿、剧烈振动等）下非接触测量和监视旋转机械的轴向位移。电涡流探头的安装如图4-7所示。

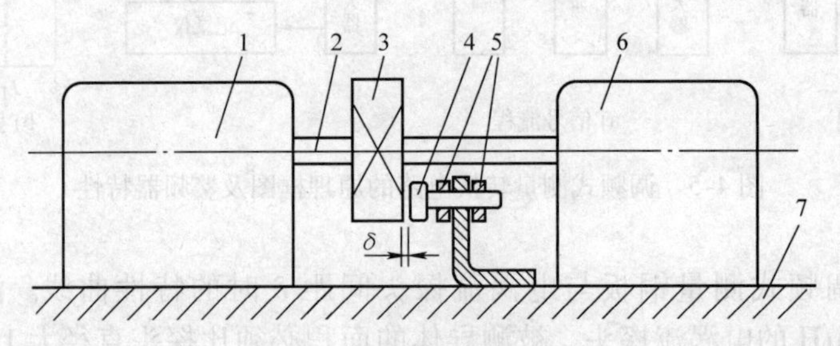

图4-7 轴向位移的监测

1—旋转设备（汽轮机） 2—主轴 3—联轴器 4—电涡流探头
5—夹紧螺母 6—发电机 7—基座

在设备停机检修时，将探头安装在与联轴器端面距离2mm的机座上，调节二次仪表使示值为零。当汽轮机起动后，长期监测其轴向位移量。可以发现，由于轴向推力和轴承的磨损而使探头与联轴器端面的间隙δ减小，二次仪表的输出电压从零开始增大。可调整二次仪表面板上的报警设定值，使位移量达到危险值（本例中为0.9mm）时，二次仪表发出报警信号；当位移量达到1.2mm时，发出停机信号以避免事故发生。上述测量属于动态测量。参考以上原理还可以将此类仪器用于其他设备的安全监测。

二、振动的测量

电涡流式传感器可以无接触地测量各种振动的振幅、频谱分布等参数。在汽轮机、空气压缩机中常用电涡流式传感器来监控主轴的径向、轴向振动，也可以测量发动机涡流叶片的振幅。在研究机器振动时，常常采用多个传感器放置在机器不同部位进行检测，得到各个位置的振幅值和相位值，再进行合成，从而画出振型图，测量方法如图4-8所示。由于机械振动是由多个不同频率的振动合成的，所以其波形一般不是正弦波，可以用频谱分析仪来分析输出信号的频率分布及各对应频率的幅度。

三、转速的测量

若旋转体上已开有一条或数条槽或做成齿状，则可在旁边安装一个电涡流式传感器，如图4-9所示。当转轴转动时，传感器周期地改变着与旋转体表面之间的距离，于是它的输出

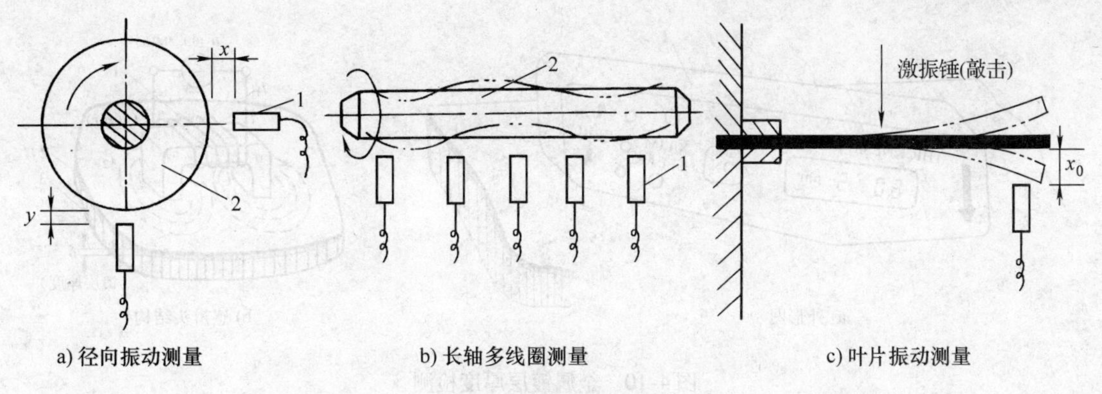

图 4-8 振幅的测量

1—电涡流线圈 2—被测物

电压也周期性地发生变化，此脉冲电压信号经放大、整形后，可以用频率计测出其变化的重复频率，从而测出转轴的转速，若转轴上开 z 个槽（或齿），频率计的读数为 f（单位为 Hz），则转轴的转速 n（单位为 r/min）的计算公式为

$$n = 60\frac{f}{z} \tag{4-4}$$

市售的电涡流式转速表俗称为“电感转速表”，其工作原理实质上是电涡流效应。

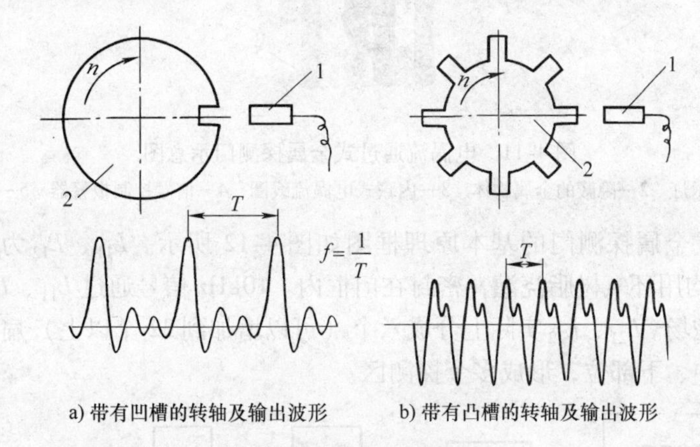

图 4-9 转速的测量

1—传感器 2—被测物

四、镀层厚度的测量

用电涡流传感器可以测量塑料表面金属镀层的厚度，以及印制电路板铜箔的厚度等。如图 4-10 所示。由于存在集肤效应，镀层或箔层越薄，电涡流越小。测量前，可先用电涡流测厚仪对标准厚度的镀层或铜箔做出“厚度－输出”电压的标定曲线，以便测量时对照。

五、电涡流式通道安全检查门

我国于 1981 年开始使用图 4-11 所示的通过式金属探测门，可有效地探测出枪支、匕首等金属武器及其他大件金属物品。它广泛应用于机场、海关、钱币厂和监狱等重要场所。

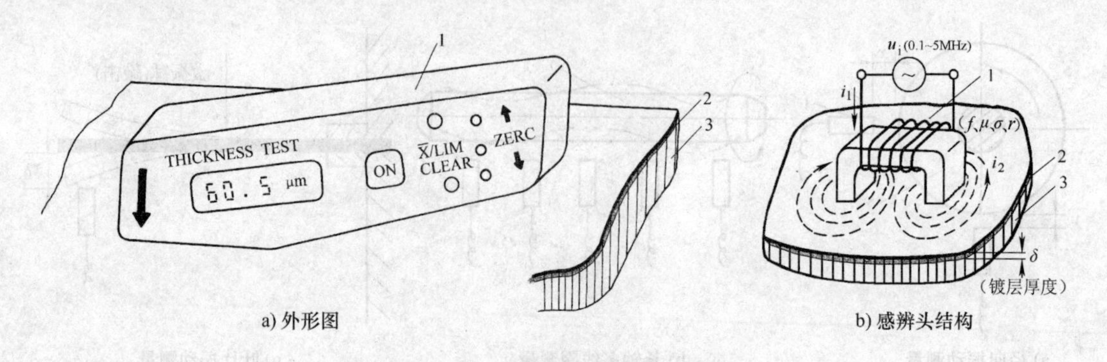

图4-10 金属镀层厚度检测

1—电涡流测厚仪 2—金属镀层 3—塑料工件

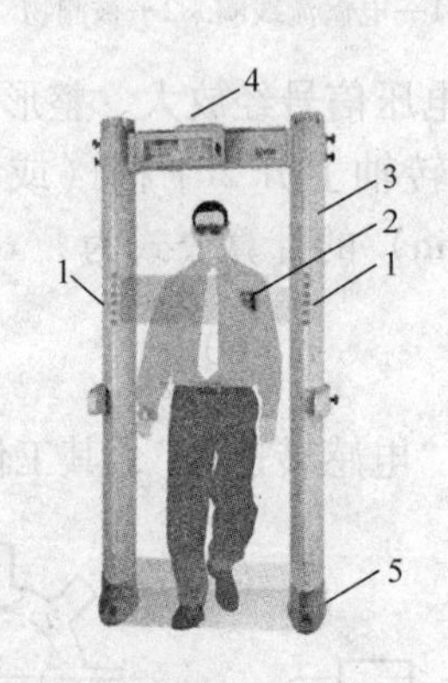

图4-11 电涡流通过式金属探测门示意图

1—等高指示灯 2—隐蔽的金属物体 3—内藏式电涡流线圈 4—信号控制报警器 5—电源模块

电涡流通过式金属探测门的基本原理框图如图4-12所示。L_{11}、L_{12}为发射线圈，L_{21}、L_{22}为接收线圈，均用环氧树脂浇灌，密封在门框内。10kHz信号通过L_{11}、L_{12}在线圈周围产生同频率的交变磁场。L_{21}、L_{22}实际上分成六个（可以增加到32个以上）扁平线圈，分布在门的两侧的上、中、下部位，形成多个探测区。

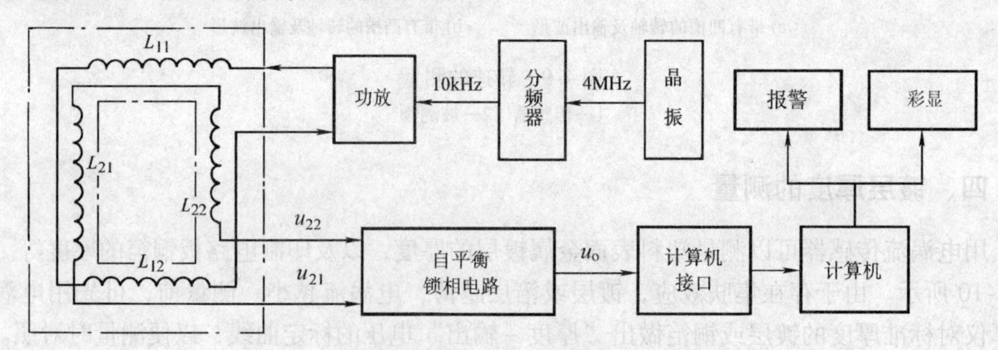

图4-12 电涡流通过式金属探测门基本原理框图

因为L_{11}、L_{12}与L_{21}、L_{22}相互垂直，成电气正交状态，无磁路交链，$u_o=0$。在有金属物体通过L_{11}、L_{12}形成的交变磁场时，交变磁场就会在该金属导体表面产生电涡流。电涡流也将产生一个新的微弱磁场，相位与金属体位置、大小等有关，因此可以在L_{21}、L_{22}中感应出电压。计算机根据感应电压的大小、相位，多级差来判定金属物体的大小。

由于个人携带的日常用品例如皮带扣、钥匙串、眼镜架、戒指甚至断腿中的钢钉等也会引起误报警。因此计算机还要对多组不同位置的线圈信号进行复杂的逻辑判断，才能获得既灵敏又可靠、准确的效果。

可以在安检门的侧面安装一台“软X光”或毫米波扫描仪。当发现疑点时，可启动对人体、胶卷无害的低能量狭窄扇面X射线，进行断面扫描。用软件处理的方法，合成完整的光学图像。

在更严格的安检中，还在安检门侧面安装能量微弱的中子发射管，对可疑对象开启该装置，让中子穿过密封的行李包，利用质谱仪来计算出行李物品的含氮量，以及碳、氧的精确比例，从而确认是否为爆炸品（氮含量较大）。计算其他化学元素的比例，还可以确认毒品或其他物质。

六、电涡流表面探伤

利用电涡流传感器可以检查金属表面（已涂防锈漆）的裂纹以及焊接处的缺陷等。在探伤中，传感器应与被测导体保持距离不变。检测过程中，由于缺陷将引起导体电导率、磁导率的变化，使电涡流 i_2 变小，从而引起输出电压突变。

图4-13是用电涡流探头检测高压输油管表面裂纹的示意图。两只导向辊用耐磨、不导电的聚四氟乙烯制作，有的表面还刻有螺旋导向槽，并以相同的方向旋转。油管在它们的驱动下，匀速地在楔形电涡流探头下方作360°转动，并向前挪动。探头对油管表面逐点扫描，得到图4-14a的输出信号。当油管存在裂纹时，电涡流所走的路程大为增加，所以电涡流突然减小，输出波形如图4-14a中的“尖峰”所示。该信号十分紊乱，用肉眼很难分辨出缺陷性质。

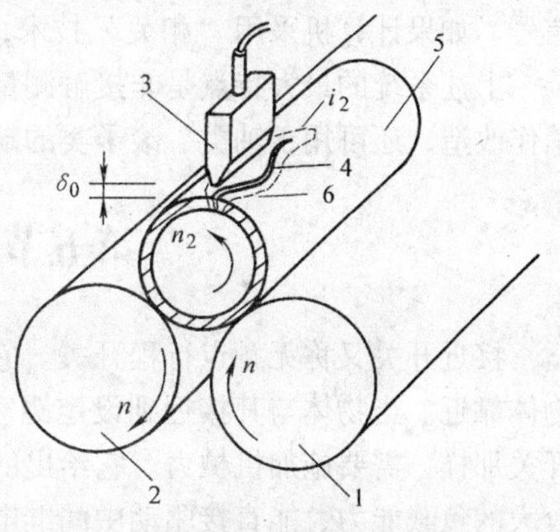

图4-13　用电涡流探头检测高压输油管表面裂纹的示意图

1、2—导向辊　3—楔形电涡流探头　4—裂纹　5—输油管　6—电涡流

将该信号通过带通滤波器，滤去表面不平整、抖动等因素造成的输出异常后，得到图4-14b中的两个尖峰信号。调节电压比较器的阈值电压，得到真正的缺陷信号。图4-14a为时域信号。计算机还可以根据图4-14a的信号计算电涡流探头线圈的阻抗，得到图4-14c所示的“8”字花瓣状阻抗图。根据长期积累的探伤经验，可以从该复杂的阻抗图中判断出裂纹的长短、深浅、走向等参数。图中的黑色边框为反视报警区。当“8”字花瓣图形超出报警区时即视为超标，产生报警信号。

电涡流探伤仪在实际使用时会受到诸多因素的影响。例如环境温度变化、表面硬度、机械传动不均匀、抖动等，用单个电涡流探头易受上述因素影响，严重时无法分辨缺陷和裂纹，因此必须采用差动电路。在楔形探头的尖端部位设置发射线圈，在其上方的左、右两侧分别设置一只接收线圈，它们的同名端相连，在没有裂纹信号时输出相互抵消。当裂纹进入左、右接收线圈下方时，由于相位上有先后差别，所以信号无法抵消，产生输出电压，这就

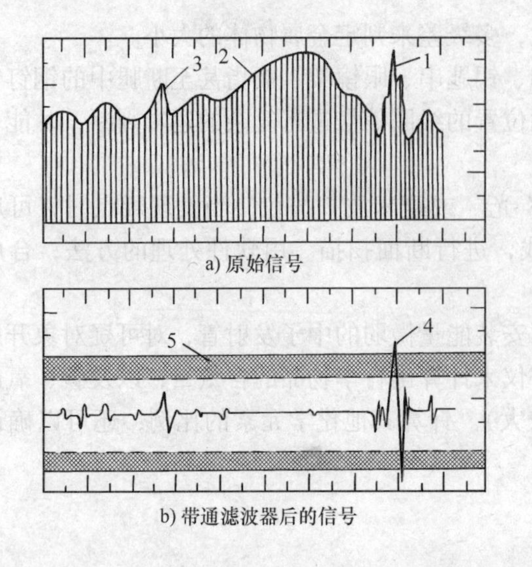

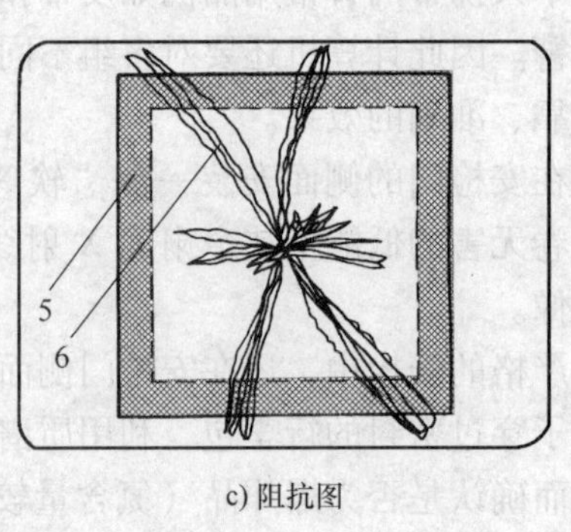

图 4-14 电涡流表面探伤输出信号

1—尖峰信号 2—摆动引起的伪信号 3—可忽略的小缺陷 4—裂纹信号 5—反视报警框 6—花瓣阻抗图

是差动原理。温漂、抖动等干扰通常是同时作用于两只电涡流差动线圈，所以不会产生输出信号。如果计算机采用“相关”技术，就能进一步提高分辨力，这里就不展开讨论了。

上述系统的最大特点是非接触测量，不磨损探头，检测速度可达每秒几米。对机械系统稍作改造，还可用于轴类、滚子类的缺陷检测。

第五节 接近开关及应用

接近开关又称无触点行程开关。它能在一定的距离（几毫米至几十毫米）内检测有无物体靠近。当物体与其接近到设定距离时，就能够发出“动作”信号，而不像机械式行程开关那样，需要施加机械力。它给出的是开关信号（高电平或低电平），多数接近开关具有较大的负载能力，能直接驱动中间继电器。

接近开关的核心部分是“感辨头”，它必须对正在接近的物体有很高的感辨能力。在生物界里，眼镜蛇的尾部能感辨出人体发出的红外线。而电涡流探头就能感辨金属导体的靠近。但是应变片、电位器之类的传感器就无法用于接近开关，因为它们属于接触式测量。

多数接近开关已将感辨头和测量转换电路做在同一壳体内，壳体上多带有螺纹或安装孔，以便于安装和调整。

接近开关的应用已远超出行程开关的行程控制和限位保护范畴。它可以用于高速计数、测速，确定金属物体的存在和位置，测量物位和液位，用于人体保护和防盗以及无触点按钮等。

即使仅用于一般的行程控制，接近开关的定位准确度、操作频率、使用寿命、安装调整的方便性和耐磨性、耐腐蚀性等也是一般机械式行程开关所不能相比的。

一、常用的接近开关分类

（1）电涡流式（以下按行业习惯称其为电感接近开关） 只对导电良好的金属起作用。

（2）电容式　对接地的金属或地电位的导电物体起作用，对非地电位的导电物体灵敏度稍差（见第五章）。

（3）磁性干簧开关（也称干簧管）　只对磁性较强的物体起作用（见第十三章）。

（4）霍尔式　只对磁性物体起作用（见第八章）。

从广义来讲，非接触式传感器均能用作接近开关。例如，光敏传感器、微波和超声波传感器等。但是它们的检测距离一般均可以做得较大，可达数米甚至数十米，所以多把它们归入电子开关系列。

二、接近开关的特点

与机械开关相比，接近开关具有如下特点：

①非接触检测，不影响被测物的运行工况；②不产生机械磨损和疲劳损伤，工作寿命长；③响应快，一般响应时间可达几毫秒或十几毫秒；④采用全密封结构，防潮、防尘性能较好，工作可靠性强；⑤无触点、无火花、无噪声，所以适用于要求防爆的场合（防爆型）；⑥输出信号大，易于与计算机或可编程序控制器（PLC）等接口；⑦体积小，安装、调整方便。它的缺点是触点容量较小，负载短路时易烧毁。

三、接近开关的主要性能指标

（1）动作距离　当被测物由正面靠近接近开关的感应面时，使接近开关动作（输出状态变为有效状态）的距离定义为接近开关的动作距离 δ_{min}（单位为 mm，以下同）。

（2）复位距离　当被测物由正面离开接近开关的感应面，接近开关转为复位时，被测物离开感应面的距离 δ_{max} 定义为复位距离。

（3）动作滞差　动作滞差 $\Delta\delta$ 指复位距离与动作距离之差。动作滞差越大，对抗被测物抖动等造成的机械振动干扰的能力就强，但动作准确度就越差。

（4）额定工作距离　指接近开关在实际使用中被设定的安装距离。在此距离内，接近开关不应受温度变化、电源波动等外界干扰而产生误动作。额定工作距离必然小于动作距离。但是，若设置得太小，有可能无法复位。实际应用中，考虑到各方面环境因素干扰的影响，较为可靠的额定工作距离（最佳安装距离）约为动作距离的75%。

（5）重复定位准确度（重复性）　它表征多次测量的动作距离平均值。其数值离散性的大小一般为最大动作距离的1%～5%。离散性越小，重复定位准确度越高。

（6）动作频率　每秒连续不断地进入接近开关的动作距离后又离开的被测物个数或次数称为动作频率。若接近开关的动作频率太低而被测物又运动得太快时，接近开关就来不及响应物体的运动状态，有可能造成漏检。

接近开关的外形如图4-15所示，可根据不同的用途选择不同的型号。图4-15a的形式便于调整与被测物的间距。图4-15b、c的形式可用于板材的检测，图4-15d、e可用于线材的检测。

四、接近开关的规格及接线方式

图4-16是接近开关的一种典型三线制接线方式。棕色（或红色）引线为正电源（18～35V）；蓝色接地（电源负极）；黑色为输出端。有常开、常闭之分。可以选择继电器输出

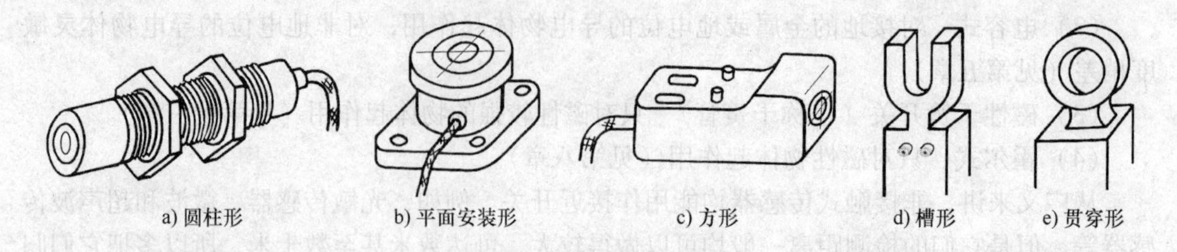

图 4-15 接近开关的几种结构形式

型，但更多的是采用 OC 门（集电极开路输出门）作为输出级。OC 门又有 PNP 和 NPN 之分。现以 NPN、常开（较为常见）为例来说明输出端的使用注意事项。

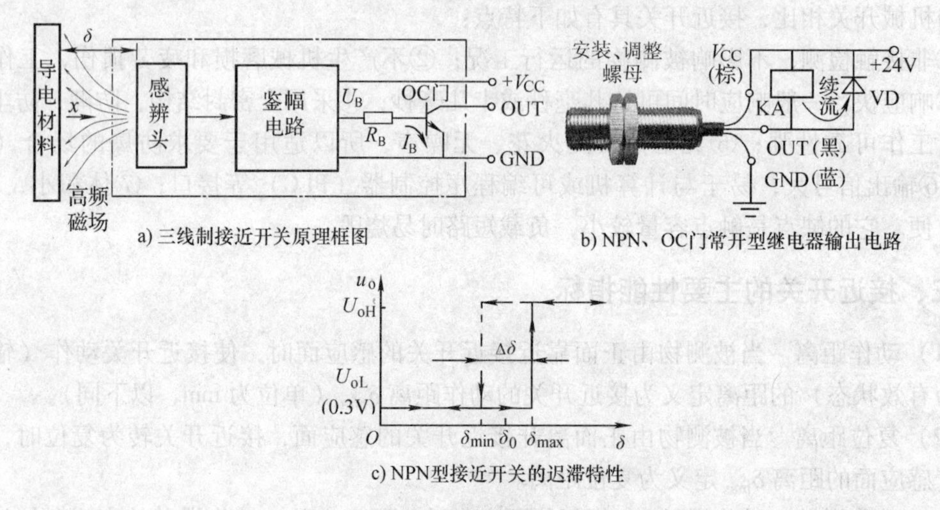

图 4-16 典型三线制接近开关的原理、接线及特性

当被测物体未靠近接近开关时，$U_B=0$，OC 门的基极电流 $I_B=0$，OC 门截止，OUT 端为高阻态（接入负载后为接近电源电压的高电平）；当被测导电物体逐渐靠近，到达动作距离 δ_{min} 时，U_B 为高电平，OC 门的基极电流 I_B 较大，OC 门的输出端对地导通，OUT 端对地为低电平（约 0.3V），负载电流可达 100mA。将中间继电器 KA 跨接在 V_{CC} 与 OUT 端之间时，KA 得电，转变为吸合状态。常用接近开关的工作电压为 DC 9 ~ 24V。

当被测导电物体逐渐远离该接近开关，到达复位距离 δ_{max} 时，OC 门再次截止，KA 失电。通常将接近开关设计为具有“施密特特性”，$\Delta\delta$ 为接近开关的动作滞差（也称为“动作回差”）。回差越大，抗机械振动干扰的能力就越强。

工作过程中，若续流二极管 VD 虚焊或未接，当接近开关复位的瞬间，KA 产生的过电压有可能将 OC 门击穿。如果不慎将 +V_{CC} 与 OUT 端短接，在接近开关动作时，就会有过电流流入 OC 门的集电极，并可能将其烧毁。

五、电涡流式接近开关应用实例

1. 生产工件加工定位

在机械加工自动生产线上，可以使用接近开关进行工件的加工定位，图 4-17a 是它的示意图。当传送机构将待加工的金属工件运送到靠近“减速”接近开关的位置时，该接近开关发出“减速”信号，传送机构减速，以提高定位准确度。当金属工件到达“定位”接近开关面前时，定位接近开关发出“动作”信号，使传送机构停止运行。紧接着，加工刀具对工件进行机械加工。

定位的准确度主要依赖于接近开关的性能指标，如“重复定位准确度”“动作滞差”等。可以仔细调整接近开关6的左右位置，使每一只工件均准确地停在加工位置。从图4-17b可以看到该接近开关的内部工作原理。当金属体靠近电涡流探头线圈（感辨头）时，随着金属体表面电涡流的增大，电涡流线圈的 Q 值越来越低，振荡器的能量被金属体所吸收，其输出电压 U_{o1} 也越来越低，甚至有可能停振，使 $U_{o1}=0$。比较器将 U_{o1} 与基准电压（又称比较电压）U_R 作比较。当 $U_{o1}<U_R$ 时，比较器翻转，输出高电平，报警器（LED）报警（闪亮），执行机构动作（传送机构电动机停转）。从以上分析可知，该接近开关的电路未涉及频率的变化，只利用了振荡幅度的变化，所以属于调幅式转换电路。

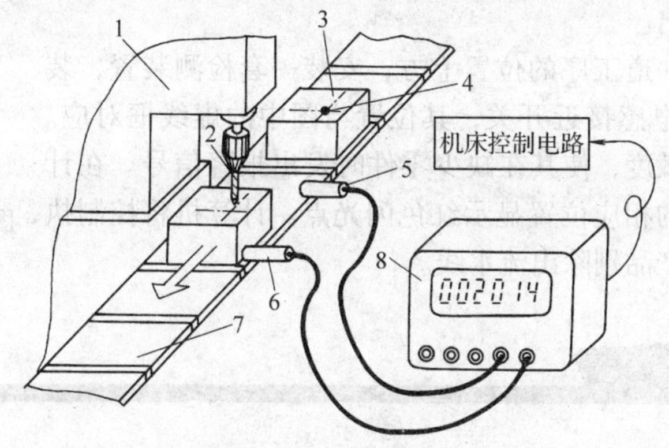

a) 接近开关的安装位置

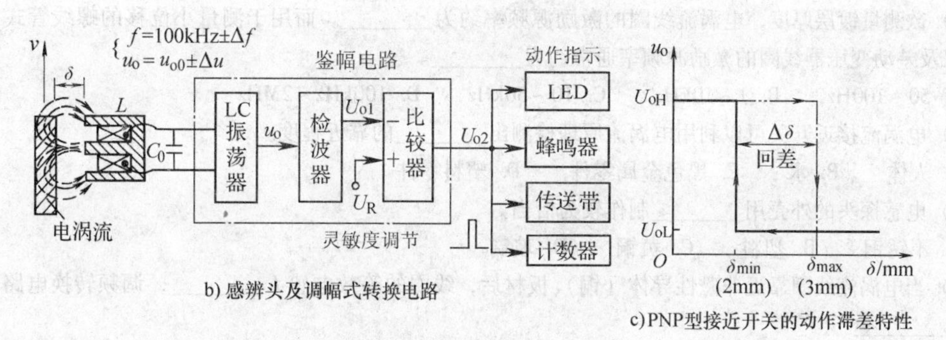

b) 感辨头及调幅式转换电路

c) PNP型接近开关的动作滞差特性

图4-17 工件的定位与计数

1— 加工机床 2—刀具 3—导电工件 4—加工位置 5—减速接近开关 6—定位接近开关 7—传送机构 8—计数器-位置控制器

2. 生产零部件计数

在图4-17中，还可将传送带一侧的“减速”接近开关的信号接到计数器输入端。当传送带上的每一个金属工件从该接近开关面前掠过时，接近开关动作一次，输出一个计数脉冲，计数器加1。

传送带在运行中有可能产生抖动，此时若工件刚进入接近开关动作距离区域，但因抖动，又稍微远离接近开关，然后再进入动作距离范围。在这种情况下，有可能会产生两个以上的计数脉冲。设计接近开关时为防止出现此种情况，通常在比较器电路中加入正反馈电阻，形成有滞差电压比较器，又称迟滞比较器，它具有“史密特”特性。当工件从远处逐渐向接近开关靠近，到达δ_{max}位置时，开关动作，输出高电平（仅指PNP型接近开关）。要想让它翻转回到低电平，则需要让工件倒退$\Delta\delta$的距离（δ_{min}的位置）。$\Delta\delta$大大超过抖动造成的倒退量，所以接近开关一旦动作，只能产生一个计数脉冲，微小的机械振动干扰是无法让其复位的，这种特性就称为动作滞差，如图4-17c所示。

从以上分析可知，该接近开关在动作时输出高电平（需接下拉电阻），是属于与图4-16b不同的“PNP型”输出。用户可按照具体需要购买常开、常闭、NPN或PNP型的接近开关，检测电路亦需作相应改变。

3. 成品零件缺位检测

有许多产品安装完毕即用铆钉铆接，而无法检验内部是否缺少零件。图4-18示出了扁平结构的断路器示意图。其内部安装金属零部件的区域用虚线框出。

在流水线的最后一道工序的位置上方，安装一套检测装置，装置中使用了多只微型电感接近开关，其位置与图中的虚线框对应。调节各接近开关的灵敏度，使其在缺少零件时发出报警信号。在计算机显示屏模拟图上的相应位置显示红色闪光点。计算机将控制执行机构，将有缺陷的产品剔除出流水线。

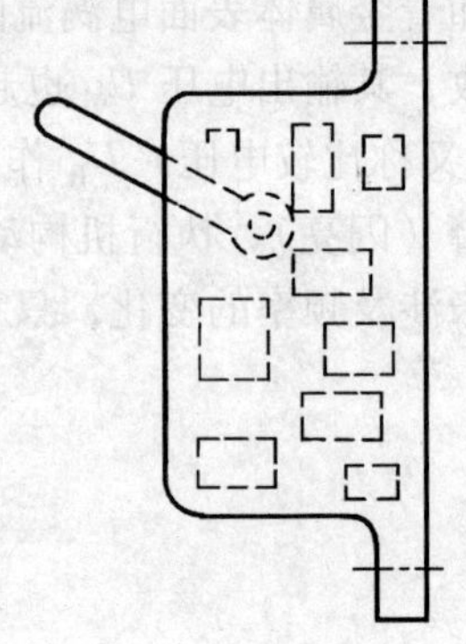

图4-18 成品零件缺位检测示意图

思考题与习题

1. 单项选择题

1）欲测量镀层厚度，电涡流线圈的激励源频率约为________。而用于测量小位移的螺线管式自感传感器以及差动变压器线圈的激励源频率通常约为________。

A. 50～100Hz　　B. 1～10kHz　　C. 10～50kHz　　D. 100kHz～2MHz

2）电涡流接近开关可以利用电涡流原理检测出________的靠近程度。

A. 人体　　B. 水　　C. 黑色金属零件　　D. 塑料零件

3）电感探头的外壳用________制作较为恰当。

A. 不锈钢　　B. 塑料　　C. 黄铜　　D. 玻璃

4）当电涡流线圈靠近非磁性导体（铜）板材后，线圈的等效电感L________，调频转换电路的输出频率f________。

A. 不变　　B. 增大　　C. 减小

5）欲探测埋藏在地下的金银财宝，应选择直径为________左右的电涡流探头。欲测量油管表面和细小裂纹，应选择直径为________左右的探头。

A. 0.1mm　　B. 5mm　　C. 50mm　　D. 500mm

6）用图5-12b的方法测量齿数$Z=60$的齿轮的转速，测得$f=400$Hz，则该齿轮的转速n等于________r/min。

A. 400　　B. 3600　　C. 24000　　D. 60

2. 请查阅电磁炉的资料，简述图4-19中的电磁炉工作原理，包含磁滞损耗、工作频率、锅具特性等。为什么不能用铝锅作为锅具？

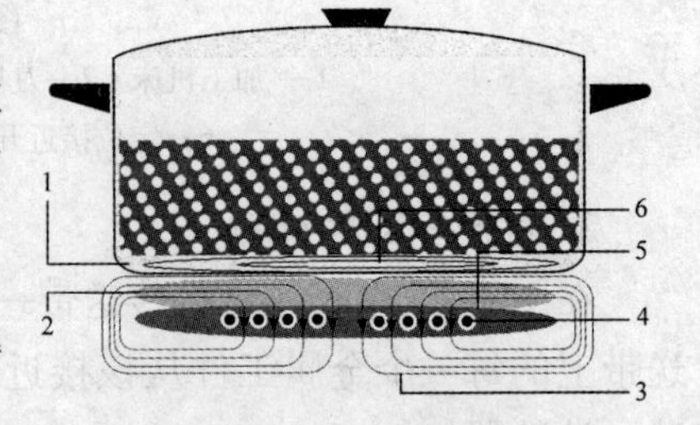

图4-19 电涡流电磁炉原理

1—不锈钢锅体 2—微晶玻璃炉面
3—磁力线 4—线圈
5—线圈骨架 6—电涡流

3. 用一电涡流式测振仪测量某机器主轴的轴向窜动，已知传感器的灵敏度 $K = 25\text{mV/mm}$。最大线性范围（大约优于2.5%）$\delta_{max} = 5\text{mm}$。现将传感器安装在主轴的右侧，如图4-20a所示。使用计算机记录下的振动波形如图4-20b所示。求：

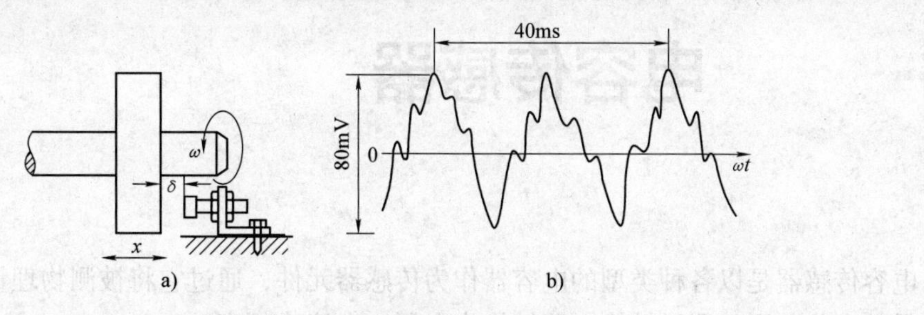

图4-20 电涡流式测振仪测量示意图

1）轴向振动 $x_p \sin\omega t$ 的振幅 A（或 x_p）为多少毫米？

2）主轴振动的基频 f 是多少？

3）振动波形不是正弦波的原因有哪些？

4）为了得到较好的线性度与最大的测量范围，传感器与被测金属的静态安装距离 δ 为多少毫米为佳？

4. 上网查阅“通过式金属探测门”的资料。1）写出其中一种主要技术指标；2）如何做到对心脏起搏器无害？3）如何知道报警区域？4）可以用于哪些场合？5）说明如何调试？

第五章 Chapter 5

电容传感器

电容传感器是以各种类型的电容器作为传感器元件，通过它将被测物理量的变化转换为电容量的变化，再经测量转换电路转换为电压、电流或频率。

电容传感器具有如下优点：

(1) 可获得较大的相对变化量　用应变片测量时，一般得到电阻的相对变化量小于1%，而电容传感器的相对变化量可达到200%或更大些。

(2) 能在恶劣的环境条件下工作　例如它能在高温、低温和强辐射等环境中工作，其原因在于这种传感器通常不一定需要使用有机材料或磁性材料，而这些材料是不能用于上述恶劣环境中的。

(3) 发热的影响小　电容器工作所需的激励源功率小，电容传感器用空气或硅油作为绝缘介质时，介质损失很小，因此本身发热的问题可不予考虑。由于电容传感器的电容量较小，交流容抗（$X_C=\frac{1}{2\pi fC}$）较大，所以激励源提供的电流也较小。

(4) 动态响应快　因为电容传感器具有较小的可动质量，动片的谐振频率较高，所以能用于动态测量。

由于电容传感器具有一系列突出的优点，随着电子技术的迅速发展，特别是大规模集成电路的应用，以上优点将得到进一步的发扬，而它所存在的引线电缆分布电容影响以及非线性的缺点也随之得到克服，因此电容传感器在自动检测中得到越来越广泛的应用。

第一节　电容传感器的工作原理及结构形式

电容传感器的工作原理可以用图5-1所示的平板电容器来说明。当忽略边缘效应时，其电容量为

$$C=\frac{\varepsilon A}{d}=\frac{\varepsilon_0\varepsilon_r A}{d} \tag{5-1}$$

式中，A 是两极板相互遮盖的有效面积；d 是两极板间的距离，也称为极距；ε 是两极板间介质的介电常数；ε_r 是两极板间介质的相对介电常数；ε_0 是真空的介电常数，$\varepsilon_0=8.85\times10^{-12}\text{F/m}$。

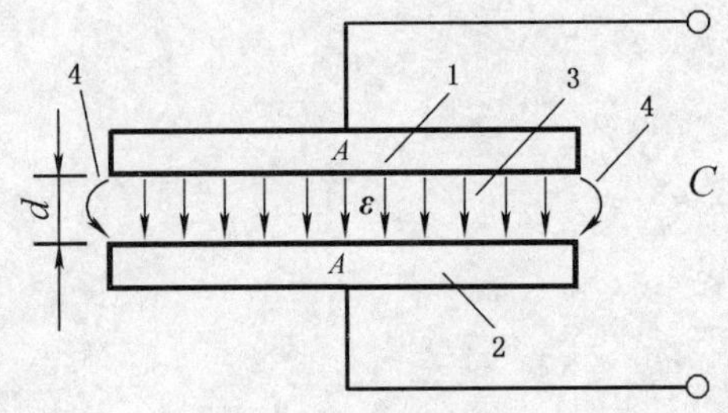

图5-1　平板电容器

1—上极板　2—下极板　3—电力线　4—边缘效应

由式(5-1)可知，在 A、d、ε 三个参量中，改变其中任意一个量，均可使电容量 C 改变。也

就是说，电容量 C 是 A、d、ε 的函数，这就是电容传感器的基本工作原理。固定三个参量中的两个，可以制作三种类型的电容传感器。

一、变面积式电容传感器

变面积式电容传感器的结构及原理如图 5-2 所示。图 5-2a 是平板形直线位移式结构，其中极板 2 可以左右移动，称为动极板。极板 1 固定不动，称为定极板。

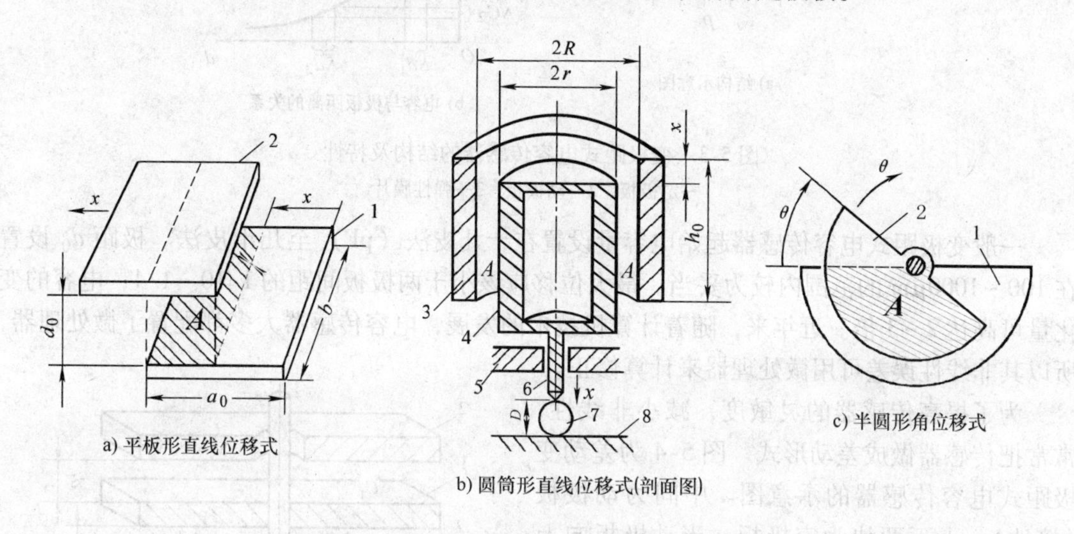

图 5-2　变面积式电容传感器的结构及原理

1—定极板　2—动极板　3—外圆筒　4—内圆筒　5—导轨　6—测杆　7—被测物　8—水平基准

图 5-2b 是同心圆筒形变面积式传感器。外圆筒固定，内圆筒在外圆筒内作上、下直线运动。在实际设计时，必须使用导轨来保持两圆筒的间隙不变。内外圆筒的半径之差越小，灵敏度越高。实际使用时，外圆筒必须接地，这样可以屏蔽外界电场干扰，并且能减小周围人体及金属体与内圆筒的分布电容，以减小误差。

图 5-2c 是角位移式的结构。动极板 2 的轴由被测物体带动而旋转一个角位移 θ 度时，两极板的遮盖面积（投影面积）A 就减小，因而电容量也随之减小。

由于动极板与轴连接，所以一般动极板接地，但必须制作一个接地的金属屏蔽盒，将定极板屏蔽起来。

变面积式电容传感器的输出特性在一定的范围内是线性的，灵敏度是常数。变面积式电容传感器还可以做成其他形式。这一类传感器多用于检测直线位移、角位移、工件尺寸等参量。

二、变极距式电容传感器

变极距式电容传感器的结构及特性如图 5-3 所示。图中极板 1 为定极板，极板 2 为动极板。当动极板受被测物体作用引起位移时，改变了两极板之间的距离 d，从而使电容量发生变化。当初始极距 d_0 较小时，对于同样的位移 x 或 Δd，所引起的电容变化量，比 d_0 较大时的 ΔC 大得多，即灵敏度较高。所以实际使用时，总是使初始极距 d_0 尽量小些，以提高灵敏度。但这也带来了变极距式电容器的行程较小的缺点。

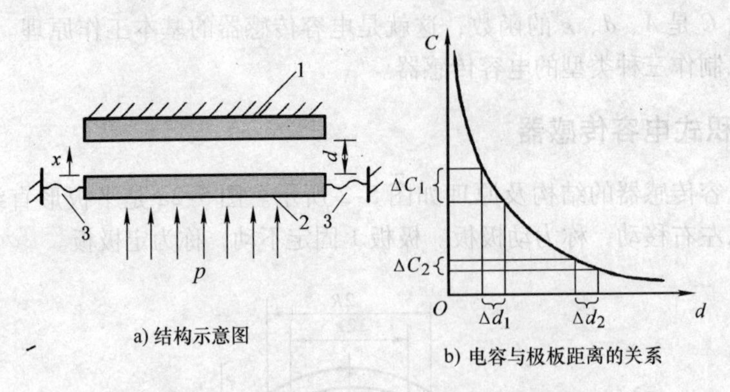

图 5-3 变极距式电容传感器的结构及特性

1—定极板 2—动极板 3—弹性膜片

一般变极距式电容传感器起始电容量设置在十几皮法（pF）至几十皮法、极距 d_0 设置在 100 ~ 1000μm 的范围内较为妥当。最大位移应该小于两极板间距的 1/10 ~ 1/4，电容的变化量可高达 2 ~ 3 倍。近年来，随着计算机技术的发展，电容传感器大多都配置了微处理器，所以其非线性误差可用微处理器来计算修正。

为了提高传感器的灵敏度，减小非线性，常常把传感器做成差动形式。图 5-4 为差动变极距式电容传感器的示意图。中间为动极板（接地），上下两块为定极板。当动极板向上移动 Δx 后，C_1 的极距变为 $d_0-\Delta x$，而 C_2 的极距变为 $d_0+\Delta x$，电容 C_1 和 C_2 形成差动变化，经过信号测量转换电路后，灵敏度提高近一倍，线性也得到改善。

图 5-4b 示出了电子数显卡尺中常用到的差动变面积式电容传感器原理示意图。当接地的动极板向左平移时（动极板与两个定极板的间距 d_0 保持不变），C_1 增大，C_2 减小，$\Delta C = C_1 - C_2$，电容的变化量与位移成线性关系。这种形式的电容传感器行程较大（实际上有许多对定片和动片以及屏蔽电极，通称为容栅，具体见第十一章），外界的影响诸如温度、激励源电压、频率变化等也基本能相互抵消，因此在工业中应用较广。

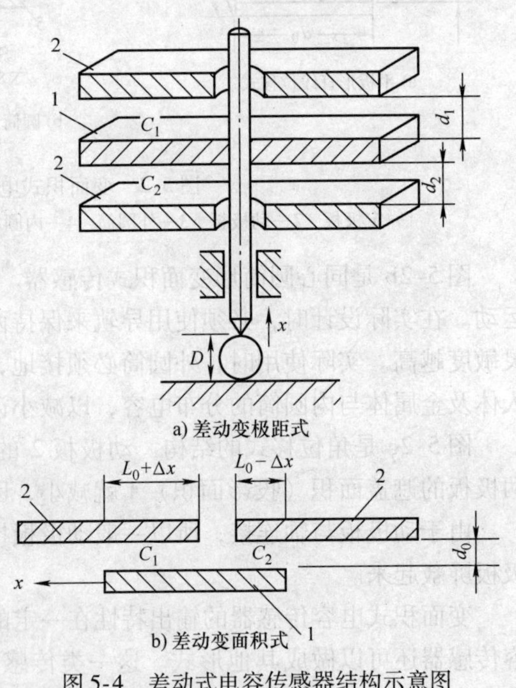

图 5-4 差动式电容传感器结构示意图

1—动极板 2—定极板

三、变介电常数式电容传感器

因为各种介质的相对介电常数不同，所以在电容器两极板间插入不同介质时，电容器的电容量也就不同。利用这种原理制作的电容传感器称为变介电常数式电容传感器，它们常用来检测片状材料的厚度、性质，颗粒状物体的含水量以及测量液体的液位等。表 5-1 列出了几种常用气体、液体和固体介质的相对介电常数。

图 5-5 是变介电常数式电容传感器的原理图。当某种介质处于固定极距的两极板间时，介质厚度 δ 越厚，电容量也就越大。

表 5-1　几种介质的相对介电常数

介质名称	相对介电常数 ε_r	介质名称	相对介电常数 ε_r
真　空	1	玻璃釉	3～5
空　气	略大于 1	SiO_2	38
其他气体	1～1.2①	云　母	5～8
变压器油	2～4	干的纸	2～4
硅　油	2～3.5	干的谷物	3～5
聚丙烯	2～2.2	环氧树脂	3～10
聚苯乙烯	2.4～2.6	高频陶瓷	10～160
聚四氟乙烯	2.0	低频陶瓷、压电陶瓷	1000～10000
聚偏二氟乙烯	3～5	纯净的水	80

① 相对介电常数的数值视该介质的成分和化学结构不同而有较大的区别，以下同。

当介质厚度 δ 保持不变、而相对介电常数 ε_r 改变，如空气湿度变化，介质吸入潮气（$\varepsilon_{r水} \gg 1$）时，电容量将发生较大的变化。因此该电容器可作为相对介电常数 ε_r 的测试仪器，如空气相对湿度传感器。反之，若 ε_r 不变，则可作为检测介质厚度的传感器。

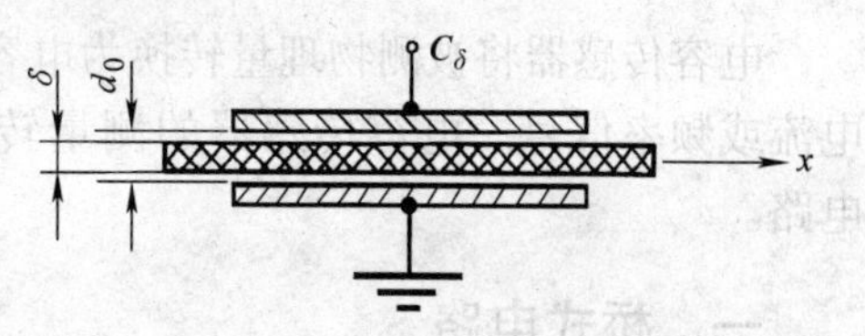

图 5-5　变介电常数式电容传感器

图 5-6 为电容液位计原理图。当被测液体（绝缘体）的液面在两个同心圆金属管状电

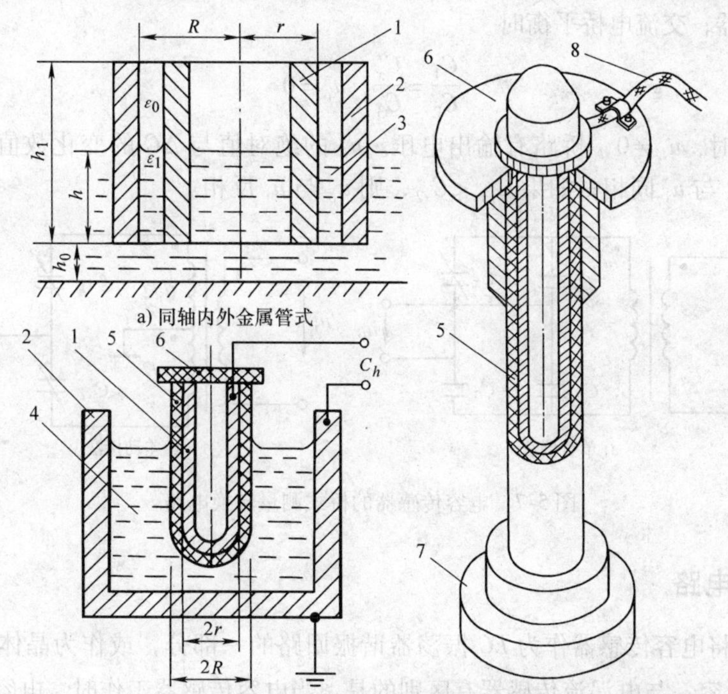

图 5-6　电容液位计

1—内圆筒　2—外圆筒　3—被测绝缘液体　4—被测导电液体

5—聚四氟乙烯套管　6—顶盖　7—绝缘底座　8—信号传输屏蔽电缆

极间上下变化时，引起两电极间不同介电常数介质（上半部分为空气，下半部分为液体）的高度变化，因而导致总的电容量的变化，其灵敏度为常数。R/r 越小，灵敏度越高。但是，在 R/r 较小的情况下，由于液体毛细管作用的影响，两圆管间的液面将高于实际液位，从而带来测量误差。在被测液体为黏性液体时，由粘附现象引起的测量误差将更大。

当液罐外壁是导电金属时，可以将其接地，并作为液位计的外电极，如图 5-6b 所示。当被测介质是导电的液体（例如水溶液）时，则内电极应采用金属管外套聚四氟乙烯套管式电极。而且这时的外电极也不再是液罐外壁，而是该导电介质本身，这时内、外电极的极距只是聚四氟乙烯套管的壁厚。以上讨论的电容液位计的工作原理也可用上下两段不同面积、不同介电常数的电容量之和来理解。

第二节　电容传感器的测量转换电路

电容传感器将被测物理量转换为电容变化后，必须采用测量转换电路将其转换为电压、电流或频率信号。电容传感器的测量转换电路种类很多，下面介绍一些常用的测量转换电路。

一、桥式电路

图 5-7 所示为桥式测量转换电路。其中图 5-7a 为单臂接法的桥式测量电路，1MHz 左右的高频电源经变压器接到电容桥的一个对角线上，电容 C_1、C_2、C_3、C_x 构成电桥的 4 臂，C_x 为电容传感器，交流电桥平衡时

$$\frac{C_1}{C_2}=\frac{C_x}{C_3},\ u_o=0$$

当 C_x 改变时，$u_o \neq 0$，桥路有输出电压。u_o 的绝对值与 ΔC 的变化数值成正比。如果 $C_{x1}>C_{x2}$，则 u_o 与 u_i 同相；如果 $C_{x1}<C_{x2}$，则 u_o 与 u_i 反相。

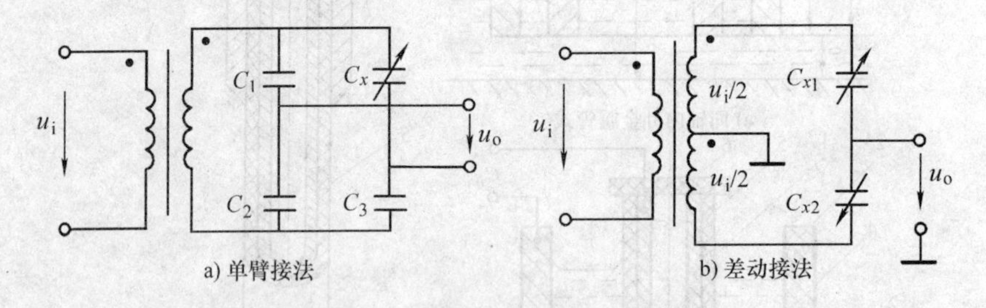

图 5-7　电容传感器的桥式测量转换电路

二、调频电路

FM 电路是将电容传感器作为 *LC* 振荡器谐振回路的一部分，或作为晶体振荡器中的石英晶体的负载电容。与电涡流传感器有区别的是，当电容传感器工作时，电容 C_x 发生变化，就使振荡器的频率 f 产生相应的变化。由于振荡器的频率受电容式传感器电容的调制，这样就实现了 $C-f$ 的变换，故称为调频电路。图 5-8 为 LC 振荡器调频电路框图。调频振荡器的频率可由下式决定

$$f=\frac{1}{2\pi\sqrt{L_0C}} \tag{5-2}$$

式中，L_0 是振荡回路的固定电感；C 是振荡回路的电容。

C 包括传感器电容 C_x、谐振回路中的微调电容 C_0 和传感器电缆分布电容 C_C，即

$$C=C_x+C_0+C_C$$

振荡器的输出信号是一个受被测量控制的调频波，频率的变化在鉴频器中转换为电压幅度的变化，经过放大器放大、检波后就可用仪表来指示，也可将频率信号直接送到计算机的计数定时器进行测量。

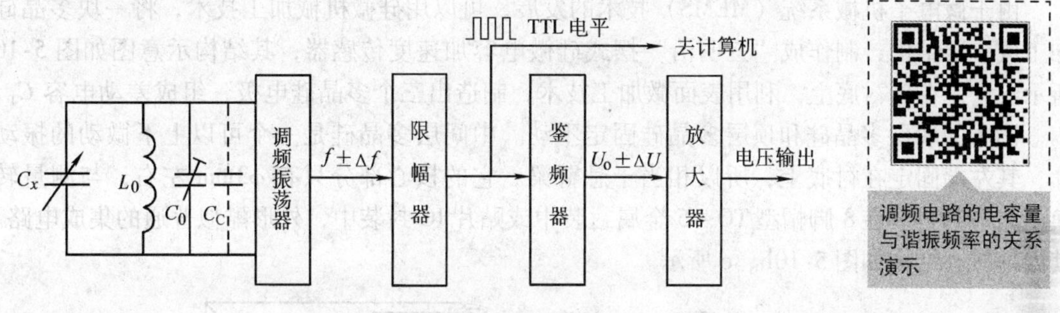

图 5-8　调频电路框图

第三节　电容传感器的应用

电容器的容量受三个因素影响，即：极距 x、相对面积 A 和极间介电常数 ε。固定其中两个变量，电容量 C 就是另一个变量的一元函数。只要想办法将被测非电量转换成极距或者面积、介电常数的变化，就可以通过测量电容量这个电参数来达到非电量电测的目的。

例如，图 5-5 所示的简单结构就可以用于测量纸张含水量、塑料薄膜的厚度等，而图 5-2b则可以用于测量工件的尺寸，图 5-2c 可以用于测量机械臂的角位移。

电容传感器的用途还有许多，例如可以利用极距变化的原理，测量振动、压力；利用相对面积变化的原理，可以非常精确地测量角位移和直线位移，构成电子千分尺；利用介电常数变化的原理，可以测量空气相对湿度、液位和物位等。

一、电容测厚仪

电容测厚仪可以用来测量金属带材在轧制过程中的厚度，其工作原理如图 5-9 所示。

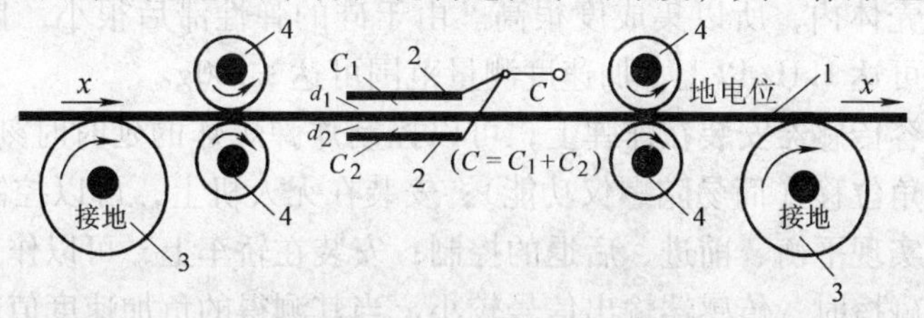

图 5-9　电容测厚仪示意图

1—金属带材　2—电容极板　3—导向轮　4—轧辊

在被测金属带材的上下两侧各放置一块面积相等、与带材距离相等的定极板，定极板与金属带材之间就形成了两个电容器 C_1 和 C_2。把两块定极板用导线连接起来，就相当于 C_1 与 C_2 并联，总电容 $C = C_1 + C_2$。如果带材厚度变厚，则引起极距 d_1、d_2 电容的变大，从而导致总电容 C 的变大，用交流电桥将电容的变化检测出来，经过放大，可由显示仪表显示出带材厚度的变化。使用上、下两个极板是为了克服带材在传输过程中的上下波动带来的误差。例如，当带材向下波动时，d_1 变大，d_2 变小，则 C_1 减小，C_2 增大，C 基本不变。

二、电容加速度传感器

由于微电子机械系统（MEMS）技术的发展，可以用硅微机械加工技术，将一块多晶硅加工成多层结构，制作成“三明治”摆式硅微电容加速度传感器，其结构示意图如图 5-10 所示。它是在硅衬底上，利用表面微加工技术，制造出三个多晶硅电极，组成差动电容 C_1、C_2。图中的底层多晶硅和顶层多晶硅固定不动。中间层多晶硅是一个可以上下微动的振动片，其左端固定在衬底上，所以相当于悬臂梁。它的核心部分只有 ϕ3mm 左右，与测量转换电路一起封装在8 脚帽型 TO－5 金属封装中或贴片 IC 封装中，外形酷似普通的集成电路。其内部核心结构如图 5-10b、c 所示。

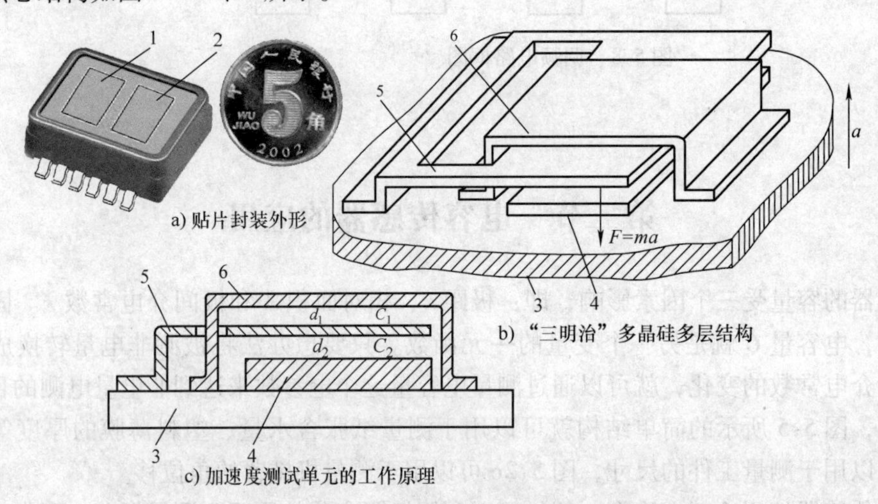

a) 贴片封装外形

b) “三明治”多晶硅多层结构

c) 加速度测试单元的工作原理

图 5-10 硅微电容加速度传感器的结构示意图

1—加速度测试单元 2—信号调理单元 3—衬底 4—底层多晶硅（下电极）
5—多晶硅悬臂梁 6—顶层多晶硅（上电极）

当硅微电容加速度测试单元感受到上下振动时，极距 d_1、d_2 和电容 C_1、C_2 呈差动变化。与加速度测试单元封装在同一壳体中的信号处理单元将 ΔC 转换成直流输出电压。它的激励源也做在同一壳体内，所以集成度很高。由于硅的弹性滞后很小，且悬臂梁的质量很轻，所以频率响应可达 1kHz 以上，加速度测量范围可达 ±100g。

将该加速度电容传感器安装在炸弹上，可以控制炸弹爆炸的延时时刻；安装在手机上，可以测量加速度和角位移（简易陀螺仪功能）；安装在无人机上，可以控制飞行姿势；安装在平衡车上，可以实现平衡、前进、后退的控制；安装在轿车上，可以作为碰撞传感器。当正常刹车和小事故碰擦时，传感器输出信号较小。当其测得的负加速度值超过设定值时，汽车 ECU（电子控制单元）据此判断发生碰撞，于是就启动轿车前部的折叠式安全气囊迅速充气而膨胀，托住驾驶员及前排乘员的胸部和头部。

将超小型化的 MEMS（微机电系统）植入智能手机，就可以测量身体重心的向前、向后、上下变化的加速度，计算出步数。与 BD（北斗）或 GPS 配合，就可以计算出步幅、步速，统计出公里数，计算出卡路里的消耗，测绘出“足迹地图”，实现“微信运动”等功能。

三、湿敏电容

所谓湿敏电容是指利用具有很大吸湿性的绝缘材料作为电容传感器的介质，在其两侧面镀上多孔性电极。当相对湿度增大时，吸湿性介质吸收空气中的水蒸气，使两块电极之间的介质相对介电常数大为增加（水的相对介电常数为 80），所以电容量增大。

目前，成品湿敏电容主要使用以下两种吸湿性介质：一种是多孔性氧化铝，另一种是高分子吸湿膜。

图 5-11 是硅 MOS 型 Al_2O_3 湿敏电容传感器的结构及外形，图 5-12 是氧化铝湿敏电容的电容量及漏电阻与相对湿度的关系曲线。

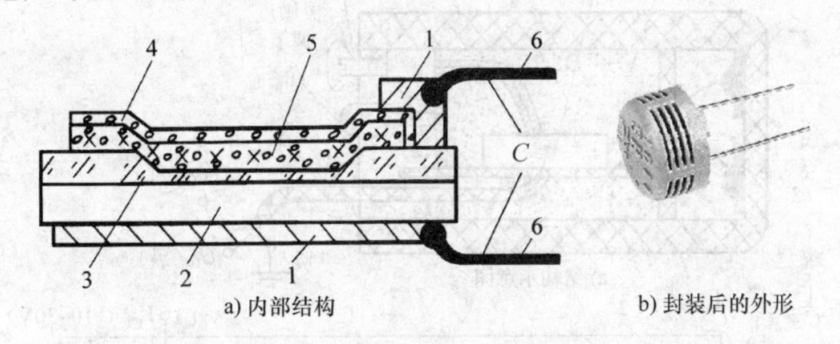

图 5-11 多孔性硅 MOS 型 Al_2O_3 湿敏电容的结构及外形

1—铝电极 2—单晶硅基底 3—SiO_2 绝缘膜 4—多孔 Au 电极 5—吸湿层 Al_2O_3 6—引线

MOS 型 Al_2O_3 湿度传感器是在单晶硅上制成 MOS 晶体管。其栅极绝缘层是用热氧化法生成的厚度约 80nm 的 SiO_2 膜，在此 SiO_2 膜上，用蒸发或电解法制得多孔性 Al_2O_3 膜，然后再镀上多孔金（Au）膜。

由于多孔性氧化铝可以吸附及释放水分子，所以其电容量将随空气的相对湿度变大而变大。与此同时，其漏电电阻随湿度的增大而降低，形成介质损耗很大的电容器。

上述湿敏电容可用交流电桥测量，但由于其电容量和电阻值均随湿度变化，所以调节交流电桥的平衡十分困难。也可以将它作为 LC 振荡器中的振荡电容，通过测量其振荡频率和振荡幅度，可以换算成相对湿度值。还可以将它接到 RC 振荡器中，如图5-13所示。RC 振荡电路的形式可以有由 555 多谐振荡器、CMOS 两级反相器组成的 RC 振荡器、史密特反相器组成的 RC 振荡器等。由于湿敏电容的容量随温度而上升，所以必须采取温度补偿措施。

四、电容接近开关

1. 电容接近开关的结构

电容接近开关的核心是以电容极板作为检测端的电容传感器，结构如图 5-14a 所示。检测极板设置在接近开关的最前端，测量转换电路安装在接近开关壳体后部，并用介质损耗很小的环氧树脂充填、灌封。

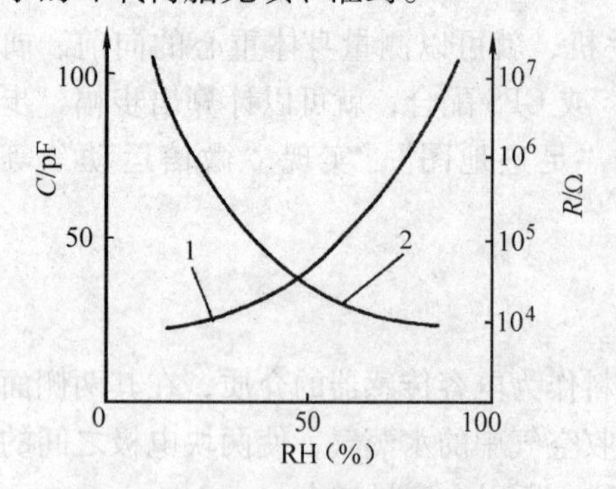

图 5-12　氧化铝湿敏电容的电容量及漏电阻与相对湿度的关系

1—电容与相对湿度的关系曲线

2—漏电阻与相对湿度的关系曲线

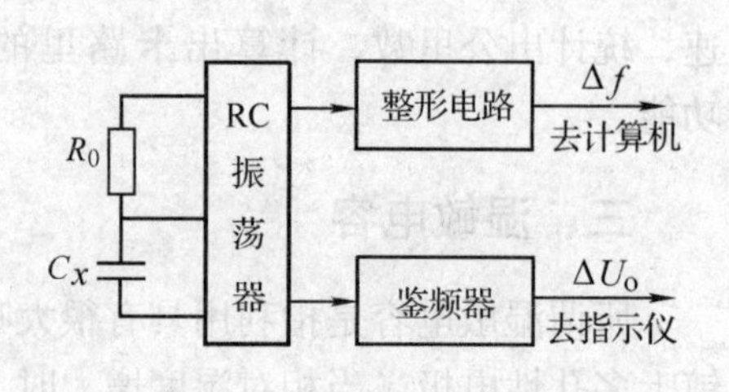

图 5-13　湿敏电容的测量转换电路

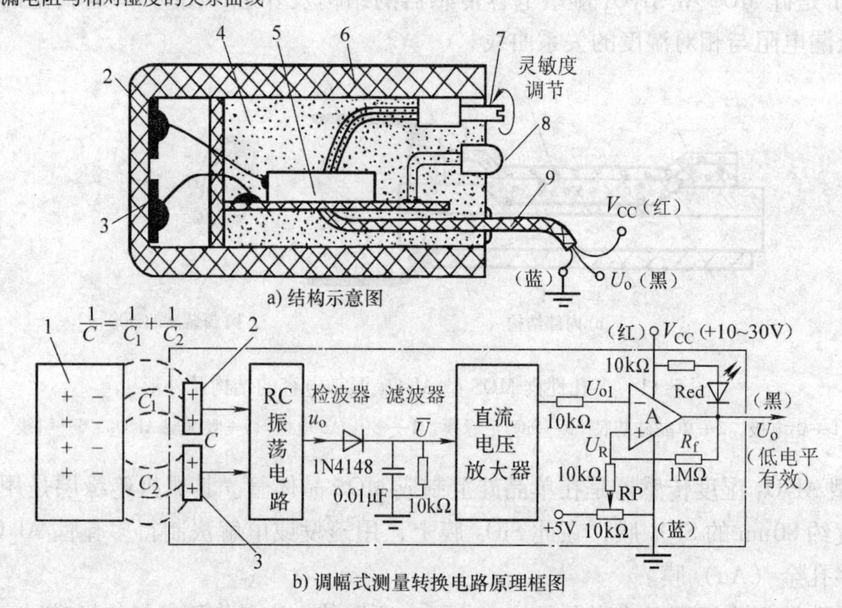

图 5-14　圆柱形电容接近开关的结构及原理框图

1—被测物　2—上检测极板（或内圆电极）　3—下检测极板（或外圆电极）　4—充填树脂　5—测量转换电路板　6—塑料外壳　7—灵敏度调节电位器 RP　8—动作指示灯　9—电缆　U_R—比较器的基准电压

2. 电容接近开关的工作原理

电容接近开关的调幅式测量转换电路原理框图如图 5-14b 所示，它由 LC 高频振荡器、检波器、低通滤波器、直流电压放大器和电压比较器等组成。

电容接近开关的感应板由两个同心圆金属平面电极构成，很像两块“打开的”电容器电极。

当没有被测物体靠近电容接近开关时，由于 C_1 与 C_2 很小，LC 振荡器停振。当被测物体朝着电容接近开关的两个同心圆电极靠近时，两个电极与被测物体构成电容 C，接到 RC 振荡回路中。等效电容 C 即是 C_1、C_2 的串联结果，总的电容量增大。

当 C 增大到额定数值后，RC 振荡器起振，工作电流增大。振荡器的高频输出电压 u_o 经二极管检波和低通滤波器，得到正半周的平均值 $\overline{U}$。再经直流电压放大电路放大后，U_{o1} 与灵敏度调节电位器 RP 设定的基准电压 U_R 进行比较。若 U_{o1} 超过基准电压时，比较器翻转，输出动作信号（高电平或低电平），从而起到了检测有无物体靠近的目的。

3. 电容接近开关的特性及调试

接近开关的输出有 NPN、PNP 和 AC 两线制等多种型式。图 5-14b 中的 R_f 在比较器电路中起正反馈作用，使比较器具有施密特特性。R_f 越小，翻转时的回差就越大，抗干扰能力就越强，通常将回差控制在动作距离的 20% 之内。

如果在图 5-14b 所示的比较器之后再设置 OC 门输出级电路，就有较大的负载能力。通常可以驱动 100mA 的感性负载，或 300mA 的阻性负载，具体电路请参见图 4-15。电容接近开关的检测距离与被测物体的材料性质有较大关系，如图 5-15 所示。

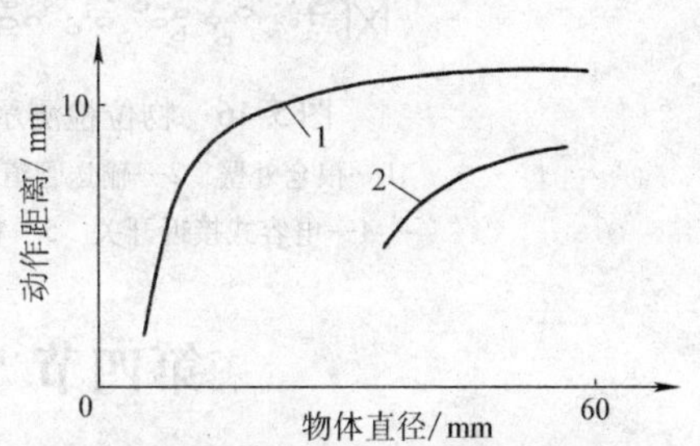

图 5-15　动作距离与被检测物体的材料、性质、尺寸的关系

1—导电物体　2—含水有机物

当被测物是导电物体时，即使两者的距离较远，但等效电容 C 仍较大，LC 回路较容易起振，所以灵敏度较高。若被测物的面积小于电容接近开关直径的 2 倍时，灵敏度显著降低。

对于非金属物体，例如：水、油、纸板、皮革、塑料、陶瓷、玻璃、沙石和粮食等，动作距离决定于材料的介电常数和电导率以及物体的面积。介电常数大、导电性能较好的物体（例如含水的有机物等），且面积达到电容接近开关直径的 2 倍以上时，动作距离只略大于金属。物体的含水量越小，面积越小，动作距离也越小，灵敏度就越低，玻璃、尼龙等物体的灵敏度较低。

大多数电容接近开关的尾部有一个多圈微调电位器 RP，用于调整特定对象的动作距离。当被测试对象的介电常数较低、且导电性较差时，可以顺时针旋转电位器的旋转臂，来降低比较器正输入端的基准电压 U_R，从而降低负输入端的“翻转电压阈值”，增加灵敏度。一般调节电位器，使电容接近开关在 75%δ_{min}（δ_{min} 为电容接近开关对特定被测物的额定动作距离）的位置动作，以提高可靠性。当被测液体与接近开关之间隔着一层玻璃时，可以适当改变灵敏度，以扣除玻璃的影响。

电容接近开关的灵敏度易受环境变化（如湿度、温度、灰尘等）的影响，被测物体最好能够接地，以提高测量系统的稳定性。使用时必须远离非被测对象的其他金属部件。电容接近开关对附近的高频电磁场也十分敏感，因此不能在高频炉、大功率逆变器等设备附近使用，而且两只电容式接近开关也不能靠得太近，以免相互影响。

4. 电容式接近开关的使用

对金属物体而言，大可不必使用易受干扰的电容式接近开关，而应选择电感接近开关（其工作原理为电涡流效应，但习惯上俗称为电感接近开关）。因此只有在测量含水绝缘介质时才选择电容式接近开关。图 5-16 是利用电容式接近开关测量谷物高度（物位）的示意图。当谷物高度达到电容式接近开关的底部时，电容式接近开关产生报警信号，关闭输送管道的阀门。电容式接近开关也可以安装在图 5-21 所示的被测水位的玻璃连通器外壁上，用于测量和控制水位。

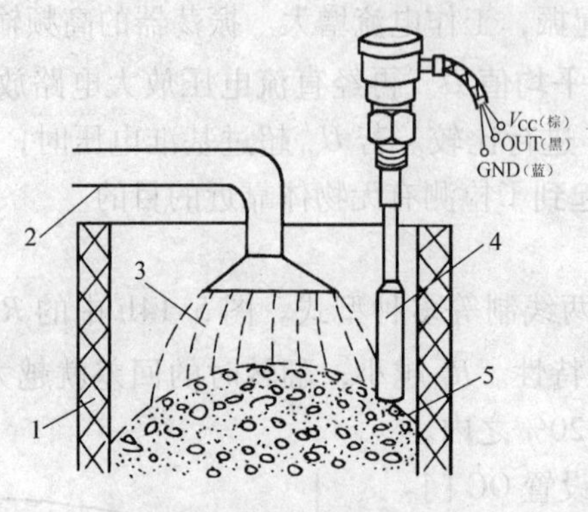

图 5-16 物位检测示意图
1—粮仓外壁 2—输送管道 3—粮食
4—电容式接近开关 5—粮食界面

第四节 压力和流量的测量

一、压力的基本概念及压力传感器的类型

压力与生产、科研、生活等各方面密切相关。因此压力测量是本课程的重点之一。物理学中的“压强”在检测领域和工业中称为“压力”，用 p 表示。它等于垂直作用于一定面积 A 上的力 F（称为压向力）除以面积 A，即 $p = F/A$。

压力的国际单位为“帕斯卡”，简称“帕”（Pa），它表示 1N（牛）力垂直而均匀地作用于 $1m^2$ 面积上的压力。

除此之外，工程界长期使用许多不同的压力计量单位。如“工程大气压”“标准大气压”“毫米汞柱”，气象学中还用“巴”（bar）和“托”为压力单位。这些计量单位在一些进口仪表说明书上可能还会见到。

根据不同的测量条件，压力又可分为绝对压力和相对压力。相对压力又可分为差压和表压，相应地，测量压力的传感器也可分为三大类，即绝对压力传感器、差压传感器和表压传感器。

1. 绝对压力传感器

它所测得的压力数值是相对于密封在绝对压力传感器内部的基准真空（相当于零压力参考点）而言的，是以真空为起点的压力。平常所说的环境大气压为某某千帕就是指绝对压力。当绝对压力小于 101kPa 时，可以认为是“负压”，所测得压力相当于真空度。

2. 差压传感器

差压是指两个压力 p_1 和 p_2 之差，又称为压力差。例如，一张绷紧在管道口上的橡皮薄膜的左右两侧面均向大气敞开时，差压 $\Delta p = p_{左} - p_{右} = 0$。

当从左侧向管道吹气时，$p_{左} > p_{右}$，$\Delta p \neq 0$。如果认为此时的 Δp 为正值，则当从左侧向管道吸气时，$p_{左} < p_{右}$，膜片将向管道的左侧弯曲，Δp 为负值。

更多的情况下，管道的左右两侧均存在很大的压力，膜片的弯曲方向要由左右两侧的压力之差决定，而与大气压（环境压力）无关。例如 $p_1 = 0.9 \sim 1.1\text{MPa}$，$p_2 = 0.9 \sim 1.0\text{MPa}$，

就必须选择 $\Delta p = -0.1 \sim +0.3\text{MPa}$ 的差压传感器。

差压传感器在使用时不允许在一侧仍保持很高压力的情况下，将另一侧的压力降低到零（指环境压力），这将使原来用于测量微小差压的膜片破裂。

3. 表压传感器

表压测量是差压测量的特殊情况。测量时，它以环境大气压为参考基准，将差压传感器的一侧向大气敞开，就形成表压传感器。表压传感器的输出为零时，其膜片两侧实际上均存在一个大气压的绝对压力。这类传感器的输出随大气压的波动而波动，但误差不大。在工业生产和日常生活中所提到的压力绝大多数指的是表压。

二、差动电容式差压变送器

图 5-17a 是上海某仪表公司生产的通用型差动电容式差压变送器的结构示意图。它的核心部分是一个差动变极距式电容传感器。它以热胀冷缩系数很小的两个凹形玻璃（或绝缘陶瓷）圆片上的镀金薄膜作为定极板，两个凹形镀金薄膜与夹紧在它们中间的弹性平膜片组成 C_1 和 C_2。

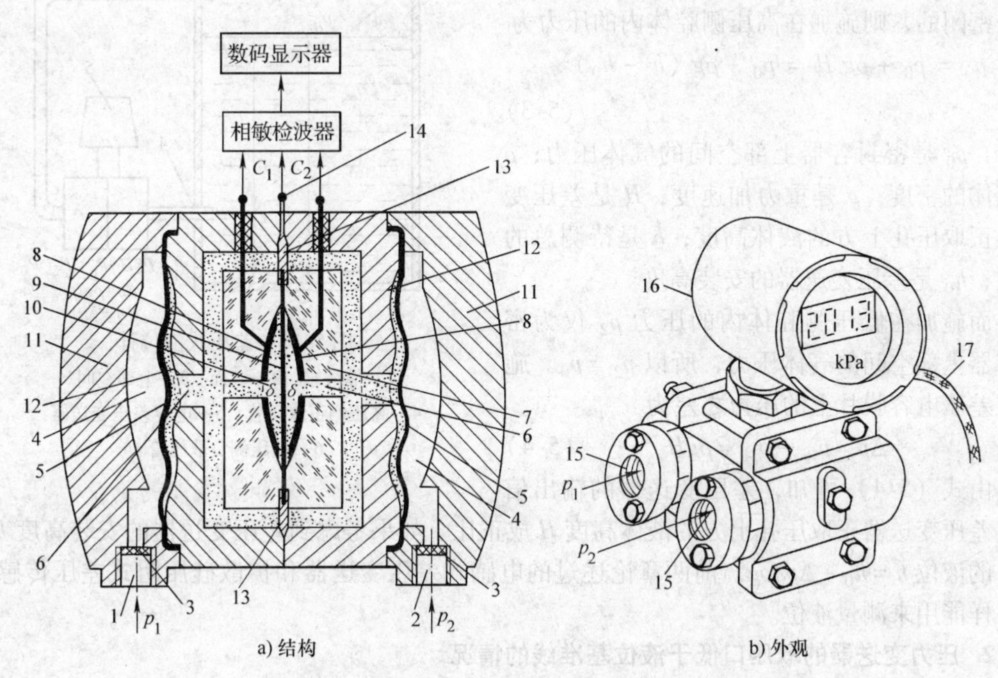

图 5-17　差动电容式差压变送器的结构示意图

1—高压侧进气口　2—低压侧进气口　3—过滤片　4—空腔　5—柔性不锈钢波纹隔离膜片　6—导压硅油　7—凹形玻璃圆片　8—镀金凹形电极（定极板）　9—弹性平膜片　10—δ 腔　11—铝合金外壳　12—限位波纹盘　13—过电压保护悬浮波纹膜片　14—公共参考端（地电位）　15—螺纹压力接头　16—测量转换电路及显示器铝合金盒　17—信号电缆

当被测压力 p_1、p_2 由两侧的内螺纹压力接头进入各自的空腔，该压力通过不锈钢波纹隔离膜以及热稳定性很好的灌充液（导压硅油），传导到“δ 腔”。弹性平膜片由于受到来自两侧的压力之差，而凸向压力小的一侧。在 δ 腔中，弹性膜片与两侧的镀金定极之间的距离很小（约 0.5mm），所以微小的位移（不大于 0.1mm）就可以使电容量变化 100pF 以上。

测量转换电路（相敏检波器）将此电容量的变化转换成4~20mA的标准电流信号，通过信号电缆线输出到二次仪表。从图5-17b中还可以看到，该压力变送器自带液晶数码显示器。可以在现场读取测量值，总共只需要电源提供4~20mA电流。

差动电容的输入激励源通常做在信号调理壳体中，其频率通常选取100kHz左右，幅值为10V左右。经变送器内部的单片机线性化后，差压变送器的输出准确度可达1%左右。

对额定量程较小的差动电容式差压变送器来说，当某一侧突然“失压”时，巨大的差压有可能将很薄的平膜片压破，所以设置了安全悬浮膜片和限位波纹盘，起“过压”保护作用。

三、利用电容差压变送器测量液体的液位

1. 压力变送器的正取压口与液位基准线持平的情况

将图5-17所示的电容差压变送器的高压侧（p_+）进压孔及低压侧（p_-）进压孔通过管道与储液罐相连，如图5-18所示。设储液罐是密闭的，则施加在高压侧腔体内的压力为

$$p_+ = p_0 + \rho g H = p_0 + \rho g (h - h_0) \tag{5-3}$$

式中，p_0是密封容器上部空间的气体压力；ρ是液体的密度；g是重力加速度；H是差压变送器正取压孔上方的液体高度；h是待测总的液位；h_0是差压变送器的安装高度。

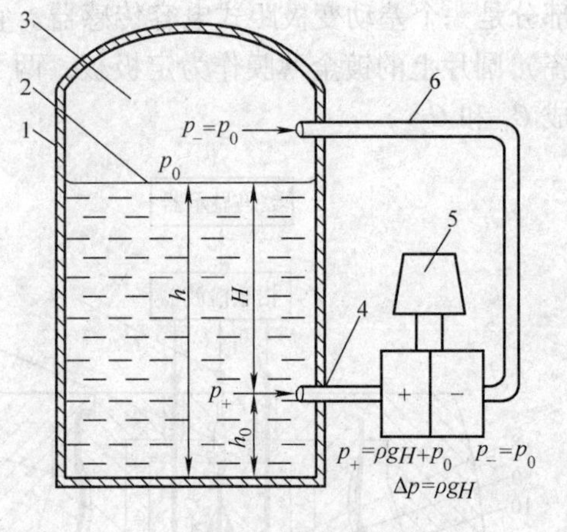

图5-18 差压式液位计

1—储液罐 2—液面 3—上部空间 4—高压侧正取压管 5—电容差压变送器 6—低压侧负取压管

而施加在低压侧腔体内的压力p_2仅为密闭容器上部空间的气体压力，所以$p_2=p_0$。施加在差压电容膜片上的压力之差为

$$\Delta p = p_+ - p_- = \rho g H \tag{5-4}$$

由式（5-4）可知，差压变送器的输出信号与差压变送器正取压孔上方的液体高度H成正比。如果考虑到差压变送器的安装高度h_0，则总的液位$h = h_0 + \Delta p/\rho g$。前两章论述过的电感式差压变送器和扩散硅压阻式差压传感器也一样能用来测量液位。

2. 压力变送器的取压口低于液位基准线的情况

在工程测量中，有时容器的位置比较高，压力液位变送器的安装高度比容器低，差压变送器的正取压口处于液位基准线下方的h_1位置，如图5-19所示。当液位等于零（恰好到达液位基准线，不考虑基准线下方的“残液”，以下同）时，在正常测量情况下，压力变送器的正取压管中仍然灌满密度为ρ的液体，则p_{+0}不会等于零，可用下式计算：

$$p_{+0} = \rho g h_1 \tag{5-5}$$

差压式液位变送器的正取压口低于液位基准线的情况下，当液位等于零时，液位变送器的输出I将大于4mA，造成很大的误差，必须由微处理器进行称为“迁移”的计算处理。

当被测液位为图5-19中的H时，压力变送器的正取压口的静压力

$$p_+ = \rho g H + \rho g h_1 = \rho g H + B \tag{5-6}$$

式（5-6）中的 $B=\rho g h_1$，为常数，称为零点迁移，简称迁移。液位变送器的零点迁移并没有改变液位计的总量程，也不改变液位计的灵敏度（输出曲线的斜率），只是使液位计的测量下限和上限同时向正方向平移（当液位变送器的安装位置比基准线偏高时，为负方向平移）。

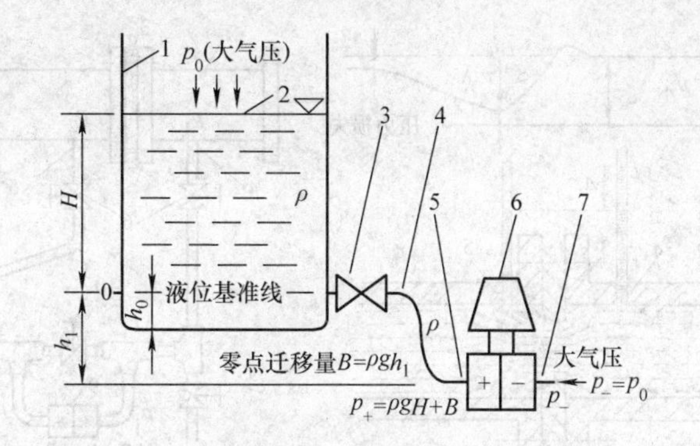

图 5-19　差压变送器的正取压口低于液位基准线的零点迁移示意图

0—液位基准线　1—容器　2—液面　3—截止阀　4—导压管　5—压力（差压）变送器　6—正取压口　7—负取压口

在液位变送器中，通常都设置了能够改变测量下限的数字式迁移电路，使得在液位 H 等于零时，输出电流能够被调校到下限值（4mA），称为“反向迁移”。目前多用“HART 手持终端”进行零点迁移。有的差压式液位变送器可以允许 +500% 到 −600% 的迁移。

四、流量的基本概念

在工业中，凡是涉及流体介质的生产流程（如气体、液体及粉状物质的传送等）都有流量测量和控制的问题。

流量是指流体在单位时间内通过某一截面的体积数或质量数，分别称为体积流量 q_V 和质量流量 q_m。这种单位时间内的流量统称为瞬时流量 q。把瞬时流量对时间 t 进行积分，求出累计体积或累计质量的总和，称为累积流量，也叫总量。

如果流量十分平稳，则可将短暂时段 t 与该时段瞬时流量的平均值相乘，并对乘积进行累加，从而得到累积流量

$$q_{总} = \sum_{i=1}^{n} (\bar{q}_i t_i) \tag{5-7}$$

式中，$q_{总}$ 是累积流量，其单位用吨（t）、kg 或 m^3、L 等表示；$\bar{q}_i$ 是在某一时段内的平均瞬时流量；t_i 是该时段经历的时间。

流速 v 越快，瞬时流量越大；管道的截面积越大，瞬时流量也越大。根据瞬时流量的定义，体积流量 $q_V=Av$，单位为 m^3/h 或 L/s；质量流量 $q_m=\rho Av$，单位为 t/h 或 kg/s。v 为流过某截面的平均流速，A 为管道的截面积，ρ 为流体的密度。采用测量流速 v 而推算出流量的仪器称为流速法流量计。

测量流量的方法很多，除了上述的流速法之外，还有容积法、质量法和水槽法等。流速法中，又有叶轮式、涡轮式、卡门涡流式（又称涡街式）、热线式、多普勒式、超声式、电磁式及差压节流式等。

五、节流式流量计及电容差压变送器在流量测量中的应用

差压式流量计又称节流式流量计。在流体流动的管道内，设置一个节流装置，如图5-20所示。

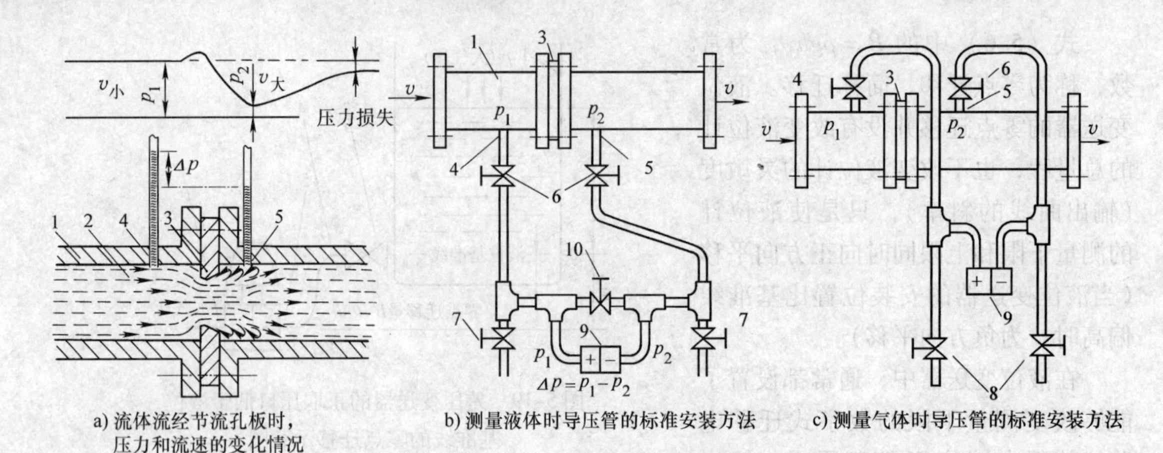

a) 流体流经节流孔板时，压力和流速的变化情况　b) 测量液体时导压管的标准安装方法　c) 测量气体时导压管的标准安装方法

图 5-20　节流式流量计

1—管道　2—流体　3—节流孔板　4—前取压孔位置　5—后取压孔位置
6—截止阀　7—放气阀　8—排水阀　9—差压变送器　10—短路阀

所谓节流装置，就是在管道中段设置一个流通面积比管道狭窄的孔板或者文丘里喷嘴，使流体经过该节流装置时，流束局部收缩，流速增加。根据物理学中的伯努利定律，管道中流体流速越快，压强（在工业中俗称压力）就越小。所以流体在节流后的压力将小于未节流之前的压力。节流装置两侧的压差与通过的流量有关。流量为零时，差压为零，流量越大，差压越大。

按照国家标准制造的标准节流装置的流量系数计算公式是相当完备的，所以它是一种可靠性和标准化较高的流量传感器。

节流装置输出的差压是从节流装置的前后取压孔取出的。从取压孔到差压变送器的导压管的配置也应按照规定的标准安装。图 5-20b 是测量液体时的导压管安装方法。如果被测流体是气体，导压管应从节流装置的上方引出，以免混杂在气体中的液滴堵住取压管，如图 5-20c 所示。

节流式流量计的缺点是流体通过节流装置后，会产生不可逆的压力损失。另外，当流体的温度 t、压力 p_1 变化时，流体的密度将随之改变。所以必须进行温度、压力修正。在内设微处理器的智能化流量计中，可以分别对 p_1、t 进行采样，然后按有关公式对 ρ 进行计算修正。由于流量与差压的二次方根成正比，所以当流量较小时，准确度将变低。在第十三章中，将介绍带单片机的节流式流量积算仪的组成方法。

思考题与习题

1. 单项选择题

1）在两片间隙为 1mm 的两块平行极板的间隙中插入______，可获得最大的电容量。

A. 塑料薄膜　B. 干的纸　C. 湿的纸　D. 玻璃薄片

2）电子卡尺的分辨率可达 0.01mm，行程可达 200mm，它的内部所采用的电容传感器型式是______。

A. 变极距式　B. 变面积式　C. 变介电常数式　D. 变气隙式

3）在电容传感器中，若采用调频法测量转换电路，则电路中______。

A. 电容和电感均为变量　B. 电容是变量，电感保持不变

C. 电容保持常数，电感为变量　　D. 电容和电感均保持不变

4）湿敏电容可以测量______。

A. 空气的绝对湿度　　B. 空气的相对湿度　　C. 空气的温度　　D. 纸张的含水量

5）电容式接近开关对______的灵敏度最高。

A. 玻璃　　B. 塑料　　C. 纸　　D. 鸡饲料

6）图 5-18 中，当储液罐中装满液体后，电容差压变送器中的膜片__________。

A. 向左弯曲　　B. 向右弯曲　　C. 保持不动

7）自来水公司到用户家中抄自来水表数据，得到的是________。

A. 瞬时流量，单位为 t/h　　B. 累积流量，单位为 t 或 m^3

C. 瞬时流量，单位为 kg/s　　D. 累积流量，单位为 kg

8）在图 5-20 中，管道中的流体自左向右流动时，________。

A. $p_1 > p_2$　　B. $p_1 < p_2$　　C. $p_1 = p_2$

9）管道中流体的流速越快，压力就越__________。

A. 大　　B. 小　　C. 不变

10）电子血压计测量人体______，可以使用______来完成测量。

A. 动脉的绝对压力　　B. 动脉的压力，并与自动充放气气囊的压力进行比较

C. 压阻式压力传感器　　D. 弹簧管式压力传感器

2. 图 5-21 是光柱显示、分段电容传感器编码式液位计原理示意图。玻璃连通器 3 的外圆壁上等间隔地套着 n 个不锈钢圆环。从被测液体的基准线到最高的不锈钢圆环的高度为 h_2，从被测液体的基准线到液面的高度为 H。显示器采用 101 线 LED 光柱（最底下第一线常亮，作为电源指示）。

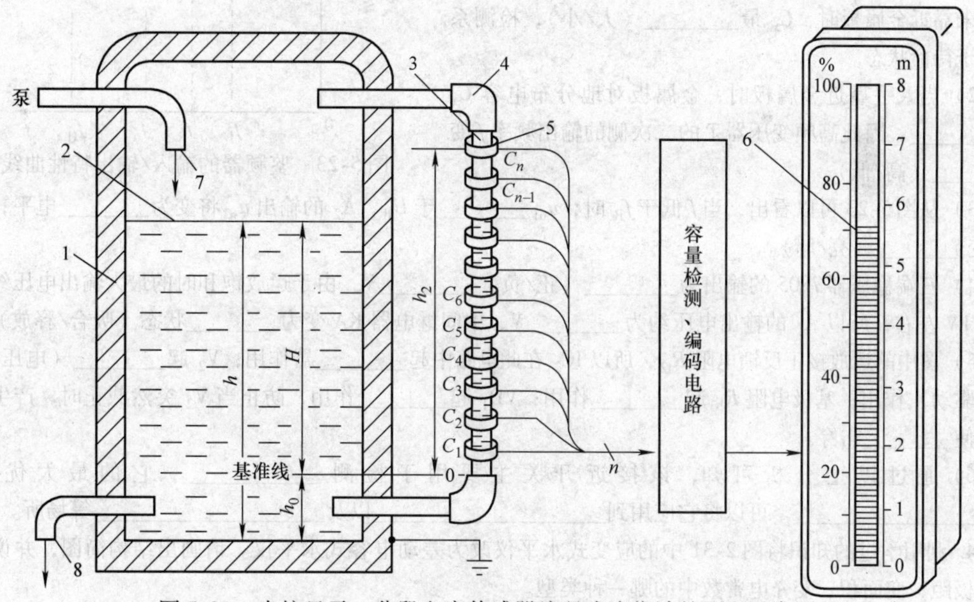

图 5-21　光柱显示、分段电容传感器编码式液位计的原理示意图

1—储液罐　2—液面　3—玻璃连通器　4—钢质直角接头　5—不锈钢圆环

6—101 段 LED 光柱　7—进水口　8—出水口

1）该方法采用了电容传感器中变极距、变面积、变介电常数三种原理中的哪一种？

2）被测液体应该是导电液体还是绝缘体？

3）设 $n=32$，$h_2=8\text{m}$，分别写出该液位计的分辨率（%）及分辨力（h_2/n，几分之一米），并说明如何提高此类传感器的分辨率。

4）设当液体上升到第32个不锈钢圆环的高度时，101线LED光柱全亮，则当液体上升到 $m=8$ 个不锈钢圆环的高度时，共有多少线LED被点亮？

5）如果第26线亮，其他都不亮，能说明 $h_2=2\text{m}$ 吗？

3. 人体感应式接近开关的原理示意图如图5-22所示，图5-23为鉴频器的输入/输出特性曲线。请分析该原理图并填空。

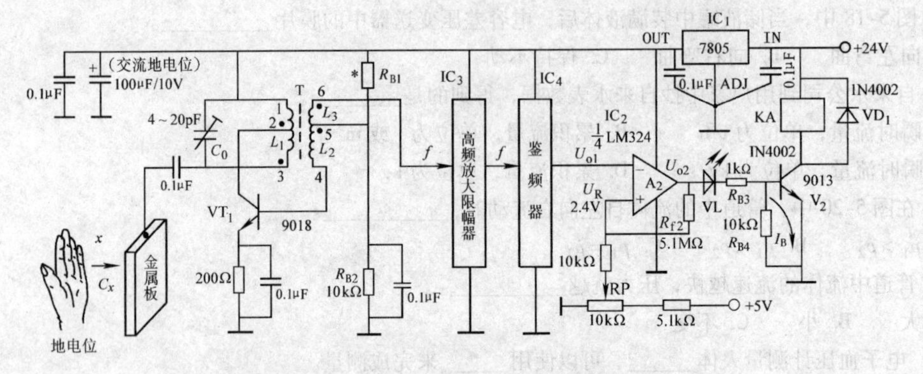

图5-22　人体感应式接近开关的原理示意图

1）地电位的人体与金属板构成空间分布电容 C_x，C_x 与微调电容 C_0 从高频等效电路来看，两者之间构成________联。VT1、L_1、C_0、C_x 等元件构成了__________电路，$f=$__________，f 略高于 f_R。当人手未靠近金属板时，C_x 最________（大/小），检测系统处于待命状态。

2）当人手靠近金属板时，金属板对地分布电容 C_x 变________，因此高频变压器T的二次侧的输出频率 f 变________（高/低）。

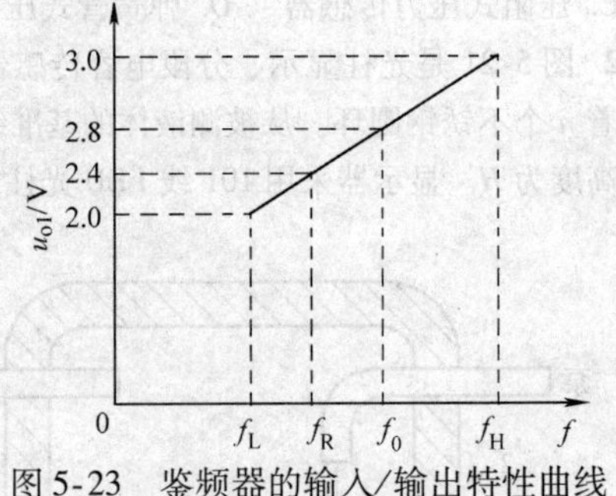

图5-23　鉴频器的输入/输出特性曲线

3）从图5-23可以看出，当 f 低于 f_R 时，u_{o1}________于 U_R，A_2 的输出 u_{o2} 将变为________电平，因此VL变________（亮/暗）。

4）三端稳压器7805的输出为________（正/负）________V，由于运放饱和时的最大输出电压约比电源低1V左右，所以 A_2 的输出电压约为________V，中间继电器KA变为________状态（吸合/释放）。

5）图中的运放接正反馈电阻 R_{f2}，所以 IC_2 在此电路中起________器作用；V_2 起________（电压放大/电流驱动）作用；基极电阻 R_{b3} 起________作用；VD_1 起________作用，防止当 V_2 突然截止时，产生过电压而使________击穿。

6）通过以上分析可知，该接近开关主要用于检测__________，它的最大优点是______________。可以将它应用到______________以及______________等场所。

4. 利用学过的知识将图2-31中的应变式水平仪改为差动电容式水平仪。请画出结构简图，并说明属于变极距、变面积、变介电常数中的哪一种类型。

5. 参考图5-5的原理，将平板电容的上、下极板置于生产绝缘薄膜（例如塑料薄膜）传送生产线的上下方，将绝缘薄膜夹在中间（与图5-9的并联法有所不同），就可连续监测和控制绝缘薄膜的厚度。

请画出测量控制装置的示意图，包括信号处理框图、控制薄膜厚度的张力伺服电动机、卷取辊、变频器、变速传送电动机、传动辊（可参考图3-23）等机械传送装置，并简要说明闭环控制的工作过程。

第六章 Chapter 6

压电传感器

压电传感器是一种典型的自发电式传感器。它以某些电介质的压电效应为基础，在外力作用下，在电介质表面产生电荷，从而实现非电量电测的目的。压电传感元件是力敏感元件，它可以测量最终能变换为力的非电物理量，例如动态力、动态压力和振动加速度等，但不能用于静态参数的测量。

压电传感器具有体积小、质量轻、频响高、信噪比大等特点。由于它没有运动部件，因此结构坚固，可靠性、稳定性高。

近年来，随着电子技术的发展，已可以将测量调理电路与压电探头安装在同一壳体中，不受电缆长度的影响。

第一节 压电传感器的工作原理

取一块干燥的冰糖，在完全黑暗的环境中，用榔头敲击之，可以看到冰糖在破碎的一瞬间，发出暗淡的蓝色闪光，这是强电场放电所产生的闪光。产生闪光的机理是晶体的压电效应。

一、压电效应

某些电介质在沿一定方向上受到外力作用而变形时，内部会产生极化现象，同时在其表面上产生电荷，当外力去掉后，又重新回到不带电的状态，这种现象称为压电效应。反之，在电介质的极化方向上施加交变电场或电压，它会产生机械变形。当去掉外加电场时，电介质变形随之消失，这种现象称为逆压电效应（电致伸缩效应）。例如音乐贺卡中的压电片就是利用逆压电效应而发声的。具有压电效应的物质很多，如天然形成的石英晶体、人工制造的压电陶瓷等。

在晶体的弹性限度内，压电材料受动态力后，其表面产生的电荷 Q 与所施加的动态力 F 成正比，即

$$Q = dF_x \tag{6-1}$$

式中，d 是压电常数。

图 6-1 是压电效应的示意图。自然界中与压电效应有关的现象很多。例如在敦煌的鸣沙丘，当许多游客在沙丘上蹦跳或从鸣沙丘上往下滑时，可以听到雷鸣般的隆隆声。产生这个现象的原因是无数干燥的沙子（SiO_2 晶体）在重压下引起振动，

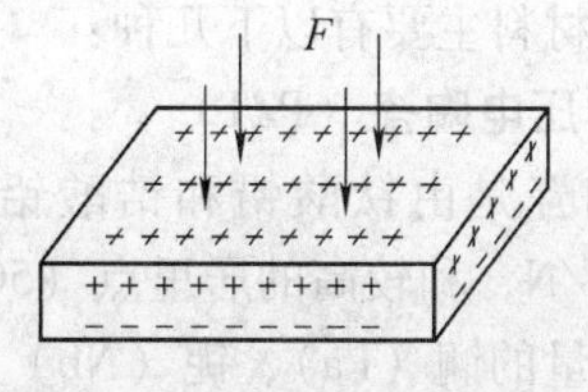

图 6-1 压电效应示意图

压电效应演示

表面产生电荷。在某些时刻，恰好形成电压串联，产生很高的电压，并通过空气放电而发出声音。在电子打火机中，压电材料受到敲击，产生很高的电压，通过尖端放电，而点燃可燃气体。

二、压电材料的分类及特性

压电传感器中的压电元件材料一般有三类：一类是压电晶体（单晶体）；另一类是经过极化处理的压电陶瓷（多晶体）；第三类是高分子压电材料。

（一）石英晶体

石英晶体是一种性能良好的压电晶体，它的突出优点是性能非常稳定。在20~200℃的范围内压电常数的变化率只有-0.0001/℃。此外，它还具有自振频率高、动态响应好、机械强度高、绝缘性能好、迟滞小、重复性好、线性范围宽等优点。石英晶体的不足之处是压电常数较小（$d=2.31\times10^{-12}$C/N）。因此石英晶体大多只在标准传感器、高准确度测量或环境温度较高的场合中使用，而在一般要求的测量中，基本上采用压电陶瓷。

（二）压电陶瓷

压电陶瓷是人工制造的多晶压电材料，它由无数细微的电畴组成。这些电畴实际上是分子自发极化的小区域。在无外电场作用时，各个电畴在晶体中杂乱分布，它们的极化效应被相互抵消了，因此原始的压电陶瓷呈中性，不具有压电性质。为了使压电陶瓷具有压电效应，必须在一定温度下做极化处理。极化处理之后，陶瓷材料内部存在有很强的剩余极化强度，当压电陶瓷受外力作用时，其表面也能产生电荷，所以压电陶瓷也具有压电效应。压电陶瓷的极化处理如图6-2所示。

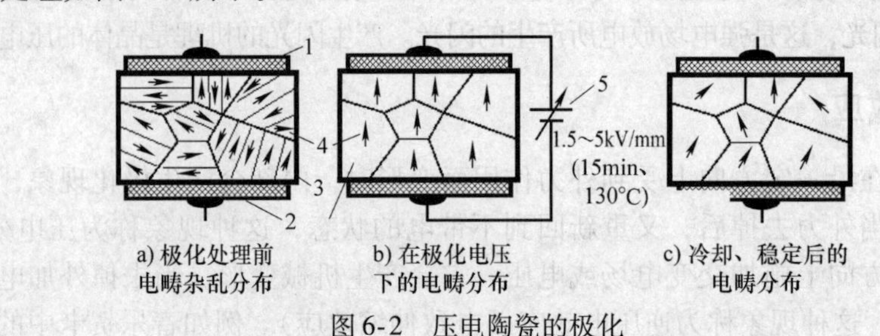

图6-2 压电陶瓷的极化

1—镀银上电极 2—镀银下电极 3—压电陶瓷 4—电畴

5—极化高压电源 ↑—细微的电畴极化方向

压电陶瓷的制造工艺成熟，通过改变配方或掺杂微量元素可使材料的技术性能有较大改变，以适应各种要求。它还具有良好的工艺性，可以方便地加工成各种需要的形状，在通常情况下，它比石英晶体的压电系数高得多，而制造成本却较低，因此目前国内外生产的压电元件绝大多数都采用压电陶瓷。

常用的压电陶瓷材料主要有以下几种：

1. 锆钛酸铅系列压电陶瓷（PZT）

锆钛酸铅压电陶瓷是由钛酸铅和锆酸铅组成的固熔体。它有较高的压电常数，$d=(200\sim500)\times10^{-12}$C/N，和较高的居里点（500℃左右），是目前经常采用的一种压电材料。在上述材料中加入微量的镧（La）、铌（Nb）或锑（Sb）等，可以得到不同性能的PZT材料。PZT是工业中应用较多的压电陶瓷。

2. 非铅系压电陶瓷

为减少铅对环境的污染，人们正积极研制非铅系压电陶瓷。目前非铅系压电铁电陶瓷体系主要有：$BaTiO_3$ 基无铅压电陶瓷、BNT 基无铅压电陶瓷、铌酸盐基无铅压电陶瓷、钛酸铋钠钾无铅压电陶瓷和钛酸铋锶钙无铅压电陶瓷等，它们的各项性能多已超过含铅系列压电陶瓷，是今后压电铁电陶瓷的发展方向。

（三）高分子压电材料

高分子压电材料是近年来发展很快的一种新型材料。典型的高分子压电材料有聚偏二氟乙烯（PVF_2 或 PVDF）、聚氟乙烯（PVF）、改性聚氯乙烯（PVC）等。其中以 PVDF 的压电常数最高，有的材料可比压电陶瓷还要高十几倍。其输出脉冲电压有的可以直接驱动 CMOS 集成门电路。

高分子压电材料是一种柔软的压电材料，可根据需要制成薄膜或电缆套管等形状。经极化处理后就显现出电压特性。它不易破碎，具有防水性，可以大量连续拉制，制成较大面积或较长的尺度，因此价格便宜。其测量动态范围可达 80dB，频率响应范围可从 0.1Hz 直至 10^9Hz。这些优点都是其他压电材料所不具备的。因此在一些不要求测量准确度的场合，例如水声测量，防盗、振动测量等领域中获得应用。它的声阻抗与空气的声阻抗有较好的匹配，因而是很有希望的电声材料。例如在它的两侧面施加高压音频信号时，可以制成特大口径的壁挂式低音喇叭。

高分子压电材料的工作温度一般低于 100℃。温度升高时，灵敏度将降低。它的机械强度不够高，耐紫外线能力较差，不宜暴晒，以免老化。

第二节 压电传感器的测量转换电路

一、压电元件的等效电路

压电元件在承受沿敏感轴方向的外力作用时，将产生电荷，因此它相当于一个电荷发生器，当压电元件表面聚集电荷时，它又相当于一个以压电材料为介质的电容器，两电极板间的电容 C_a 为

$$C_a = \frac{\varepsilon_r \varepsilon_0 A}{\delta} \tag{6-2}$$

式中，A 是压电元件电极面面积；δ 是压电元件厚度；ε_r 是压电材料的相对介电常数；ε_0 是真空的介电常数。

因此，可以把压电元件等效为一个电荷源与一个电容相并联的电荷等效电路，如图 6-3

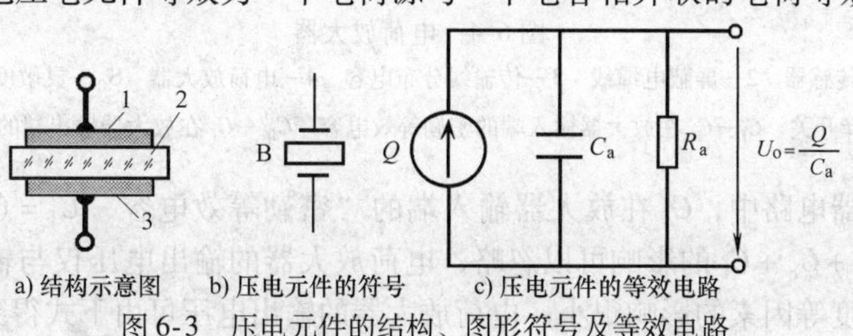

图 6-3 压电元件的结构、图形符号及等效电路

1—镀银上电极 2—压电晶体 3—镀银下电极

所示，如果忽略阻值较大的漏电阻 R_a，则压电元件的端电压的有效值

$$U_o \approx \frac{Q}{C_a} \tag{6-3}$$

压电传感器与二次仪表配套使用时，还应考虑到连接电缆的分布电容 C_c、放大器的输入电阻为 R_i、输入电容为 C_i 等的影响。R_a、R_i 越小，C_c、C_i 越大，压电元件的输出电压 U_o 就越低。

由于外力作用在压电元件上产生的电荷只有在无泄漏的情况下才能保存，即需要二次仪表的输入测量回路具有无限大的输入电阻，这实际上是不可能的，因此压电传感器不能用于静态测量。压电元件在交变力的作用下，电荷可以不断补充，可以供给测量回路以一定的电流，故只适用于动态测量。

二、电荷放大器

压电传感器的输出信号非常微弱，一般需将电信号放大后才能检测出来。根据压电传感器的工作原理及等效电路，它的输出可以是电荷信号也可以是电压信号，因此与之相配的前置放大器有电压前置放大器和电荷放大器两种形式。

因为压电传感器的内阻抗极高，因此它需要与高输入阻抗的前置放大器配合。从图 6-3 可以看到，如果使用电压放大器，其输入电压有效值 $U_i = Q/(C_a + C_c + C_i)$，导致电压放大器的输入电压与屏蔽电缆线的分布电容 C_c 及放大器的输入电容 C_i 有关，它们均是变数，会影响测量结果，故目前多采用性能稳定的电荷放大器（电荷 - 电压转换器），如图 6-4 所示。

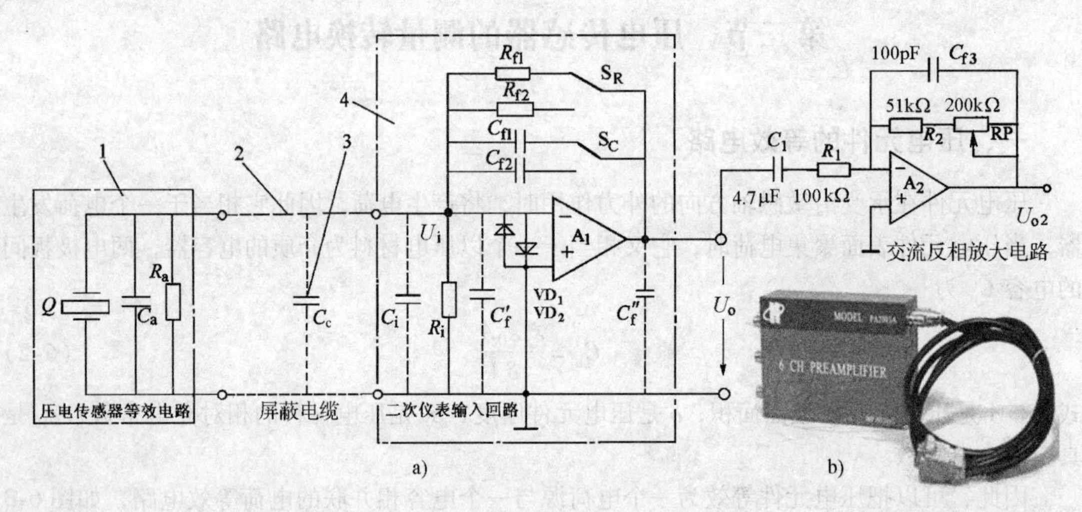

图 6-4　电荷放大器

1—压电传感器　2—屏蔽电缆线　3—传输线分布电容　4—电荷放大器　S_C—灵敏度选择开关　S_R—带宽选择开关　C'_f—C_f 在放大器输入端的密勒等效电容　C''_f—C_f 在放大器输出端的密勒等效电容

在电荷放大器电路中，C_f 在放大器输入端的“密勒等效电容”$C'_f = (1 + A)C_f >> C_a + C_c + C_i$，所以 $C_a + C_c + C_i$ 的影响可以忽略，电荷放大器的输出电压仅与输入电荷和反馈电容有关，电缆长度等因素的影响很小。电荷放大器的输出电压可由下式得到

$$U_o \approx \frac{Q}{C_f} \tag{6-4}$$

式中，Q 是压电传感器产生的电荷；C_f 是并联在放大器输入端和输出端之间的反馈电容。

便携式测振仪（内部包括电荷放大器）的外形如图 6-5 所示。

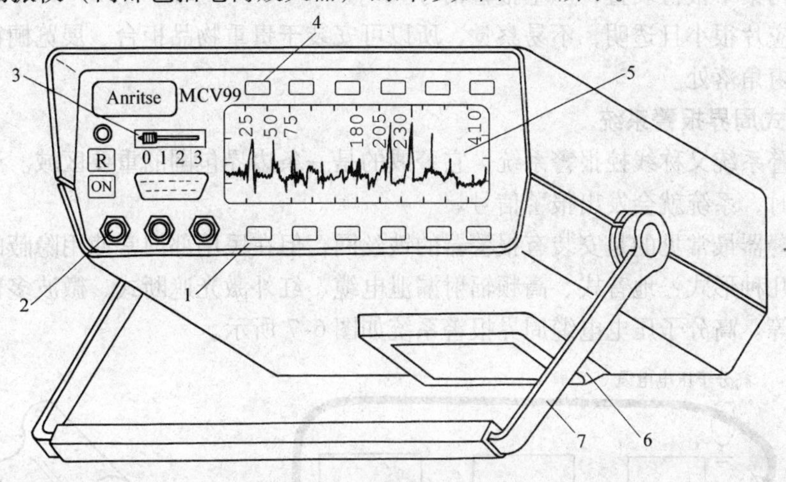

图 6-5 便携式测振仪外形

1—量程选择开关 2—压电传感器输入信号插座 3—多路选择开关 4—带宽选择开关 5—带背光点阵液晶显示器 6—电池盒 7—可变角度支架

第三节 压电传感器的结构及应用

压电传感器主要用于脉动力、冲击力、振动等动态参数的测量。由于压电材料可以是石英晶体，压电陶瓷和高分子压电材料等，它们的特性不尽相同，所以用途也不一样。

石英晶体主要用于精密测量，多作为实验室基准传感器；压电陶瓷灵敏度较高，机械强度稍低，多用作测力和振动传感器；而高分子压电材料多用作定性测量。下面分别介绍几种典型的应用，并对振动测量给予简介。

一、高分子压电材料的应用

1. 玻璃打碎报警装置

玻璃破碎时会发出几千赫兹甚至超声波（高于 20kHz）的振动。将高分子压电薄膜粘贴在玻璃上，可以感受到这一振动，并将电压信号传送给集中报警系统。图 6-6 示出了高分子压电薄膜振动感应片示意图。

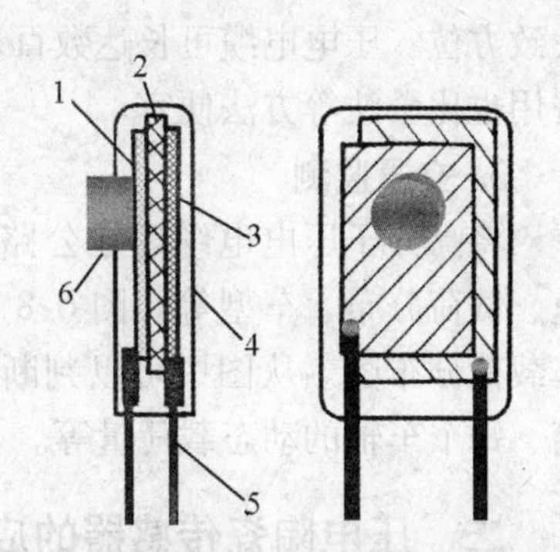

图 6-6 高分子压电薄膜振动感应片

1—正面透明电极 2—PVDF 薄膜 3—反面透明电极 4—保护膜 5—引脚 6—质量块

高分子薄膜厚约 0.2mm，用聚偏二氟乙烯（PVDF）薄膜裁制成 10mm×20mm 大小。在它的正反两面各喷涂透明的二氧化锡导电电极，也可以用热印制工艺制作铝薄膜电极再用超声波焊接上两根柔软的电极引线。并用保护膜覆盖。

使用时，用瞬干胶（502 等）将高分子压电薄膜粘贴在玻璃上。当玻璃遭暴力打碎的瞬间，压电薄膜感受到剧烈振动，表面产生电荷 Q。在两个输出引脚之间产生窄脉冲电压$u_o=\dfrac{Q}{C_a}$，式中 C_a 是两电极之间的电容。脉冲信号经放大后，用电缆输送到集中报警装置，产生报警信号。

由于感应片很小且透明，不易察觉，所以可安装于贵重物品柜台、展览橱窗、博物馆及家庭等玻璃窗角落处。

2. 压电式周界报警系统

周界报警系统又称线控报警系统。它警戒的是一条边界包围的重要区域。当入侵者进入防范区之内时，系统就会发出报警信号。

周界报警器最常见的是安装有报警器的铁丝网，但在民用部门常使用隐蔽的传感器。常用的有以下几种形式：地音式、高频辐射漏泄电缆、红外激光遮断式、微波多普勒式及高分子压电电缆等。高分子压电电缆周界报警系统如图 6-7 所示。

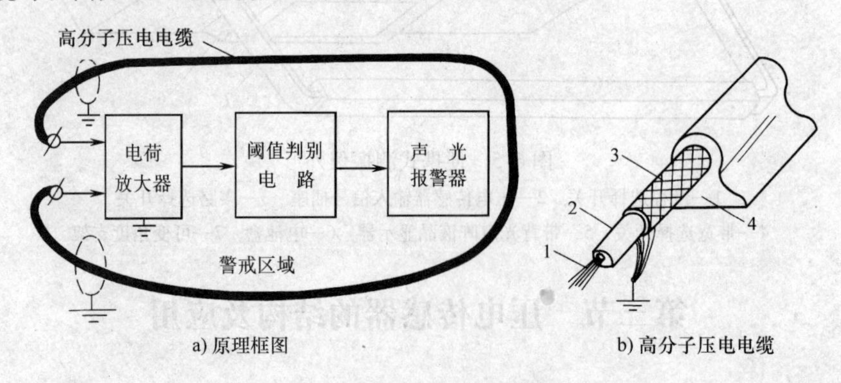

a) 原理框图　　b) 高分子压电电缆

图 6-7　高分子压电电缆周界报警系统

1—铜芯线（分布电容内电极）　2—管状高分子压电塑料绝缘层

3—铜网屏蔽层（分布电容外电极）　4—橡胶保护层（承压弹性元件）

在警戒区域的四周埋设多根以高分子压电材料为绝缘物的单芯屏蔽电缆。屏蔽层接大地，它与电缆芯线之间以 PVDF 为介质而构成分布电容。当入侵者踩到电缆上面的柔性地面时，该压电电缆受到挤压，产生压电脉冲，引起报警。通过编码电路，还可以判断入侵者的大致方位。压电电缆可长达数百米，可警戒较大的区域，不易受电、光、雾、雨水等干扰，费用也比微波等方法便宜。

3. 交通监测

将高分子压电电缆埋在公路上，可以判定车速、载荷分布、车型等。图 6-8 是三轴重载大卡车载荷分布图。从图中可以判断出三个车轴的距离、每个车轴的动态载荷量等。

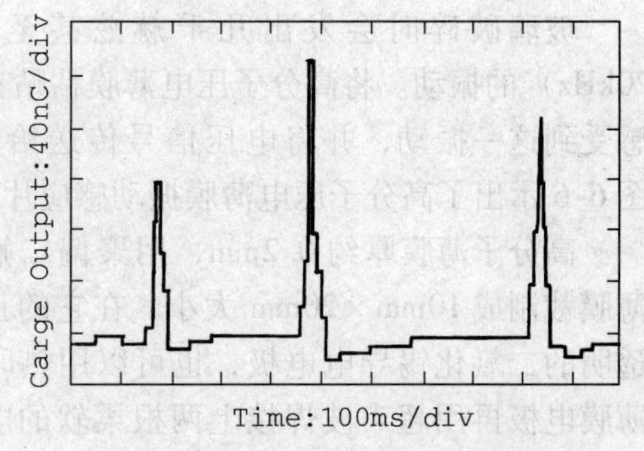

图 6-8　三轴重载大卡车载荷在 2 个轴上的分布

二、压电陶瓷传感器的应用

压电陶瓷多制成片状，称为压电片。压电片通常是两片（或两片以上）粘结在一起，由于压电片上的电荷是有极性的，因此有串联和并联两种接法，一般常用的是并联接法，如图6-9所示。其总面积及输出电容 $C_{并}$ 是单片电容 C 的两倍，但输出电压 $U_{并}$ 仍等于单片电压 U，极板上的总电荷 $Q_{并}$ 为单片电荷 Q 的两倍，即

$$C_{并}=2C, \quad U_{并}=U, \quad Q_{并}=2Q$$

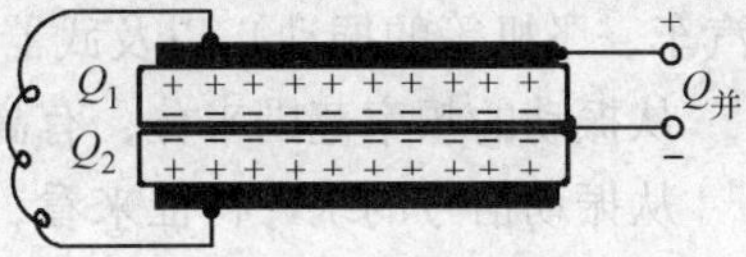

图6-9 压电片的并联接法

压电片在传感器中必须有一定的预紧力，因为这样首先可以保证压电片在受力时，始终受到压力，其次能消除两压电片之间因接触不良而引起的非线性误差，保证输出与输入作用力之间的线性关系。但是这个预紧力也不能太大，否则将会影响其灵敏度。压电式传感器主要是用于动态力、振动加速度的测量。

1. 压电式动态力传感器

图6-10示出了压电式单向动态力传感器的结构，它主要用于变化频率不太高的动态力的测量，如车床动态切削力的测试。被测力通过传力上盖使压电片在沿轴方向受压力作用而产生电荷，两块压电片沿轴向反方向叠在一起，中间是一个片形电极，它收集负电荷。两压电片正电荷侧分别与传感器的传力上盖及底座相连。因此两块压电片被并联起来，提高了传感器的灵敏度。片形电极通过电极引出插头将电荷输出。电荷 Q 与所受的动态力成正比。只要用电荷放大器测出 ΔQ，就可以测知 ΔF。

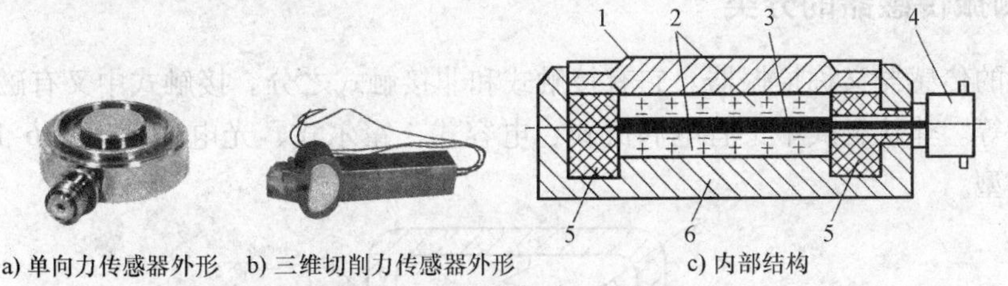

a) 单向力传感器外形　b) 三维切削力传感器外形　c) 内部结构

图6-10 压电式单向动态力传感器

1—刚性传力上盖 2—压电片 3—电极 4—电极引出插头 5—绝缘材料 6—底座

压电式单向动态力传感器的测力范围与压电片的尺寸有关。例如，一片直径为18mm、厚度为7mm的压电片可承受5kN的力，固有振动频率可达数十千赫兹。

2. 单向动态力传感器的应用

图6-11是利用单向动态力传感器测量刀具切削力的示意图，压电动态力传感器位于车刀前端的下方。

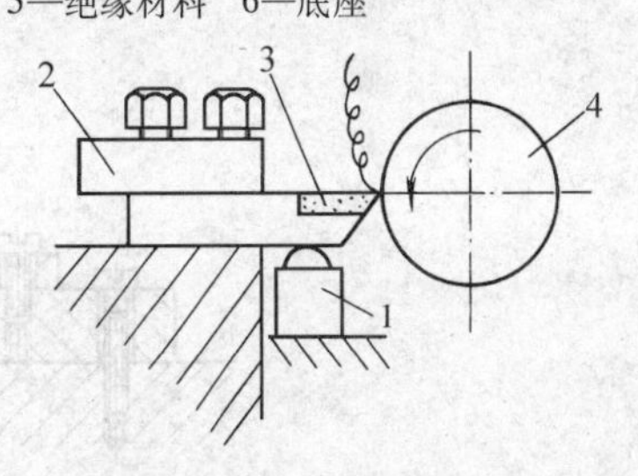

图6-11 刀具切削力测量示意图

1—单向动态力传感器 2—刀架 3—车刀 4—工件

切削前，虽然车刀紧压在传感器上，压电片在压紧的瞬间也曾产生出很大的电荷，但几秒之后，电荷就通过电路的泄漏电阻中和掉了。

切削过程中，车刀在切削力的作用下，上下剧烈颤动，将脉动力传递给单向动态力传感器。传感器的电荷变化量由电荷放大器转换成电压，再用记录仪记录下切削力的变化量。

第四节 振动测量及频谱分析

一、振动的基本概念

物体围绕平衡位置作往复运动称为振动。从振动对象来分，有机械振动（例如机床、

电机、泵、风机等运行时的振动）、土木结构振动（房屋、桥梁等的振动）、运输工具振动（汽车、飞机等的振动）以及武器、爆炸引起的冲击振动等。

从振动的频率范围来分，有高频振动、低频振动和超低频振动等。

从振动信号的统计特征来看，可将振动分为周期振动、非周期振动以及随机振动等。周期振动是指经过相同的时间间隔，其振动特征量重复出现的振动。它包括简谐振动和复杂周期振动。复杂周期振动是由一些不同频率的简谐分量合成的振动。非周期振动的时域函数是一个衰减函数，冲击振动是最常见的非周期振动。随机振动是一种非确定性振动，事先无法确定其振幅、频率及相位的瞬时值，但有一定的统计规律性。

振动测量主要是研究上述各种振动的特征、变化规律以及分析产生振动的原因，从而找出解决问题的方法。

物体振动一次所需的时间称为周期，用 T 表示，单位是 s。每秒振动的次数称频率，用 f 表示，单位为 Hz。频率是分析振动的最重要内容之一。振动物体的位移用 x 表示，偏离平衡位置的最大距离称为振幅，用 A_p 表示，单位为 mm。振动的速度用 v 表示，单位为 m/s；加速度用 a 表示，单位为 m/s^2。

二、测振传感器的分类

测振用的传感器又称拾振器。它有接触式和非接触式之分。接触式中又有磁电式、电感式、压电式等。非接触式中又有电涡流式、电容式、霍尔式、光电式等。图 6-12 为测振系统的力学模型。

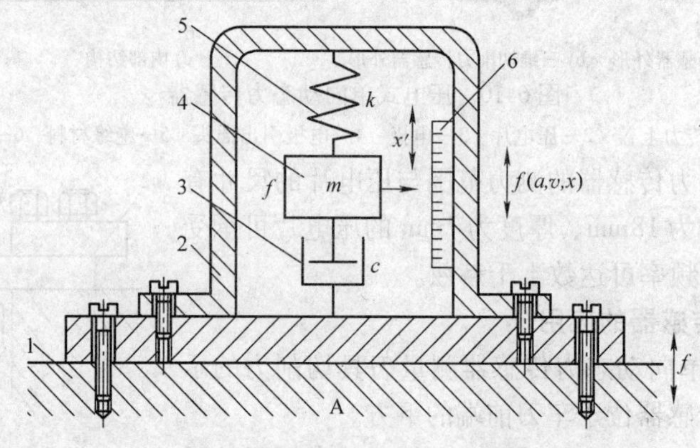

图 6-12　测振系统的力学模型

1—振动体基座　2—壳体　3—阻尼器　4—质量块（惯性体）　5—弹簧　6—标尺

当测振系统自身的固有振动频率 $f_0 \geqslant 5f$ 时，质量块与被测振动体 A 一起振动，质量块与被测振动体 A 所感受到的振动加速度基本一致，这样的测振传感器称为加速度计，如图 6-13 所示的压电式加速度计等。

三、压电式振动加速度传感器的结构

压电式加速度传感器结构及原理如图 6-13 所示。当传感器与被测振动加速度的机件紧固在一起后，传感器受机械运动的振动加速度作用，压电晶片受到质量块惯性引起的压力，其方向与振动加速度方向相反，大小由 $F = ma$ 决定。惯性引起的压力作用在压电片上产生

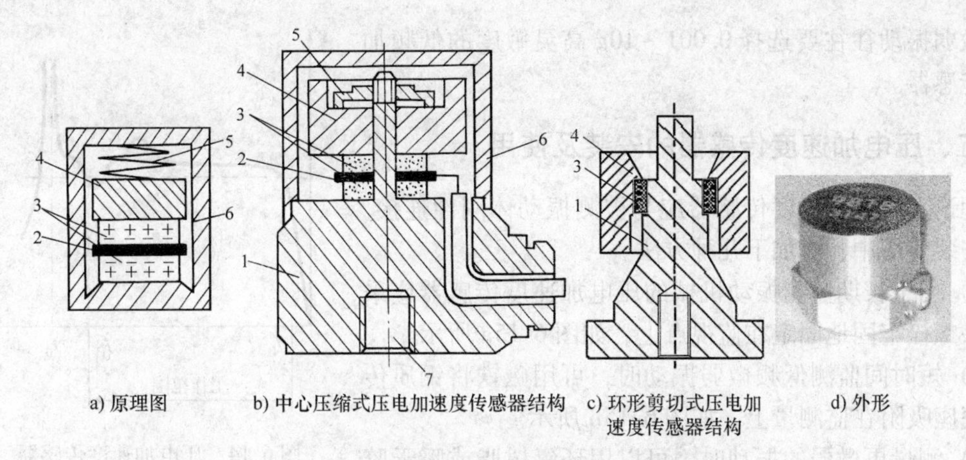

a) 原理图　b) 中心压缩式压电加速度传感器结构　c) 环形剪切式压电加速度传感器结构　d) 外形

图 6-13　常用的压电式振动加速度传感器

1—基座　2—引出电极　3—压电片　4—质量块　5—弹簧　6—壳体　7—固定螺孔

电荷。电荷由引出电极输出，由此将振动加速度转换成电参量。弹簧是给压电片施加预紧力的。预紧力的大小基本不影响输出电荷的大小。若预紧力不够，而加速度又较大时，质量块将与压电片敲击碰撞；预紧力也不能太大，否则会引起压电片的非线性误差。常用的压电式加速度传感器的结构多种多样，图 6-13b 就是其中的一种。这种结构有较高的固有振动频率（符合 $f_0 > 5f$），可用于较高频率的测量（几千至几十千赫兹），它是目前应用较多的一种形式。

上述压电传感器称为中心安装压缩型结构，除此之外，还有环形剪切形压电加速度传感器等。

四、压电振动加速度传感器的性能指标

1. 灵敏度 *K*

压电式加速度传感器属于自发电型传感器，它的输出为电荷量，以 pC（皮库仑）为单位，$1\text{pC} = 10^{-12}\text{C}$。而输入量为加速度，单位为 m/s^2，所以灵敏度以 $\text{pC}/(\text{m/s}^2)$ 为单位。但是在振动测量中，往往用标准重力加速度 g（$1\text{g} \approx 9.8\text{m/s}^2$）作为加速度的单位，这是检测行业的一种习惯用法。大多数测量振动的仪器都用 g 作为加速度单位，并在仪器的面板上以及说明书中标出，灵敏度的范围约为 10 ~ 100pC/g。

目前许多压电加速度传感器已将电荷放大器做在同一个壳体中，它的输出是电压，所以许多压电加速度传感器的灵敏度单位为 mV/g，通常为 10 ~ 1000mV/g。

灵敏度并不是越高越好。灵敏度低的传感器可用于动态范围很宽的振动测量，例如打桩机的冲击振动、汽车的撞击试验、炸弹的贯穿延时引爆等。而高灵敏度的压电传感器可用于测量微弱的振动。例如用于寻找地下管道的泄漏点（水管漏水处可发出几千赫兹的振动），或测量桥梁、楼房、桩基的受激振动以及分析精密机床床身的振动以提高加工准确度等。

2. 频率范围

大多数压电加速度传感器的频率范围为 0.1Hz 至 10kHz。一个典型的通用加速度传感器的频率响应如图 6-14 所示。

3. 动态范围

常用的测量范围为 0.1 ~ 100g。测量冲击振动时应选用 100 ~ 10000g；而测量桥梁、地

基等微弱振动往往要选择 0.001 ~ 10g 高灵敏度的低频加速度传感器。

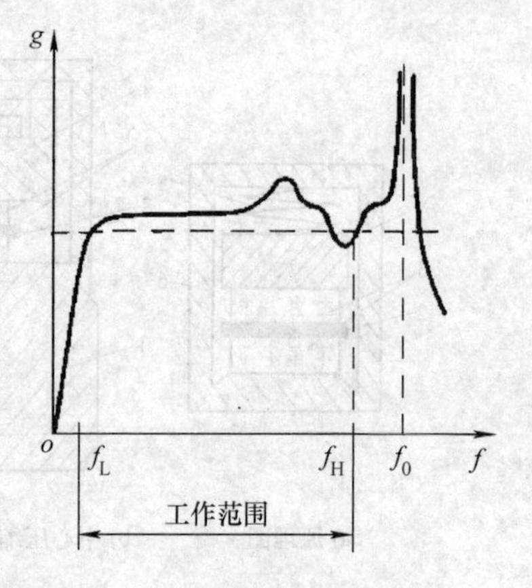

图 6-14 压电加速度传感器的频率响应范围

五、压电加速度传感器的安装及使用

理论上压电加速度传感器应与被测振动体刚性连接。但在安装使用中，有如下几种方法。

1）用于长期监测振动机械的压电加速度传感器应采用双头螺栓牢固地固定在监视点上，如图 6-15a 所示。

2）短时间监测低频微弱振动时，可用磁铁将钢质传感器底座吸附在监测量上，如图 6-15b 所示。

3）测量更微弱的振动时，可以用环氧树脂或瞬干胶将传感器牢牢地胶于监测点上，如图 6-15c 所示。但要注意传感器底座与被测体之间的胶层愈薄愈好，否则将会使高频响应变差，使用上限频率降低。

4）在对许多测试点进行定期巡检时，也可采用手持探针式加速度传感器。使用时，用手握住探针，紧紧地抵触在监测点上，如图 6-15d 所示。此方法方便，但测量误差较大，重复性差，使用频率上限将降低到 1000Hz 以下。

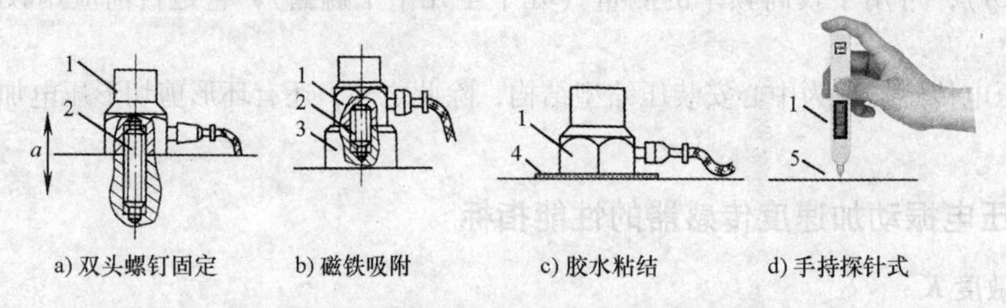

图 6-15 压电振动加速度传感器安装使用方法
1—压电式加速度传感器 2—双头螺栓 3—磁铁 4—粘接剂 5—顶针

六、压电振动加速度传感器在汽车中的应用

在第五章曾提到差动电容式加速度传感器可以用于汽车碰撞时使气囊迅速充气的例子。利用压电振动加速度传感器也可以实现同样的目的，请读者自行思考。下面介绍压电振动传感器在汽油发动机点火时间控制中的作用。

汽车发动机中的气缸点火时刻必须十分精确。如果恰当地将点火时间提前一些，即有一个提前角，就可使气缸中汽油与空气的混合气体得到充分燃烧，使扭矩增大，排污减少。但提前角太大时，或压缩比太高时，混合气体燃烧受到干扰或自燃，就会产生冲击波，以超音速撞击气缸壁，发出尖锐的金属敲击声，称为爆震（俗称敲缸），可能使火花塞、活塞环熔化损坏，使缸盖、连杆、曲轴等部件过载、变形。

将类似于图 6-13 的压电式振动传感器旋在气缸体的侧壁上。当内燃机发生爆燃时，传感器产生共振，输出尖脉冲信号（5kHz 左右）送到汽车发动机的电控单元（又称 ECU，见第十三章），进而推迟点火时刻，尽量使点火时刻接近爆燃区而不发生爆燃，又能使发动机输出尽可能大的扭矩。

七、振动的频谱分析

1. 时域图形

使用示波器可以看到振动加速度的波形图。图 6-16 是使用压电振动加速度传感器测量一台振动剧烈的空调压缩机的振动波形。图 6-16 的横坐标为时间轴，因此称为时域图。从这个波形图中，我们可以看到它的幅度变化明显地存在着周期为 1s 的振动，还能隐隐约约地看到它还包含其他频率高得多的周期振动。除此之外，无法从这些杂乱无章的波形中得到更多的信息。也无法用频率计一一测出这些复杂的频率分量。

2. 频域图形

如果将时域图经过快速傅里叶变换（FFT），就能在计算机显示器上显示出另一种坐标图，它的横坐标为频率f，纵坐标可以是加速度，也可以是振幅或功率等。它反映了在频率范围之内，对应于每一个频率的振动分量的大小，这样的图形称为频谱图或频域图。专门用于测量和显示频谱的仪器称为频谱仪。

用频谱仪将图 6-16 的时域图经 FFT 变换，就可以得到图 6-17 的频谱图。从图中可以看到，这台压缩机在$f=0.86$Hz 时存在很窄的尖峰电压，称为谱线，人们感觉到压缩机的低频颤动就是接近 1Hz 的振动造成的，它使人的心脏感到难受。从频谱图中还可以看到，在 24.9Hz、50Hz 以及其他频率点上还存在高低不一的谱线。依靠这些谱线，可以根据“故障分析技术”分析振动的原因和解决方案。

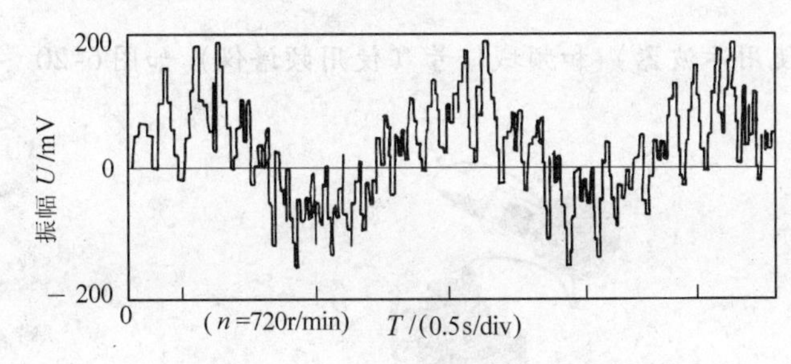

图 6-16　空调压缩机在 720r/min 带负载时的时域波形

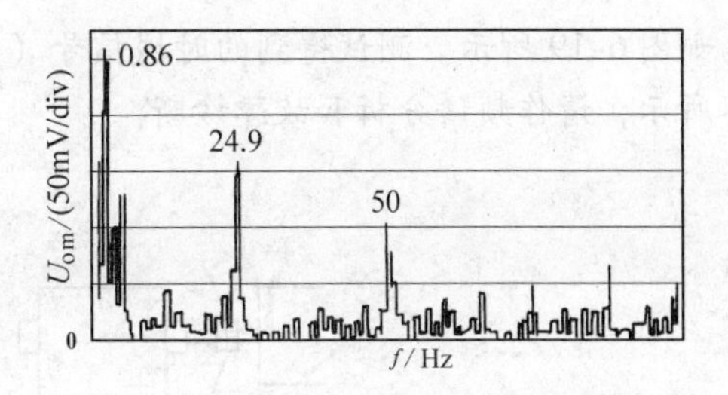

图 6-17　空调压缩机在 720r/min 带负载时的频谱图

3. 依靠频谱分析法进行故障诊断

图 6-18 是用压电振动加速度传感器测量手扶拖拉机发动机活塞振动的时域图和频域图（又称频谱图）。从时域图可以看出，活塞的振动不是简谐振动（不是正弦波形），其中必定包括了其他的振动分量。从频谱仪得到的频域图形（见图 6-18b）中可以清楚地看到，活塞的振动是由 5Hz 和 10Hz 等多个振动分量合成的。10Hz 的幅值大约是 5Hz 幅值的一半。

根据图 6-18 所示的发动机活塞振动谱线，我们可以尝试依靠频谱分析法进行该拖拉机的故障诊断。有经验的工程师可能会告诉你：f_2 的存在说明发动机的燃气压缩比不正确；在 f_1 和 f_2 的两侧还出现较多的小谱线——我们称其为边带，说明是发动机减速齿轮磨损严重，导致啮合不良……以上故障分析必须依靠长期的经验积累，并保存正常和各种非正常的频谱图档案，以便检修时作对比。当与正常运行状态下的频谱图相比较时，若发现出现新的谱线（见图 6-18b 中的 f_3）时，就要考虑该机械是否发生了某些新的故障。

例 6-1　某钢管厂的轧辊减速箱振动很大，现将压电式振动传感器固定在减速箱体上，

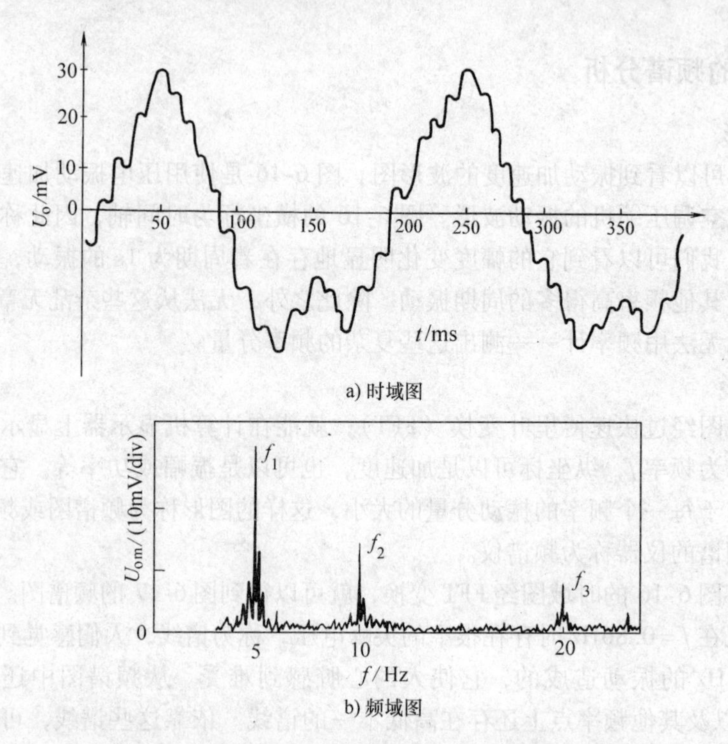

a) 时域图

b) 频域图

图 6-18　手扶拖拉机发动机活塞振动的时域图和频域图

如图 6-19 所示。测试得到的时域信号（使用示波器）和频域信号（使用频谱仪）如图 6-20 所示，请作频谱分析和故障诊断。

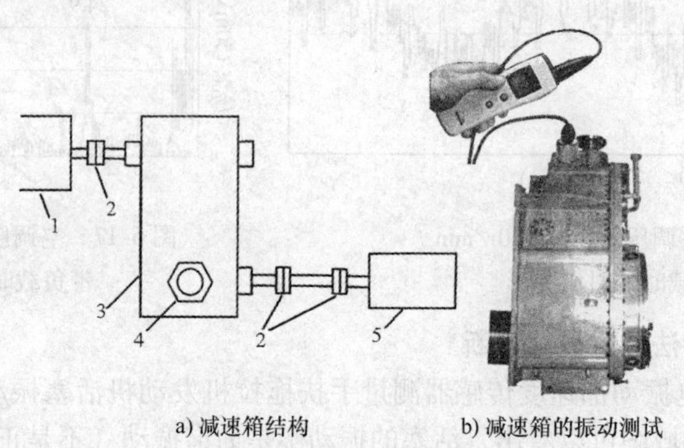

a) 减速箱结构　　b) 减速箱的振动测试

图 6-19　减速箱的故障测试

1—电动机　2—联轴器　3—减速箱　4—压电振动传感器　5—负载

解　从图 6-20a 的时域图只能看到杂乱无章的信号，无法得到有意义的结论。而从图 6-20b的频域图上可以看到，在 70Hz 左右有一较高的谱线。要想知道 70Hz 谱线是何原因造成的就必须知道电动机的转速和齿轮箱的减速比。

用转速表测得此时的电动机转速约为 220r/min，相当于 3.66r/s。查阅该齿轮箱的资料得知：其中只有两只齿轮。小齿轮 19 齿，大齿轮 36 齿，将转速乘以小齿轮齿数，其结果恰好与该谱线吻合：$3.66\times19\approx70$，故 70Hz 左右的谱线为齿轮的啮合频率。该频率两旁出现许多小谱线（称为边带），这说明小齿轮磨损严重。而图 6-20b 中的 140Hz 约为啮合频率的 2 倍（由于电动机抖动，所以不可能是 70Hz 的整数倍）。而 210Hz 是啮合频率的 3 倍频。这两根谱线均较高，根据以往的经验，可判断齿面啮合很不好。

从图 6-20b 中还可以看到许多与大齿轮（36 齿）有关的频率。可以逐一分析产生这些谱线的原因。比如 40Hz 处还有一根很高的谱线，可以说明是大齿轮的某一个齿破损引起的。

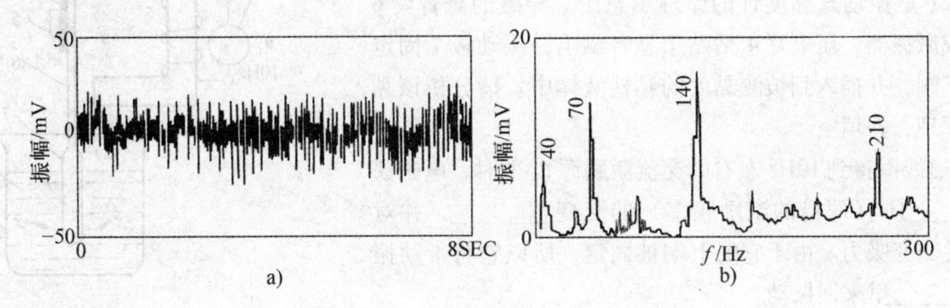

图 6-20　减速箱振动时域、频域图

频谱分析之后，可预先准备好有关机械配件，用最短的时间更换损坏的零件以减少停工时间。然后重新作频谱分析，可以发现某些谱线已经消失。

在调试时，还可以看到有一些谱线随着减速箱固定螺丝的旋紧，以及联轴器、电动机角度的调整而逐渐降低高度，依靠频谱仪可以将机械设备调整到最佳的状态。这些都是频谱分析在故障分析和现场实时调试中的应用。我们应在工作中逐渐积累频谱分析的经验和资料，以便发生事故时能很快地排除故障，减小损失。

上述频谱分析的方法还可以在电冰箱、空调、汽车等领域的生产、研究中，判定产生噪声和震动的原因，提高产品的竞争能力。

思考题与习题

1. 单项选择题

1）将超声波（机械振动波）转换成电信号是利用压电材料的________；蜂鸣器中发出“嘀……嘀……”声的压电片发声原理是利用压电材料的________。

A. 应变效应　　B. 电涡流效应　　C. 压电效应　　D. 逆压电效应

2）在实验室作检验标准用的压电仪表应采用________压电材料；能制成薄膜，粘贴在一个微小探头上、用于测量人的脉搏的压电材料应采用________；用在压电加速度传感器中测量振动的压电材料应采用________。

A. PTC　　B. PZT　　C. PVDF　　D. SiO_2

3）使用压电陶瓷制作的力或压力传感器可测量________。

A. 人的体重　　B. 车刀的压紧力

C. 车刀在切削时感受到的切削力的变化量　　D. 自来水管中的水的压力

4）动态力传感器中，两片压电片多采用________接法，可增大输出电荷量；在电子打火机和煤气灶点火装置中，多片压电片采用________接法，可使输出电压达上万伏，从而产生电火花。

A. 串联　　B. 并联　　C. 既串联又并联

5）测量人的脉搏应采用灵敏度 K 约为________的 PVDF 压电传感器；在家用电器（已包装）做跌落

试验，以检查是否符合国标时，应采用灵敏度 K 为________的压电传感器。

A. 10V/g　　　　B. 1V/g　　　　C. 100mV/g

2. 用压电式加速度计及电荷放大器测量振动加速度，若传感器的灵敏度 $K=70\text{pC/g}$（g 为重力加速度），电荷放大器灵敏度为 10mV/pC，求：1）请确定输入 3g（平均值）加速度时，电荷放大器的输出电压 $\overline{U}_o$（平均值，不考虑正负号）为多少伏？2）并计算此时该电荷放大器的反馈电容 C_f 为多少皮法？

3. 图 6-21 是振动式黏度计的原理示意图。导磁的悬臂梁 6 与铁心 3 组成激振器。压电片 4 粘贴于悬臂梁上，振动板 7 固定在悬臂梁的下端，并插入到被测黏度的黏性液体中。请分析该黏度计的工作原理，并填空。

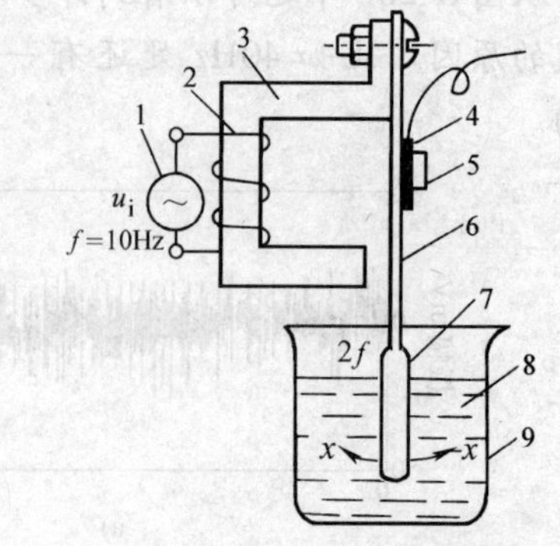

图 6-21　振动式黏度计原理示意图

1—交流励磁电源　2—励磁线圈　3—电磁铁心　4—压电片　5—质量块　6—悬臂梁　7—振动板　8—黏性液体　9—容器

1）当励磁线圈接到 10Hz 左右的交流激励源 u_i 上时，电磁铁心产生________Hz（两倍的激励频率）的交变________，并对________产生交变吸力。由于它的上端被固定，所以它将带动振动板 7 在________里来回振动。

2）液体的黏性越高，对振动板的阻力就越________，振动板的振幅 A 就越________，所以它的加速度 $a=A\omega^2\sin\omega t$ 就越________，因此质量块 5 对压电片 4 所施加的惯性力 $F=ma$ 就越________，压电片的输出电荷量 Q 或电压 u_o 就越________，压电片的输出反映了液体的黏度。

3）该黏度计的缺点是与温度 t 有关。温度升高，大多数液体的黏度变________，所以将带来测量误差。

4. 两根高分子压电电缆 A、B（外形见图 6-7b）相距 $L=2\text{m}$，平行埋设于柏油公路的路面下约 50mm，如图 6-22 所示。它可以用来测量车速及汽车的超重，并根据存储在计算机内部的档案数据，判定汽车的车型。

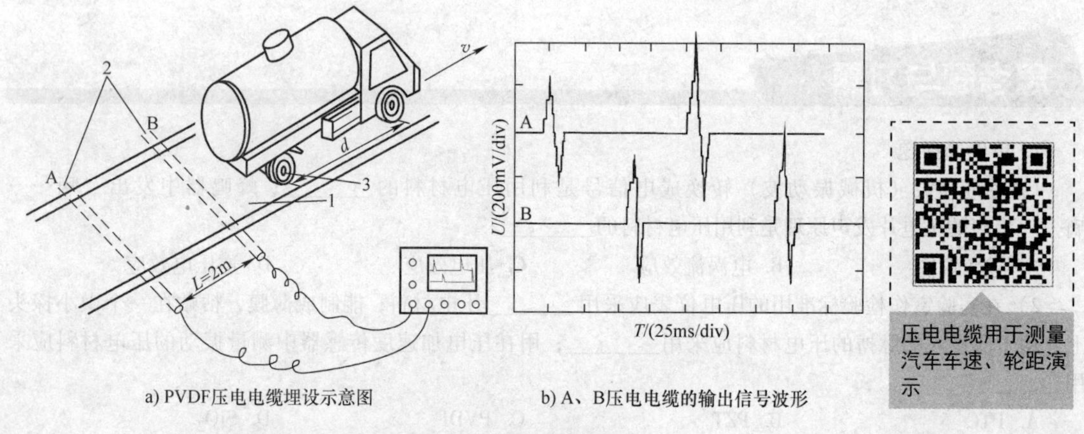

a) PVDF压电电缆埋设示意图　　b) A、B压电电缆的输出信号波形

图 6-22　PVDF 压电电缆测速原理图

1—公路　2—PVDF 压电电缆（A、B 共两根）　3—车轮

第七章 Chapter 7

超声波传感器

1883 年，英国人哥尔顿利用高压气流冲击哨笛内的弹簧片，产生了高于可闻声波频率的机械振动波——超声波。但由于用这种方法产生的超声波功率很小，实用价值不大。20 世纪中叶，人们发现某些介质的晶体，例如石英晶体、酒石酸钾钠晶体、PZT 晶体等，在高电压窄脉冲作用下，能产生较大功率的超声波。它与可闻声波不同，可以被聚焦，能用于集成电路的焊接，玻璃管内部的清洗；在检测方面，利用超声波有类似于光波的折射、反射的特性，制作超声波声纳探测器，可以用于探测海底沉船、潜艇等。现在，超声波已渗透到我们生活中的许多领域，例如 B 超、遥控、防盗、无损探伤等。本章简单论述超声波的物理特性，着重分析超声波在检测中的一些应用，对无损探伤也稍作介绍。

第一节　超声波的物理基础

一、声波的分类

声波是一种机械波。当它的振动频率在 20Hz ~ 20kHz 的范围内时，可为人耳所感觉，称为可闻声波。低于 20Hz 的机械振动人耳不可闻，称为次声波，但许多动物却能感受到。比如地震发生前的次声波就会引起许多动物的异常反应。

频率高于 20kHz 的机械振动波称为超声波。超声波有许多不同于可闻声波的特点。比如，它的指向性很好，能量集中，因此穿透能力强，能穿透几米厚的钢板，而能量损失不大。在遇到两种介质的分界面（例如钢板与空气的交界面）时，能产生明显的反射和折射现象，这一现象类似于光波。超声波的频率越高，其声场指向性就愈好，与光波的反射、折散特性就越接近。声波的频率分布如图 7-1 所示。

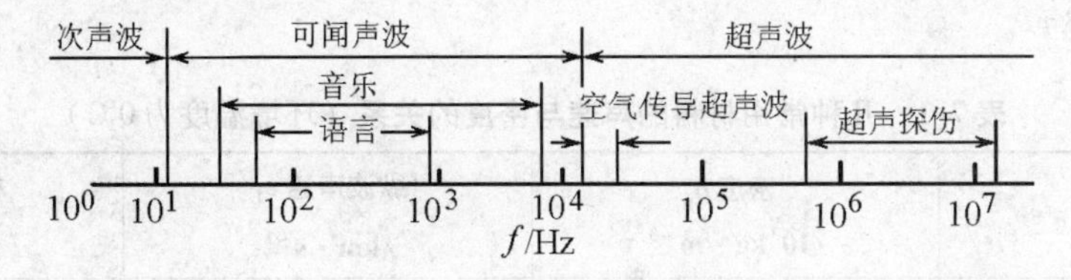

图 7-1　声波的频率分布

二、超声波的传播方式

超声波的传播波形主要可分为纵波、横波及表面波等几种。

（1）纵波　质点的振动方向与波的传播方向一致，这种波称为纵波，又称压缩波，如

图 7-2a 所示，纵波能够在固体、液体、气体中传播。人讲话时产生的声波就属于纵波。

（2）横波 质点的振动方向与波的传播方向相垂直，这种波称为横波，如图 7-2c 所示。它是固体介质受到交变剪切应力作用时产生的剪切形变，所以又称剪切波，它只能在固体中传播。

（3）表面波 固体的质点在固体表面的平衡位置附近作椭圆轨迹的振动，使振动波只沿着固体的表面向前传播，如图 7-2e 所示。

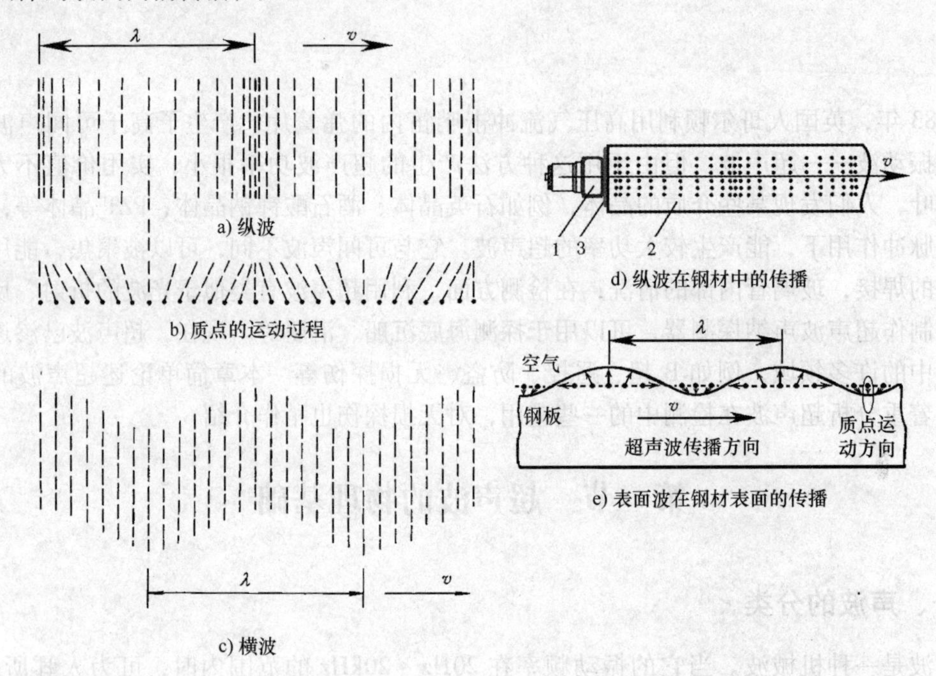

图 7-2 纵波、横波和表面波示意图

1—超声波发生器 2—钢材 3—耦合剂

三、声速、波长与指向性

1. 声速

声波的传播速度取决于介质的弹性系数、介质的密度。表 7-1 示出了几种常用材料的声速与密度的关系。

表 7-1 几种常用材料的声速与密度的关系（环境温度为 0℃）

材料	密度 ρ /10^3kg · m^{-3}	纵波声速 c_L /km · s^{-1}	横波声速 c_S /km · s^{-3}
钢	7.7	5.9	3.2
铜	8.9	4.7	2.2
铝	2.7	6.3	3.1
有机玻璃	1.18	2.7	1.2
甘油	1.27	1.9	—

（续）

材　料	密度ρ /10^3kg·m^{-3}	纵波声速c_L /km·s^{-1}	横波声速c_S /km·s^{-3}
水（20℃）	1.0	1.48	—
机油	0.9	1.4	—
空气	0.0012	0.34	—

固体的横波声速约为纵波声速的一半，且与频率关系不大。而表面波的声速约为横波声速的90%，故又称表面波为慢波。温度越高，声速越慢。

2. 波长

超声波的波长λ与频率f的乘积恒等于声速c，即

$$\lambda f = c \tag{7-1}$$

例如，将一束频率为5MHz的超声波（纵波）射入钢板，查表7-1可知，纵波在钢中的声速$c_L = 5.9$km/s，所以此时的波长λ仅为1.18mm，如果是可闻声波，其波长将大数千倍。

3. 指向性

超声波声源发出的超声波束以一定的角度向外扩散，如图7-3所示。在声束横截面的中心轴线上，超声波最强，且随着扩散角度的增大而减小。指向角θ与超声源的直径D、以及波长λ之间的关系为

$$\sin\theta = 1.22\lambda/D \tag{7-2}$$

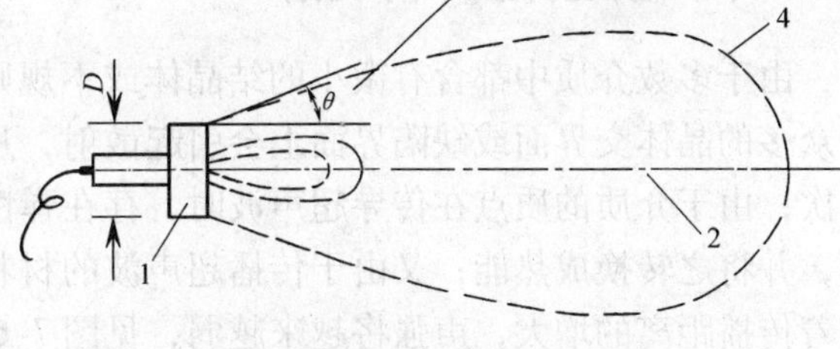

图7-3　声场指向性及指向角

1—超声源　2—轴线　3—指向角　4—等强度线

例7-1　设超声源的直径$D = 20$mm，射入钢板的超声波（纵波）频率为5MHz，求指向角θ。

解

$$\sin\theta = 1.22\lambda/D = \frac{1.22 \times 1.18}{20} \approx 0.07$$

所以$\theta = 4°$，可见该超声波声源的指向性是十分尖锐的。

人声的频率（约几百Hz）比超声波低得多，波长λ很长，指向角就非常大，所以可闻声波不太适合用于检测领域。

四、倾斜入射时的反射与折射

当一束光线照到水面上时，有一部分光线会被水面所反射，而剩余的能量射入水中，但前进的方向有所改变，称为折射。与此相似，当超声波以一定的入射角从一种介质传播到另一种介质的分界面上时，一部分能量反射回原介质，称为反射波；另一部分能量则透过分界面，在另一介质内继续传播，称为折射波或透射波，如图7-4所示。图中，P_c为入射波，它在声阻抗不同的两个介质界面上可产生反射波P_r。入射波进入介质之后，可产生折射波P_s。超声波的入射角α与反射角α_r以及折射角β之间遵循类似光学的反射定律和折射定律。

如果入射声波的入射角α足够大时，将导致折射角$\beta = 90°$，则折射声波只能在介质分界面传播，折射波形将转换为表面波，这时的入射角称为临界角。如果入射声波的入射角α

大于临界角，将导致声波的全反射。

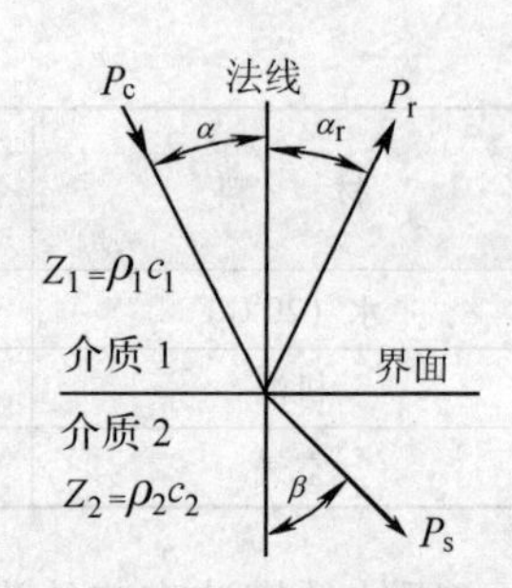

图 7-4 超声波的反射与折射

P_c—入射波 α—入射角

P_r—反射波 α_r—反射角

P_s—折射波 β—折射角

五、垂直入射时的反射与透射

前面已经述及，当声波从一种介质进入另一种介质时，在两种不同介质的结合面（界面）上，可产生反射声波和透射声波，如图 7-5 所示。反射和透射的比例与组成界面的两种介质的密度及声阻抗 Z 有关：

1）当介质 1 与介质 2 的声阻抗相等或十分接近时，不产生反射波，可视为全透射。

2）当超声波从密度低的介质射向密度高的介质时，大部分能量进入密度高的介质。

3）当超声波从密度高的介质射向密度低的介质时，大部分能量被反射回到密度高的介质，而只有一小部分泄漏到密度低的介质中。

六、声波在介质中的衰减

由于多数介质中都含有微小的结晶体或不规则的缺陷，超声波在非理想介质中传播时，在众多的晶体交界面或缺陷界面上会引起散射，从而使沿入射方向传播的超声波声强下降。其次，由于介质的质点在传导超声波时，存在弹性滞后及分子内摩擦，它将吸收超声波的能量，并将之转换成热能；又由于传播超声波的材料存在各向异性结构，使超声波发生散射，随着传播距离的增大，声强将越来越弱，见图 7-6。

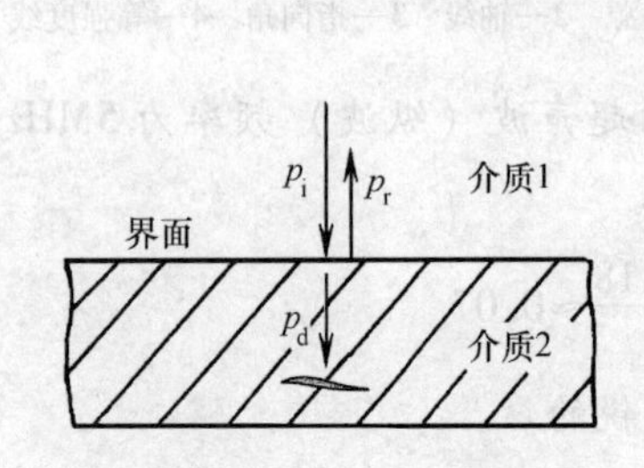

图 7-5 超声波垂直入射时的反射与入射示意图

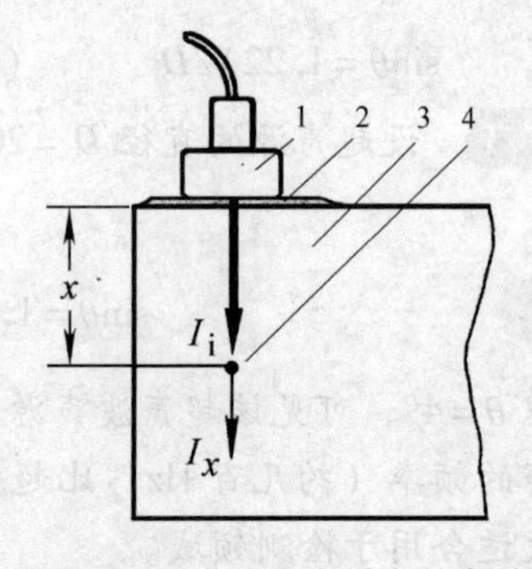

图 7-6 超声波在介质中的衰减

1—超声探头 2—耦合剂 3—试件 4—被测试点

介质中的声强衰减与超声波的频率及介质的密度、晶粒粗细等因素有关。晶粒越粗或密度越小，衰减越快；频率越高；衰减也越快。

气体的密度很小，因此衰减较快，尤其在超声波频率较高时衰减更快。因此在空气中传导的超声波的频率选得较低，约数十千赫，而在固体、液体中则选用较高的频率（MHz 数量级）。

第二节 超声波换能器及耦合技术

超声波换能器有时又称超声波探头。超声波换能器的工作原理有压电式、磁致伸缩式及电磁式等数种，在检测技术中主要采用压电式。换能器又分为直探头、斜探头、双探头、表面波探头、聚焦探头、冲水探头、水浸探头、空气传导探头以及其他专用探头等，如图 7-7 所示。

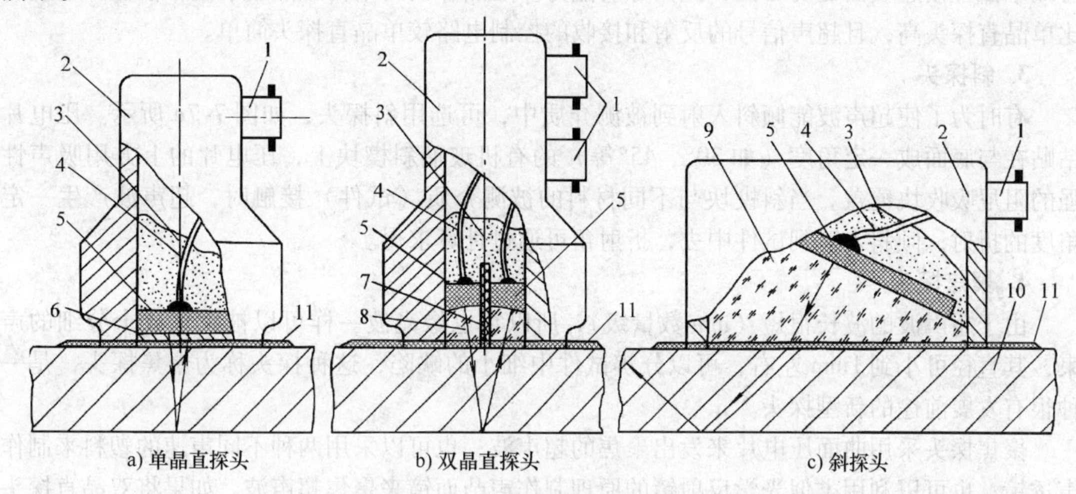

图 7-7 超声波探头结构示意图

1—接插件 2—外壳 3—阻尼吸收块 4—引线 5—压电片 6—保护膜
7—隔离层 8—延迟块 9—有机玻璃斜楔块 10—试件 11—耦合剂

一、以固体为传导介质的超声探头

1. 单晶直探头

用于固体介质的单晶直探头（俗称直探头）的结构如图 7-7a 所示。压电片采用第六章述及的 PZT 压电陶瓷材料制作，外壳用金属制作，保护膜用于防止压电片磨损。保护膜可以用三氧化二铝、碳化硼等硬度很高的耐磨材料制作。阻尼吸收块用于吸收压电片背面的超声脉冲能量，防止杂乱反射波产生，提高分辨力。阻尼吸收块用钨粉、环氧树脂等混合体浇注。

发射超声波时，将 500V 以上的高压电脉冲加到压电片 5 上，利用逆压电效应，使压电片发射出一束频率落在超声范围内、持续时间很短的超声振动波。向上发射的超声振动波被阻尼块所吸收，而向下发射的超声波垂直透射到图 7-7a 中的试件 10 内。假设该试件为钢板，而其底面与空气交界，到达钢板底部的超声波的绝大部分能量被底部界面所反射。反射波经过一短暂的传播时间回到压电片 5。利用压电效应，压电片将机械振动波转换成同频率的交变电荷和电压。由于衰减等原因，该电压通常只有几十毫伏，还要加以放大，才能在显示器上显示出反射脉冲的波形和幅值。

从以上分析可知，超声波的发射和接收虽然均是利用同一块压电片，但时间上有先后之分，所以单晶直探头是处于分时工作状态，必须用电子开关来切换这两种不同的状态，具体的电路框图见第三节的图 7-14。

2. 双晶直探头

双晶直探头的结构如图 7-7b 所示。它由两个单晶探头组合而成，装配在同一壳体内。其中一片压电片发射超声波，另一片压电片接收超声波。两压电片之间用一片吸声性能强、绝缘性能好的薄片加以隔离，使超声波的发射和接收互不干扰。略有倾斜的压电片下方还设置延迟块，它用有机玻璃或环氧树脂制作，它能使超声波延迟一段时间后才入射到试件中，可减小试件接近表面处的盲区，提高分辨能力。双晶探头的结构虽然复杂些，但检测准确度比单晶直探头高，且超声信号的反射和接收的控制电路较单晶直探头简单。

3. 斜探头

有时为了使超声波能倾斜入射到被测介质中，可选用斜探头，如图 7-7c 所示。压电片粘贴在与底面成一定角度（如 30°、45°等）的有机玻璃斜楔块上，压电片的上方用吸声性强的阻尼吸收块覆盖。当斜楔块与不同材料的被测介质（试件）接触时，超声波产生一定角度的折射，倾斜入射到试件中去，折射角可通过计算求得。

4. 聚焦探头

由于超声波的波长很短（mm 数量级），所以它也像光波一样可以被聚焦成十分细的声束，其直径可小到 1mm 左右，可以分辨试件中细小的缺陷，这种探头称为聚焦探头，是一种很有发展前途的新型探头。

聚焦探头采用曲面压电片来发出聚焦的超声波；也可以采用两种不同声速的塑料来制作声透镜；也可以利用类似光学反射镜的原理制作声凸面镜来聚焦超声波。如果将双晶直探头的延迟块按上述方法加工，也可具有聚焦功能。

5. 箔式探头

利用第六章介绍过的聚偏二氟乙烯（PVDF）高分子薄膜，制作出的薄膜式探头称为箔式探头，可以获得 0.2mm 直径的超细声束，用在医用诊断仪器上可以获得很高清晰度的图像。

二、以空气为传导介质的超声探头

由于空气的声阻抗是固体声阻抗的几千分之一，所以空气超声探头的结构与固体传导探头有很大的差别。此类超声探头的发射换能器和接收换能器一般是分开设置的，两者结构也略有不同，图 7-8 是空气传导用的超声波发射换能器和接收换能器（简称为发射器和接收器或超声探头）的结构示意图。发射器的压电片上粘贴了一只锥形共振盘，以提高发射效率和方向性。接收器在共振盘上还增加了一只阻抗匹配器，以滤除噪声、提高接收效率。配套的空气传导超声发射器和接收器的有效工作范围可达几米至几十米。

三、耦合剂

在图 7-7 中，一般不能直接将探头放在被测介质（特别是粗糙金属）表面来回移动，以防磨损。更重要的是，由于超声探头与被测物体接触时，在工件表面不平整的情况下，探头与被测物体表面间必然存在一层空气薄层。空气的密度很小，将引起三个界面间强烈的杂乱反射波，造成干扰，而且空气也将对超声波造成很大的衰减。为此，必须将接触面之间的空气排挤掉，使超声波能顺利地入射到被测介质中。在工业中，经常使用一种称为耦合剂的

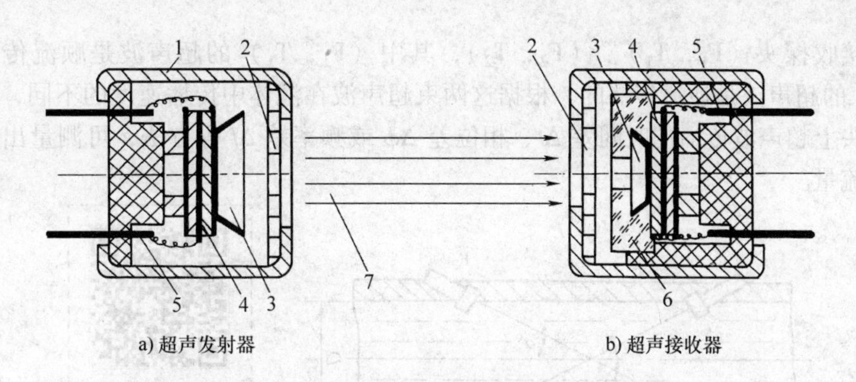

图 7-8 空气传导型超声发射器和接收器的结构

1—外壳 2—金属丝网罩 3—锥形共振盘 4—压电片 5—引脚 6—阻抗匹配器 7—超声波束

液体物质，使之充满在接触层中，起到传递超声波的作用。常用的耦合剂有水、机油、甘油、水玻璃、胶水、化学浆糊等。耦合剂的厚度应尽量薄一些，以减小耦合损耗。

有时为了减少耦合剂的成本，还可在探头的侧面，加工一个自来水接口。工作时，自来水通过此孔压入到保护膜和试件之间的空隙中。使用完毕，将水迹擦干即可，这种探头称为水冲探头。

第三节 超声波传感器的应用

根据超声波的出射方向及发射器与接收器的安装方向的不同，超声波传感器的应用可分为透射型和反射型两种基本类型，如图 7-9 所示。当超声发射器与接收器分别置于被测物两侧时，这种类型称为透射型。透射型可用于遥控器、防盗报警器、接近开关等。当超声发射器与接收器置于同侧的属于反射型，反射型可用于接近开关、测距、测液位或料位、金属探伤以及测厚等。

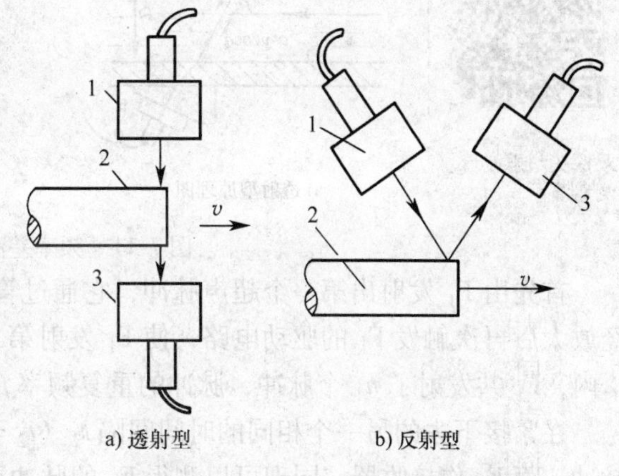

图 7-9 超声应用的两种基本类型

1—超声发射器 2—被测物 3—超声接收器

从超声波的波形来分，又可分为连续超声波和脉冲波。连续波是指持续时间较长的超声振动。而脉冲波是持续时间只有几十个重复脉冲的超声振动。为了提高分辨力，减少干扰，超声波传感器多采用脉冲超声波。

下面简要介绍超声波传感器的几种应用。

一、超声波流量计

流量的检测在第二章（作业）、第五章中均有介绍，比如热丝式气体流量计、风速仪，差压节流式流量计等。本节介绍的超声波流量计虽然成本比上述两种流量计高，但有许多突出的优点，因此它的使用必将越来越广泛。

图 7-10 是超声波流量计原理图。在被测管道上下游的一定距离上，分别安装两对超声

波发射和接收探头（F_1，T_1）、（F_2，T_2），其中（F_1，T_1）的超声波是顺流传播的，而（F_2，T_2）的超声波是逆流传播的。根据这两束超声波在液体中传播速度的不同，采用测量两接收探头上超声波传播的时间差 Δt、相位差 $\Delta\phi$ 或频率差 Δf 等方法，可测量出流体的平均速度及流量。

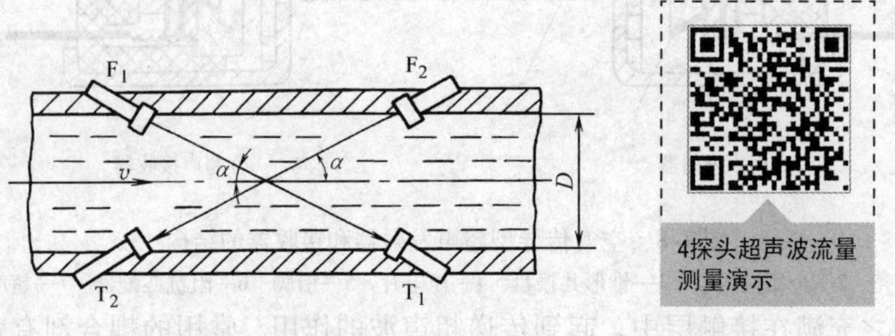

图 7-10 超声波流量计基本原理图

时间差的测量可用标准脉冲计数器来实现，称为时间差法。在这种方法中，流量与声速 c 有关，而声速一般随介质的温度变化而变化，因此将造成温漂。如果使用下述的频率差法测量流量，则可克服温度的影响。

频率差法测量流量的原理如图 7-11 所示。F_1、F_2 是完全相同的超声探头，安装在管壁外面，通过电子开关的控制，交替地作为超声波发射器与接收器用。

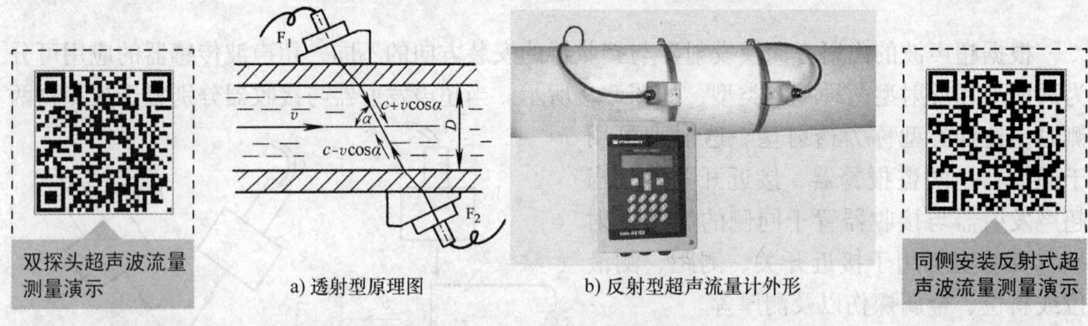

a) 透射型原理图　　b) 反射型超声流量计外形

图 7-11 频率差法流量测量

首先由 F_1 发射出第一个超声脉冲，它通过管壁、流体及另一侧管壁被 F_2 接收，此信号经放大后再次触发 F_1 的驱动电路，使 F_1 发射第二个声脉冲，以此类推。设在一个时间间隔 t_1 内，F_1 共发射了 n_1 个脉冲，脉冲的重复频率 $f_1 = n_1/t_1$。

在紧接下去的另一个相同的时间间隔 t_2（$t_2 = t_1$）内，与上述过程相反，由 F_2 发射超声脉冲，而 F_1 作接收器。同理可以测得 F_2 的脉冲重复频率为 f_2。经推导，顺流发射频率 f_1 与逆流发射频率 f_2 的频率差 Δf 为

$$\Delta f = f_1 - f_2 \approx \frac{\sin 2\alpha}{D} v \tag{7-3}$$

式中，α 是超声波束与流体的夹角；v 是流体的流速；D 是流体横截面的直径。

由上式可知，Δf 只与被测流速 v 成正比，而与声速 c 无关，所以频率法温漂较小。发射、接收探头也可如图 7-12b 所示的那样，安装在管道的同一侧。

超声流量计的最大特点是：探头可装在被测管道的外壁，实现非接触测量，既不干扰流场，又不受流场参数的影响。其输出与流量基本上成线性关系，准确度一般可达 ±1%，其

价格不随管道直径的增大而增加，因此特别适合大口径管道和混有杂质或腐蚀性液体的测量。液体流速还可采用超声多谱勒法测量，请参阅有关资料。

二、超声波测厚

测量试件厚度的方法很多，比如可以用第三章介绍的电感测微器、第四章的电涡流测厚仪（只能测小于0.5mm的金属厚度）、容栅式游标卡尺等。超声测厚仪具有便携、测量速度快的优点，它的缺点是测量准确度与温度及材料的材质有关。

图7-12是便携式超声波测厚仪示意图，它可用于测量钢及其他金属、有机玻璃、硬塑料等材料的厚度。

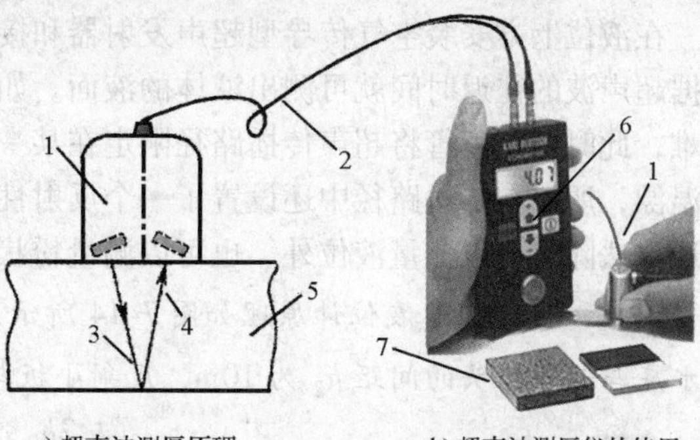

a) 超声波测厚原理　b) 超声波测厚仪的使用

图7-12　便携式超声波测厚示意图

1—双晶直探头　2—引线电缆　3—入射波　4—反射波　5—试件　6—试件的声速设定　7—标准试块

从图中可以看到，双晶直探头左边的压电晶片发射超声脉冲，经探头底部的延迟块延时后，超声脉冲进入被测试件，到达试件底面时，被反射回来，并被右边的压电晶片所接收。只要测出从发射超声波脉冲到接收超声波脉冲所需的时间 t（扣除经两块延迟块引入的延时时间），再乘上被测体的声速常数 c，就是超声脉冲在被测件中所经历的来回距离，也就代表了厚度 δ，即

$$\delta = \frac{1}{2}ct \tag{7-4}$$

只要从发射到接收这段时间内使计数电路计数，便可达到数字显示之目的。使用双晶直探头可以使信号处理电路趋于简化。探头内部的延迟块可减小杂乱反射波的干扰。对不同材质的试件，由于其声速 c 各不相同，所以测试前必须将 c 值从面板输入。

三、超声波测量液体的密度

图7-13所示为超声波测量液体的密度原理示意图。图中测量室长度为 L，根据 $c = 2L/t$ 的关系（t 为探头从发射到接收超声波所需的时间），可以求得超声波的声速 c。由实验证明，超声波在液体中的传播速度 c 与液体的密度有关。因此可通过 t 的大小来反映出液体的密度，能对密度进行在线测量，并能对过程进行自动控制。

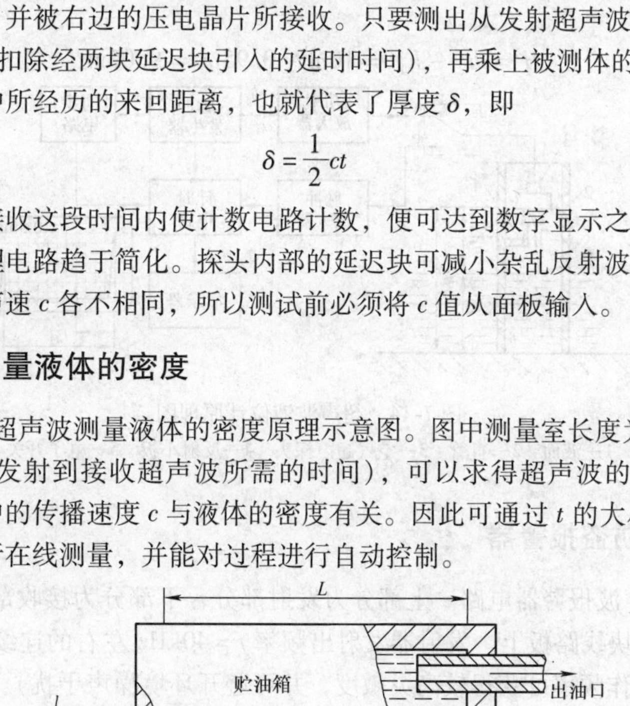

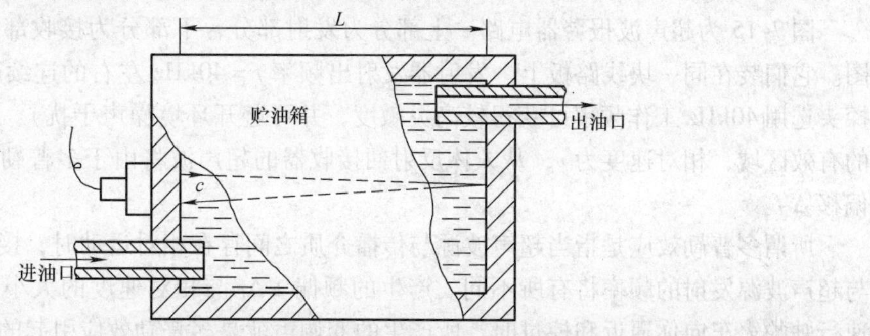

图7-13　超声波测量液体的密度原理示意图

四、超声波测量液位和物位

在液位上方安装空气传导型超声发射器和接收器如图 7-14 所示。按超声脉冲反射原理，根据超声波的往返时间就可测出液体的液面。如果液面晃动，就会由于反射波散射而使接收困难，此时可用直管将超声传播路径限定在某一空间内。由于空气中的声速随温度改变会造成温漂，所以在传送路径中还设置了一个反射性良好的小板作标准参照物，以便计算修正。上述方法除了可以测量液位外，也可以测量粉状物体和粒状体的物位。

例 7-2 超声波液位计原理如图 7-14 所示，从显示屏上测得 $t_0=2\text{ms}$，$t_{h1}=5.6\text{ms}$。已知水底与超声探头的间距 h_2 为 10m，反射小板与探头的间距 h_0 为 0.34m，求液位 H。

解 由于
$$c=\frac{2h_0}{t_0}=\frac{2h_1}{t_{h1}}$$

所以有 $\frac{h_0}{t_0}=\frac{h_1}{t_{h1}}$。

$$h_1=\frac{t_{h1}}{t_0}h_0=\frac{5.6\text{ms}}{2.0\text{ms}}\times0.34\text{m}\approx0.95\text{m}$$

所以液位

$$H=h_2-h_1=10\text{m}-0.95\text{m}=9.05\text{m}$$

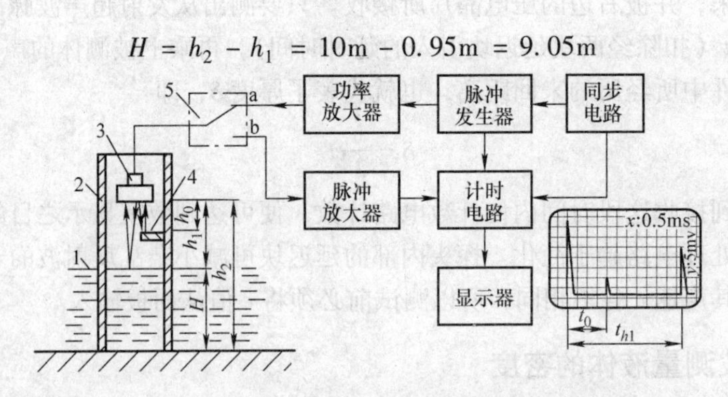

图 7-14 超声波液位计原理图

1—液面 2—直管 3—空气超声探头 4—反射小板 5—电子开关

五、超声波防盗报警器

图 7-15 为超声波报警器电路。上部分为发射部分，下部分为接收部分的电路原理示意图。它们装在同一块线路板上。发射器发射出频率 $f=40\text{kHz}$ 左右的连续超声波（空气超声探头选用 40kHz 工作频率可获得较高灵敏度，并可避开环境噪声干扰）。如果有人进入信号的有效区域，相对速度为 v，从人体反射回接收器的超声波将由于多普勒效应，而发生频率偏移 Δf。

所谓多普勒效应是指当超声波源与传播介质之间存在相对运动时，接收器接收到的频率与超声波源发射的频率将有所不同。产生的频偏 $\pm\Delta f$ 与相对速度的大小及方向有关。当高速行驶的火车向你逼近和掠过时，所产生的变调声就是多普勒效应引起的。接收器将收到两个不同频率所组成的差拍信号（40kHz 以及偏移的频率 $40\text{kHz}\pm\Delta f$）。这些信号由 40kHz 选频放大器放大，并经检波器检波后，由低通滤波器滤去 40kHz 信号，而留下 Δf 的多普勒信

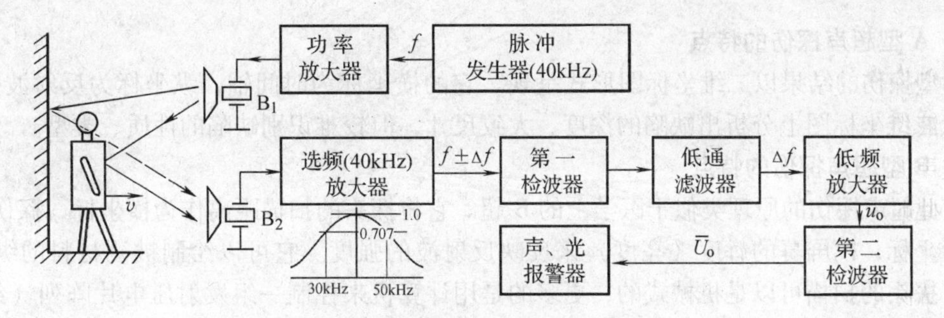

图 7-15　超声波报警器电路示意图

号。此信号经低频放大器放大后，由检波器转换为直流电压，去控制报警扬声器或指示器。

利用多普勒效应可以排除墙壁、家具的影响（它们不会产生 Δf），只对运动的物体起作用。由于振动和气流也会产生多普勒效应，故该防盗报警器多用于室内。根据本装置的原理，还能运用多普勒效应去测量运动物体的速度，液体、气体的流速，汽车防碰、防追尾等。

第四节　无 损 探 伤

一、无损探伤的基本概念

（一）材料的缺陷

人们在使用各种材料，尤其是金属材料的长期实践中，观察到大量的断裂现象，它曾给人类带来许多灾难事故，涉及舰船、飞机、轴类、压力容器、宇航器、核设备等。

实际金属材料的强度比理论计算值要低 2 到 3 个数量级。究其原因，是因为金属原子间的结构不是理想晶体，而是存在着大量微观和宏观的缺陷。微观缺陷如杂质原子、晶格错位、晶界等；宏观缺陷则是材料和构件在冶炼、铸造、锻造、焊接、轧制和热处理等加工过程中产生的，例如气孔、夹渣、裂纹和焊缝等。由于这些微观和宏观缺陷的存在，大大降低了材料和构件的强度。

（二）无损探伤方法及分类

对上述缺陷的检测手段有破坏性试验和无损探伤。由于无损探伤以不损坏被检验对象为前提，所以可以在设备运行过程中进行连续监测。

无损检测的方法多种多样，可依具体对象，选择一种或几种方法来综合评定检测结果。例如，对铁磁材料，可采用磁粉检测法；对导电材料，可用电涡流法；对非导电材料还可以用荧光染色渗透法。以上几种方法只能检测材料表面及接近表面的缺陷。

采用放射线（X 光、中子）照相检测法可以检测材料内部的缺陷，但对人体有较大的危险，且设备复杂，不利于现场检测。

超声波检测和探伤是目前应用十分广泛的无损探伤手段。它既可检测材料表面的缺陷，又可检测内部几米深的缺陷，这是 X 光探伤所达不到的深度。

（三）超声探伤分类

超声探伤目前可分为 A、B、C 等几种类型。

1. A 型超声探伤的特点

A 型探伤的结果以二维坐标图形式呈现。它的横坐标为时间轴，纵坐标为反射波强度。可以从二维坐标图上分析出缺陷的深度、大致尺寸，但较难识别缺陷的性质、类型。

2. B 型超声探伤的特点

B 型超声探伤的原理类似于医学上的 B 超。它将探头的扫描距离作为横坐标，探伤深度作为纵坐标，以屏幕的辉度（亮度）来反映反射波的强度。它可以绘制被测材料的纵截面图形。探头的扫描可以是机械式的，更多的是用计算机来控制一组发射压电片阵列（线阵）来完成与机械式移动探头相似的扫描动作，但扫描速度更快，定位更准确。

3. C 型超声探伤的特点

目前发展最快的是 C 型探伤，它类似于医学上的 CT 扫描原理。计算机控制探头中的三维压电片阵列（面阵），使探头在材料的纵、深方向上扫描，因此可绘制出材料内部缺陷的横截面图，这个横截面与扫描声束相垂直。横截面图上各点的反射波强可对应几十种颜色，在计算机的高分辨率彩色显示器上显示出来。经过复杂的算法，可以得到缺陷的立体图像和每一个断面的切片图像。利用三维动画原理，分析员可以在屏幕上控制该立体图像，以任意角度来观察缺陷的大小和走向。

当需要观察缺陷的细节时，还可以对该缺陷图像进行放大（放大倍数可达几十倍），并显示出图像的各项数据，如缺陷的面积、尺寸和性质。对每一个横断面都可以做出相应的解释和评判其是否超出设定标准。

每一次扫描的原始数据都可记录并存储，可以在以后的任何时刻调用，并打印探伤结果。

下面介绍最常用的 A 型超声探伤原理，B 型和 C 型探伤请参阅有关文献。

二、A 型超声探伤

A 型超声探伤采用超声脉冲反射法。而脉冲反射法根据波形不同又可分为纵波探伤、横波探伤和表面波探伤等。A 型超声探伤仪外形如图 7-16 所示。

（一）纵波探伤

测试前，先将探头插入探伤仪的连接插座上。探伤仪面板上有一个荧光屏，通过荧光屏可知工件中是否存在缺陷、缺陷大小及缺陷位置。工作时探头放于被测工件上，并在工件上来回移动进行检测。探头发出的超声波，以一定速度向工件内部传播，如工件中没有缺陷，则超声波传到工件底部便产生反射，反射波到达表面后再次向下反射，周而复始，在荧光屏上出现始脉冲 T 和一系列底脉冲 B_1、B_2、B_3……如图 7-16a 所示。B 波的高度与材料对超声波的衰减有关，可以用于判断试件的材质、内部晶体粗细等微观缺陷。

此后，可减小显示器的横坐标轴扫描时间，使荧光屏上只出现始脉冲 T 和一个底脉冲 B，如图 7-17a 所示。如工件中有缺陷，一部分声脉冲在缺陷处产生反射，另一小部分继续传播到工件底面产生反射，在荧光屏上除出现始脉冲 T 和底脉冲 B 外，还出现缺陷脉冲 F，如图 7-17b 所示。荧光屏上的水平亮线为扫描线（时间基线），其长度与工件的厚度成正比（可调整），通过判断缺陷脉冲在荧光屏上的位置（div 数 × 扫描时间）可确定缺陷在工件中的深度。亦可通过缺陷脉冲幅度的高低差别来判断缺陷的大小。如缺陷面积大，则缺陷脉冲的幅度就高，而 B 脉冲的幅度就低。通过移动探头还可确定缺陷大致长度和走向。

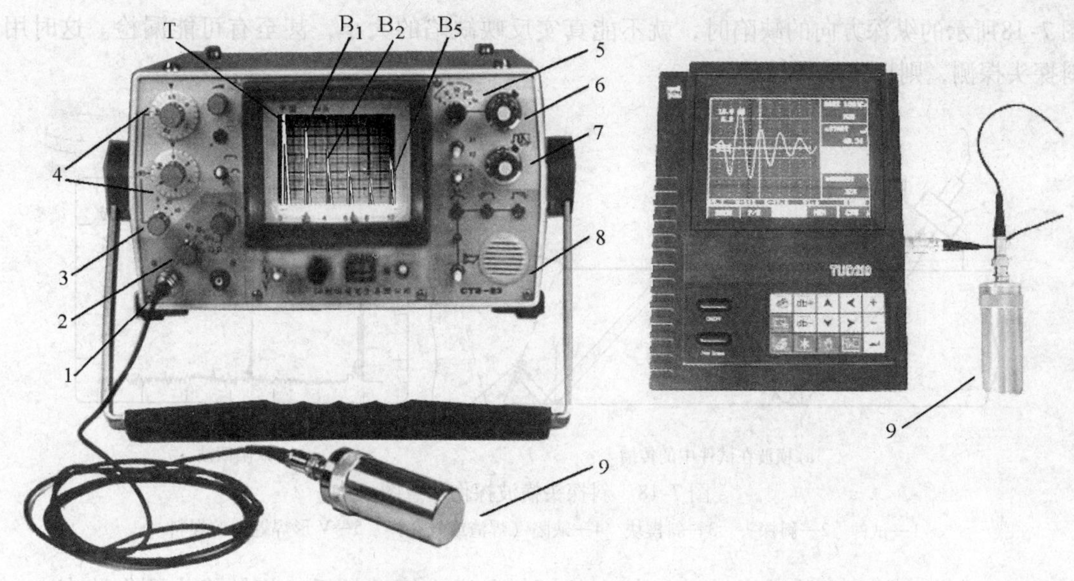

a) 台式A型探伤仪　　b) 便携式A型探伤仪

图7-16　A型超声波探伤仪外形

1—探头电缆插头座　2—工作方式选择　3—衰减细调　4—衰减粗调　5—扫描时间调节

6—扫描时间微调　7—x 轴移位　8—报警扬声器　9—直探头

T—发射波　B_1—第一次底反射波　B_2—第二次底反射波　B_5—第五次底反射波

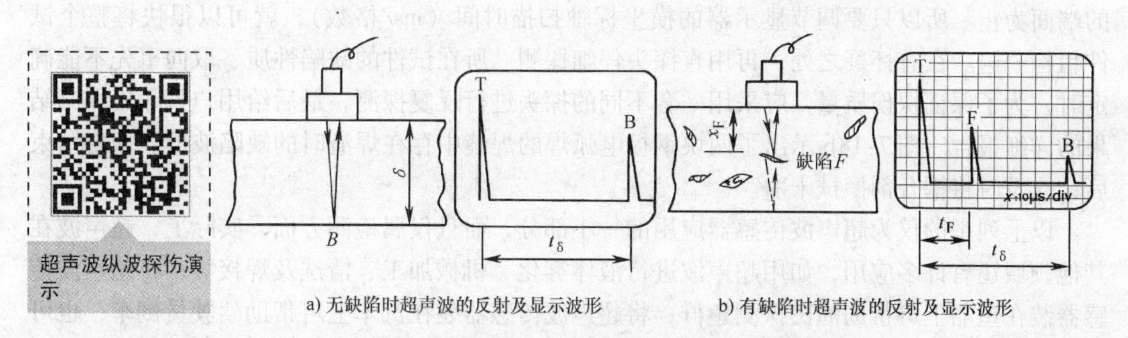

a) 无缺陷时超声波的反射及显示波形　　b) 有缺陷时超声波的反射及显示波形

图7-17　直探头纵波探伤示意图

例 7-3　图7-17b中，显示器的 x 轴为 $10\mu s/div$（格），现测得B波与T波的距离为10格，F波与T波的距离为3.5格。求：1）t_δ 及 t_F；2）钢板的厚度 δ 及缺陷与表面的距离 x_F。

解　1）$t_\delta = 10\mu s/div \times 10div = 100\mu s = 0.1ms$，$t_F = 10\mu s/div \times 3.5div = 35\mu s = 0.035ms$

2）查表7-1得到纵波在钢构件中的声速 $c = 5.9\times10^3 m/s$，则

$$\delta = ct_\delta/2 = 5.9\times10^3 m/s\times(0.1\times10^{-3}s)/2\approx0.3m$$

$$x_F = ct_F/2 = 5.9\times10^3 m/s\times(0.035\times10^{-3}s)/2\approx0.1m$$

（二）横波探伤

在直探头探伤时，当超声波束中心线与缺陷截面垂直时，探测灵敏度最高。但如遇到

图 7-18所示的纵深方向的缺陷时，就不能真实反映缺陷的大小，甚至有可能漏检。这时用斜探头探测，则探伤效果较佳。

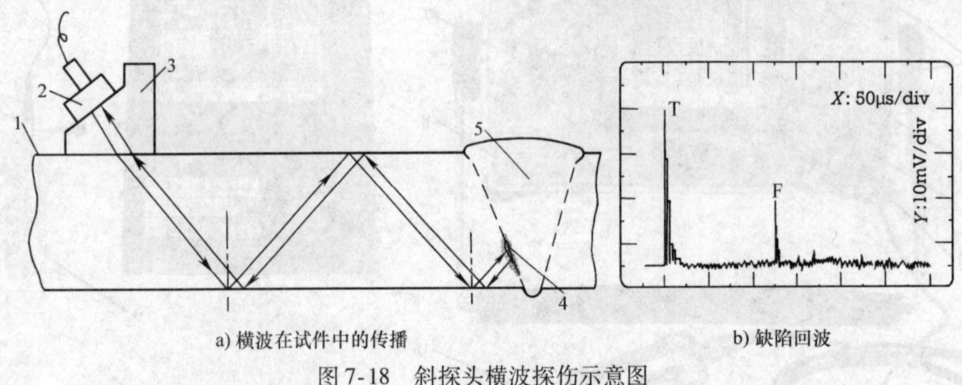

a) 横波在试件中的传播　　b) 缺陷回波

图 7-18　斜探头横波探伤示意图

1—试件　2—斜探头　3—斜楔块　4—缺陷（焊渣或气孔）　5—V 形焊缝中的焊料

斜探头发出的超声波（纵波）以较大的倾斜角进入钢试件后，将转换为两个波束：一束仍为纵波，另一束为横波。由于纵波的声速比横波大一倍，所以折射角也比横波大一倍。控制探头的倾斜角，就可以使探头只能接收到横波，而对纵波（在这里成为干扰）“视而不见”，所以斜探头探伤又称为横波探伤。

如果整块试件均没有大的缺陷，则横波在钢板的上下表面之间逐次反射，直至到达试件的端面为止。所以只要调节显示器的横坐标轴扫描时间（ms/格数），就可以很快将整个试件粗检一遍。在有怀疑之处，再用直探头仔细探测。所在试件的缺陷性质、取向事先不能确定时，为了保证探伤质量，应采用一套不同的探头进行反复探测，最后给用户打印出探测结果的详细报告。图 7-18b 示出了两块钢板电弧焊的焊缝中存在焊渣时的缺陷波形。探伤结束后，应及时将耦合剂擦拭干净。

以上列举的仅为超声波传感器应用的一小部分，而且仅属检测方面。实际上，超声波在其他领域还有许多应用，如用超声波进行液体雾化、机械加工、清洗及焊接等；将超声波传感器装在鱼船上可帮助渔民探测鱼群；将超声波传感器装在汽车上可帮助驾驶员倒车，也可用超声波传感器测量车距等等，这里就不一一枚举了。

思考题与习题

1. 单项选择题

1）人讲话时，声音从口腔沿水平方向向前方传播，则沿传播方向的空气分子________。

A. 从口腔附近通过振动，移动到听者的耳朵　　B. 在原来的平衡位置前后振动而产生横波

C. 在原来的平衡位置上下振动而产生横波　　D. 在原来的平衡位置前后振动而产生纵波

2）一束频率为 1MHz 的超声波（纵波）在钢板中传播时，它的纵波声速约为________，波长约为________。

A. 5.9m　　B. 340m　　C. 5.9mm　　D. 5.9km/s

3）超声波频率越高，________。

A. 波长越短，指向角越小，方向性越好　　B. 波长越长，指向角越大，方向性越好

C. 波长越短，指向角越大，方向性越好　　D. 波长越短，指向角越小，方向性越差

4）超声波在有机玻璃中的声速比在水中的声速________，比在钢中的声速________。

A. 大　　B. 小　　C. 相等

5）超声波从水（密度小的介质），以45°倾斜角入射到钢（密度大的介质）中时，折射角________于入射角。

A. 大于　　B. 小于　　C. 等于　　D. 随时间变化

6）单晶直探头发射超声波时，是利用压电片的________，而接收超声波时是利用压电片的________，发射在________，接收在________。

A. 压电效应　　B. 逆压电效应　　C. 先　　D. 后

7）钢板探伤时，超声波的频率多为________，在房间中利用空气探头进行超声防盗时，超声波的频率多为________。

A. 20Hz ~ 20kHz　　B. 35 ~ 45kHz　　C. 0.5 ~ 5MHz　　D. 100 ~ 500MHz

8）大面积钢板探伤时，耦合剂应选________为宜；机床床身探伤时，耦合剂应选________为宜；给人体做B超时，耦合剂应选________。

A. 自来水　　B. 机油　　C. 液体石蜡　　D. 化学浆糊

9）A型探伤时，显示图像的x轴为________，y轴为________，而B型探伤时，显示图像的x轴为________，y轴为________，辉度为________。

A. 时间轴　　B. 扫描距离　　C. 反射波强度　　D. 探伤的深度

E. 探头移动的速度

10）在A型探伤中，F波幅度较高，与T波的距离较接近，说明________。

A. 缺陷横截面积较大，且较接近探测表面　　B. 缺陷横截面积较大，且较接近底面

C. 缺陷横截面积较小，但较接近探测表面　　D. 缺陷横截面积较小，但较接近底面

11）对处于钢板深部的缺陷宜采用________探伤；对处于钢板表面的缺陷宜采用________探伤。

A. 电涡流　　B. 超声波　　C. 测量电阻值法　　D. 变极距电容法

2. 在图7-11的超声波流量测量中，流体密度$\rho = 0.9\mathrm{t/m^3}$，管道直径$D = 1\mathrm{m}$，$\alpha = 45°$，测得$\Delta f = 10\mathrm{Hz}$，求：

1）管道横截面积A；2）流体流速v；3）体积流量q_V；4）质量流量q_m；5）1h的累积流量$q_{总}$。

3. 利用A型探伤仪测量某一根钢制$\phi 0.5\mathrm{m}$、长约数米的轴的长度，从图7-17的显示器中测得B波与T波的时间差$t_\delta = 1.2\mathrm{ms}$，求轴的长度$L$为多少米？

4. 可以用图7-7所示的单晶直探头来测量液位。请参考图7-14的原理，画出单晶直探头（固体、液体传导探头）及反射小板在液体中的安装位置，写出计算液位的公式。

5. 图7-19是汽车倒车防碰装置的示意图。请根据学过的知识，分析该装置的工作原理。并说明该装置还可以有其他哪些用途？

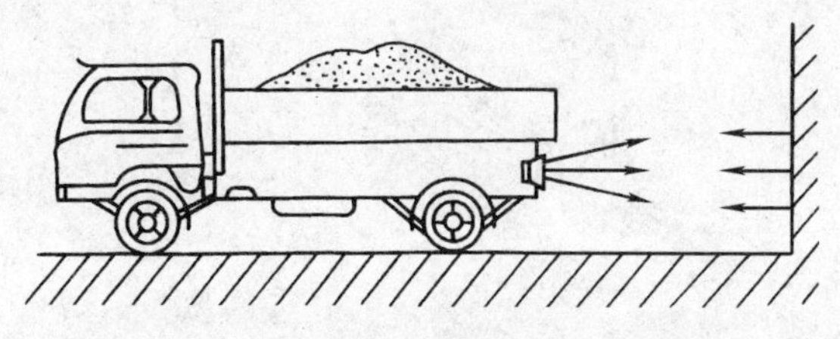

图7-19　汽车倒车防碰超声装置的示意图

6. 请根据学过的知识，设计一套装在汽车上和大门上的超声波遥控开车库大门的装置。希望该装置能识别控制者的身份密码（一串37位二进制编码，包括1位引导码（9ms的低电平和4.5ms的高电平）、16位客户地址代码、8位数据代码和8位取反的数据代码，以及4位结束码，类似于电视遥控器发出的编码

信号)，并能有选择地放大38kHz的超声波信号，而排除汽车发动机及其他杂声的干扰（采用选频放大器)。要求：

1）画出传感器安装简图（包括汽车、大门等)；2）分别画出超声发射器、接收器的电信号处理框图及开门电路框图；3）简要说明该装置的工作原理；4）上述编码方法最多共有多少组？如何使第三者盗取到的密码无效？5）该装置的原理还能用于哪些方面的检测？6）上网查阅电视机和汽车车门遥控器的原理，说明除了超声波外，还可以采用哪些方法来进行遥控？各有哪些优缺点？

7. 请上网查阅资料，构思一根盲人用多功能智能防撞导盲手杖，画出结构简图，简要说明其工作原理。

希望能够实现以下功能：1）探测障碍并分阶段（包括正前方和上前方）语音播报（蓝牙技术）功能；2）十字路口红绿灯智能识别；3）夜间LED灯防撞功能；4）北斗（BD）或GPS路线规划和行程播报功能；5）东南西北8方位语音播报功能；6）人脸识别（警察、家人、特定朋友等）语音播报功能；7）寻杖功能（当导盲杖离开使用者时便于寻找)；8）太阳能智能充电等。

第八章 Chapter 8

霍尔传感器

中国人早在一千多年前就发明了指南针，可用于指示地球磁场的方向，但指南针却无法指示出磁场的强弱，这成了磁场检测的一个难题。

1879 年，美国物理学家霍尔（E · H · Hall）经过大量的实验发现：如果让一恒定电流通过一金属薄片，并将薄片置于强磁场中，在金属薄片的另外两侧将产生与磁感应强度成正比的电动势。这个现象后来被人们称为霍尔效应。但是由于这种效应在金属中非常微弱，当时并没有引起人们的重视。1948 年以后，由于半导体技术迅速发展，人们找到了霍尔效应比较明显的半导体材料，并制成了砷化镓、锑化铟、硅、锗等材料的霍尔元件。用霍尔元件做成的传感器称为霍尔传感器。霍尔传感器可以做得很小（几个平方毫米），可以用于测量地球磁场，制成电罗盘；将它卡在环形铁心中，可以制成大电流传感器。它还广泛用于无刷电动机、高斯计、接近开关、微位移测量等。它的最大特点是非接触测量。

第一节　霍尔元件的工作原理及特性

一、工作原理

金属或半导体薄片置于磁感应强度为 B 的磁场中，磁场方向垂直于薄片，如图 8-1a 所示，当有电流 I 流过薄片时，在垂直于电流和磁场的方向上将产生电动势 E_H，这种现象称为霍尔效应，该电动势称为霍尔电动势，上述半导体薄片称为霍尔元件。

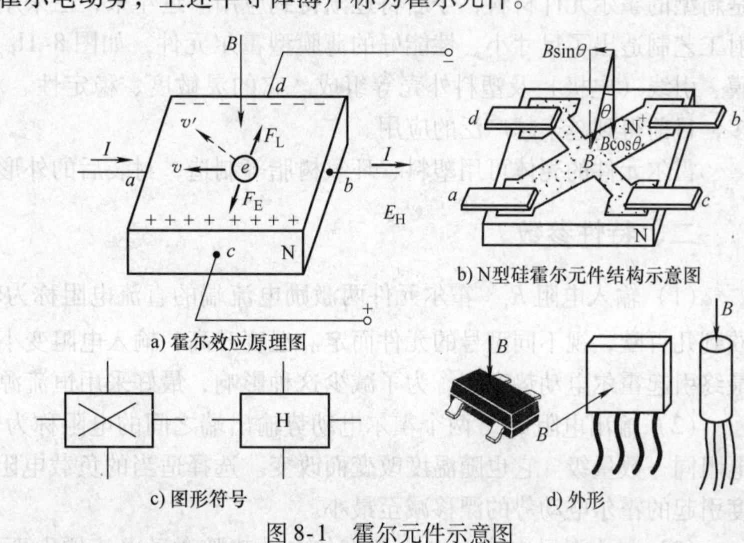

a) 霍尔效应原理图　b) N型硅霍尔元件结构示意图　c) 图形符号　d) 外形

图 8-1　霍尔元件示意图

N 型霍尔元件是在掺杂浓度很低、电阻率很大的 N 型衬底上用杂质扩散法制作出如图 8-1b所示的 N^+ 导电区（$a \sim b$ 段），它的厚度非常薄，电阻值约几百欧。在 $a \sim b$ 导电薄片的两侧对称地用杂质扩散法制作出霍尔电动势引出端 c、d，因此它是四端元件。其中一对（即 a、b 端）称为激励电流端，另外一对（即 c、d 端）称为霍尔电动势输出端，c、d 端一般应处于侧面的中点。

我们以 N 型半导体霍尔元件为例来说明霍尔传感器的工作原理，见图 8-1a。在激励电流端通入电流 I，并将薄片置于磁场中。设该磁场垂直于薄片，磁感应强度为 B，这时电子（运动方向与电流方向相反）将受到洛仑兹力 F_L 的作用，向内侧偏移，该侧形成电子的堆积，从而在薄片的 c、d 方向产生电场 E。随后的电子一方面受到洛仑兹力 F_L 的作用，另一方面又同时受到该电场力 F_E 的作用。从图 8-1a 可以看出，这两种力的方向恰好相反。电子积累越多，F_E 也越大，而洛仑兹力保持不变。最后，当 $|F_L| = |F_E|$ 时，电子的积累达到动态平衡。这时，在半导体薄片 c、d 方向的端面之间建立的电动势 E_H 就是霍尔电动势。

由实验可知，流入激励电流端的电流 I 越大、作用在薄片上的磁感应强度 B 越强，霍尔电动势也就越高。霍尔电动势 E_H 可用下式表示：

$$E_H = K_H IB \tag{8-1}$$

式中，K_H 是霍尔元件的灵敏度。

若磁感应强度 B 不垂直于霍尔元件，而是与其法线成某一角度 θ 时，实际上作用于霍尔元件上的有效磁感应强度是其法线方向（与薄片垂直的方向）的分量，即 $B\cos\theta$，这时的霍尔电动势为

$$E_H = K_H IB\cos\theta \tag{8-2}$$

从式（8-2）可知，霍尔电动势与输入电流 I、磁感应强度 B 成正比，且当 B 的方向改变时，霍尔电动势的方向也随之改变。如果所施加的磁场为交变磁场，则霍尔电动势为同频率的交变电动势。

目前常用的霍尔元件材料是 N 型硅，它的霍尔灵敏度、温度特性、线性度均较好，而锑化铟（InSb）、砷化铟（InAs）、锗（Ge）等也是常用的霍尔元件材料，砷化镓（GaAs）是新型的霍尔元件材料，今后将逐渐得到应用。近年来，已采用外延离子注入工艺或采用溅射工艺制造出了尺寸小、性能好的薄膜型霍尔元件，如图 8-1b 所示。它由衬底、十字形薄膜、引线（电极）及塑料外壳等组成。它的灵敏度、稳定性、对称性等均比老工艺优越得多，目前得到越来越广泛的应用。

霍尔元件的壳体可用塑料、环氧树脂等制造，封装后的外形如图 8-1d 所示。

二、特性参数

（1）输入电阻 R_i　霍尔元件两激励电流端的直流电阻称为输入电阻。它的数值从几十欧到几百欧，视不同型号的元件而定。温度升高，输入电阻变小，从而使输入电流 I_{ab} 变大，最终引起霍尔电动势变大。为了减少这种影响，最好采用恒流源作为激励源。

（2）输出电阻 R_o　两个霍尔电动势输出端之间的电阻称为输出电阻，它的数值与输入电阻同一数量级。它也随温度改变而改变。选择适当的负载电阻 R_L 与之匹配，可以使由温度引起的霍尔电动势的漂移减至最小。

（3）最大激励电流 I_m　由于霍尔电动势随激励电流增大而增大，故在应用中总希望选

用较大的激励电流。但激励电流增大，霍尔元件的功耗增大，元件的温度升高，从而引起霍尔电动势的温漂增大，因此每种型号的元件均规定了相应的最大激励电流，它的数值从几毫安至几十毫安。

（4）灵敏度 K_H　$K_H = E_H/(IB)$，它的单位为 mV/(mA · T)。

（5）最大磁感应强度 B_M　磁感应强度超过 B_M 时，霍尔电动势的非线性误差将明显增大，B_M 的数值一般小于零点几特斯拉（$1T = 10^4 Gs$），如图 8-3 所示。

（6）不等位电动势　在额定激励电流下，当外加磁场为零时，霍尔元件输出端之间的开路电压称为不等位电动势，它是由于四个电极的几何尺寸不对称引起的，使用时多采用电桥法来补偿不等位电动势引起的误差。

（7）霍尔电动势温度系数　在一定磁感应强度和激励电流的作用下，温度每变化1℃时霍尔电动势变化的百分数称为霍尔电动势温度系数，它与霍尔元件的材料有关，一般约为0.1%/℃。在要求较高的场合，应选择低温漂的霍尔元件。

第二节　霍尔集成电路

随着微电子技术的发展，目前霍尔器件多已集成化。霍尔集成电路（又称霍尔 IC）有许多优点，如体积小、灵敏度高、输出幅度大、温漂小、对电源稳定性要求低等。

霍尔集成电路可分为线性型和开关型两大类。

（1）线性型霍尔集成电路　是将霍尔元件和恒流源、线性差动放大器等做在一个芯片上，输出电压为伏级，比直接使用霍尔元件方便得多。较典型的线性霍尔器件如 UGN3501 等，如图 8-2 所示。线性型霍尔集成电路的输出特性如图 8-3 所示。

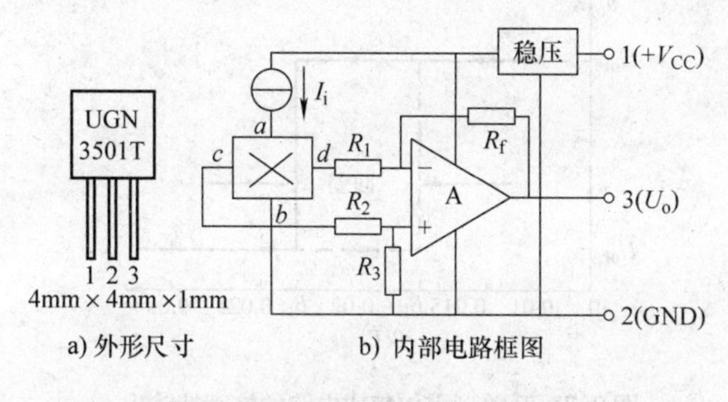

图 8-2　线性型霍尔集成电路的外形及内部电路

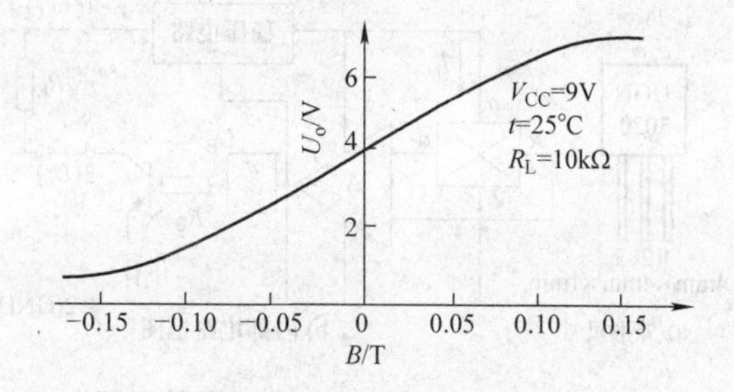

图 8-3　线性型霍尔集成电路的输出特性

图 8-4、图 8-5 分别是具有双端差动输出特性的线性霍尔器件 UGN3501M 的外形、内部电路的框图及其输出特性曲线。当其感受到的磁感应强度为零时，第一脚相对于第八脚的输出电压等于零；当感受的磁场为正向（磁钢的 S 极对准 3501M 的正面）时，输出为正；磁场为反向时，输出为负。UGN3501M 的第 5、6、7 脚外接一只微调电位器后，就可以微调并消除“不等位电势”引起的差动输出零点漂移。如果要将第 1、8 端的输出电压转换成单端输出，就必须将 1、8 端接到差动减法放大器的正负输入端上，才能消除第 1、8 端对地的共模干扰电压影响。

（2）开关型霍尔集成电路　是将霍尔元件、稳压电路、放大器、施密特触发器、OC 门（集电极开路输出门）等电路做在同一个芯片上。当外加磁感应强度超过规定的工作点时，

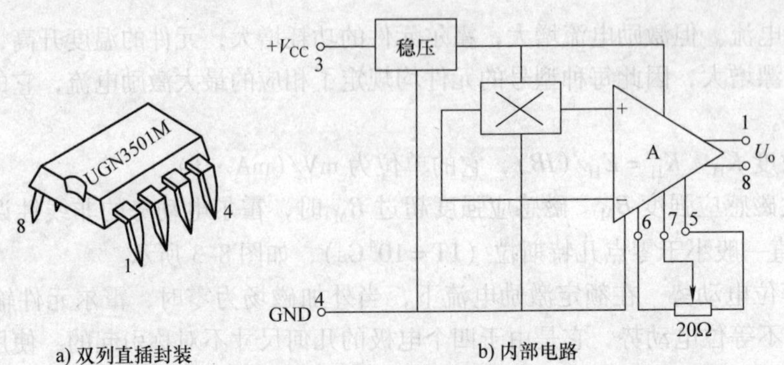

图 8-4　差动输出线性型霍尔集成电路的外形及电路框图

OC 门由高阻态变为导通状态，输出变为低电平；当外加磁感应强度低于释放点时，OC 门重新变为高阻态，输出高电平。这类器件中较典型的有 UGN3020、3022 等，如图 8-6 所示。施密特输出电压特性曲线如图 8-7 所示，具有史密特特性的 OC 门输出状态与磁感应强度变化之间的关系见表 8-1。

有一些开关型霍尔集成电路内部还包括双稳态电路，这种器件的特点是必须施加相反极性的磁场，电路的输出才能翻转回到高电平，也就是说，具有“锁键”功能。这类器件又称为锁键型霍尔集成电路，如 UGN3075 等。

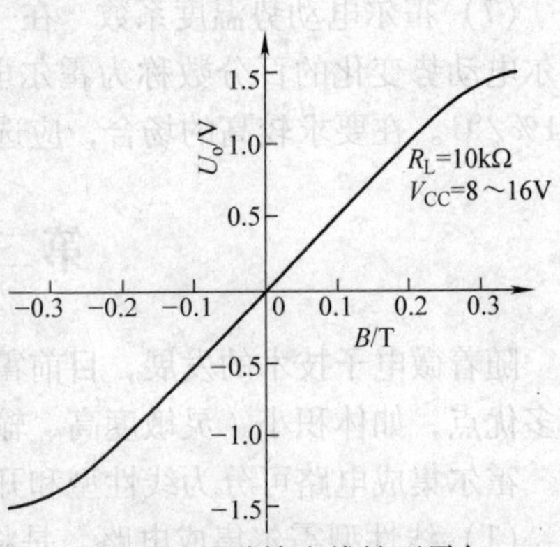

图 8-5　差动输出线性型霍尔集成电路的输出特性

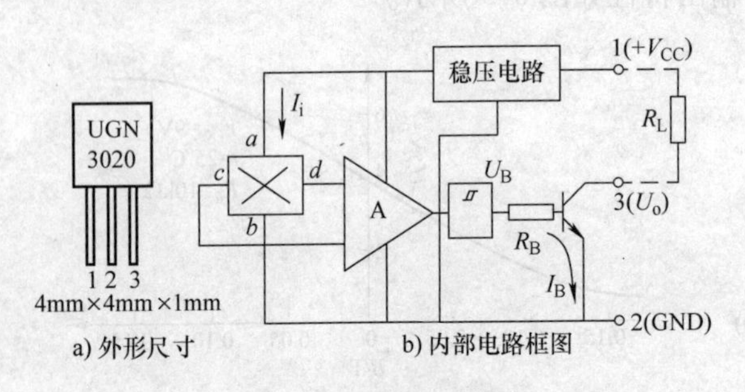

图 8-6　开关型霍尔集成电路的外形及内部电路框图

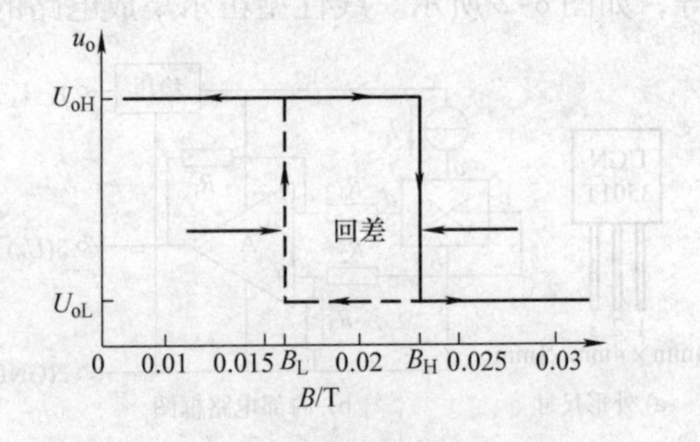

图 8-7　开关型霍尔集成电路的施密特输出电压特性曲线

表 8-1　具有史密特特性的 OC 门输出状态与磁感应强度变化之间的关系

OC门输出状态 B/T OC门接法	磁感应强度 B 的变化方向及数值						
	0→	0.02→	0.024→	0.03→	0.02→	0.016→	0
接上拉电阻 R_L 时	高电平①	高电平②	低电平	低电平	低电平③	高电平	高电平
不接上拉电阻 R_L 时	高阻态	高阻态	低电平	低电平	低电平	高阻态	高阻态

① OC 门输出的高电平电压由 V_{CC}决定；

②、③ OC 门的迟滞区的输出状态必须视 B 的变化方向而定，以下同。

第三节 霍尔传感器的应用

从第一节的分析可知，霍尔电动势是关于 I、B、θ 三个变量的函数，即 $E_H = K_H IB\cos\theta$，利用这个关系可以使其中两个量不变，将第三个量作为变量，或者固定其中一个量、其余两个量都作为变量。三个变量的多种组合使得霍尔传感器具有非常广阔的应用领域。归纳起来，霍尔传感器主要有下列三个方面的用途：

1）维持 I、θ 不变，则 $E_H = f(B)$，这方面的应用有：测量磁感应强度的特斯拉计、测量转速的霍尔转速表、磁性产品计数器、霍尔式角编码器以及基于微小位移测量原理的霍尔式加速度计、微压力计、汽车无触点电子点火装置等。

2）维持 I、B 不变，则 $E_H = f(\theta)$，这方面的应用有角位移测量仪等。

3）维持 θ 不变，则 $E_H = f(IB)$，即传感器的输出 E_H 与 I、B 的乘积成正比，这方面的应用有模拟乘法器、霍尔式功率计等。

一、霍尔式特斯拉计

特斯拉计（又称高斯计）用于测量和显示被测量物体在空间上一个点的静态或动态（交变）磁感应强度。其工作原理是基于霍尔效应，由霍尔探头和放大、显示器、计算机通信接口等构成。测量结果可换算为单位面积平均磁通密度、磁能积、矫顽力、剩余磁通密度、剩余磁化强度及气隙磁场等，能够判别磁场的方向。

在使用中，霍尔探头被放置于被测磁场中，磁力线的垂直分量穿过霍尔元件的测量平面，从而产生与被测磁感应强度成正比的霍尔电动势，再根据设置的转换系数，由液晶板显示出 B 值。

在 SI 单位制中，磁感应强度 B 的单位是特斯拉，在 CGS 单位制中，磁感应强度的单位是高斯。特斯拉与高斯的换算倍数为 1T＝10000Gs。特斯拉计的读数以“毫特斯拉”以及“千高斯”为单位，可以相互切换。当感受的磁场为反向（磁铁的 N 极对准霍尔器件的正面）时，输出为负，如图 8-8 所示。

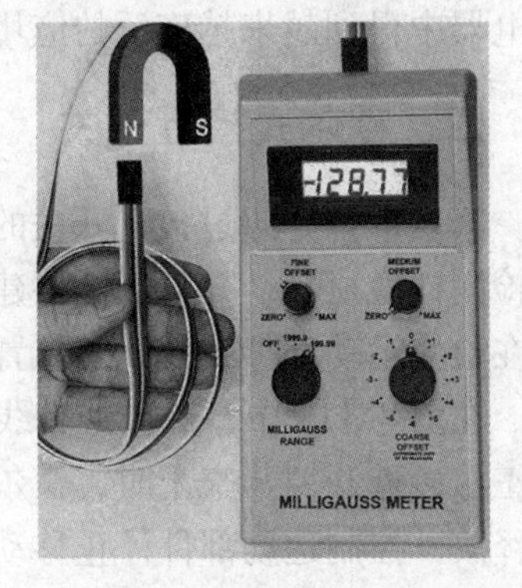

图 8-8 霍尔式特斯拉计的结构与使用示意图

二、霍尔转速表

图 8-9 是霍尔转速表示意图。在被测转速的转轴上安装一个齿盘，也可选取机械系统中的一个齿轮，将线性型霍尔器件及磁路系统靠近齿盘。齿盘的转动使磁路的磁阻随气隙的改变而周期性地变化，霍尔器件输出的微小脉冲信号经隔直、放大、整形后就可以确定被测物的转速，计算公式见式（4-4），可用于汽车 ABS 系统（见第十三章）。

三、霍尔式无刷电动机

传统的直流电动机使用换向器来改变转子（或定子）的电枢电流的方向，以维持电动机的持续运转。霍尔式无刷电动机取消了换向器和电刷，而采用霍尔元件来检测转子和定子之间的相对位置，其输出信号经放大、整形后触发电子线路，从而控制电枢绕组中电流的换向，维持电动机的正常运转。霍尔式无刷电动机的结构示意图如图 8-10 所示。

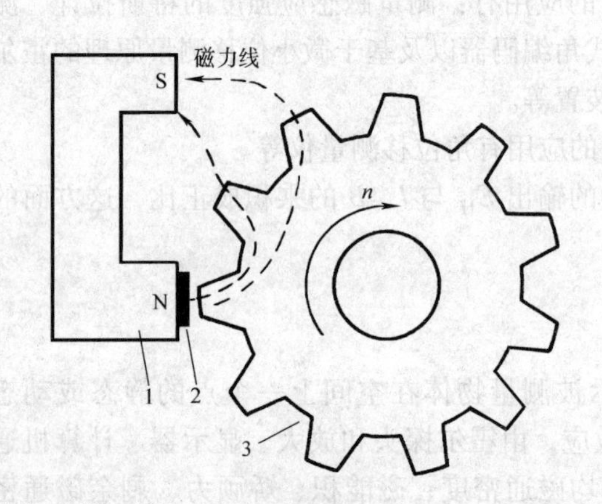

图 8-9 霍尔转速表

1—磁铁 2—霍尔器件 3—齿盘

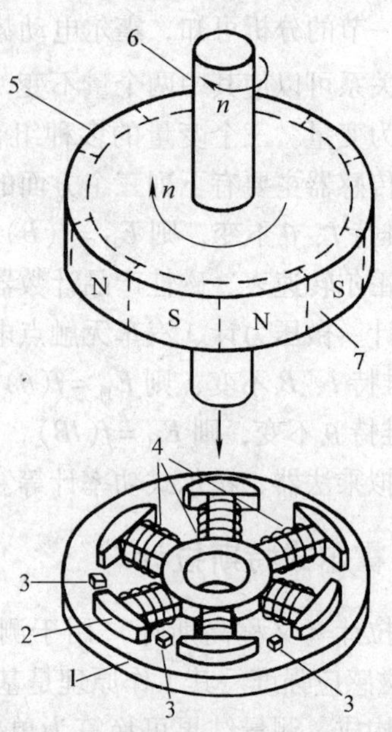

图 8-10 霍尔式无刷电动机的结构示意图

1—定子底座 2—定子铁心 3—霍尔元件

4—电枢绕组 5—外转子 6—转轴 7—磁极

由于无刷电动机不产生电火花及电刷磨损等问题，所以它在录像机、光驱、移动硬盘等用电器中得到越来越广泛的应用。

四、霍尔式接近开关

第四章曾介绍过接近开关的基本概念。用霍尔 IC 也能实现接近开关的功能，但是它只能检测铁磁材料，并且还需要建立一个较强的闭合磁场。下面以霍尔式接近开关为例，说明其在检测运动部件工作状态位置中的应用。

在图 8-11a 中，磁极的轴线与霍尔器件的轴线在同一直线上。当磁铁随运动部件移动到距霍尔接近开关几毫米时，霍尔 IC 的输出由高电平变为低电平，经驱动电路使继电器吸合或释放，控制运动部件停止移动（否则将撞坏霍尔 IC）起到限位的作用。

在图 8-11b 中，磁铁随运动部件运动，当磁铁与霍尔 IC 的距离小于某一数值时，霍尔 IC 输出由高电平跳变为低电平。与图 8-11a 不同的是，当磁铁继续运动时，与霍尔 IC 的距离又重新拉大，霍尔 IC 输出重新跳变为高电平，且不存在损坏霍尔 IC 的可能。

在图 8-11c 中，磁铁和霍尔 IC 保持一定的间隙、均固定不动。软铁制作的分流翼片与运动部件联动。当它移动到磁铁与霍尔 IC 之间时，磁力线被屏蔽（分流），无法到达霍尔 IC，所以此时霍尔 IC 输出跳变为高电平。改变分流翼片的宽度可以改变霍尔 IC 的高电平与低电平的占空比。这种方法的准确度优于图 8-11a、b 所示的方法。电梯“平层”也是利用分流翼片的原理（见图 13-37）。

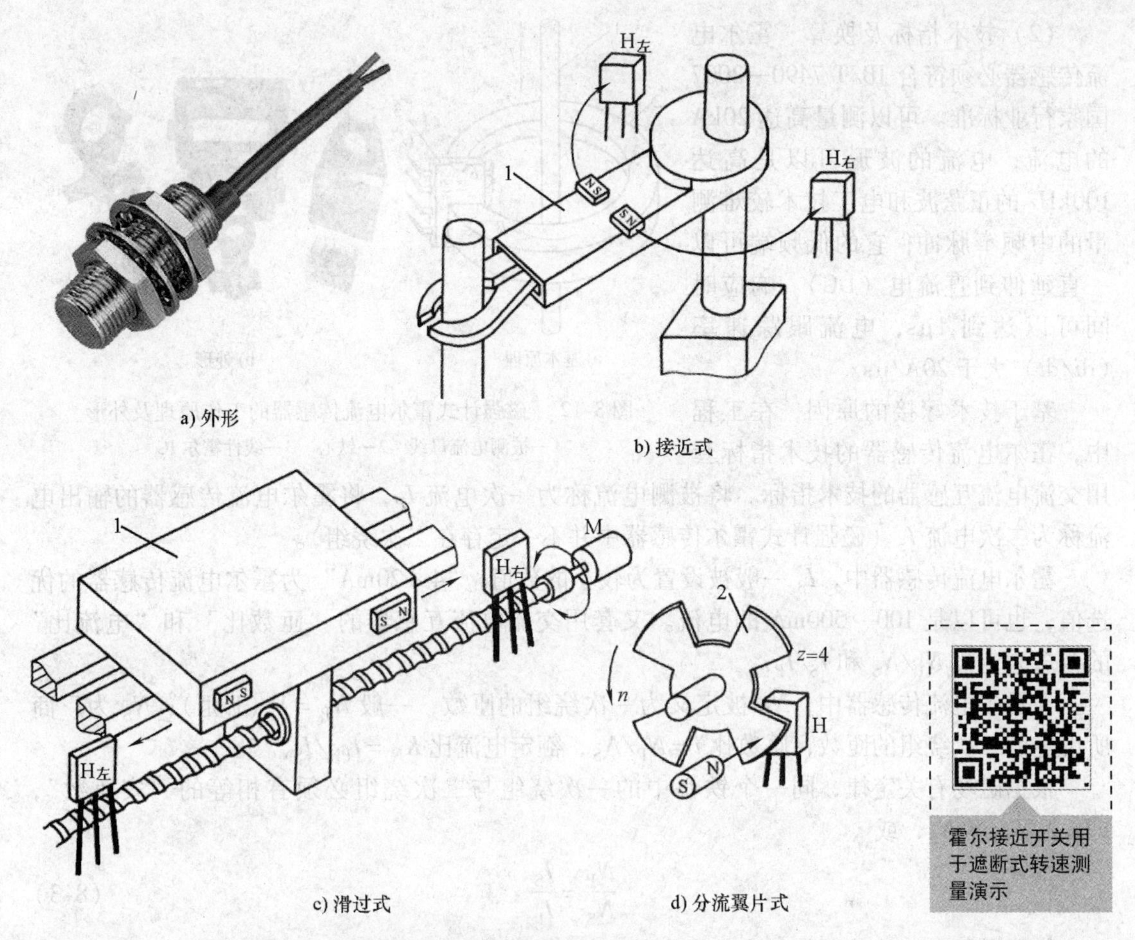

图 8-11 霍尔式接近开关应用示意图

1—运动部件 2—软铁分流翼片

五、霍尔电流传感器

霍尔电流传感器是近十几年发展起来的新一代电力传感器。它具有常规电流互感器无法比拟的优点。例如，能够测量直流和脉动电流；弱电回路与主回路隔离；能够输出与被测电流波形相同的“跟随电压”；容易与计算机及二次仪表接口；准确度高、线性度好、响应时间快、频带宽，不易产生过电压等，因而广泛应用于电力逆变、传动、冶金等自动控制系统中的电流的检测和控制、高压隔离等场合。

（1）磁强计式霍尔电流传感器的工作原理　用环形（也可以是方形）导磁材料制作铁心，套在被测电流所流过的导线（也称电流母线）上，将导线电流产生的磁场聚集在铁心中。再在铁心的某个位置切割出一个与霍尔传感器厚度相等的气隙，将霍尔线性 IC 紧紧地夹在气隙中央。导线通电后，磁力线就集中通过铁心中的霍尔 IC，霍尔 IC 就输出与被测电流成正比的输出电压 U_S 或电流 I_S，这样的测量方法称为开环测量。导线与霍尔器件只有磁场的联系。加强绝缘工艺后，两者之间的耐压值可达 10kV（50Hz），有较好的电气隔离性。霍尔电流传感器需要正负电源才能进行电流的转换。霍尔电流传感器的温漂大约为1×10^{-4}/℃，准确度为 0.1% ~2.5%。磁强计式霍尔电流传感器原理及外形如图 8-12 所示。

（2）技术指标及换算 霍尔电流传感器必须符合 JB/T 7490—2007 国家行业标准。可以测量高达 20kA 的电流；电流的波形可以是高达 100kHz 的正弦波和电工技术较难测量的中频窄脉冲；它的低频端可以一直延伸到直流电（DC）。响应时间可以达到 1μs，电流跟踪速率（di/dt）大于 20A/μs。

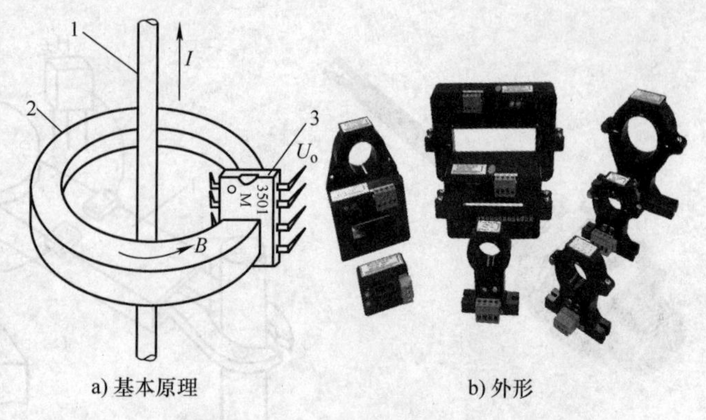

a) 基本原理　　b) 外形

图 8-12 磁强计式霍尔电流传感器的工作原理及外形
1—被测电流母线 2—铁心 3—线性霍尔 IC

基于技术嫁接的原因，在工程中，霍尔电流传感器的技术指标套用交流电流互感器的技术指标。将被测电流称为一次电流 I_P，将霍尔电流传感器的输出电流称为二次电流 I_S（磁强计式霍尔传感器中并不一定存在二次绕组）。

霍尔电流传感器中，I_S 一般被设置为较小的数值，“4～20mA”为霍尔电流传感器的优选值，也可以是 100～500mA 的电流。又套用交流电流互感器的“匝数比”和“电流比”的概念来定义 N_P/N_S 和 I_S/I_P。

在霍尔电流传感器中，N_P 被定义为一次绕组的匝数，一般 $N_P=1$（1 匝）；N_S 为厂商所设定的二次绕组的匝数，匝数比 $i=N_P/N_S$，额定电流比 $K_N=I_{PN}/I_{SN}$。

根据磁场有关定律，同一个铁心中的一次绕组与二次绕组必须有相等的“安匝数”，即：$I_PN_P=I_SN_S$，或

$$\frac{N_P}{N_S}=\frac{I_S}{I_P} \tag{8-3}$$

依据霍尔电流传感器的额定技术参数和输出电流 I_S 以及式（8-3），可以计算得到被测电流 I_P。

如果将一只负载电阻（有时也称为取样电阻）R_S 串联在霍尔电流传感器二次绕组的输出电流端和公共参考端之间，就可以在取样电阻两端得到一个与一次电流 I_P（被测电流）成正比的、大小为几伏的电压输出信号 U_S（可参见图 8-13），并且可以快速跟踪一次电流的变化。霍尔电流传感器的一次与二次电路之间的击穿电压可以高于 6kV（取决于铁心外壳的塑料绝缘层的耐压强度），有很好的隔离作用，所以可以将二次输出电压直接接到微处理器或计算机电路。但是，当被测电流大于 30A 时，如果铁心的截面积太小，铁心就容易饱和，并严重发热。

工程中，更多地使用一种“磁平衡式霍尔电流传感器”。磁平衡式霍尔电流传感器的铁心上绕有二次绕组，二次绕组与负载电阻 R_S 串联。霍尔电动势经放大，并转换成与被测电流 I_P 成正比的输出电流 I_S。I_S 流经多匝的二次绕组后，在铁心中所产生的磁通与一次电流 I_P 所产生的磁通相抵消，所以铁心不易饱和。霍尔器件在测量中仅起到指示零磁通的作用，属于闭环测量，可减小温漂等影响。利用霍尔电流传感器、霍尔电压传感器的原理，还可以设计出霍尔式电功率计。

“磁平衡式霍尔电压传感器”的工作原理与“磁平衡式霍尔电流传感器”类似，一次绕组的匝数较多，通过大功率限流电阻（图 13-25 中的 R_1）接到被测电压回路上，可以测量

1000V 交直流电压，起隔离作用，外电路的计算可参考本章“思考题与习题”的第 7 题。

例 设某型号霍尔电流传感器的额定电流比 $K_N = I_{PN}/I_{SN} = 300:0.3$（可以从铭牌上得到），匝数比 $i = N_P/N_S = 1/1000$，$N_P = 1$，二次负载电阻 $R_S = 30\Omega$。通电后，用数字电压表测得二次输出电压 $U_S = 4.5V$（本例中均为有效值），求：

1）一次额定电流 I_{PN}；2）流过 R_S 的二次电流 I_S；3）被测电流 I_P。

解 1）由额定电流比 $K_N = 300:0.3$ 可知，$I_{PN} = 300A$；

2）$I_S = U_S/R_S = 4.5V/30\Omega = 0.15A$。

3）根据式（8-3），被测电流

$$I_P = \frac{N_S}{N_P} I_S = \frac{1000}{1} \times 0.15A = 150A$$

测量之前，还需要在被测电流等于零的情况下，测量出零点失调电流 I_{OE}（几个微安）或零点失调电压 V_{OE}（几个毫伏）。测量时，从霍尔传感器的输出电流或输出电压中，预先扣除零点失调电流 I_{OE} 或零点失调电压 V_{OE}。

因某种原因造成霍尔电流传感器的工作电源故障时，则霍尔电流传感器的铁心有可能产生较大的剩磁，影响测量准确度。在排除故障后，铁心必须进行“退磁”。退磁的方法是：在不加工作电源和被测电流的情况下，在铁心上临时绕制几十匝线圈，接通几伏的 50Hz“退磁交流电流”，再缓慢减小其值，直至为零，不能突然切断退磁电流。

霍尔传感器的用途还有许多。例如，可利用廉价的霍尔元件制作电子琴的按键；可利用低温漂的霍尔集成电路制作霍尔式电压传感器、霍尔式电度表、霍尔式特斯拉计、霍尔式液位计等。

思考题与习题

1. 单项选择题

1）属于四端元件的________。

A. 应变片　B. 压电晶片　C. 霍尔元件　D. 热敏电阻

2）公式 $E_H = K_H IB\cos\theta$ 中的角 θ 是指________。

A. 磁力线与霍尔薄片平面之间的夹角　B. 磁力线与霍尔元件内部电流方向的夹角

C. 磁力线与霍尔薄片的垂线之间的夹角　D. 霍尔元件平面与地球磁场的夹角

3）磁场垂直于霍尔薄片，磁感应强度为 B，但磁场方向与图 8-1 相反（$\theta = 180°$）时，霍尔电动势________，因此霍尔元件可用于测量交变磁场。

A. 绝对值相同，符号相反　B. 绝对值相同，符号相同

C. 绝对值相反，符号相同　D. 绝对值相反，符号相反

4）霍尔元件采用恒流源激励是为了________。

A. 提高灵敏度　B. 减小温漂　C. 减小不等位电动势

5）减小霍尔元件的输出不等位电动势的办法是________。

A. 减小激励电流　B. 减小被测磁感应强度　C. 使用电桥调零电位器　D. 施加更高的电源电压

6）常将开关型霍尔 IC 制作成具有史密特特性是为了___*___，其回差（迟滞）越大，它的___*___能力就越强。（注：*表示填写的内容相同）

A. 增加灵敏度　B. 减小温漂　C. 抗机械振动干扰　D. 抗静电干扰

7）为保证测量准确度，图 8-3 中的线性霍尔 IC 的磁感应强度的正负最大值不宜超过________为宜。

A. 0T　　B. ±0.11T　　C. ±0.15T　　D. ±110Gs

8）欲将图 8-4 中运放输出的双端输出信号（对地存在较高的共模电压）变成单端输出信号，应选用________运放电路。

A. 反相加法　　B. 同相　　C. 减法差动　　D. 积分

2. 请在分析图 8-8～图 8-12 以后，说出在这几个霍尔传感器的应用实例中，哪几个只能采用线性霍尔集成电路，哪几个可以用开关型霍尔集成电路？

3. 在图 8-7 中，当 UGN3020 感受的磁感应强度从零增大到多少特斯拉时输出翻转？此时第 3 脚为何电平？回差为多少特斯拉（T）？相当于多少高斯（Gs）？这种特性在工业中有何实用价值？

4. 请参考图 3-22 及图 4-9，回答以下问题：

1）在图 8-9 中，计算机测得霍尔传感器输出电压的脉冲频率为 110Hz，求齿轮的转速 n 为多少 r/min？

2）该转速表能够判断齿轮的正反转吗？为什么？

5. 图 8-13 是霍尔电流传感器的示意图，请分析填空。

1）夹持在铁心中的导线电流越大，根据右手定律，产生的磁感应强度 B 就越________，霍尔元件产生的霍尔电动势也就越________，因此该霍尔电流传感器的输出电压与被测导线中的电流成________比。

2）由于被测导线与铁心、铁心与霍尔元件之间是绝缘的，所以霍尔式电流传感器不但能传输电流信号，而且还能起到________作用，使后续电路不受强电的影响，例如麻电、击穿和烧毁等。

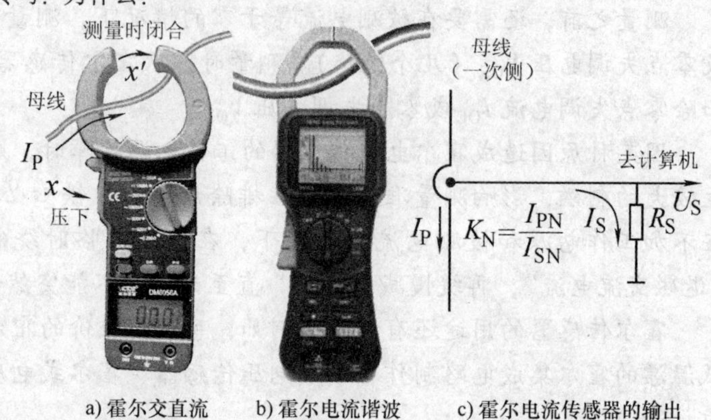

a) 霍尔交直流钳形电流表　b) 霍尔电流谐波分析表　c) 霍尔电流传感器的输出电流/电压转换电路

图 8-13　霍尔电流传感器及外部接线

3）由于霍尔元件能响应静态磁场，所以它与交流电流互感器比较，最大的不同是能够________。

4）观察图 8-13a、b 的结构，被测导线是________（怎样）放入铁心中间的。

6. 设某型号霍尔电流传感器的额定电流比 $K_N = I_{PN}/I_{SN} = 500/0.3$，$N_P = 1$，求：

1）一次额定电流值 I_{PN} 为多少安？

2）一次电流为额定电流值 I_{PN} 时，二次电流 I_{SN} 为多少毫安？

3）测得二次电流 $I_S = 50$mA 时，被测电流 I_P 为多少安培？

7. 工程中，经常需要用计算机来测量交、直流电压。现希望以一定的准确度，将 0～500V 的电压转换成 0～5V 的弱电信号，以便于 A－D 转换。

1）上网查阅有关资料，简述霍尔电压传感器的工作原理；2）说明霍尔电压传感器与交流电压互感器在结构和用途，例如，交流与直流、有源与无源、耐压和安全性等方面的区别；3）设该霍尔电压传感器的额定输出电流 $I_{SN} = 20$mA，若希望二次输出电压 $U_o = 5$V，求：二次侧的负载电阻 R_S 为多少欧？4）霍尔电压传感器的应用电路如图 13-25 所示，设霍尔电压传感器在额定输入电压（500V）时的一次额定输入电流 $I_{1P} = 10$mA，绕组的直流电阻忽略不计，求：限流电阻 R_1 为多少欧？5）计算限流电阻 R 的最大消耗功率 P_{1S} 为多少瓦？6）设所选购的限流电阻的额定功率是实际消耗功率 P 的两倍，求：限流电阻的标称功率为多少瓦？如果将限流电阻一分为二，分别串联在霍尔电压传感器的两个输入端，画出该电压传感器的整体外形图；7）设该霍尔电压传感器的准确度等级为 0.5 级，则传感器测得的输入电压的最大绝对误差 Δ_m 为多少伏？

第九章 Chapter 9

热电偶传感器

测量温度的传感器品种繁多，所依据的工作原理也各不相同。热电偶传感器（以下简称热电偶）是众多测温传感器中，已形成系列化、标准化的一种，它能将温度信号转换成电动势。目前在工业生产和科学研究中已得到广泛应用，并且可以选用标准的显示仪表和记录仪表来进行显示和记录。

热电偶测温的主要优点有：

1）它属于自发电型传感器，因此测量时可以不要外加电源，可直接驱动动圈式仪表。

2）结构简单，使用方便，热电偶的电极不受大小和形状的限制，可按照需要选择。

3）测温范围广，高温热电偶可达1800℃以上，低温热电偶可达－260℃。

4）测量准确度较高，各温区中的误差均符合国际计量委员会的标准。

本章首先介绍温度测量的基本概念，然后分析热电偶的工作原理、分类，并介绍其应用。

第一节　温度测量的基本概念

温度是一个和人们生活环境有着密切关系的物理量，也是一种在生产、科研、生活中需要测量和控制的重要物理量，是国际单位制7个基本量之一（见附录B）。我们在第三章曾简单介绍过用于温度测量的铂热电阻，这里将系统地介绍有关温度、温标、测温方法等一些基本知识。

一、温度的基本概念

温度是表征物体冷热程度的物理量。温度概念是以热平衡为基础的。如果两个相接触的物体的温度不相同，它们之间就会产生热交换，热量将从温度高的物体向温度低的物体传递，直到两个物体达到相同的温度为止。

温度的微观概念是：温度标志着物质内部大量分子的无规则运动的剧烈程度。温度越高，表示物体内部分子热运动越剧烈。

二、温标

温标是衡量温度高低的标尺，是描述温度数值的统一表示方法。温标明确了温度的单位、定义、固定点的数值等参数。各类温度计的刻度均由温标确定。国际上规定的温标有：摄氏温标、华氏温标及热力学温标等。

（1）摄氏温标　把在标准大气压下冰的熔点定为零度（0℃），把水的沸点定为100度（100℃）。在这两固定点间划分100个等分（1990国际温标规定是1/99.971等分），每一等分为摄氏一度，符号为 t。

1990 国际温标（ITS－90）对摄氏温标和热力学温标进行统一，规定摄氏温标由热力学温标导出，$t_{90}/℃ = T_{90}/K - 273.15$。冰点和水的沸点并不严格等于0℃和100℃（0.01 级测温仪表才有区别），但温差间隔 1K 仍然等于 1℃。

（2）华氏温标　规定在标准大气压下，冰的熔点为32℉，水的沸点为212℉，两固定点间划分180个等分，每一等分为华氏一度，符号为 θ。它与摄氏温标的关系式为

$$\theta/℉ = 1.8t/℃ + 32 \tag{9-1}$$

例如，20℃时的华氏温度 $\theta = (1.8 \times 20 + 32)℉ = 68℉$。现在一些西方国家在日常生活中仍然使用华氏温标。

（3）热力学温标　是建立在热力学第二定律基础上的温标，是由开尔文（Kelvin）根据热力学定律总结出来的，因此又称开氏温标。它的符号是 T，其单位是开（K）。

热力学温标规定分子运动停止（即没有热存在）时的温度为绝对零度，水的三相点（气、液、固三态同时存在且进入平衡状态时的温度）的温度为 273.16K，把从绝对零度到水的三相点之间的温度均匀分为 273.16 格，每格为 1K。

由于以前曾规定冰点的温度为 273.15K，所以现在沿用这个规定，用下式进行开氏和摄氏的换算：

$$t/℃ = T/K - 273.15 \tag{9-2}$$

或

$$T/K = t/℃ + 273.15 \tag{9-3}$$

例如，100℃时的热力学温度 $T = (100 + 273.15)$ K = 373.15K。

（4）1990 国际温标（ITS－90）　国际计量委员会在 1968 年建立了一种国际协议性温标，即 IPTS－68 温标。这种温标与热力学温标基本吻合，其差值符合规定的范围，而且复现性好（在全世界用相同的方法，可以得到相同的温度值），所规定的标准仪器使用方便、容易制造。

在 IPTS－68 温标的基础上，根据第 18 届国际计量大会的决议，从 1990 年 1 月 1 日开始在全世界范围内采用 1990 年国际温标，简称 ITS－90。

ITS－90 定义了一系列温度的固定点，测量和重现这些固定点的标准仪器以及计算公式。

例如，规定了氢的三相点为 13.8033K、氧的三相点为 54.3584K、汞的三相点为 234.3156K、水的三相点为 273.16K（0.01℃）等。

以下的固定点用摄氏温度（℃）来表示：镓的熔点为 29.7646℃、锡的凝固点为 231.928℃、银的凝固点为 961.78℃、金的凝固点为 1064.18℃、铜的凝固点为 1084.62℃，这里就不一一枚举了。

ITS－90 规定了不同温度段的标准测量仪器。例如在极低温度范围，用气体体积热膨胀温度计来定义和测量；在氢的三相点和银的凝固点之间，用铂电阻温度计来定义和测量；而在银凝固点以上用光学辐射温度计来定义和测量等。

三、温度测量及传感器分类

常用的各种材料和元器件的性能大都会随着温度的变化而变化，具有一定的温度效应。其中一些稳定性好、温度灵敏度高、能批量生产的材料就可以作为温度传感器。

温度传感器的分类方法很多。按照用途可分为基准温度计和工业温度计；按照测量方法又可分为接触式和非接触式；按工作原理又可分为膨胀式、电阻式、热电式、辐射式等；按输出

方式可分为自发电型、非电测型等。总之，温度测量的方法很多，而且直到今天，人们仍在不断地研究性能更好的温度传感器。人们根据成本、准确度、测温范围及被测对象的不同，选择不同的温度传感器。表9-1列出了常用测温传感器的工作原理、名称、测温范围和特点。

表9-1 温度传感器的种类及特点

所利用的物理现象	传感器类型	测温范围/℃	特点
体积 热膨胀	气体温度计 液体压力温度计 玻璃水银温度计 双金属片温度计	-250~1000 -200~350 -50~350 -50~300	不需要电源，耐用；但感温部件体积较大
接触热电动势	钨铼热电偶 铂铑热电偶 其他热电偶	1000~2100 200~1800 -200~1200	自发电型，标准化程度高，品种多，可根据需要选择；须进行冷端温度补偿
电阻的变化	铂热电阻 热敏电阻	-200~900 -50~200	标准化程度高；但需要接入桥路才能得到电压输出
PN结结电压	硅半导体二极管 （半导体集成电路温度传感器）	-50~150	体积小，线性好；但测温范围小 PN结的正向压降与结温的关系演示
温度-颜色	示温涂料 液晶	-50~1300 0~100	面积大，可得到温度图像；但易衰老，准确度低
光辐射 热辐射	红外辐射温度计 光学高温温度计 热释电温度计 光子探测器	-50~1500 500~3000 0~1000 0~3500	非接触式测量，反应快；但易受环境及被测体表面状态影响，标定困难

第二节 热电偶传感器的工作原理

一、热电效应

1821年，德国物理学家赛贝克（T·J·Seebeck）用两种不同金属组成闭合回路，并用酒精灯加热其中一个接触点（称为结点），发现放在回路中的指南针发生偏转，如图9-1a所示。如果用两盏酒精灯对两个结点同时加热，指南针的偏转角反而减小。显然，指南针的偏转说明回路中有电动势产生并有电流在回路中流动，电流的强弱与两个结点的温差有关。

据此，赛贝克发现和证明了两种不同材料的导体A和B组成的闭合回路，当两个结点温度不相同时，回路中将产生电动势。这种物理现象称为热电效应。两种不同材料的导体所组成的测温回路称为“热电偶”，组成热电偶的导体称为“热电极”，热电偶所产生的电动势称为热电动势。热电偶的两个结点中，置于温度为T的被测对象中的结点称之为测量端，又称为工作端或热端；而置于参考温度为T_0的另一结点称之为参考端，又称自由端或冷端。

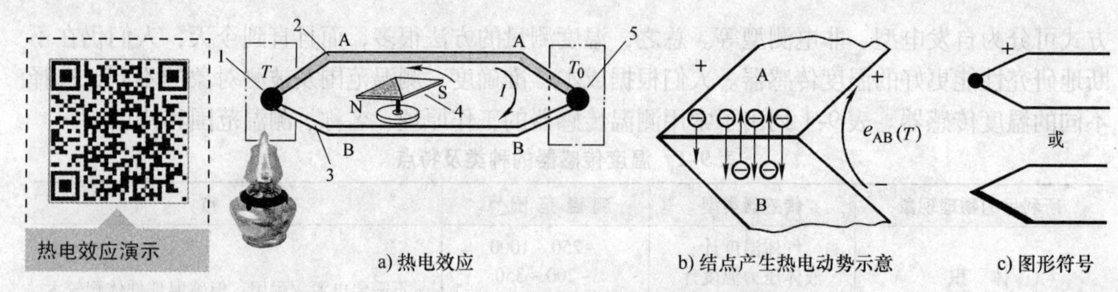

a) 热电效应　　b) 结点产生热电动势示意　　c) 图形符号

图 9-1　热电偶原理图

1—工作端　2—热电极 A　3—热电极 B　4—指南针　5—参考端

热电偶产生的热电动势 $E_{AB}(T, T_0)$ 主要由接触电动势组成。

将两种不同的金属互相接触，如图 9-1b 所示。由于不同金属内自由电子的密度不同，在两金属 A 和 B 的接触点处会发生自由电子的扩散现象。自由电子将从密度大的金属 A 扩散到密度小的金属 B，使 A 失去电子带正电，B 得到电子带负电，直至在接点处建立起充分强大的电场，能够阻止电子的继续扩散，从而达到动态平衡为止，从而建立起稳定的热电动势。这种在两种不同金属的接点处产生的热电动势称为珀尔帖（Peltier）电动势，又称接触电动势。它的数值取决于两种导体的自由电子密度和接触点的温度，而与导体的形状及尺寸无关。

由于热电偶的两个结点均存在珀尔帖电动势，所以热电偶所产生的总的热电动势是两个结点温差 Δt 的函数 f_{AB} 如图 9-2 所示，即

$$E_{AB}(T,T_0) = f_{AB}(T,T_0) = f_{AB}(\Delta t) \tag{9-4}$$

由式（9-4）可以得出下列几个结论：

1）如果热电偶两结点温度相同，则回路总的热电动势必然等于零。两结点温差越大，热电动势越大。

2）如果热电偶两电极材料相同，即使两端温度不同（$t \neq t_0$），但总输出热电动势仍为零。因此必需由两种不同材料才能构成热电偶。

3）式（9-4）中未包含与热电偶的尺寸形状有关的参数，所以热电动势的大小只与材料和结点温度有关，而热电偶的内阻与其长短、粗细、形状有关。热电偶越细，内阻越大。

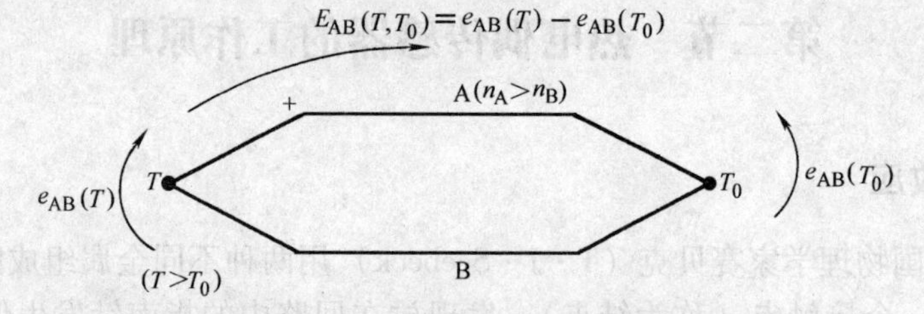

图 9-2　热电偶的热电动势示意图

如果以摄氏温度为单位，$E_{AB}(T, T_0)$ 也可以写成 $E_{AB}(t, t_0)$，其物理意义略有不同，但热电动势的数值是相同的。

二、中间导体定律

若在热电偶回路中插入中间导体，只要中间导体两端温度相同，则对热电偶回路的总热电势无影响。这就是中间导体定律，见图 9-3a。如果热电偶回路中插入多种导体（HNi、Cu、Sn、NiMn、E、F、…）如图 9-3b 所示，只要保证插入的每种导体的两端温度相同，

则对热电偶的热电动势也无影响。

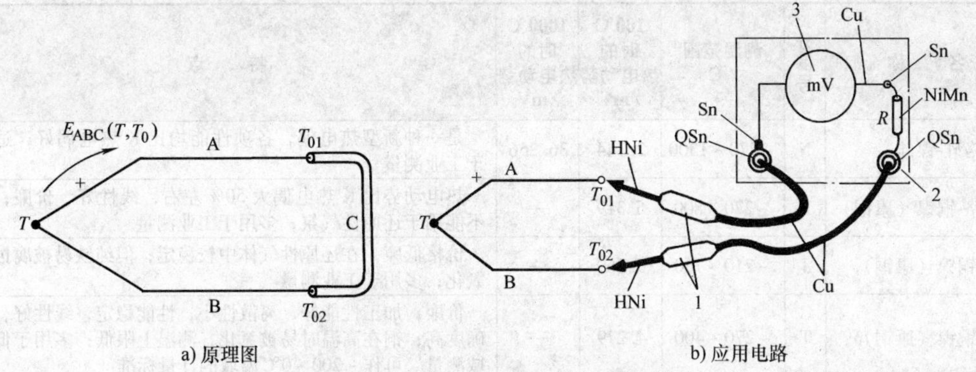

图 9-3 具有中间导体的热电偶回路

1—毫伏表的镍铜表棒 2—磷铜接插件 3—漆包线动圈表头

HNi—镍黄铜 QSn—锡磷青铜 Sn—焊锡 NiMn—镍锰铜电阻丝 Cu—紫铜导线

利用热电偶来实际测温时，连接导线、显示仪表和接插件等均可看成是中间导体，只要保证这些中间导体两端的温度各自相同，则对热电偶的热电动势没有影响。因此中间导体定律对热电偶的实际应用是十分重要的。在使用热电偶及各种仪表时，应尽量使上述元器件两端的温度相同，才能减少测量误差。

第三节 热电偶的种类及结构

一、热电极材料和通用热电偶

热电极和热电偶的种类繁多，我国从 1991 年开始采用国际计量委员会规定的“1990 年国际温标”（简称 ITS-90）的新标准。按此标准，共有 8 种标准化了的通用热电偶，如表9-2所示。表 9-2 所列热电偶中，写在前面的热电极为正极，写在后面的为负极。对于每一种热电偶，还制定了相应的分度表，并且有相应的线性化集成电路与之对应。所谓分度表，就是热电偶自由端（冷端）温度为 0℃时，反映热电偶工作端（热端）温度与输出热电势之间的对应关系的表格。本书列出了工业中常用的镍铬-镍硅（K）热电偶的分度表，见附录 E。

表 9-2 8 种国际通用热电偶特性表

名 称	分度号	测温范围/℃	100℃时的热电动势/mV	1000℃时的热电动势/mV	特 点
铂铑 30-铂铑 6[①]	B	50 ~ 1820	0.033	4.834	熔点高，测温上限高，性能稳定，准确度高，100℃以下热电势极小，所以可不必考虑冷端温度补偿；价昂，热电动势小，线性差；只适用于高温域的测量
铂铑 13-铂	R	−50 ~ 1768	0.647	10.506	使用上限较高，准确度高，性能稳定，复现性好；但热电动势较小，不能在金属蒸气和还原性气氛中使用，在高温下连续使用时特性会逐渐变坏，价昂；多用于精密测量
铂铑 10-铂	S	−50 ~ 1768	0.646	9.587	优点同上；但性能不如 R 热电偶；长期以来曾经作为国际温标的法定标准热电偶
镍铬-镍硅	K	−270 ~ 1370	4.096	41.276	热电动势大，线性好，稳定性好，价廉；但材质较硬，在 1000℃以上长期使用会引起热电动势漂移；多用于工业测量

（续）

名　称	分度号	测温范围/℃	100℃时的热电动势/mV	1000℃时的热电动势/mV	特　点
镍铬硅-镍硅	N	−270～1300	2.744	36.256	是一种新型热电偶，各项性能均比K热电偶好，适宜于工业测量
镍铬-铜镍（康铜）	E	−270～800	6.319	—	热电动势比K热电偶大50%左右，线性好、价廉；但不能用于还原性气氛；多用于工业测量
铁-铜镍（康铜）	J	−210～760	5.269	—	价格低廉，在还原性气体中较稳定；但纯铁易被腐蚀和氧化；多用于工业测量
铜-铜镍（康铜）	T	−270～400	4.279	—	价廉，加工性能好，离散性小，性能稳定，线性好，准确度高；铜在高温时易被氧化，测温上限低；多用于低温域测量。可作−200～0℃温域的计量标准

① 铂铑30表示该合金含70%的铂及30%的铑，以下类推。

图9-4示出了几种常用热电偶的热电动势与温度的关系曲线。从图中可以看到，在0℃时它们的热电动势均为零，这是因为绘制热电动势-温度曲线或制定分度表时，总是将冷端置于0℃这一规定环境中的缘故。

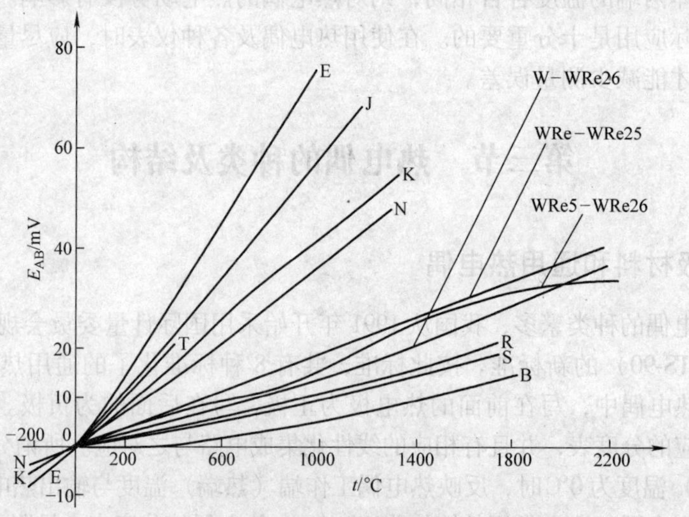

图9-4　常用热电偶的热电动势与温度的关系

从图中还可以看出，B、R、S及WRe5-WRe26（钨铼5-钨铼26）等热电偶在100℃时的热电势几乎为零，只适合于高温测量。

二、热电偶的分度表

从图中还可以看到，多数热电偶的输出都是非线性（斜率K_{AB}不为常数）的，但国际计量委员会已对这些热电偶的每一度的热电动势做了非常精密的测试，并向全世界公布了它们的分度表（$t_0=0$℃）。使用前，只要将这些分度表输入到计算机中，由计算机根据测得的热电动势自动查表就可获得被测温度值。

三、热电偶的结构形式

1. 装配式热电偶

装配式热电偶主要用于测量气体、蒸气和液体等介质的温度。这类热电偶已做成标准形式，包括棒形、角形、锥形等，强度高，安装方便。从安装固定方式来看，有固定法兰式、活动法兰式、固定螺栓式、焊接固定式和无专门固定式等几种。图9-5所示为装配式热电偶结构。图9-6和图9-10是装配式热电偶在测量管道中流体温度时的两种常见的安装方法。

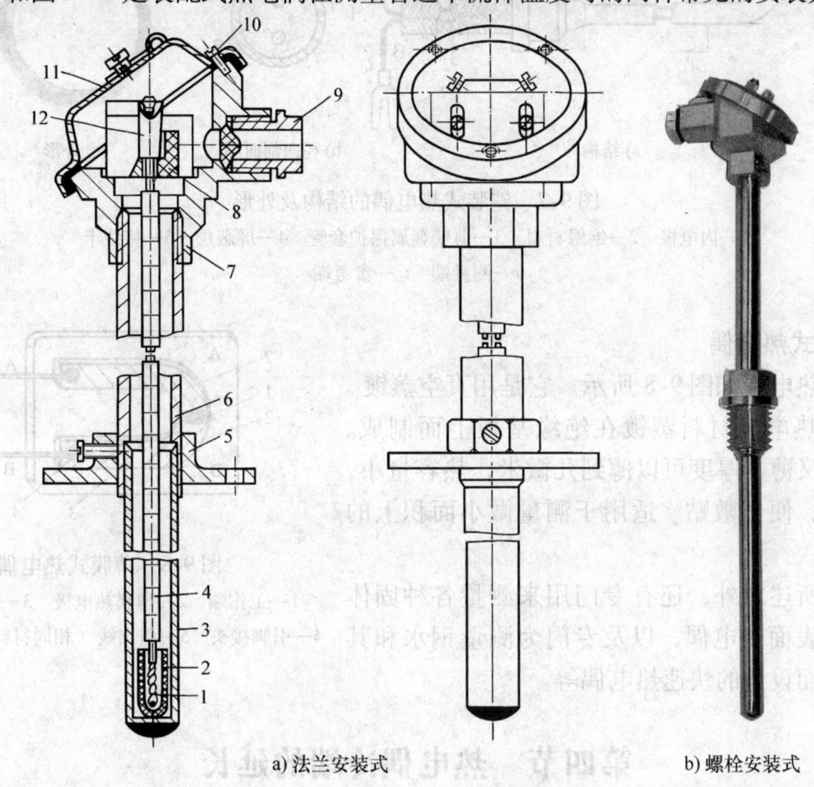

a) 法兰安装式　　b) 螺栓安装式

图9-5　装配式热电偶结构及外形

1—热电偶工作端　2—绝缘套　3—下保护套管　4—绝缘珠管　5—固定法兰　6—上保护套管　7—接线盒底座　8—接线绝缘座　9—引出线套管　10—固定螺栓　11—接线盒外罩　12—接线柱

2. 铠装式热电偶

铠装热电偶是由金属保护套管、绝缘材料和热电极三者组合成一体的特殊结构的热电偶。它是在薄壁金属套管（金属铠）中装入热电极，在两根热电极之间及热电极与管壁之间牢固充填无机绝缘物（MgO 或 Al_2O_3），使它们之间相互绝缘，使热电极与金属铠成为一个整体。它可以做得很细很长，而且可以弯曲。热电偶的套管外径最细能达0.5mm，长度可达100m以上。它的外形和断面示于图9-7中。

铠装式热电偶具有响应速度快、可靠性好、耐冲击、比较柔软、可挠性好、便于安装等优点，因此特别适用于复杂结构（如狭小弯曲管道内）的温度测量。

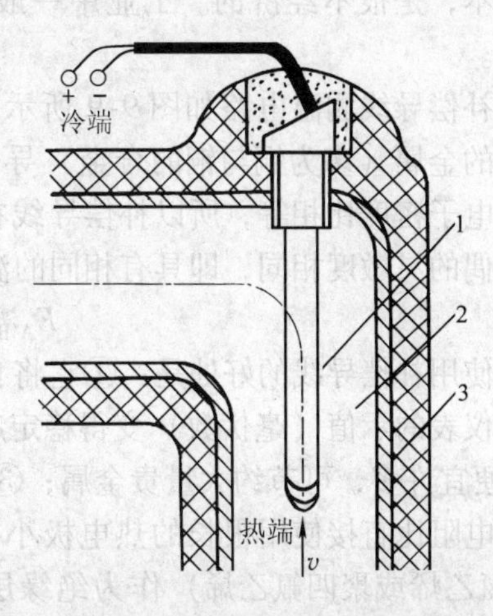

图9-6　装配式热电偶在管道中的安装方法

1—热电偶　2—管道　3—绝热层

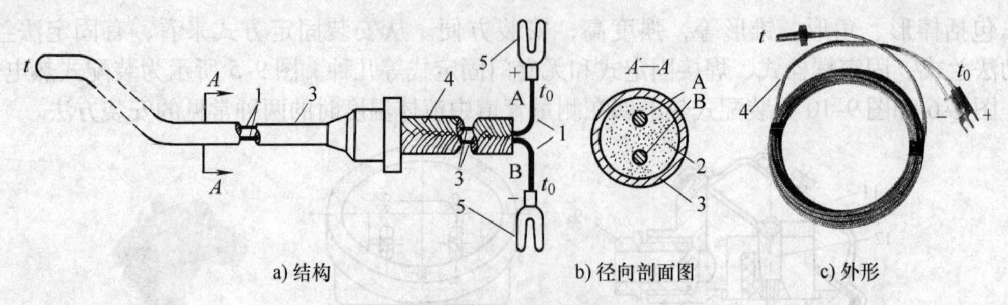

图 9-7　铠装式热电偶的结构及外形

1—内电极　2—绝缘材料　3—薄壁金属保护套管　4—屏蔽层　5—接线卡

t—测量端　t_0—参考端

3. 薄膜式热电偶

薄膜式热电偶如图 9-8 所示。它是用真空蒸镀的方法，把热电极材料蒸镀在绝缘基板上而制成。测量端既小又薄，厚度可以薄到几微米，热容量小，响应速度快，便于敷贴。适用于测量微小面积上的瞬变温度。

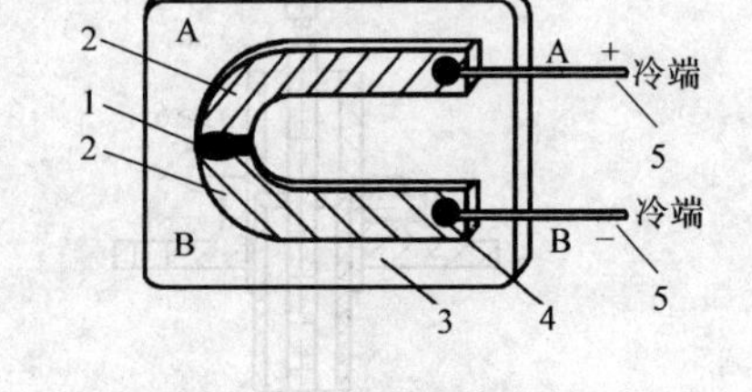

图 9-8　薄膜式热电偶

1—工作端　2—薄膜热电极　3—绝缘基板

4—引脚接头　5—引出线（相同材料的热电极）

除以上所述之外，还有专门用来测量各种固体表面温度的表面热电偶，以及专门为测量钢水和其他熔融金属而设计的快速热电偶等。

第四节　热电偶冷端的延长

实际测温时，由于热电偶长度有限，自由端温度将直接受到被测物温度和周围环境温度的影响。例如，热电偶安装在电炉壁上，而自由端放在接线盒内，电炉壁周围温度不稳定，波及接线盒内的自由端，造成测量误差。虽然可以将热电偶做得很长，但这将提高测量系统的成本，是很不经济的。工业中一般是采用补偿导线来延长热电偶的冷端，使之远离高温区。

补偿导线测温电路如图 9-9 所示。补偿导线（A′、B′）是两种不同材料的、相对比较便宜的金属（多为铜与铜的合金）导体。它们的自由电子密度比与所配接型号的热电偶的自由电子密度比相等，所以补偿导线在一定的环境温度范围内，如 0 ~ 100℃，与所配接的热电偶的灵敏度相同，即具有相同的温度-热电动势关系

$$E_{A'B'}(t,t_0) = E_{AB}(t,t_0) \tag{9-5}$$

使用补偿导线的好处是：①它将自由端从温度波动区 t_n 延长到温度相对稳定区 t_0，使指示仪表的示值（毫伏数）变得稳定起来；②购买补偿导线比使用相同长度的热电极（A、B）便宜许多，可节约大量贵金属；③补偿导线多是用铜及铜的合金制作，所以单位长度的直流电阻比直接使用很长的热电极小得多，可减小测量误差；④由于补偿导线通常用塑料（聚氯乙烯或聚四氟乙烯）作为绝缘层，其自身又为较柔软的铜合金多股导线，所以易弯曲，便于敷设。

必须指出的是，使用补偿导线仅能延长热电偶的冷端，虽然总的热电势在多数情况下会

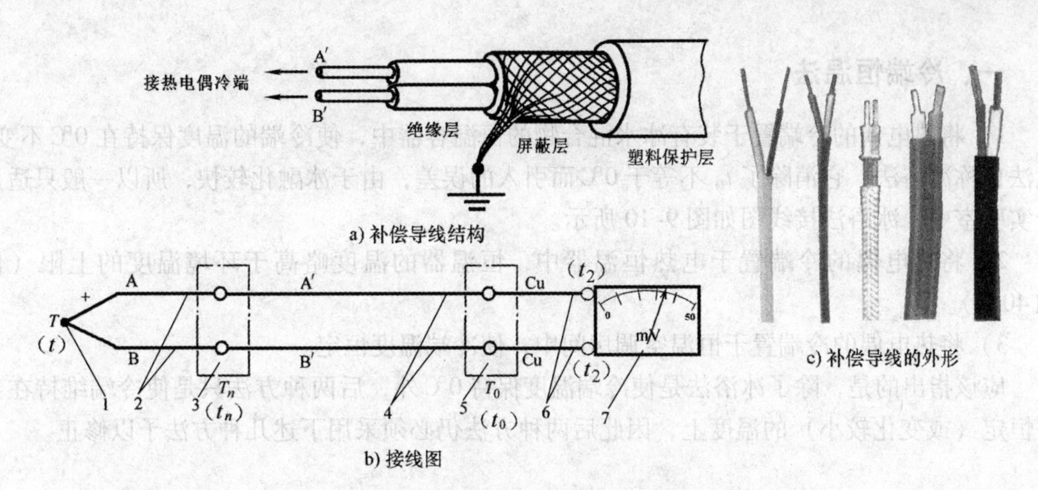

图 9-9　利用补偿导线延长热电偶的冷端

1—测量端　2—热电极　3—接线盒 1（中间温度）　4—补偿导线
5—接线盒 2（新的冷端）　6—铜引线（中间导体）　7—毫伏表

比不用补偿导线时有所提高，但从本质上看，这并不是因为温度补偿引起的，而是因为使冷端远离高温区、两端温差变大的缘故，故将其称“补偿导线”只是一种习惯用语。真正的冷端补偿方法将在下一节介绍。

使用补偿导线必须注意 4 个问题：①两根补偿导线与热电偶两个热电极的接点必须具有相同的温度；②各种补偿导线只能与相应型号的热电偶配用；③必须在规定的温度范围内使用；④极性切勿接反。常用热电偶补偿导线的特性见表 9-3。

表 9-3　常用热电偶补偿导线的特性

型　号	配用热电偶 正-负	补偿导线 正-负	导线外皮颜色		100℃热电势/ mV	20℃时的 电阻率 /（Ω·m）
			正	负		
SC	铂铑 10-铂	铜-铜镍①	红	绿	0.646 ± 0.023	0.05×10^{-6}
KC	镍铬-镍硅	铜-康铜	红	蓝	4.096 ± 0.063	0.52×10^{-6}
WC5/26	钨铼 5-钨铼 26	铜-铜镍②	红	橙	1.451 ± 0.051	0.10×10^{-6}

① 99.4% Cu，0.6% Ni。

② 98.2% ~98.3% Cu，1.7% ~1.8% Ni。

第五节　热电偶的冷端温度补偿

由热电偶测温原理可知，热电偶的输出热电动势是热电偶两端温度 t 和 t_0 差值的函数，当冷端温度 t_0 不变时，热电动势与工作端温度成单值函数关系。各种热电偶温度与热电动势关系的分度表都是在冷端温度为 0℃时作出的，因此用热电偶测量时，若要直接应用热电偶的分度表，就必须满足 $t_0 = 0$℃的条件。但在实际测温中，冷端温度常随环境温度而变化，这样 t_0 不但不是 0℃，而且也不恒定，因此将产生误差，一般情况下，冷端温度均高于 0℃，所以热电势总是偏小。消除或补偿这个损失的方法，常用的有以下几种：

一、冷端恒温法

1）将热电偶的冷端置于装有冰水混合物的恒温容器中，使冷端的温度保持在0℃不变。此法也称冰浴法，它消除了t_0不等于0℃而引入的误差，由于冰融化较快，所以一般只适用于实验室中。冰浴法接线图如图9-10所示。

2）将热电偶的冷端置于电热恒温器中，恒温器的温度略高于环境温度的上限（例如40℃）。

3）将热电偶的冷端置于恒温空调房间中，使冷端温度恒定。

应该指出的是，除了冰浴法是使冷端温度保持0℃外，后两种方法只是使冷端维持在某一恒定（或变化较小）的温度上，因此后两种方法仍必须采用下述几种方法予以修正。

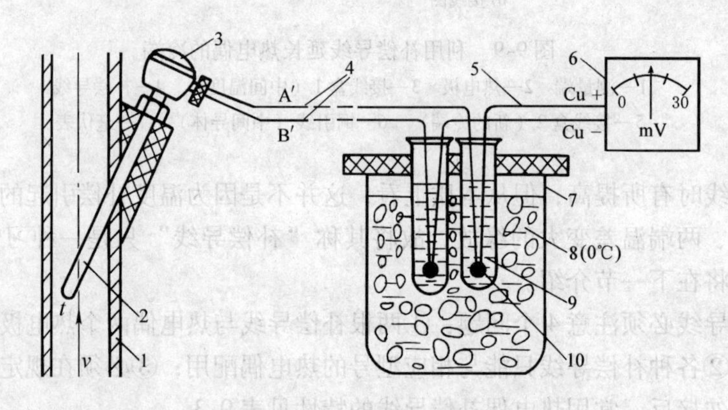

图9-10　冰浴法接线图

1—被测流体管道　2—热电偶　3—接线盒　4—补偿导线　5—铜质导线

6—毫伏表　7—冰瓶　8—冰水混合物　9—试管　10—新的冷端

二、计算修正法

当热电偶的冷端温度$t_0 \neq 0℃$时，由于热端与冷端的温差随冷端的变化而变化，所以测得的热电动势$E_{AB}(t, t_0)$与冷端为0℃时所测得的热电动势$E_{AB}(t, 0℃)$不等。若冷端温度高于0℃，则$E_{AB}(t, t_0) < E_{AB}(t, 0℃)$。可以利用下式计算并修正测量误差：

$$E_{AB}(t,0℃) = E_{AB}(t,t_0) + E_{AB}(t_0,0℃) \tag{9-6}$$

上式中，$E_{AB}(t, t_0)$是用毫伏表直接测得的热电动势毫伏数。修正时，先测出冷端温度t_0，然后从该热电偶分度表中查出$E_{AB}(t_0, 0℃)$（此值相当于损失掉的热电动势），并把它加到所测得的$E_{AB}(t, t_0)$上。根据式（9-6）求出$E_{AB}(t, 0℃)$（此值是已得到补偿的热电动势），根据此值再在分度表中查出相应的温度值。计算修正法共需要查分度表两次。如果冷端温度低于0℃，由于查出的$E_{AB}(t_0, 0℃)$是负值，所以仍可用式（9-6）计算修正。

例　用镍铬-镍硅（K）热电偶测炉温时，其冷端温度$t_0 = 30℃$，在直流毫伏表上测得的热电动势$E_{AB}(t,30℃) = 38.505\text{mV}$，试求炉温为多少？

解　查镍铬-镍硅热电偶K分度表，得到$E_{AB}(30℃,0℃) = 1.203\text{mV}$。根据式（9-6）有

$$E_{AB}(t,0\ ℃) = E_{AB}(t,30℃) + E_{AB}(30℃,0℃)$$
$$= 38.505\text{mV} + 1.203\text{mV} = 39.708\text{mV}$$

反查 K 分度表，求得 $t = 960℃$。

该方法适用于热电偶冷端温度较恒定的情况。在智能化仪表中，查表及运算过程均可由计算机完成。

三、仪表机械零点调整法

当热电偶与动圈式仪表配套使用时，若热电偶的冷端温度比较恒定，对测量准确度要求又不太高时，可将动圈仪表的机械零点调整至热电偶冷端所处的 t_0 处，这相当于在输入热电偶的热电动势前就给仪表输入一个热电势 $E(t_0,0℃)$。这样，仪表在使用时所指示的值约为 $E(t,t_0)+E(t_0,0℃)$。

进行仪表机械零点调整时，首先必须将仪表的电源及输入信号切断，然后用螺钉旋具调节仪表面板上的螺钉，使指针指到 t_0 的刻度上。当气温变化时，应及时修正指针的位置。此法虽有一定的误差，但非常简便，在动圈仪表上经常采用。

四、利用半导体集成温度传感器测量冷端温度

在计算修正法中，首先必须测出冷端温度 t_0，才有可能按照式（9-3）进行计算修正。现在普遍使用半导体集成温度传感器（简称温度 IC）来测量室温。温度 IC 具有体积小、集成度高、准确度高、线性好、输出信号大、不需要进行温度标定、热容量小和外围电路简单等优点。只要将温度 IC 置于热电偶冷端附近，将温度 IC 的输出电压作简单的换算，就能得到热电偶的冷端温度，从而用计算修正法进行冷端温度补偿。典型的半导体温度传感器有：AD590、AD7414、AD22100、LM35、LM74、76、77、LM83、LM92、DS1820、MAX6675、TMP03 和 TMP35 等系列，读者可上网阅读有关资料。

第六节　热电偶的配套仪表及应用

一、热电偶的配套仪表

我国生产的热电偶均符合 ITS-90 国际温标所规定的标准，其一致性非常好，国家又规定了与每一种标准热电偶配套的仪表，它们的显示值为温度，而且均已线性化。

这类仪表多具有以下功能：

（1）双屏显示　主屏显示测量值，副屏显示控制设定值。

（2）输入分度号切换　仪表的输入分度号可按键切换（如 K、R、S、B、N、E 型等）。

（3）量程设定　测量量程和显示分辨力由按键设定。

（4）控制设定　上限、下限或“上上限”“下下限”等各控制点值可在全量程范围内设定，上下限控制回差值也可分别设定。

（5）继电器功能设定　内部的数个继电器可根据需要设定成上限控制（报警）方式或下限控制（报警）方式，有多个报警输出模块。

（6）断线保护输出　可预先设定各继电器在传感器输入断线时的保护输出状态（ON/

OFF/KEEP)。

(7) 全数字操作 仪表的各参数设定、准确度校准均采用按键操作，无须电位器调整，掉电不丢失信息，还具有数字滤波功能。

(8) 冷端补偿范围 0~60℃。

(9) 接口 许多型号的仪表还带有计算机总线接口和打印接口。

与热电偶配套的仪表外形及接线图如图9-11所示。

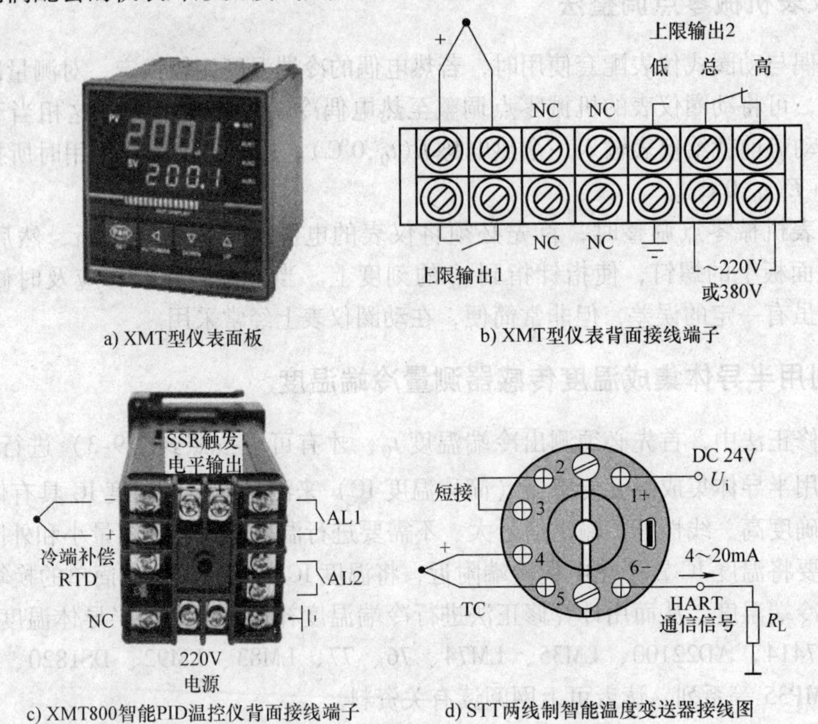

图9-11 与热电偶配套的仪表外形及接线图

图9-11b右上角的3个接线端子为“上限输出2”的3个触点，从左到右依次为：仪表内继电器的常开触点、动触点和常闭触点。当被测温度低于设定的上限值时，“高-总”端子接通，“低-总”端子断开；当被测温度达到上限值时，“低-总”端子接通，而“高-总”端子断开。“高”“总”“低”3个输出端子在外部通过适当连接，能起到控温或报警作用。“上限输出1”的两个触点还可用于控制其他电路，如鼓风机或电加热器等。

图9-11c上方中间的两个接线端子能够产生固态继电器SSR的过零触发信号。在工业中，目前多使用集散控制系统、现场总线控制系统等设备来更好地控制温度。

二、热电偶的应用

1. 金属表面温度的测量

对于机械、冶金、能源及国防等部门来说，金属表面温度的测量是非常普遍而复杂的问题。例如，热处理工作中锻件、铸件以及各种余热利用的热交换器表面、气体蒸气管道、炉壁面等表面温度的测量。根据对象特点，测温范围从几百摄氏度到一千多摄氏度，而测量方法通常采用直接接触测温法。

直接接触测温法是指采用各种型号及规格的热电偶（视温度范围而定），用粘接剂或焊接的方法，将热电偶与被测金属表面（或去掉表面后的浅槽）直接接触，然后把热电偶接到显示仪表上组成测温系统。

图 9-12 所示的是适合不同壁面的热电偶使用方式。如果金属壁比较薄，那么一般可用胶合物将热电偶丝粘贴在被测元件表面，如图 9-12a 所示。为减少误差，在紧靠测量端的地方应加足够长的保温材料保温。

如果金属壁比较厚，且机械强度又允许，则对于不同壁面，测量端的插入方式有：从斜孔内插入如图 9-12b 所示。图 9-12c 示出了利用电动机起吊螺孔，将热电偶从孔槽内插入的方法。

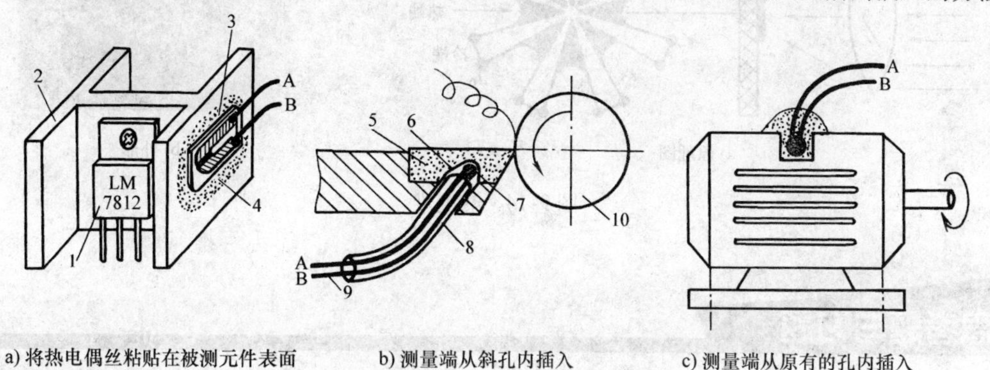

a) 将热电偶丝粘贴在被测元件表面　b) 测量端从斜孔内插入　c) 测量端从原有的孔内插入

图 9-12　适合不同壁面的热电偶使用方式

1—功率元件　2—散热片　3—薄膜热电偶　4—绝热保护层　5—车刀　6—激光加工的斜孔
7—露头式铠装热电偶测量端　8—薄壁金属保护套管　9—冷端　10—工件

WREM、WRNM 型表面热电偶专供测量 0 ~ 800℃ 范围内各种不同形状固体的表面温度，常作为锻造、热压、局部加热、电机轴瓦、塑料注射机、金属淬火和模具加工等现场测温的有效工具。表面热电偶的外形如图 9-13a 所示。使用时，将表面热电偶的热端紧压在被测物体表面，待热平衡后读取温度数据。表面热电偶的冷端插头材料与对应的补偿导线的材料相同，不影响测量结果，但要注意插头与插座的正负极不要接反。图 9-9 中的接线盒也经常采用图 9-13b 所示的热电偶插头插座代替。

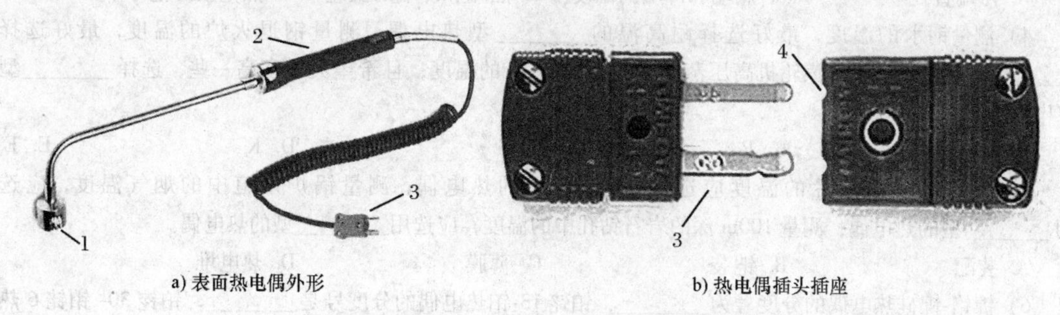

a) 表面热电偶外形　b) 热电偶插头插座

图 9-13　表面热电偶外形及热电偶插头插座

1—热端　2—握柄　3—冷端插头　4—冷端插座

2. 热电堆在红外线探测器中的应用

红外线辐射可引起物体的温度上升。将热电偶置于红外辐射的聚焦点上，可根据其输出的热电势来测量入射红外线的强度。

单根热电偶的输出十分微弱。为了提高红外辐射探测器的探测效应，可以将许多对热电偶相互串联起来，即第一根负极接第二根正极，第二根负极再接第三根正极，依次类推。它们的冷端置于环境温度中，热端发黑（提高吸热效率），集中在聚焦区域，就能成倍地提高输出热电势，这种接法的热电偶称为热电堆，如图 9-14 所示。

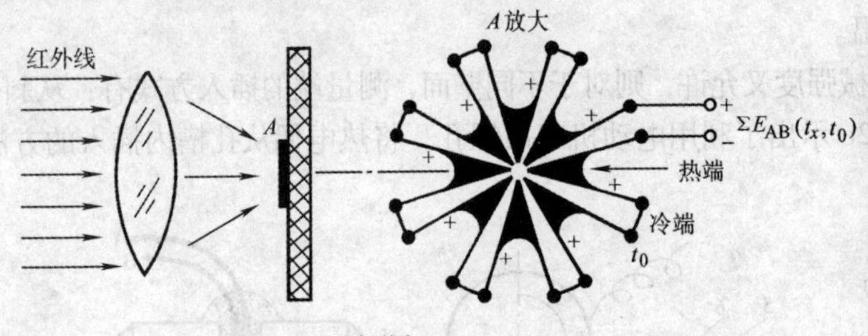

a) 原理图

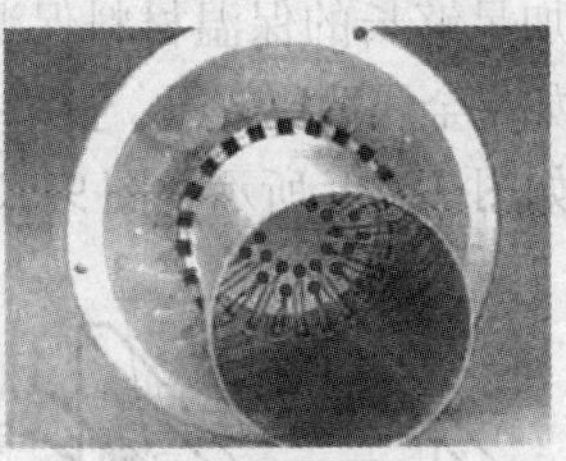
b) 外形

图 9-14 热电堆

思考题与习题

1. 单项选择题

1）两端密闭的弹簧管（又称波登管，见图 1-7）中的气体温度升高后，气体对容器内壁的压强随之增大，弹簧管的截面趋向于圆形，截面的短轴力图伸长，长轴缩短。截面形状的改变导致弹簧管趋向伸直，一直到与压力的作用相平衡为止使弹簧管撑直，从而可用于测量温度。从微观上分析，弹簧管内部压强随温度增大的原因是____。

A. 气体分子的无规则运动加剧，撞击容器内壁的能量增大　B. 气体分子的直径增大
C. 气体分子之间的排斥力增大　D. 气体分子的直径减小

2）正常人的体温为 37℃，则此时的华氏温度约为________，热力学温度约为________。

A. 32℉，100K　B. 99℉，236K　C. 99℉，310K　D. 37℉，310K

3）________的数值越大，热电偶的输出热电势就越大。

A. 热端直径　B. 热端和冷端的温度　C. 热端和冷端的温差　D. 热电极的电导率

4）测量钢水的温度，最好选择耐高温的________型热电偶；测量钢退火炉的温度，最好选择________型热电偶；测量汽轮机高压蒸气（200℃左右）的温度，且希望灵敏度高一些，选择________型热电偶为宜。

A. R　B. B　C. S　D. K　E. E

5）测量 CPU 散热片的温度应选用________型的热电偶；测量锅炉烟道中的烟气温度，应选用________型的热电偶；测量 100m 深的岩石钻孔中的温度，应选用________型的热电偶。

A. 装配　B. 铠装　C. 薄膜　D. 热电堆

6）镍铬-镍硅热电偶的分度号为________，铂铑 13-铂热电偶的分度号是________，铂铑 30- 铂铑 6 热电偶的分度号是________。

A. R　B. B　C. S　D. K　E. E

7）在热电偶测温回路中经常使用补偿导线的最主要的目的是________。

A. 补偿热电偶冷端热电势的损失　B. 起冷端温度补偿作用
C. 将热电偶冷端延长到远离高温区的地方　D. 提高灵敏度

8）在图 9-9 中，热电偶新的冷端在________。

A. 温度为 t 处　　B. 温度为 t_n 处

C. 温度为 t_0 处　　D. 毫伏表接线端子上

9）在实验室中测量金属的熔点时，冷端温度补偿采用________，可减小测量误差；而在车间，用带微处理器的数字式测温仪表测量炉膛的温度时，应采用________较为妥当。

A. 计算修正法　　B. 仪表机械零点调整法

C. 冰浴法　　D. 冷端补偿器法（电桥补偿法）

2. 在炼钢厂中，有时直接将廉价热电极（易耗品，例如镍铬、镍硅热偶丝，时间稍长即熔化）插入钢水中测量钢水的温度，如图 9-15 所示。试说明

1）为什么不必将工件端焊在一起？

2）要满足哪些条件才不影响测量准确度？采用上述方法是利用了热电偶的什么定律？

3）如果被测物不是钢水，而是熔化的塑料行吗？为什么？

3. 用镍铬－镍硅 K 型热电偶测温度，已知冷端温度 t_0 为 0℃，用高准确度毫伏表测得这时的热电势为 30.798mV，求被测点温度。

4. 图 9-16 所示为镍铬-镍硅热电偶测温电路，热电极 A、B 直接焊接在钢板上（V 形焊接），A′、B′为补偿导线，Cu 为铜导线，已知接线盒 1 的温度 $t_1 = 40.0℃$，冰水温度 $t_2 = 0.0℃$，接线盒 2 的温度 $t_3 = 20.0℃$。

1）当 $U_x = 39.314\text{mV}$ 时，请查附录 E，得到被测点温度 t_x。

2）如果 A′、B′换成铜导线，此时 $U_x = 37.702\text{mV}$，再用计算修正法求 t_x。

3）直接将热电极 A、B 焊接在钢板上，是利用了热电偶的什么定律？t_x 与 t'_x 哪一个略大一些？为什么？如何减小这一误差？

5. 图 9-17 为利用 XMT 型仪表（见图 9-11b 的接线说明）组成的热电偶测温、控温电路。请正确连线。

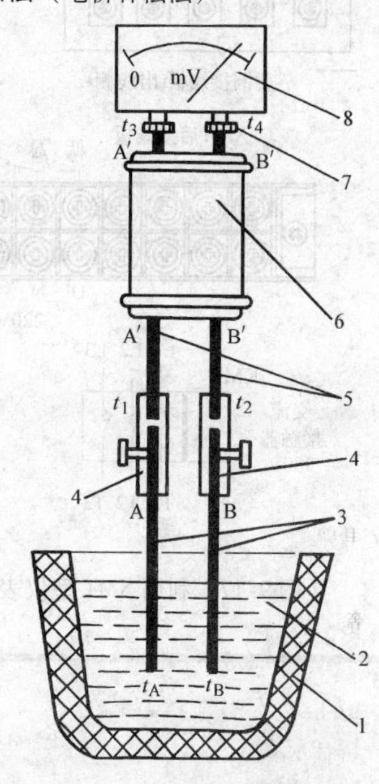

图 9-15　用浸入式热电偶测量熔融金属示意图

1—钢水包　2—钢熔融体　3—热电极 A、B　4—热电极接线柱　5—补偿导线　6—保护管　7—补偿导线与毫伏表的接线柱　8—毫伏表

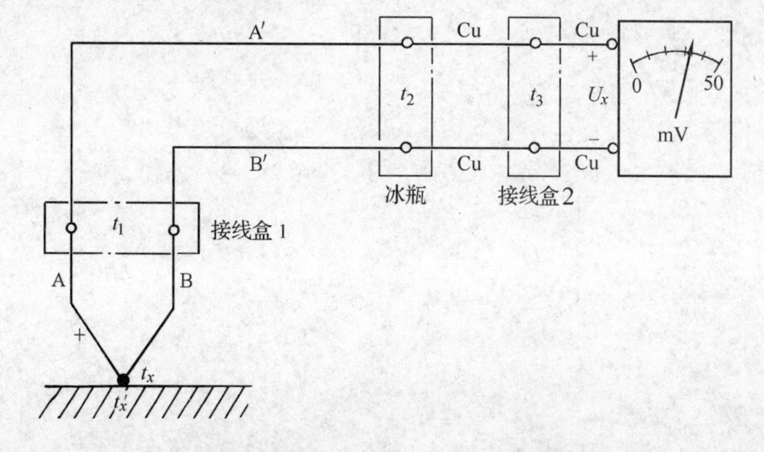

图 9-16　采用补偿导线的镍铬－镍硅热电偶测温示意图

6. 请到商店观察符合国家标准的煤气灶，再上网查阅有关资料，说明煤气灶熄火保护装置的基本工作原理。

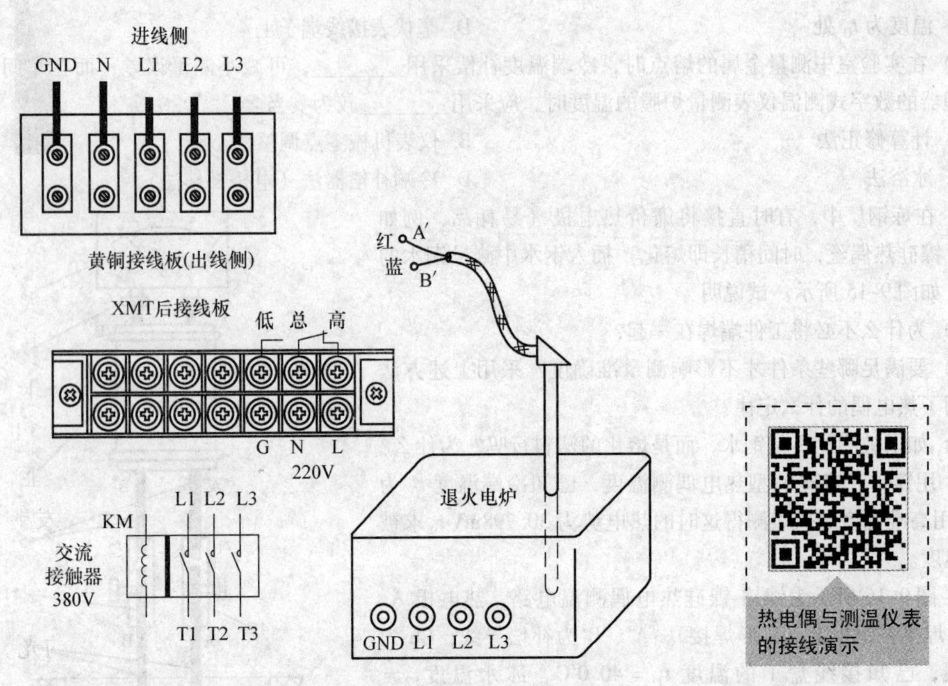

图 9-17 利用 XMT 型仪表组成热电偶测温、控温电路

第十章 Chapter 10

光电传感器

几个世纪以来，关于光的本质，一直是物理界争论的一个课题。两千多年前，人类已了解到光的直线传播特性，但对光的本质并不了解。1860 年，英国物理学家麦克斯韦建立了电磁理论，认识到光是一种电磁波。光的波动学说很好地说明了光的反射、折射、干涉、衍射、偏振等现象，但是仍然不能解释物质对光的吸收、散射和光电子发射等现象。1900 年德国物理学家普朗克提出了量子学说，认为任何物质发射或吸收的能量是一个最小能量单位（称为量子）的整数倍。1905 年德国物理学家爱因斯坦用光量子学说解释了光电发射效应，并为此而获得 1921 年诺贝尔物理学奖。

爱因斯坦认为，光由光子组成，每一个光子具有的能量 E 正比于光的频率 f，即 $E=hf$（h 为普朗克常数），光子的频率越高（即波长越短）光子的能量就越大。比如绿色光的光子就比红色光的光子能量大，而相同光子数目的紫外线能量比红外线的能量大得多，紫外线可以杀死病菌，改变物质的结构等。爱因斯坦确立了光的波动-粒子两重性质，并为实验所证明。

光照射在物体上会产生一系列的物理或化学效应，例如植物的光合作用，化学反应中的催化作用，人眼的感光效应，取暖时的光热效应以及光照射在光电元件上的光电效应等。光电传感器是将光信号转换为电信号的一种传感器。使用这种传感器测量其他非电量（如转速、浊度、二维码等）时，只要将这些非电量转换为光信号的变化即可。此种测量方法具有反应快、非接触等优点，故在非电量检测中应用较广。本章简单介绍光电效应、光电元件的结构和工作原理及特性，着重介绍光电传感器的各种应用。

第一节 光电效应及光电元件

光电传感器的理论基础是光电效应（Photo-electric effect）。用光照射某一物体，可以看作物体受到一连串能量为 hf 的光子的轰击，组成该物体的材料吸收光子能量而发生相应电效应的物理现象称为光电效应。通常把光电效应分为三类：

1）在光线的作用下，能使电子逸出物体表面的现象称为外光电效应，基于外光电效应的光电元件有光电管、光电倍增管等。

2）在光线的作用下能使物体的电阻率改变的现象称为内光电效应，基于内光电效应的光电元件有光敏电阻、光敏二极管、光敏三极管及光敏晶闸管等。

3）在光线的作用下，半导体材料产生一定方向电动势的现象称为光生伏特效应，基于光生伏特效应的光电元件有光电池等。

第一类光电元件属于玻璃真空管元件，第二、三类属于半导体元件。

一、基于外光电效应的光电元件

光电管属于外光电效应的光电元件，下面简要介绍它的工作原理。光电管及外光电效应示意图如图 10-1 所示。金属阳极 a 和阴极 k 封装在一个石英玻璃壳内，当入射光照射在阴极板上时，光子的能量传递给阴极表面的电子，当电子获得的能量足够大时，电子就可以克服金属表面对它的束缚（称为逸出功）而逸出金属表面，形成电子发射，这种电子称为“光电子”。

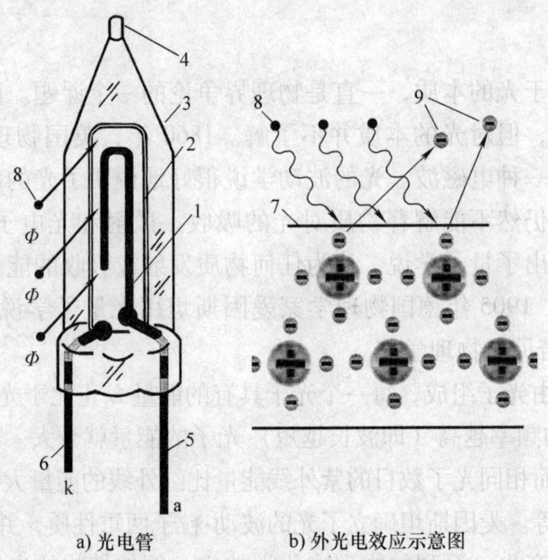

a) 光电管　　b) 外光电效应示意图

图 10-1　光电管及外光电效应示意图

1—阳极 a　2—阴极 k　3—石英玻璃外壳　4—抽气管蒂　5—阳极引脚　6—阴极引脚　7—金属表面　8—光子　9—光致发射电子

当光电管阳极加上适当电压（几伏至数十伏，视不同型号而定）时，从阴极表面逸出的电子被具有正电压的阳极所吸引，在光电管中形成电流，称为光电流。光电流 I_Φ 正比于光电子数，而光电子数又正比于光照度。

由于材料的逸出功不同，所以不同材料的光电阴极对不同频率的入射光有不同的灵敏度。光电管的图形符号及测量电路如图 10-2 所示。目前紫外光电管在工业检测中多用于紫外线测量、火焰监测等，可见光较难引起光电子的发射。

二、基于内光电效应的光电元件

（一）光敏电阻

1. 工作原理

光敏电阻的工作原理是基于内光电效应。在半导体光敏材料两端装上电极引线，将其封装在带有透明窗的管壳里就构成光敏电阻如图 10-3a 所示。为了增加有效接触面，从而提高灵敏度，两电极常做成梳状，如图 10-3b 所示，图形符号如图 10-3c 所示。

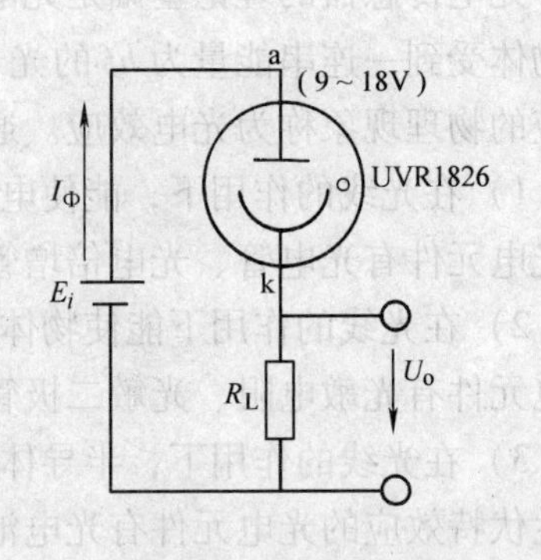

图 10-2　光电管的图形符号及测量电路

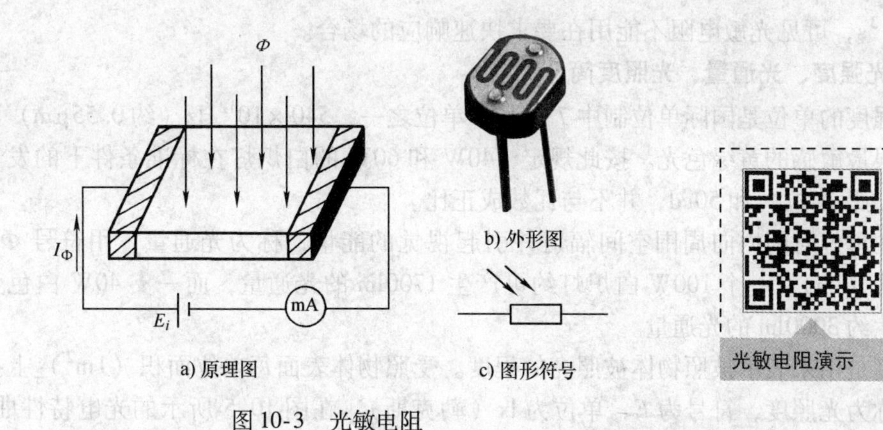

a) 原理图 b) 外形图 c) 图形符号

图 10-3 光敏电阻

构成光敏电阻的材料有金属的硫化物、硒化物及碲化物等半导体。半导体的导电能力完全取决于半导体内载流子数目的多少。当光敏电阻受到光照时，半导体材料的表面产生自由电子，同时产生空穴，电子-空穴对的出现使电阻率变小。光照愈强，光生电子-空穴对就越多，阻值就愈低。入射光消失，电子-空穴对逐渐复合，电阻也逐渐恢复原值。

2. 光敏电阻的特性和参数

（1）暗电阻 置于室温、全暗条件下测得的稳定电阻值称为暗电阻，通常大于 1MΩ。光敏电阻受温度影响甚大，温度上升，暗电阻减小，暗电流增大，灵敏度下降，这是光敏电阻的一大缺点。

（2）光电特性 在光敏电阻两极电压固定不变时，光照度与电阻及电流间的关系称为光电特性。某型号的光敏电阻的光电特性如图 10-4 所示。从图中可以看到，当光照大于 100lx 时，它的光电特性非线性就十分严重了。由于光敏电阻光电特性为非线性，又有较大的温漂，所以不能用于光的精密测量，只能用于定性地判断有无光照，或光照度是否大于某一设定值。又由于光敏电阻的光电特性接近于人眼，所以也可以用于照相机测光元件。

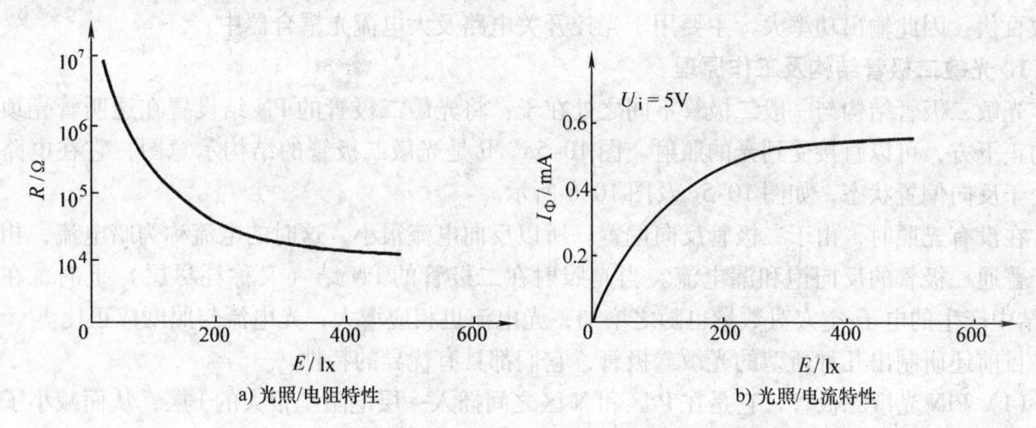

a) 光照/电阻特性 b) 光照/电流特性

图 10-4 某型号光敏电阻的光电特性

（3）响应时间 光敏电阻受光照后，光电流需要经过一段时间（上升时间）才能达到其稳定值。同样，在停止光照后，光电流也需要经过一段时间（下降时间）才能恢复到其暗电流值，这就是光敏电阻的时延特性。光敏电阻的上升响应时间和下降响应时间约为

$10^{-2} \sim 10^{-3}$s，可见光敏电阻不能用在要求快速响应的场合。

3. 发光强度、光通量、光照度简介

发光强度的单位是国际单位制中7个基本单位之一，540×10^{12}Hz（约0.55μm）的单色光是对人眼最敏感的黄绿色光。按此规定，40W和60W的白炽灯在标准条件下的发光强度约为28cd（坎德拉）和50cd，并不与瓦数成正比。

光源在单位时间内向周围空间辐射并引起视觉的能量，称为光通量，用符号Φ表示，单位为流明（lm）。一个100W白炽灯约可产生1700lm的光通量，而一支40W白色荧光灯管则可产生约3000lm的光通量。

光照度是用来表示被照物体被照亮的程度。受照物体表面每单位面积（$1m^2$）上接收到的光通量称为光照度，符号为E，单位为lx（勒克斯）。在图10-5所示的光电特性曲线中，光敏电阻的输入信号即为光照度E。被光均匀并垂直照射平面的光照度$E=\Phi/A$。上式中，Φ为物体表面单位面积上接收到的总光通量，A为被照面积，所以1lx等效于$1lm/m^2$。

为了使读者对光照度值有感性认识，现举几个实际情况下的光照度值供参考。20cm远处的烛光约为10～15lx；在40W荧光灯正下方1.3m处的光照度约为90lx；距40W白炽灯下1m处的光照度约为30lx，加一灯罩后将增加到300lx；晴天中午室外的光照度可达10 000～80 000lx；晴天中午室内窗口桌面的光照度约为2000～4000lx；阴天中午室外的光照度约为6000lx；黄昏室内为10lx；满月时地面上的光照度仅为0.2lx；一般办公室要求的光照度为100～200lx；一般学习的光照度应不少于75lx。教育部门规定，所有教室课桌面的光照度必须大于150lx。由于瞳孔的存在，人眼对光线强弱的感觉类似于对数关系，所以在太阳光及昏暗的灯光下看书时的光照度将相差几百倍。

（二）光敏二极管、光敏晶体管

光敏二极管、光敏晶体管、光敏晶闸管等统称为光敏管，它们的工作原理是基于内光电效应。光敏晶体管的灵敏度比光敏二极管高，但频率特性较差，暗电流也较大。目前还研制出可由强光触发而导通的光敏晶闸管，它的工作电流比光敏晶体管大得多，工作电压有的可达数百伏，因此输出功率大，主要用于光控开关电路及大电流光耦合器中。

1. 光敏二极管结构及工作原理

光敏二极管结构与一般二极管不同之处在于：将光敏二极管的PN结设置在透明管壳顶部的正下方，可以直接受到光的照射。图10-5a、b是光敏二极管的结构示意图，它在电路中处于反向偏置状态，如图10-5c及图10-6所示。

在没有光照时，由于二极管反向偏置，所以反向电流很小，这时的电流称为暗电流，相当于普通二极管的反向饱和漏电流。当光照射在二极管的PN结（又称耗尽层）上时，在PN结中产生的电子-空穴对数量也随之增加，光电流也相应增大，光电流与照度成正比。

目前还研制出几种新型的光敏二极管，它们都具有优异的特性。

（1）PIN光敏二极管　它是在P区和N区之间插入一层电阻率很大的I层，从而减小了PN结的电容，提高了工作频率，响应频率可达GHz数量级。PIN光敏二极管的工作电压（反向偏置电压）高达100V左右，光电转换效率较高，所以其灵敏度比普通的光敏二极管高得多，可用作光盘的读出光敏元件、光纤通信接收管等。特殊结构的PIN二极管还可用于测量紫外线等。

（2）APD光敏二极管（雪崩光敏二极管）　它是一种具有内部倍增放大作用的光敏二

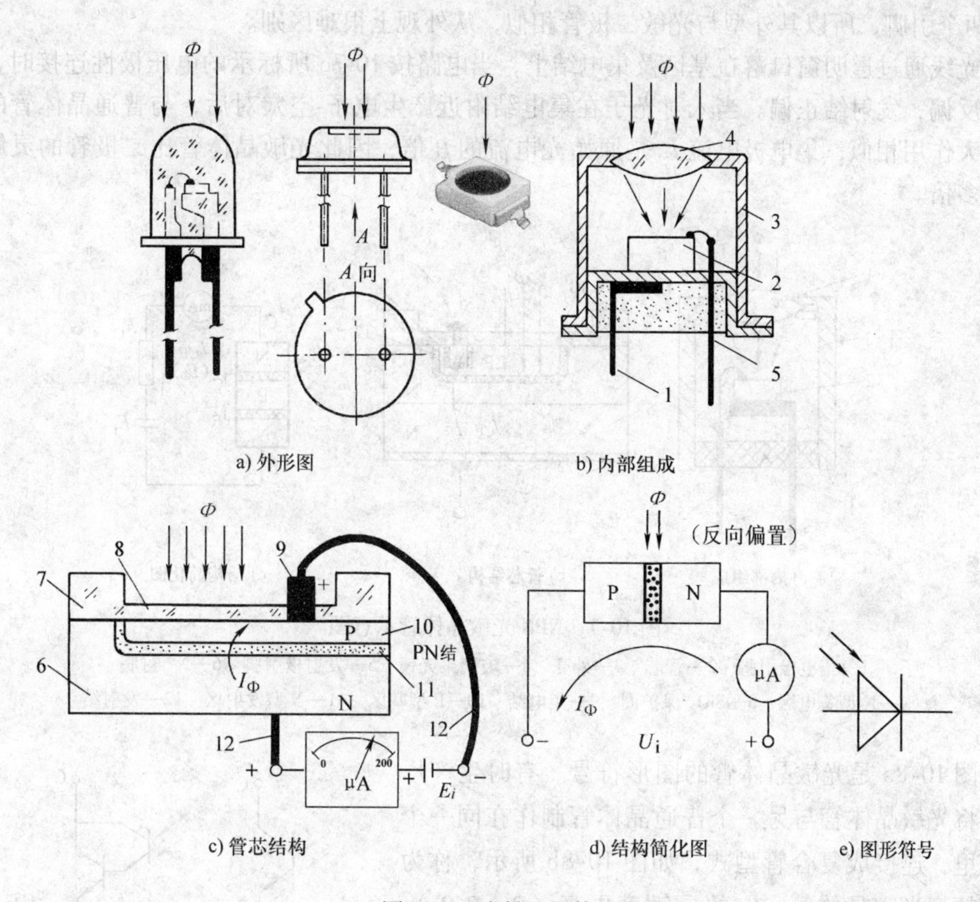

图 10-5 光敏二极管

1—负极引脚 2—管芯 3—外壳 4—玻璃聚光镜 5—正极引脚 6—N 型衬底

7—SiO_2 保护圈 8—SiO_2 透明保护层 9—铝引出电极 10—P 型扩散层 11—PN 结 12—金引出线

极管。它的工作电压高达上百伏，它的工作原理有点类似于雪崩型稳压二极管。

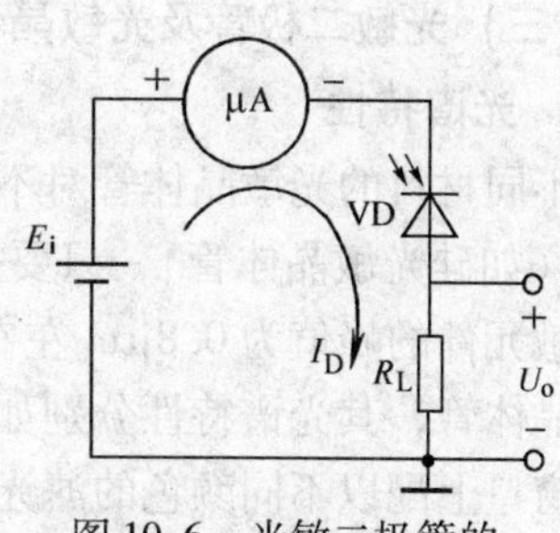

图 10-6 光敏二极管的反向偏置接法

当有一个外部光子射入到其 PN 结上时，将产生一个电子-空穴对。由于 PN 结上施加了很高的反向偏压，PN 结中的电场强度可达 10^4V/mm 左右，因此将光子所产生的光电子加速到具有很高的动能，撞击其他原子，产生新的电子-空穴对。如此多次碰撞，以致最终造成载流子按几何级数剧增的“雪崩”效应，形成对原始光电流的放大作用，增益可达几千倍，而雪崩产生和恢复所需的时间小于 1ns，所以 APD 光敏二极管的工作频率可达几千兆赫，适用于微光信号检测及通信等，可以取代光电倍增管，但噪声较大，易饱和。

2. 光敏晶体管结构及工作原理

光敏晶体管也称为光敏三极管，有两个 PN 结。与普通晶体管相似，也有电流增益。图 10-7 示出了 NPN 型光敏晶体管的结构。多数光敏晶体管的基极没有引出线，只有正负（C、

E）两个引脚，所以其外型与光敏二极管相似，从外观上很难区别。

光线通过透明窗口落在基区及集电结上，当电路按 10-7c 所标示的电压极性连接时，集电结反偏，发射结正偏。当入射光子在集电结附近产生电子-空穴对后，与普通晶体管的电流放大作用相似，集电极电流 I_c 是原始光电流的 β 倍，因此光敏晶体管比二极管的灵敏度高许多倍。

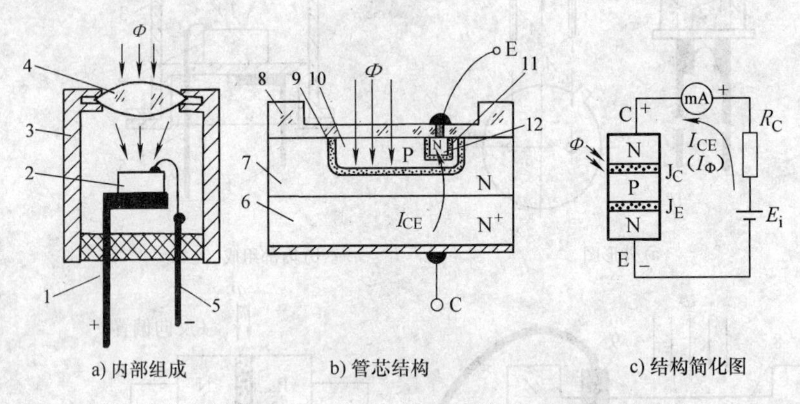

a) 内部组成　　b) 管芯结构　　c) 结构简化图

图 10-7　NPN 光敏晶体管示意图

1—集电极引脚　2—管芯　3—外壳　4—玻璃聚光镜　5—发射极引脚　6—N^+ 衬底　7—N 型集电区　8—SiO_2 保护圈　9—集电结　10—P 型基区　11—N 型发射区　12—发射结

图 10-8a 是光敏晶体管的图形符号。有时生产厂家还将光敏晶体管与另一个普通晶体管制作在同一个管芯里，连接成复合管型式，如图 10-8b 所示，称为达林顿型光敏晶体管。它的灵敏度更高（$\beta=\beta_1\beta_2$），且允许输出较大的电流。但是达林顿光敏晶体管的漏电（暗电流）也较大，频响较差，温漂也较大。

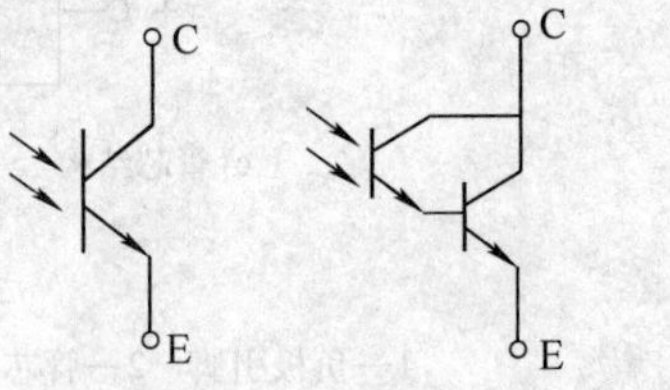

C　C　E　E

a) 光敏晶体管图形符号　　b) 光敏达林顿晶体管图形符号

图 10-8　光敏晶体管的图形符号

（三）光敏二极管及光敏晶体管的基本特性

1. 光谱特性

不同材料的光敏晶体管对不同波长的入射光，其相对灵敏度 K_r 是不同的，即使是同一材料（如硅光敏晶体管），只要控制其 PN 结的制造工艺，也能得到不同的光谱特性。例如，硅光敏元件的峰值为 0.8μm 左右，但现在已分别制出对红外光、可见光直至蓝紫光敏感的光敏晶体管，其光谱特性分别如图 10-9 中的曲线 1、2、3 所示。有时还可在光敏晶体管的透光窗口上配以不同颜色的滤光玻璃，以达到光谱修正的目的，使光谱响应峰值波长根据需要而改变，据此可以制作色彩传感器。锗光敏晶体管的峰值波长为 1.3μm 左右，由于它的漏电及温漂较大，已逐渐被其他新型材料的光敏晶体管所代替。目前已研制出的几种光敏材料光谱波长示于表 10-1 中。光的波长与颜色的关系示于表 10-2 中。广义电磁波谱（波长的大致分布）如图 10-10 所示。

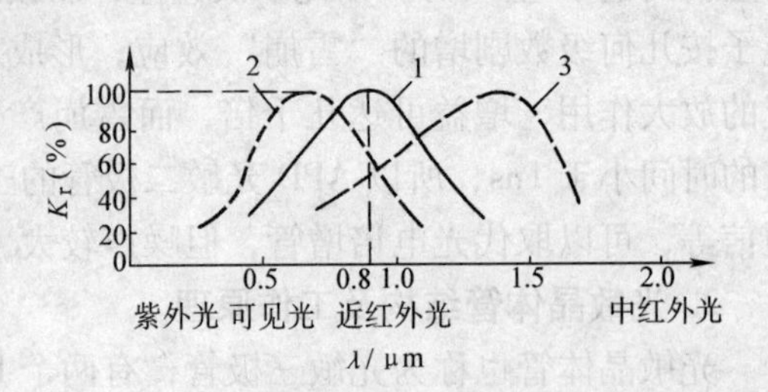

图 10-9　硅光敏晶体管的光谱特性

表 10-1 几种光敏材料的光谱峰值波长

材料名称	GaAsP	GaAs	Si	HgCdTe	Ge	GaInAsP	AlGaSb	GaInAs	InSb
峰值波长/μm	0.6	0.65	0.8	1~2	1.3	1.3	1.4	1.65	5.0

表 10-2 光的波长与颜色的关系

颜色	紫外	紫	蓝	绿	黄	橙	红	红外
波长/μm	10^{-4}~0.39	0.39~0.46	0.46~0.49	0.49~0.58	0.58~0.60	0.60~0.62	0.62~0.76	0.76~1000

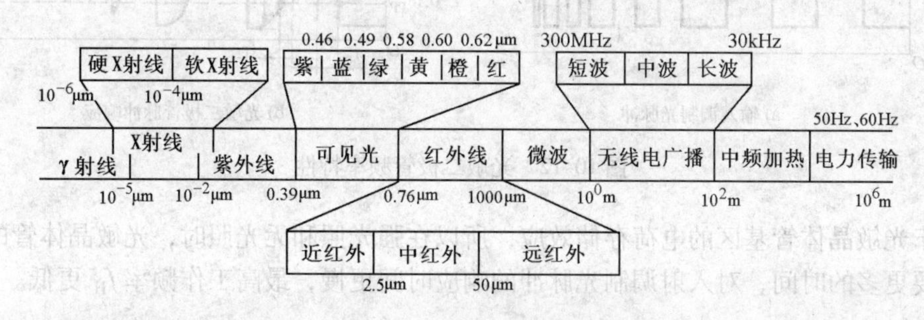

图 10-10 广义电磁波谱（波长的大致分布）

2. 伏安特性

光敏晶体管在不同照度下的伏安特性与一般晶体管在不同基极电流下的输出特性相似。

3. 光电特性

图 10-11 中的曲线 1、曲线 2 分别是某种型号光敏二极管、光敏晶体管的光电特性，从图上可看出，光电流 I_{Φ} 在设定的范围内与光照度成线形关系，光敏晶体管的光电特性曲线斜率较大，说明其灵敏度较高。

图 10-11 光敏二极管与光敏晶体管的光电特性
1—光敏二极管的光电特性
2—光敏晶体管的光电特性

4. 温度特性

温度变化对亮电流影响不大，但对暗电流的影响非常大，并且是非线形的，将给微光测量带来误差。硅光敏晶体管的温漂比光敏二极管大许多，虽然硅光敏晶体管的灵敏度较高，但在高准确度测量中却必须选用硅光敏二极管，并采用低温漂、高准确度的运算放大器来提高灵敏度。

5. 响应时间

工业级硅光敏二极管的响应时间为 10^{-7}~10^{-5}s 左右，光敏晶体管的响应时间比相应的二极管约慢一个数量级，因此在要求快速响应或入射光调制频率（明暗交替频率）较高时，应选用硅光敏二极管。

图 10-12 示出了光敏二极管的光脉冲响应。当光脉冲的重复频率提高时，由于光敏二极管的 PN 结电容需要一定的充放电时间，所以它的输出电流的变化无法立即跟上光脉冲的变

化，输出波形产生失真。当光敏二极管的输出电流或电压脉冲幅度减小到低频时的 $1/\sqrt{2}$ 时，失真十分严重，该光脉冲的调制频率就是光敏二极管的最高工作频率 f_H，又称截止频率。图中的 t_r 为上升时间，t_f 为下降时间。

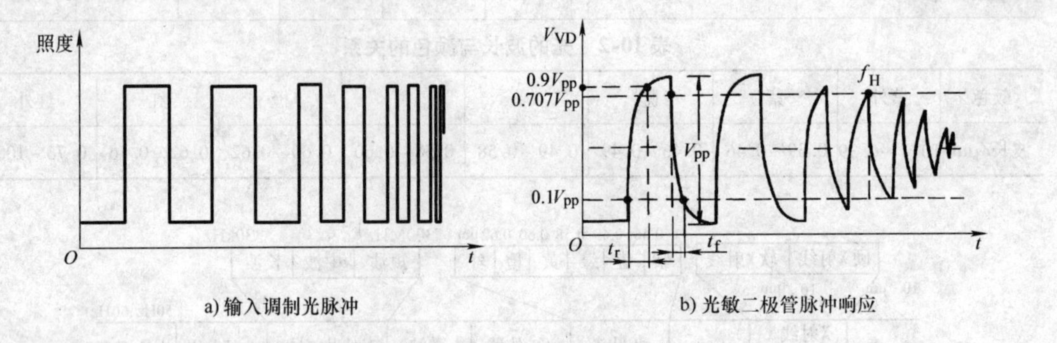

a) 输入调制光脉冲　　b) 光敏二极管脉冲响应

图 10-12　光敏二极管频率特性

由于光敏晶体管基区的电荷存储效应，所以在强光照和无光照时，光敏晶体管的饱和与截止需要更多的时间，对入射调制光脉冲的响应时间更慢，最高工作频率 f_H 更低。

三、基于光生伏特效应的光电元件

光电池能将入射光能量转换成电压和电流，属于光生伏特效应元件。从能量转换角度来看，光电池是作为输出电能的器件而工作的。例如人造卫星上就安装有展开达十几米长的太阳能光电池板。从信号检测角度来看，光电池作为一种自发电型的光电传感器，可用于检测光的强弱，以及能引起光强变化的其他非电量。

（一）结构工作原理及特性

光电池的种类较多，有硅、砷化镓、硒、锗、硫化镉光电池等。其中应用最广的是硅光电池，这是因为它有一系列优点：性能稳定、光谱范围宽、频率特性好、传递效率高、能耐高温辐射、价格便宜等。

硅光电池的材料有单晶硅、多晶硅和非晶硅。单晶硅电池转换效率高，稳定性好，但成本较高。单晶硅光电池的结构示意图如图 10-13a 所示。硅光电池实质上是一个大面积的半导体 PN 结，基体材料多为数百微米的 P 型单晶硅。在 P 型硅的表面，利用扩散法生成一层很薄的 N 型受光层，再在上面覆盖栅状透明电极。

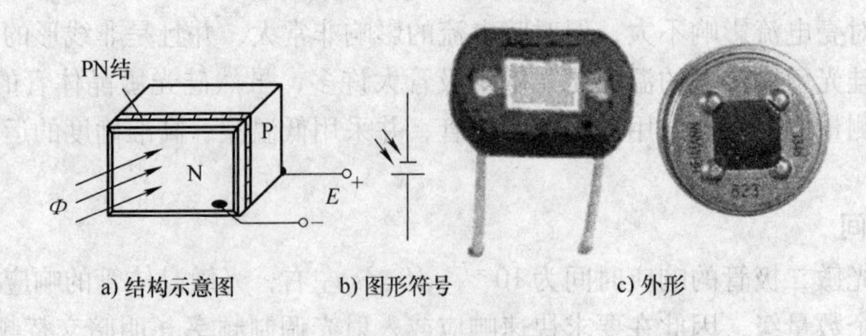

a) 结构示意图　　b) 图形符号　　c) 外形

图 10-13　硅光电池

PN 结又称阻挡层或空间电荷区，靠近 N 区的区域带正电，靠近 P 区的区域带负电。当入射光子的能量足够大时，PN 结每吸收一个光子就产生一对光生电子 – 空穴对。光生电子在PN结的内电场作用下，漂移进入N区；光生空穴在PN结的内电场作用下，漂移进入P区。光生电子在N区的聚集使N区带负电，光生空穴在P区的集结使P区带正电。如果光照是连续的，经短暂的时间（μs数量级），PN结两侧就有一个稳定的光生电动势E输出。当硅光电池接入负载后，光电流从P区经负载流至N区（自由电子从N区经负载至P区），向负载输出功率。

（二）光电池的基本特性

1. 光谱特性

图10-14示出硒、硅、锗光电池的光谱特性。随着制造业的进步，硅光电池已具有从蓝紫到近红外的宽光谱特性。目前许多厂家已生产出峰值波长为0.7μm（可见光）的硅光电池，在紫光（0.4μm）附近仍有65%～70%的相对灵敏度，这大大扩展了硅光电池的应用领域。硒光电池和锗光电池由于稳定性较差，目前应用较少。

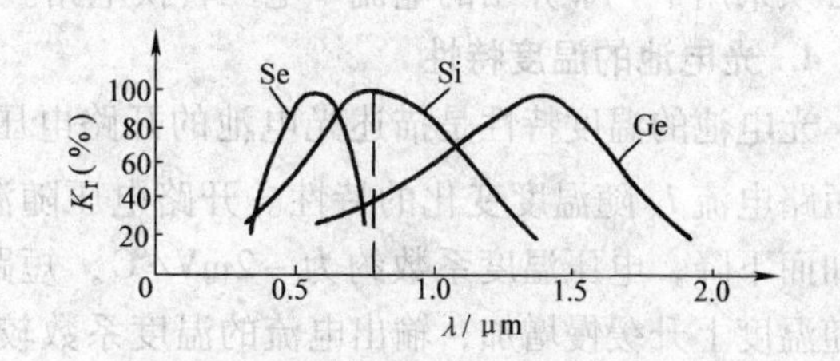

图10-14 光电池的光谱特性

2. 光电特性

硅光电池的负载电阻不同，输出电压和电流也不同。图10-15中的曲线1是某光电池负载开路时的“开路电压”U_o的特性曲线，曲线2是负载短路时的“短路电流”I_Φ的特性曲线。开路电压U_o与光照度的关系是非线性的，近似于对数关系，在2000lx照度以上就趋于饱和。由实验测得，负载电阻越小，光电流与照度之间的线性关系就越好。当负载短路时，光电流在很大范围内与照度成线性关系，因此当测量与光照度成正比的其他非电量时，应把光电池作为电流源来使用；当被测非电量是开关量时，可以把光电池作为电压源来使用。

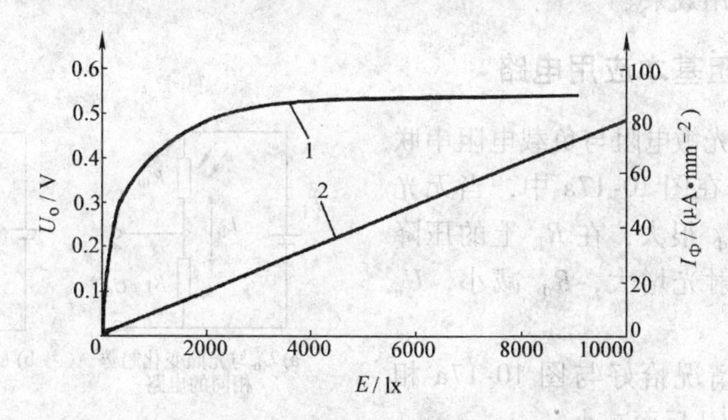

图10-15 某系列硅光电池的光电特性

1—开路电压曲线 2—短路电流曲线

光电池事实上是一个光控恒流源。当$R_L=0$时，光电池输出的光电流I_Φ与光照度E成正比。当R_L开路，且当它的输出电压超过PN结的导通电压0.6V时，I_Φ就通过该PN结形成回路，所以单个硅光电池的输出电压不可能超过PN结的导通电压。如果要得到较大的输出电压，必须将数块光电池串联起来。

3. 伏安特性

图 10-16 是某系列硅光电池的伏安特性。当 R_L 很小（例如图中所示的 500Ω 以下）时，光照度 E 每变化 100lx，其输出电流 I_Φ 的变化间隔基本相等，说明此时 I_Φ 与 E 成正比。

当 R_L 增大时，输出电流与输出电压的非线性越来越大。当把光电池作为换能器使用时，必须选择最佳负载电阻，以得到最大功率输出。在精密测量时，必须设法使 $R_L=0$，这就必须采用下一节介绍的电流-电压转换电路。

4. 光电池的温度特性

光电池的温度特性是描述光电池的开路电压 U_o 及短路电流 I_o 随温度变化的特性。开路电压随温度增加而下降，电压温度系数约为 -2mV/℃，短路电流随温度上升缓慢增加，输出电流的温度系数较小。当光电池作为检测元件时，应考虑温度漂移的影响，采取相应措施进行补偿。

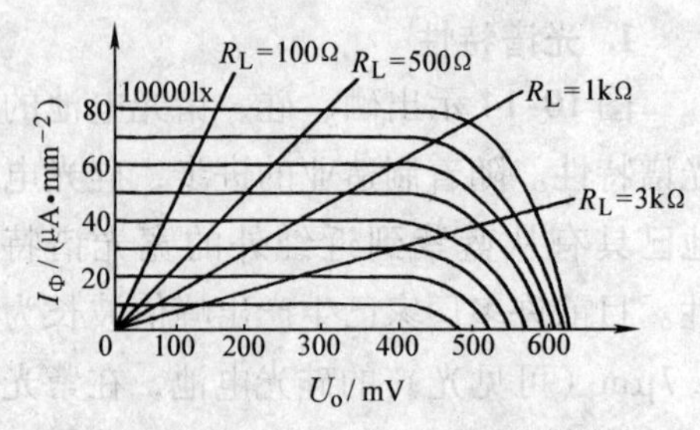

图 10-16 某系列硅光电池的伏安特性

5. 频率特性

频率特性是描述入射光的调制频率与光电池输出电流间的关系。由于光电池受照射产生电子-空穴对需要一定的时间，因此当入射光的调制频率太高时，光电池输出的光电流将下降。硅光电池的面积越小，PN 结的极间电容也越小，频率响应就越好，硅光电池的频率响应可达数十千赫兹至数兆赫兹，硒光电池的频率特性较差，目前已较少使用。

第二节 光电元件的基本应用电路

光敏电阻、光敏晶体管、光电池等光电元器件必须根据各自的特点，使用不同的电路，才能达到最佳的使用效果。

一、光敏电阻基本应用电路

图 10-17 中，光敏电阻与负载电阻串联后，接到电源上。在图 10-17a 中，当无光照时，光敏电阻 R_Φ 很大，在 R_L 上的压降 U_o 很小。随着入射光增大，R_Φ 减小，U_o 也随之增大。

图 10-17b 的情况恰好与图 10-17a 相反，入射光增大，U_o 反而减小。

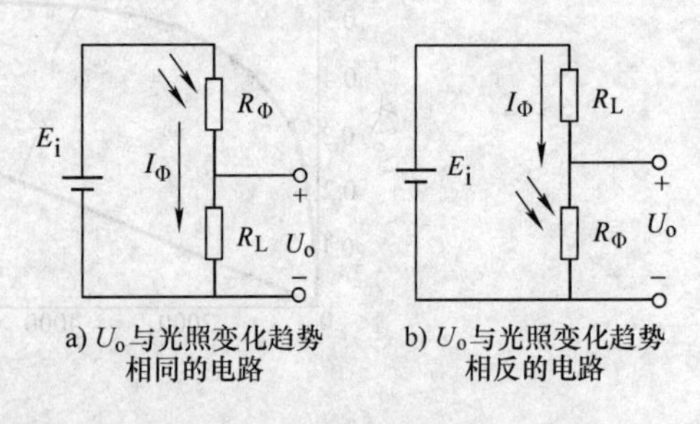

图 10-17 光敏电阻基本应用电路

二、光敏二极管应用电路

光敏二极管在应用电路中必须反向偏置，否则其电流就与普通二极管的正向电流一样，不受入射光的控制了。

图 10-6 和图 10-18 都是正确的接法。在图 10-18 中，利用反相器可将光敏二极管的输出电压转换成 TTL 电平。

三、光敏晶体管应用电路

光敏晶体管在电路中必须遵守集电结反偏，发射结正偏的原则，这与普通晶体管工作在放大区时条件是一样的。

图 10-19 示出了两种常用的光敏晶体管电路，表 10-3 是光敏晶体管的发射极输出电路与集电极输出电路的输出状态比较表。

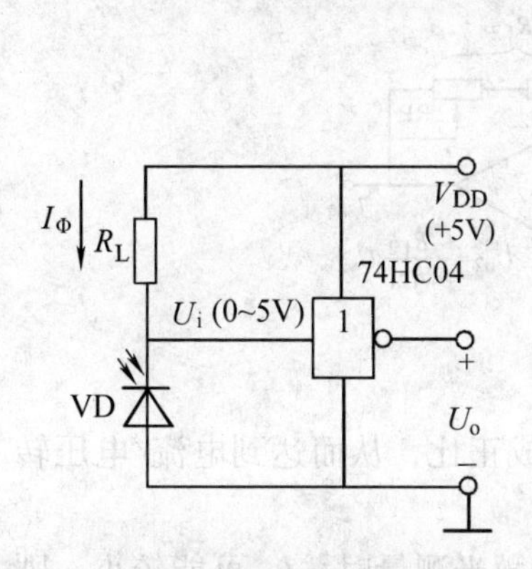

图 10-18　光敏二极管的开关型应用电路

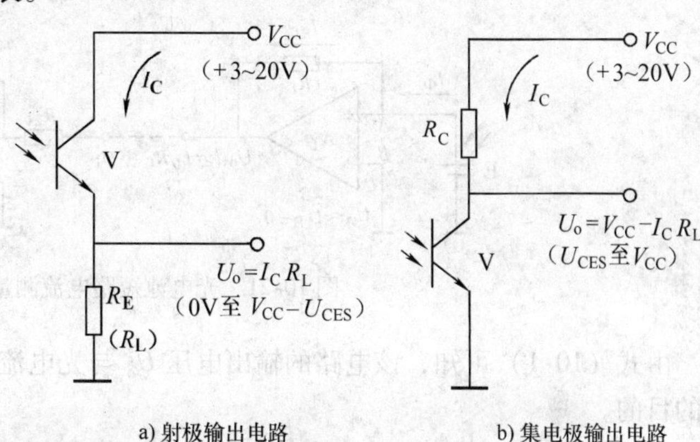

图 10-19　光敏晶体管的两种常用电路

表 10-3　光敏晶体管的输出状态比较

电路型式	无光照时			强光照时		
	晶体管状态	I_C	U_o	晶体管状态	I_C	U_o
发射极输出	截止	0	0(低电平)	饱和	$(V_{CC}-0.3)/R_L$	$V_{CC}-U_{CES}$(高电平)
集电极输出	截止	0	V_{CC}(高电平)	饱和	$(V_{CC}-0.3)/R_L$	U_{CES}(0.3V)(低电平)

从表 10-3 可以看出射极输出电路的输出电压变化与光照的变化趋势相同，而集电极输出恰好相反。

例　图10-20是利用光敏晶体管来达到强光照时继电器吸合的电路，请分析工作过程。

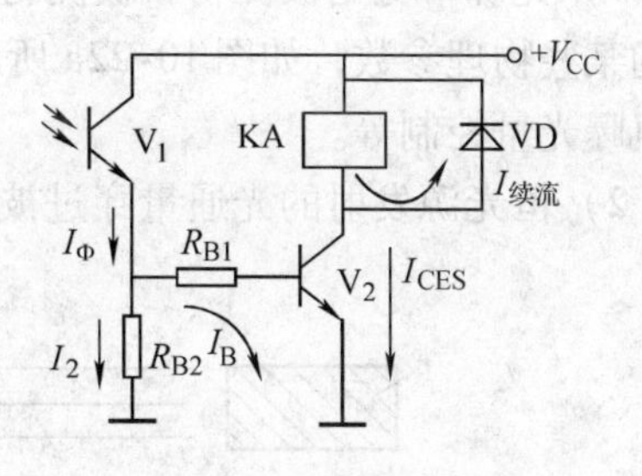

图 10-20　光控继电器电路

解　当无光照时，V_1 截止，$I_\Phi=0$，V_2 也截止，继电器 KA 处于释放状态。

当有强光照时，V_1 产生较大的光电流 I_Φ，I_Φ 一部分流过下偏流电阻 R_{B2}（起稳定工作点作用），另一部分流经 R_{B1} 及 V_2 的发射结。当 $I_B>I_{BS}$（$I_{BS}=I_{CS}/\beta$）时，V_2 也饱和，产生较大的集电极饱和电流 I_{CS}，$I_{CS}=(V_{CC}-0.3V)/R_{KA}$，因此继电器得电并吸合。

如果将 V_1 与 R_{B2} 位置上下对调，其结果相反，请读者自行分析。

四、光电池的应用电路

为了得到光电流与光照度成线性的特性，要求光电池的负载必须短路（负载电阻趋向于零）。可是，这在直接采用动圈式仪表的测量电路中是很难做到的。采用集成运算放大器组成的 $I-U$ 转换电路就能较好地解决这个矛盾。图 10-21 是光电池的短路电流测量电路。由于运算放大器的开环放大倍数 $A_{od}\to\infty$，所以 $U_{AB}\to 0$，A 点为地电位（虚地）。从光电池的角度来看，相当于 A 点对地短路，所以其负载特性属于短路电流的性质。又因为运放反相端输入电流 $I_A\to 0$，所以 $I_{Rf}=I_\Phi$，则输出电压

$$U_o=-U_{Rf}=-I_\Phi R_f \quad (10\text{-}1)$$

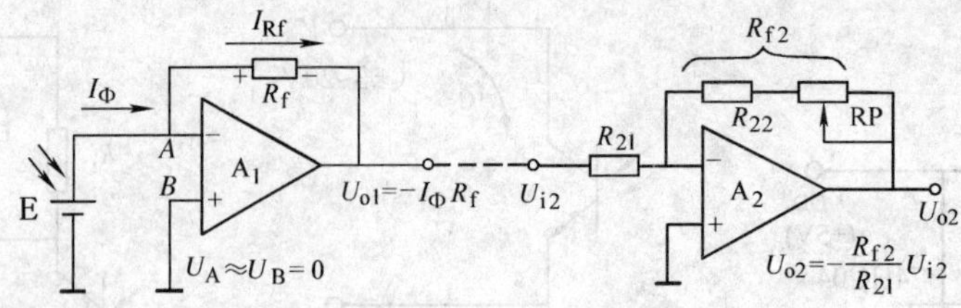

图 10-21 光电池短路电流测量电路

由式（10-1）可知，该电路的输出电压 U_o 与光电流 I_Φ 成正比，从而达到电流/电压转换的目的。

若希望 U_o 为正值，可将光电池极性调换。若光电池用于微光测量时，I_Φ 可能较小，则可增加一级放大电路 A_2，并使用电位器 RP 微调总的放大倍数，如图 10-21 中右边的反相比例放大器电路所示。

第三节 光电传感器的应用

光电传感器属于非接触式测量，目前越来越多地用于生产的各领域。依被测物、光源、光电元件三者之间的关系，可以将光电传感器分为下述四种类型：

1）光源本身是被测物，被测物发出的光投射到光电元件上，光电元件的输出反映了光源的某些物理参数，如图 10-22a 所示。典型的例子有光电高温比色温度计、光照度计、照相机曝光量控制等。

2）恒光源发射的光通量穿过被测物，一部分由被测物吸收，剩余部分投射到光电元件

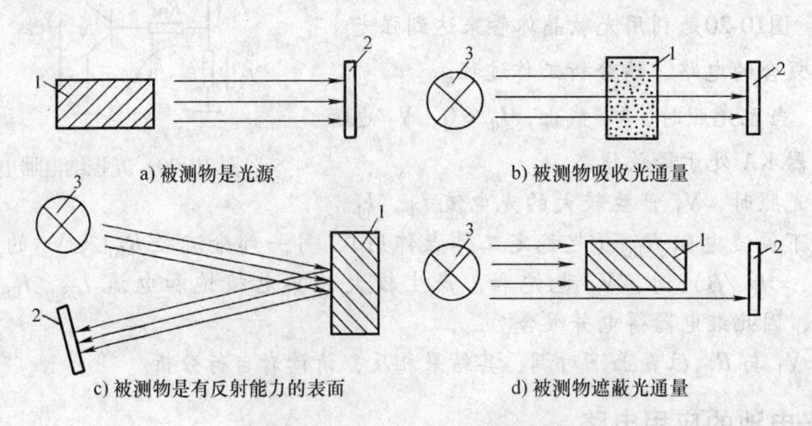

a) 被测物是光源　b) 被测物吸收光通量　c) 被测物是有反射能力的表面　d) 被测物遮蔽光通量

图 10-22 光电传感器的几种形式

1—被测物 2—光电元件 3—恒光源

上，吸收量决定于被测物的某些参数，如图 10-22b 所示，典型例子如透明度计、浊度计等。

3）恒光源发出的光通量投射到被测物上，然后从被测物表面反射到光电元件上，光电元件的输出反映了被测物的某些参数，如图 10-22c 所示。典型的例子如用反射式光电法测转速、测量工件表面粗糙度、纸张的白度等。

4）恒光源发出的光通量在到达光电元件的途中遇到被测物，照射到光电元件上的光通量被遮蔽掉一部分，光电元件的输出反映了被测物的尺寸，如图 10-22d 所示。典型的例子如振动测量、工件尺寸测量等。

一、光源本身是被测物的应用实例

1. 红外线辐射测量温度

任何物体在开氏温度零度以上都能产生热辐射。温度较低时，辐射的是不可见的红外光，随着温度的升高，波长短的光开始丰富起来。温度升高到 500℃时，开始辐射一部分暗红色的光。从 500～1500℃，辐射光颜色逐渐从红色→橙色→黄色→蓝色→白色。也就是说，在 1500℃时的热辐射中已包含了从几十 μm 至 0.4μm 甚至更短波长的连续光谱。如果温度再升高，比如达到 5500℃时，辐射光谱的上限已超过蓝色、紫色，进入紫外线区域。因此测量光的颜色以及辐射强度，可粗略判定物体的温度。特别是在高温（2000℃以上）区域，已无法用常规的温度传感器来测量，例如钨铼$_5$-钨铼$_{26}$热电偶的测温上限也只有 2100℃，所以超高温测量多依靠辐射原理的温度计。

辐射温度计可分为高温辐射温度计、高温比色温度计、红外辐射温度计及红外热像仪等。其中红外辐射温度计既可用于高温测量，又可用于冰点以下的温度测量，所以是辐射温度计的发展趋势。市售的红外辐射温度计的温度范围可以从 -50～3000℃，中间分成若干个不同的规格，可根据需要选择适合的型号。图 10-23 是红外辐射温度计的外形和原理框图。

图 10-23a 是电动机表面温度测量示意图。测试时，按下手枪形测量仪的按钮开关，枪口即射出两束低功率的红色激光（瞄准用）。被测物发出的红外辐射能量就能准确地聚焦在红外辐射温度计内部的红外光电元件（例如 InGaSa、α-Si 等）上。红外辐射温度计内部的 CPU 根据距离、被测物表面黑度辐射系数、水蒸气及粉尘吸收修正系数、环境温度以及被测物辐射出来的红外光强度等诸多参数，计算出被测物体的表面温度。其反应速度只需 0.5s，有峰值、平均值显示及保持功能，可与计算机串行通信。它广泛用于铁路机车轴温检测，冶金、化工、高压输变电设备、热加工流水线表面温度测量。类似的原理，还可以用于非接触测量人体“额头”或“手背”温度的“额温仪”等，是在抗新冠疫情中，快速检测体温的常用设备。

当被测物不是绝对黑体时，在相同温度下，辐射能量将减小。比如十分光亮的物体只能发射或接收很少一部分光的辐射能量，因此必须根据预先标定过的温度，输入光谱黑度修正系数ε_λ（或称发射本领系数）。上述测量方法中，必须保证被测物体的热像充满光电池的整个视场。

高温测量还经常使用一种称为光电比色温度计的仪表。其优点是：理论上与被测物表面的辐射系数（黑体系数）无关；不受视野中灰尘和其他吸光气体的影响；与距离、环境温度无关，不受镜头脏污（这在现场使用中是不可避免的）程度的影响。光电比色温度计多做成望远镜式。使用前先进行参数设置，然后对准目标，调节焦距至从目镜中看到清晰的像为止。按下锁定开关，被测参数即被记录到内部的微处理器中，经一系列运算后显示出被测温度值。

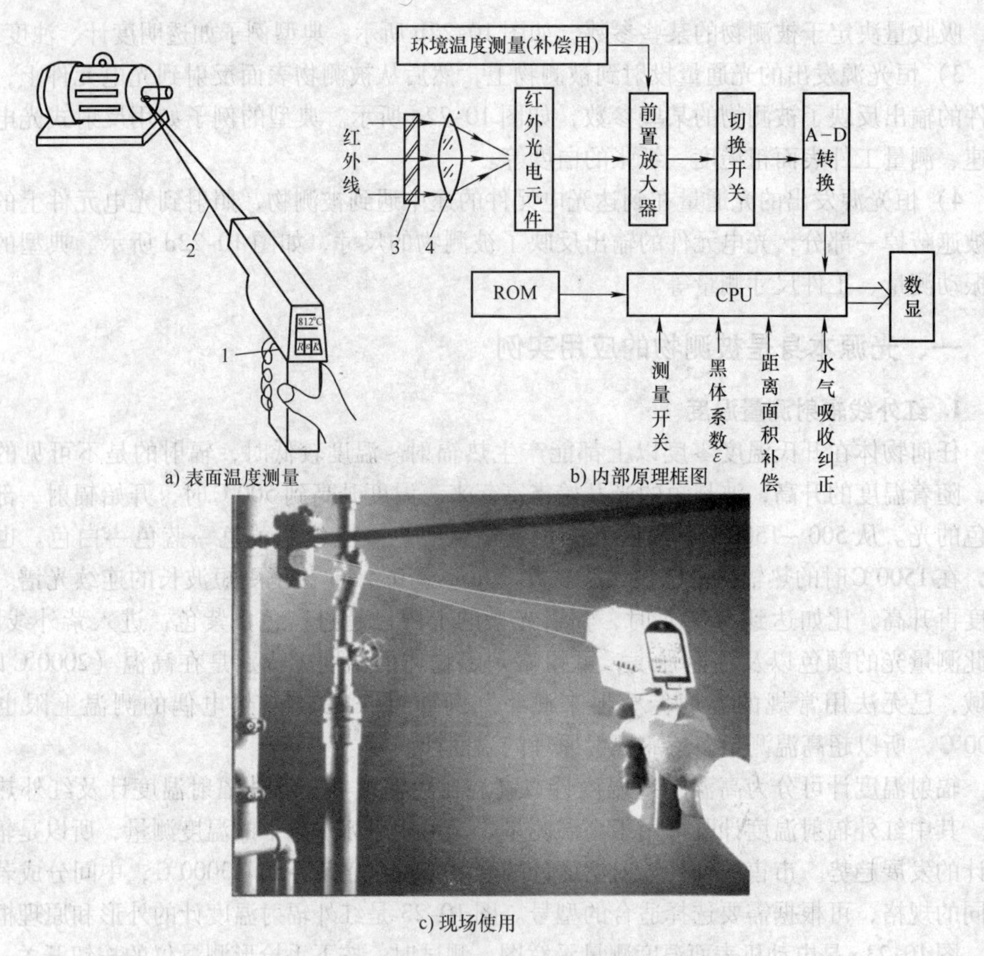

a) 表面温度测量　　b) 内部原理框图

c) 现场使用

图 10-23　红外辐射温度计

1—枪形外壳　2—红色激光瞄准系统　3—滤光片　4—聚焦透镜

2. 热释电传感器在人体检测、报警中的应用

红外线是波长大于 0.76μm 的不可见光。红外线检测的方法很多，有前面述及的热电偶检测、光电池检测、光导纤维检测、量子器件检测等。近年来，热释电元件在红外线检测中得到广泛的应用。它可用于能产生远红外辐射的人体检测，如防盗门、宾馆大厅自动门、自动灯的控制以及辐射中红外线的物体温度的检测等。

（1）热释电效应　某些电介物质如锆钛酸铅（PZT），表面温度发生变化时，在这些介质的表面就会产生电荷，这种现象称为热释电效应，用具有这种效应的介质制成的元件称为热释电元件。红外热释电传感器由滤光片、热释电红外敏感元件，高输入阻抗放大器等组成，如图 10-24 所示。

制作敏感元件时，先把热释电材料制成很小的薄片，再在薄片两侧镀上电极，把两个极性相反的热释电敏感元件做在同一晶片上，并且反向串联，如图 10-24c 所示。

由于环境影响而使整个晶片温度变化时，两个传感元件产生的热释电信号相互抵消，所以它对缓慢变化的信号没有输出。但如果两个热释电元件的温度变化不一致，它们的输出信号就不会被抵消。只要想办法使照射到两个热释电元件表面的红外线忽强忽弱，传感器就会

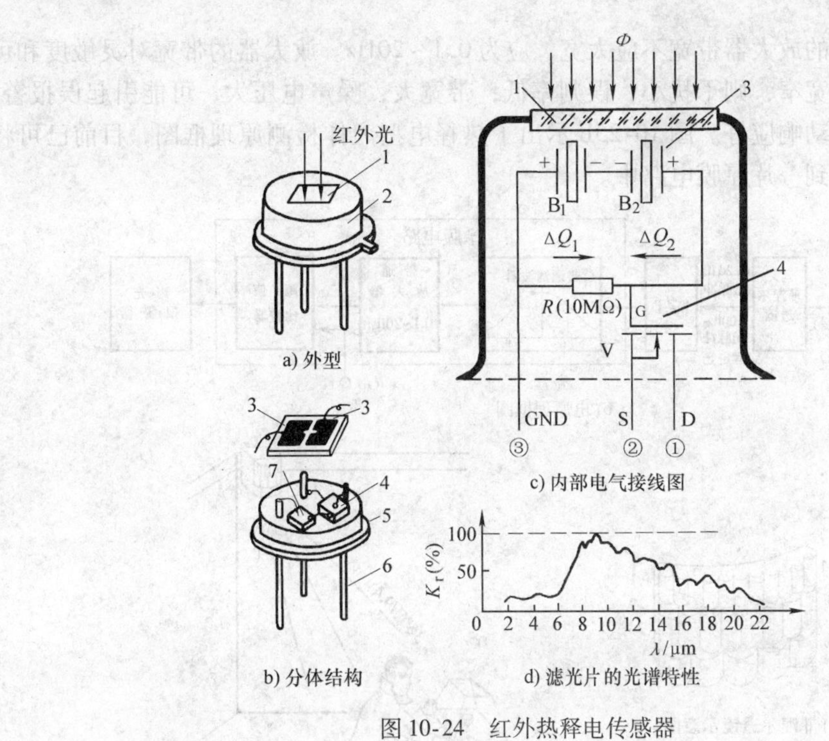

图 10-24 红外热释电传感器

1—滤光片 2—管帽 3—敏感元件 4—放大器 5—管座 6—引脚 7—高阻值电阻 R

有交变电压输出。

为了使热释电元件更好地吸收远红外线，需要在其表面镀覆一层能吸收远红外能量的黑色薄膜。为了防止可见光对热释电元件的干扰，必须在其表面安装一块滤光片（FT）。如果某种型号的热释电传感器是用于防盗报警器的，那么滤光片应选取7.5～14μm波段。这是因为，不同温度的物体发出的红外辐射波长不同。当人体外表温度为36℃时，人体辐射的红外线在9.4μm处最强。

热释电元件输出的交变电压信号由高输入阻抗的场效应管（FET）放大器放大，并转换为低输出阻抗的电压信号。

热释电传感器用于红外防盗器时，其表面必须罩上一块由一组平行的棱柱型透镜所组成的菲涅尔透镜，如图 10-25a 所示。若从热释电元件来看，它前面的每一透镜单元都只有一个不大的视场角，而且相邻的两个单元透镜的视场既不连续，也不重叠，相隔着一个盲区。当人体在透镜总的监视范围（视野约 70°角）中运动时，顺次地进入某一单元透镜的视场，又走出这一视场。热释电元件对运动物体一会儿“看得见”，一会儿又变得“看不见”，再过一会儿又变得“看得见”，如此循环往复。传感器晶片上的两个反向串联热释电元件是轮流“看到”运动物体的，所以人体的红外辐射以光脉冲的型式不断改变两个热释电元件的温度，使它输出一串交变脉冲信号。当然，如果人体静止不动地站在热释电元件前面，它是“视而不见”的。

（2）对信号处理电路的要求 人体运动速度不同，传感器输出信号的频率也不同。在正常行走速度下，由菲涅尔透镜产生的光脉冲调制频率约为 6Hz 左右；当人体快速奔跑通过传感器面前时，可能高达 20Hz。再考虑到荧光灯的脉动频闪（人眼不易察觉）为 100Hz，所以信号处理电路中的放大器带宽不应太宽，应为0.1～20Hz。放大器的带宽对灵敏度和可靠性有重要影响。带宽窄，则干扰小，误判率低；带宽大，噪声电压大，可能引起误报警，但对快速和极慢速移动响应好。图10-25b示出了热释电型人体检测原理框图，目前已可将图中的所有电路集成到一片厚膜电路中。

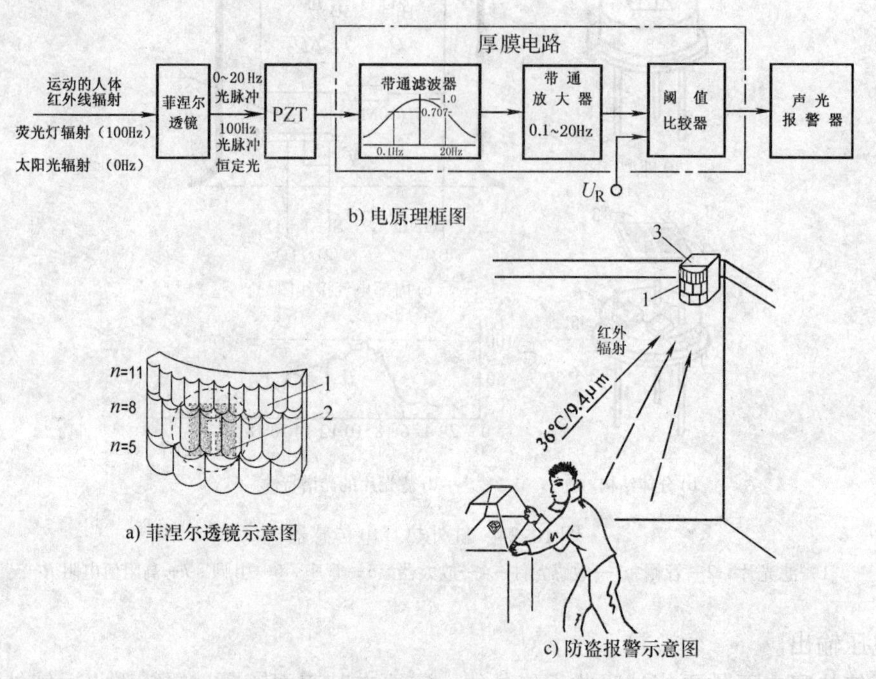

图10-25 热释电型人体检测原理图

1—菲涅尔透镜 2—热释电元件 3—传感器外形

二、被测物吸收光通量的应用实例

1. 光电式浊度计

水样本的浊度是水文资料的重要内容之一，图10-26是光电式浊度计的原理图。

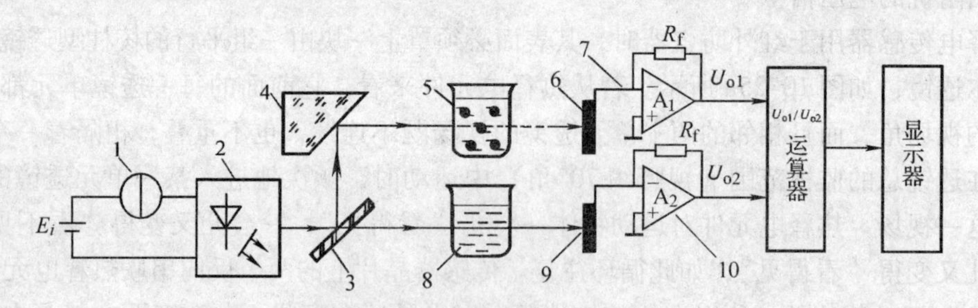

图10-26 光电式浊度计原理图

1—恒流源 2—半导体激光器 3—半反半透镜 4—反射镜 5—被测水样

6、9—光电池 7、10—电流/电压转换器 8—标准水样

光源发出的光线经过半反半透镜分成两束强度相等的光线，一路光线穿过标准水样8（有时也采用标准衰减板），到达光电池9，产生作为被测水样浊度的参比信号。另一路光线

穿过被测水样 5 到达光电池 6，其中一部分光线被样品介质吸收，样品水样越混浊，光线衰减量越大，到达光电池 6 的光通量就越小。两路光信号均转换成电压信号 U_1、U_2，由运算电路 11 计算出 U_1、U_2 的比值，并进一步算出被测水样的浊度。

采用分光镜 3、标准水样 8 以及光电池 9 作为参比通道的好处是：当光源的光通量因种种原因有所变化或环境温度变化引起光电池灵敏度发生改变时，由于两个通道的结构完全一样，所以在最后运算 U_1/U_2 值（其值的范围是 0 ~ 1）时，上述误差可自动抵消，减小了测量误差。检测技术中经常采用类似上述的方法，因此从事测量工作的人员必须熟练掌握参比和差动的概念。将上述装置略加改动，还可以制成光电比色计，用于血色素测量、化学分析等。

2. 烟雾报警器

宾馆等对防火设施有严格考核的场所均必须按规定安装火灾传感器。火灾发生时伴随有光和热的化学反应。物质在燃烧过程中一般有下列现象发生：

（1）产生热量，使环境温度升高　物质剧烈燃烧时会释放出大量的热量，这时可以用第九章论述的各种温度传感器来测量。但是在燃烧速度非常缓慢的情况下，环境温度的上升是不易鉴别的。

（2）产生可燃性气体　有机物在燃烧的初始阶段，首先释放出来的是可燃性气体，如 CO 等。

（3）产生烟雾　烟雾是人们肉眼能见到的微小悬浮颗粒。其粒子直径大于 10nm。烟雾有很大的流动性，可潜入烟雾传感器中，是较有效的检测火灾的手段。

（4）产生火焰　火焰是物质产生灼烧气体而发出的光，是一种辐射能量。火焰辐射出红外线、可见光和紫外线。其中红外线和可见光不太适合用于火灾报警，这是因为正常使用中的取暖设备、电灯、太阳光线都包含有红外线或可见光。用本章第一节介绍过的紫外线管（外光电效应型）也可以用某些专用的半导体内光电效应型紫外线传感器，能够有效地监测火焰发出的紫外线，但应避开太阳光的照射，以免引起误动作。下面简单介绍光电直射型烟雾传感器的结构和工作原理。

图 10-27 中，红外线 LED 与红外光敏晶体管的峰值波长相同，称为红外对管。它们的安装孔处于同一轴线上。

无烟雾时，光敏晶体管接收到 LED 发射的恒定红外光。而在火灾发生时，烟雾进入检测室，遮挡了部分红外光，使光敏晶体管的输出信号减弱，经阈值判断电路后，发出报警信号。

必须指出的是，室内抽烟也可能引起误报警，所以还必须与其他火灾传感器组成综合火灾报警系统，由大楼中的主计算机作出综合判断，并开启相应房间的消防设备。

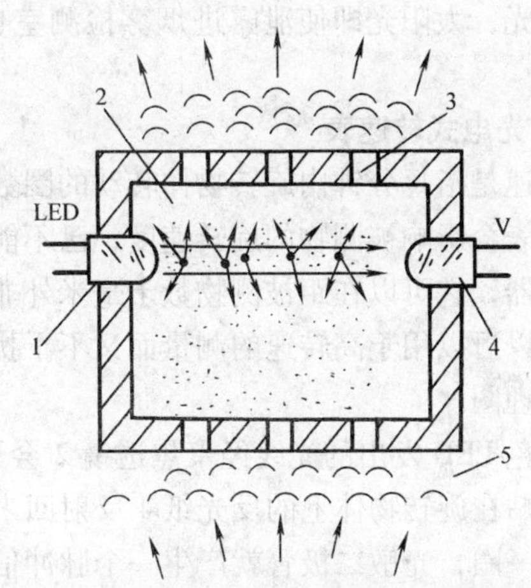

图 10-27　光电直射式烟雾传感器示意图

1—红外发光二极管　2—烟雾检测室
3—透烟孔　4—红外光敏晶体管　5—烟雾

三、被测物体反射光通量的应用实例

1. 反射式烟雾报警器

上述直射式烟雾报警器的灵敏度不高，只有在烟气较浓时光通量才有较大的衰减。图 10-28所示的反射式烟雾报警器灵敏度较高。在没有烟雾时，由于红外对管相互垂直，烟雾室内又涂有黑色吸光材料，所以红外 LED 发出的红外光无法到达红外光敏晶体管。当烟雾进入烟雾室后，烟雾的固体粒子对红外光产生漫反射（图中画出几个微粒的反射示意图），使部分红外光到达光敏晶体管。

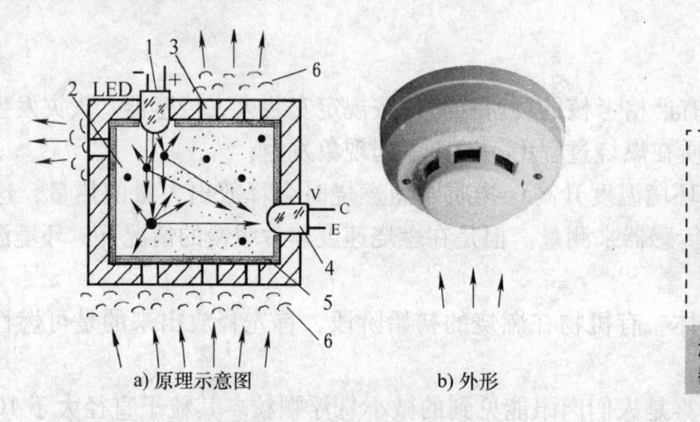

a) 原理示意图　　b) 外形

漫反射式烟雾传感器演示

图 10-28　漫反射式烟雾传感器示意图

1—红外发光二极管　2—烟雾检测室

3—透烟孔　4—红外光敏晶体管　5—黑色吸光绒布　6—烟雾

在反射式烟雾报警器中，红外 LED 的激励电流不是连续的直流电，而且用 40kHz 调制的脉冲，所以红外光敏晶体管接收到的光信号也是同频率的调制光。它输出的 40kHz 电信号经窄带选频放大器放大、检波后成为直流电压，再经低放和阈值比较器输出报警信号。室内的灯光，太阳光即使泄露进烟雾检测室也无法通过 40kHz 选频放大器，所以不会引起误报警。

2. 光电式转速表

转速是指每分钟内旋转物体转动的圈数，它的单位是 r/min。机械式转速表和接触式电子转速表会影响被测物的旋转速度，已不能满足自动化的要求。光电式转速表属于反射式光电传感器，它可以在距被测物数十毫米外非接触地测量其转速。由于光电器件的动态特性较好，所以可以用于高转速的测量而又不干扰被测物的转动，图 10-29 是光电式转速表的基本工作原理图。

红色 LED 发出的光线经聚焦透镜 2 会聚成平行光束，照射到被测旋转物 3 上，光线经事先粘贴在旋转物体上的反光纸 4 反射回来，经透镜 5 聚焦后落在光敏二极管 6 上。旋转物体每转一圈，光敏二极管就产生一个脉冲信号，经放大整形电路得到 TTL 电平的脉冲信号，该信号在与门中和“秒信号”进行“逻辑与”，所以与门在 1s 的时间间隔内输出的脉冲数就反映了旋转物体的每秒转数，再经数据运算电路处理后，由数码显示器显示出每分钟的转数即转速 n。

以上大部分脉冲处理过程可以由微处理器来完成，并可利用“同步电路”来减小“±1

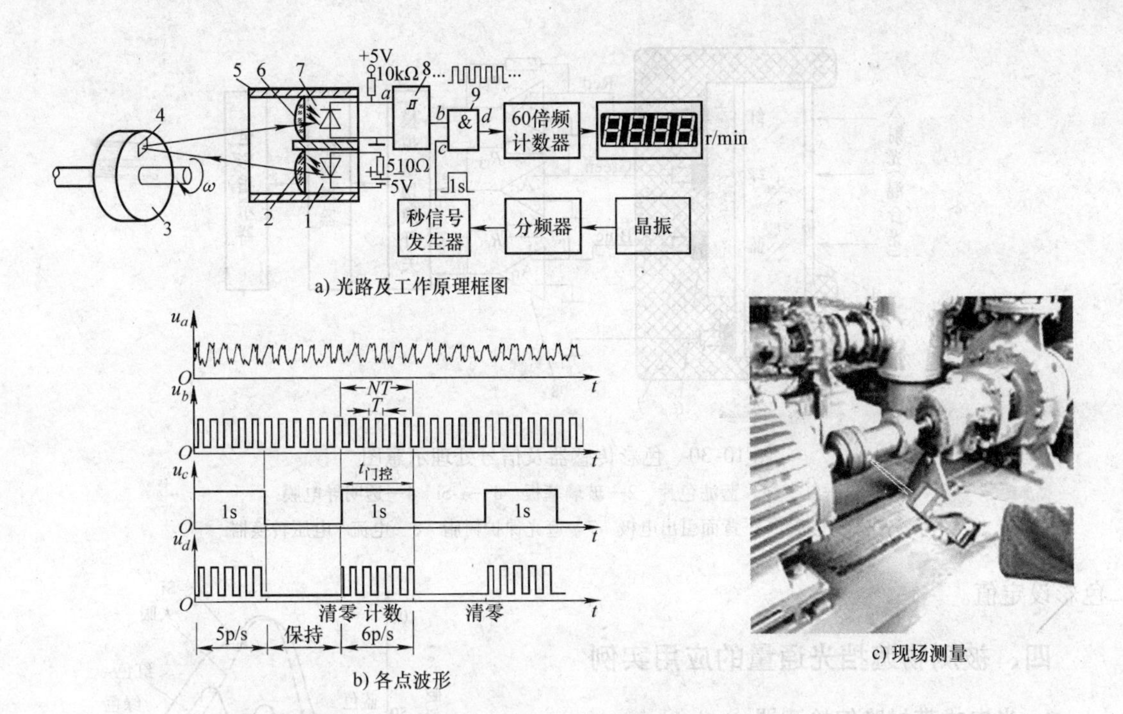

a) 光路及工作原理框图

b) 各点波形

c) 现场测量

图 10-29 光电式转速表的工作原理及各点波形

1—光源（LED） 2、6—聚焦透镜 3—被测旋转物 4—银白色反光纸

5—遮光罩 7—光敏二极管 8—放大、整形电路 9—秒信号闸门

误差。”

3. 色彩传感器

白色光源照在物体上时，物体表面的反射光颜色将由物体的性质决定。在许多场合，必须判定反射光的颜色，但由于人的生理和情感因数的影响，要对色彩做出准确判断以及定量描述是较困难的。用色彩传感器就可以实现对色彩的测定，目前它在图像处理和美工、纺织、印染、涂料、食品加工、农作物生长和成熟判断等方面得到越来越广泛的应用。

现代色度学是采用 CIE（国际照明委员会）所规定的一套颜色测量原理及计算方法来确定颜色的。任何一个物体的颜色都可用红、绿、蓝（R、G、B）三原色的光功率谱的函数来表示。射入眼睛的光线刺激视网膜上对不同颜色有不同灵敏度的视觉细胞，并通过视神经传送到大脑，从而感觉到色彩。

采用新型半导体材料——无定型硅（α-Si）制成的色彩传感器能得到三色信号，其结构如图 10-30 所示。在玻璃基板上按顺序粘贴红、绿、蓝滤色镜，分别与 R、G、B 三个输出电极处于同一轴线上。α-Si 本身的光谱灵敏度与人眼十分接近，峰值波长约为 0.5 ~ 0.6μm，而不像单晶硅那样为 0.8μm（见图 10-14）。因此当光线透过红、绿、蓝滤光片后，就可以分别得到三根图 10-31 所示的光谱特性。

α-Si 的工作原理是光生伏特效应，其输出是与接收到的光成正比的电流信号 I_R、I_G、I_B，它们分别经 $I-U$ 转换器转换为电压信号，由计算机根据色度学原理，计算出被测物的颜色参数。

使用 α-Si 色彩传感器必须采用日光型照明光源，在更换光源时，必须重新校正物体的

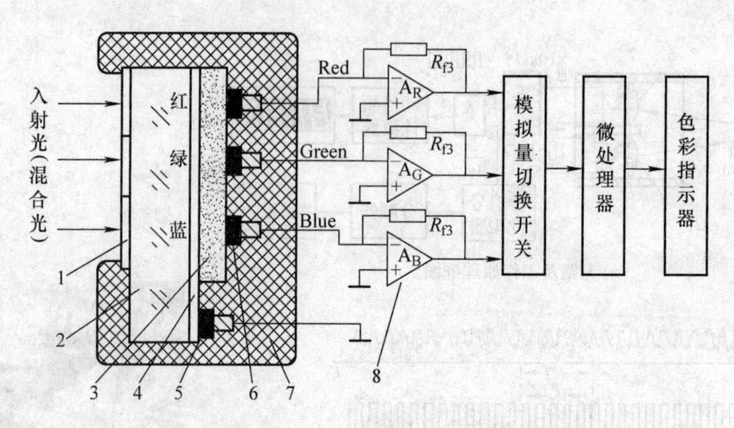

图 10-30　色彩传感器及信号处理示意图

1—红、绿、蓝滤色片　2—玻璃基板　3—α-Si　4—透明导电膜
5—公共电极　6—背面引出电极　7—遮光保护树脂　8—电流/电压转换器

色彩设定值。

四、被测物遮挡光通量的应用实例

1. 光电式带材跑偏检测器

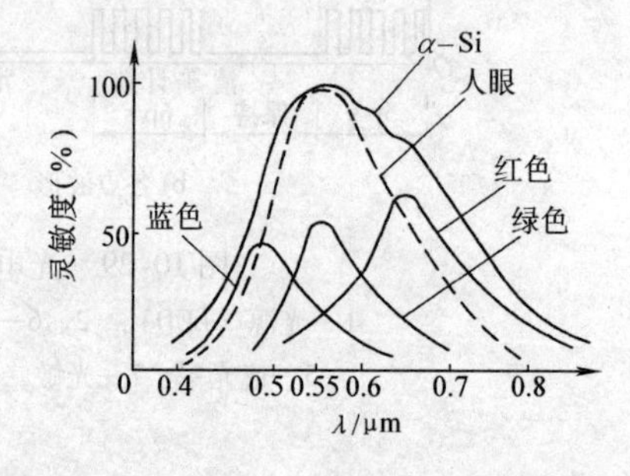

图 10-31　α-Si 彩色传感器的光谱灵敏度

带材跑偏检测器是用来检测带型材料在加工过程中偏离正确位置的大小及方向，从而为纠偏控制电路提供纠偏信号。例如在冷轧带钢厂中，带钢在某些工艺如连续酸洗、退火和镀锡等过程中易产生走偏。在其他工业部门如印染、造纸、胶片和磁带等生产过程中也会发生类似的问题。带材走偏时，边缘经常与传送机械发生碰撞，易出现卷边，造成废品。

光电式边缘位置检测纠偏及测控原理图如图 10-32 所示。光源 8 发出的光线经扩束透镜 9 和汇聚透镜 10，变为平行光束，投向汇聚透镜 11，再次被汇聚为 ϕ8mm 左右的光斑，落到光电池 E_1 上。在平行光束到达透镜 11 的途中，有部分光线受到被测带材 1 遮挡，从而使到达光电池的光通量 Φ 减小。

采用 I/U 电路来将光电池的短路电流转换为输出电压，$U_o = -I_{\Phi 1}R_{f1}$。图 10-32b 中的 E_1、E_2 是相同型号的光电池，E_1 作为测量元件装在带材下方，而 E_2 用遮光罩罩住，与 A_2 共同起温度补偿作用。当带材处于正确位置（中间位置）时，由运算放大器 A_1、A_2 组成的两路"光电池短路电流放大电路"的输出电压绝对值相同，即 $U_{o1} = -U_{o2}$，则反相加法器电路 A_3 的输出电压 U_{o3} 为零。

当带材左偏时，遮光面积减小，光电池 E_1 的受光面积增大，输出电流增加，导致 A_1 的输出电压 U_{o1} 变大（正值），而 A_2 的输出电压 U_{o2} 不变。反相加法放大器 A_3 将这一正一负的不平衡电压加以放大，输出电压 U_{o3} 为负值，它反映了带材跑偏的方向及大小。输出电压 U_{o3} 一方面由显示器显示出来，另一方面被送到比例调节阀的电磁绕组，使液压缸中的活塞向右推动开卷机构，达到纠偏的目的。

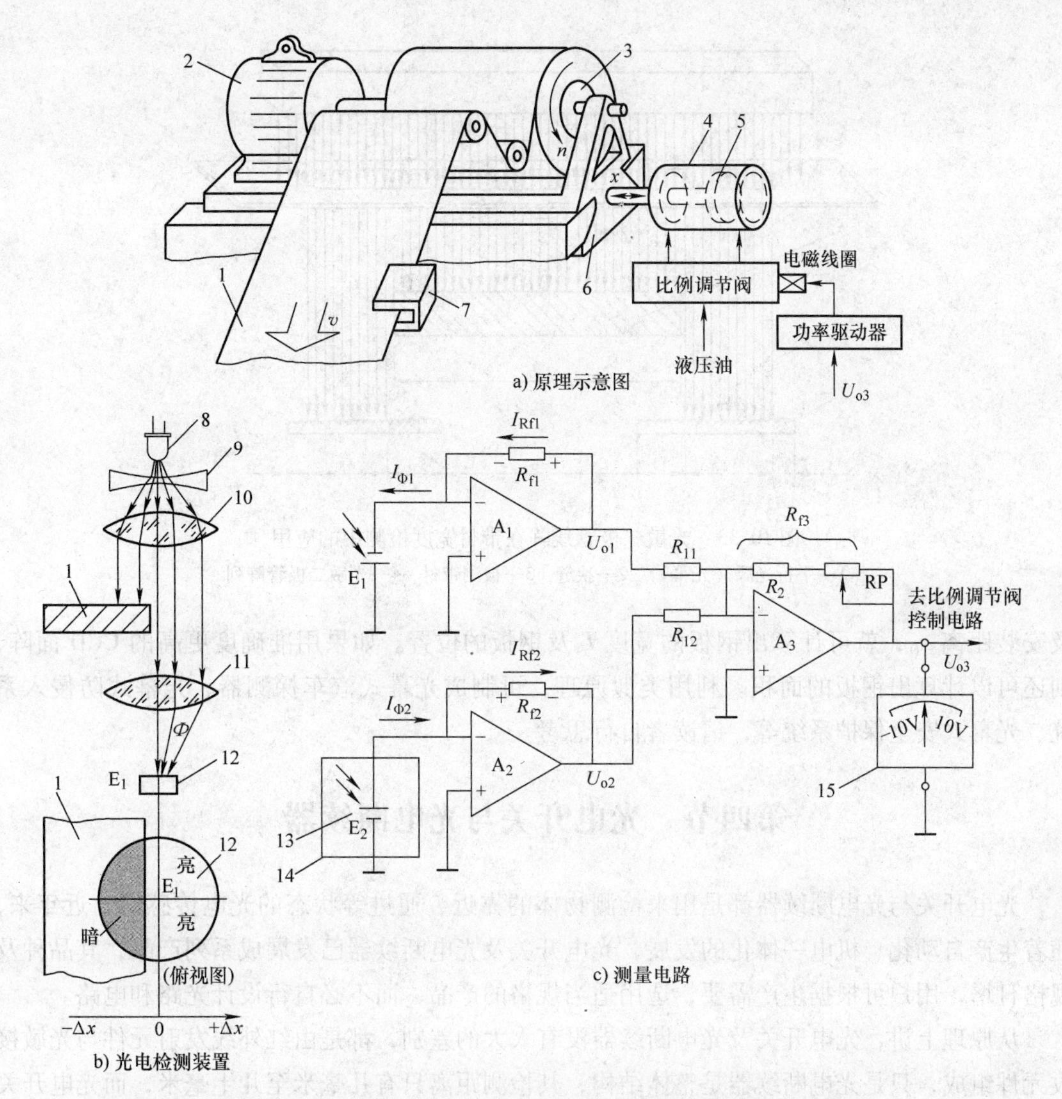

图 10-32 光电式边缘位置检测纠偏及测控原理图

1—被测带材 2—开卷电动机 3—卷取辊 4—伺服液压缸 5—活塞 6—滑台
7—光电边缘位置检测传感器 8—LED 光源 9—扩束透镜 10—平行光束透镜
11—汇聚透镜 12—光电池 E_1 13—温度补偿光电池 E_2 14—遮光罩 15—跑偏指示

2. 光电线阵在带材宽度检测中的应用

上述光电式边缘位置检测纠偏装置是光电元件的线性应用的例子。若使用光电线阵，也同样可以测量带材的边缘位置宽度。它具有数字式测量的特点：准确度高、漂移小，可不考虑光敏元件的线性误差等，图 10-33 是用光敏二极管线阵测量钢板宽度的例子。

光源置于钢板上方。采用特殊形状的圆柱形透镜和同样长度的窄缝，可形成薄片状的平行光光源，称为“光幕”。在钢板下方的两侧，各安装一条光敏二极管线阵。钢板阴影区内的光敏二极管输出低电平，而亮区内的光敏二极管输出高电平。用计算机读取输出高电平的二极管编号及数目，再乘以光敏二极管的间距就是亮区的宽度，再考虑到光敏线阵的总长度

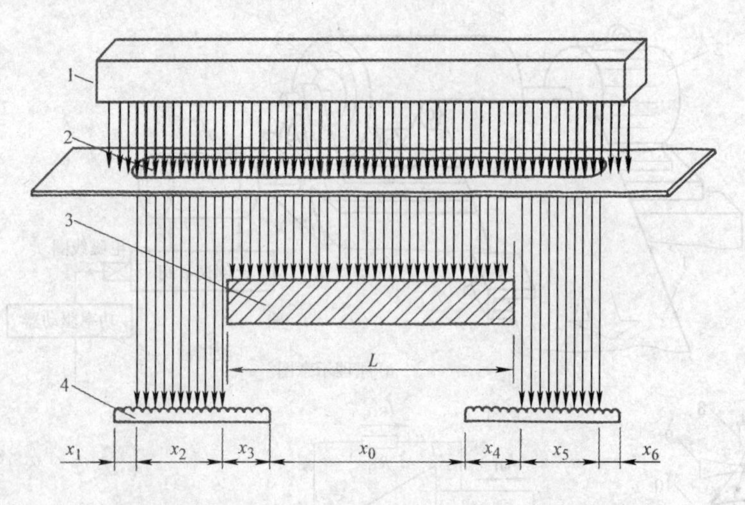

图 10-33 光敏二极管线阵在带材宽度检测中的应用
1—平行光源（光幕） 2—狭缝 3—被测带材 4—光敏二极管阵列

及安装距离 x_0，就可计算出钢板的宽度 L 及钢板的位置。如果用准确度更高的 CCD 面阵，则还可以计算出钢板的面积。利用类似原理，可制成光幕式汽车探测器、光幕式防侵入系统、光幕式安全保护系统等，请读者自行思考。

第四节 光电开关与光电断续器

光电开关与光电断续器都是用来检测物体的靠近、通过等状态的光电传感器。近年来，随着生产自动化、机电一体化的发展，光电开关及光电断续器已发展成系列产品，其品种及规格日增，用户可根据生产需要，选用适当规格的产品，而不必自行设计光路和电路。

从原理上讲，光电开关及光电断续器没有太大的差别，都是由红外线发射元件与光敏接收元件组成，只是光电断续器是整体结构，其检测距离只有几毫米至几十毫米，而光电开关的检测距离可达几米至几十米。

一、光电开关的结构和分类

光电开关可分为两类：遮断型和反射型，如图 10-34 所示。图 10-34a 中，发射器和接收器相对安放，轴线严格对准。当有物体在两者中间通过时，红外光束被遮断，接收器接收不到红外线而产生一个负脉冲信号。遮断型光电开关的检测距离一般可达十几米。

反射型分为两种情况：反射镜反射型及被测物漫反射型（简称散射型），分别如图10-37b、c 所示。反射镜反射型传感器需要调整反射镜的角度以取得最佳的反射效果，它的检测距离不如遮断型。反射镜一般不用平面镜，而使用偏光三角棱镜，它对安装角度的变化不太敏感，能将光源发出的光转变成偏振光（波动方向严格一致的光）反射回去。光敏元件表面覆盖一层偏光透镜，只能接收反射镜反射回来的偏振光，而不响应表面光亮物体反射回来的各种非偏振光。这种设计使它也能用于检测诸如玻璃瓶等具有反光面的物体，而不受干

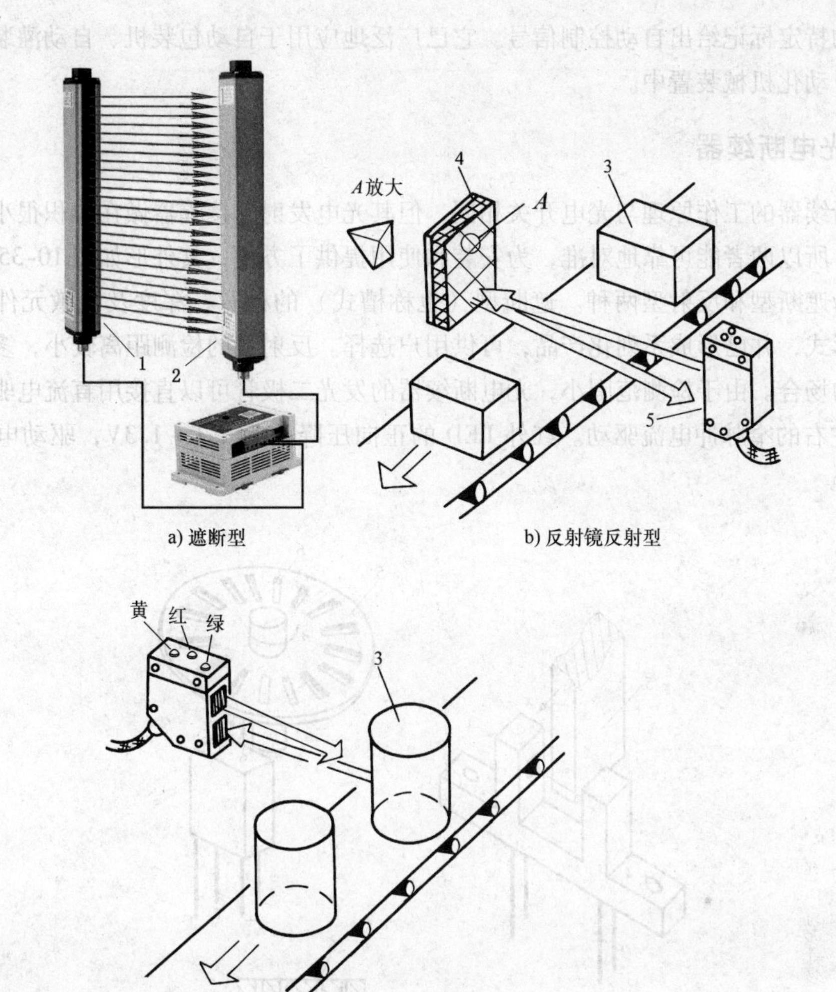

a) 遮断型　b) 反射镜反射型　c) 散射型

图 10-34　光电开关类型及应用

1—发射器　2—接收器　3—被测物　4—反射镜　5—带偏振滤光片的接收器

扰。反射镜反射型光电开关的检测距离一般可达几米。

散射型安装最为方便，只要不是全黑的物体均能产生漫反射。散射型光电开关的检测距离与被测物的黑度有关，一般较小，只有几百毫米。用户可根据实际需要决定所采用的光电开关的类型。

光电开关中的红外光发射器一般采用功率较大的发光二级管，而接收器可采用光敏二极管、光敏晶体管或光电池。为了防止荧光灯的干扰，可选用红外 LED，并在光敏元件表面加红外滤光透镜或表面呈黑色的专用红外接收管；如果要求方便地瞄准（对中），亦可采用红色 LED。其次，LED 最好用中频（40kHz 左右）窄脉冲电流驱动，从而发射 40kHz 调制光脉冲。相应地，接收光电元件的输出信号经 40kHz 选频交流放大器及专用的解调芯片处理，可以有效地防止太阳光的干扰，又可减小发射 LED 的功耗。

光电开关可用于生产流水线上统计产量、检测装配件到位与否及装配质量，并且可以根据被测物的特定标记给出自动控制信号。它已广泛地应用于自动包装机、自动灌装机、装配流水线等自动化机械装置中。

二、光电断续器

光电断续器的工作原理与光电开关相同，但其光电发射、接收器做在体积很小的同一塑料壳体中，所以两者能可靠地对准，为安装和使用提供了方便，其外形如图 10-35 所示。它也可以分为遮断型和反射型两种。遮断型（也称槽式）的槽宽、深度及光敏元件可以有各种不同的形式，并已形成系列化产品，可供用户选择。反射型的检测距离较小，多用于安装空间较小的场合。由于检测范围小，光电断续器的发光二极管可以直接用直流电驱动，亦可用 40kHz 左右的窄脉冲电流驱动。红外 LED 的正向压降约为 1.1～1.3V，驱动电流控制在 20mA 以内。

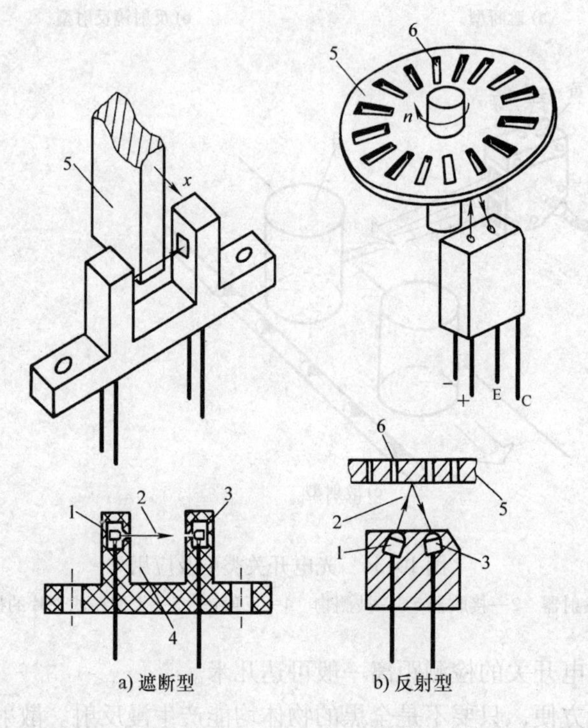

图 10-35　光电断续器

1—发光二极管　2—红外光　3—光敏元件　4—槽　5—被测物　6—透光孔

光电断续器是较便宜、简单、可靠的光电器件。它广泛应用于自动控制系统、生产流水线、机电一体化设备、办公设备和家用电器中。例如，在复印机和打印机中，它被用来检测复印纸的有无；在流水线上检测细小物体的通过及物体上的标记，检测印制电路板元件是否漏装以及检测物体是否靠近等，图 10-36 示出了光电断续器的部分应用。例如在图 10-36e 中，用两只反射型光电断续器来检测肖特基二极管的两个引脚的长短是否有误，以便于包装和焊接。

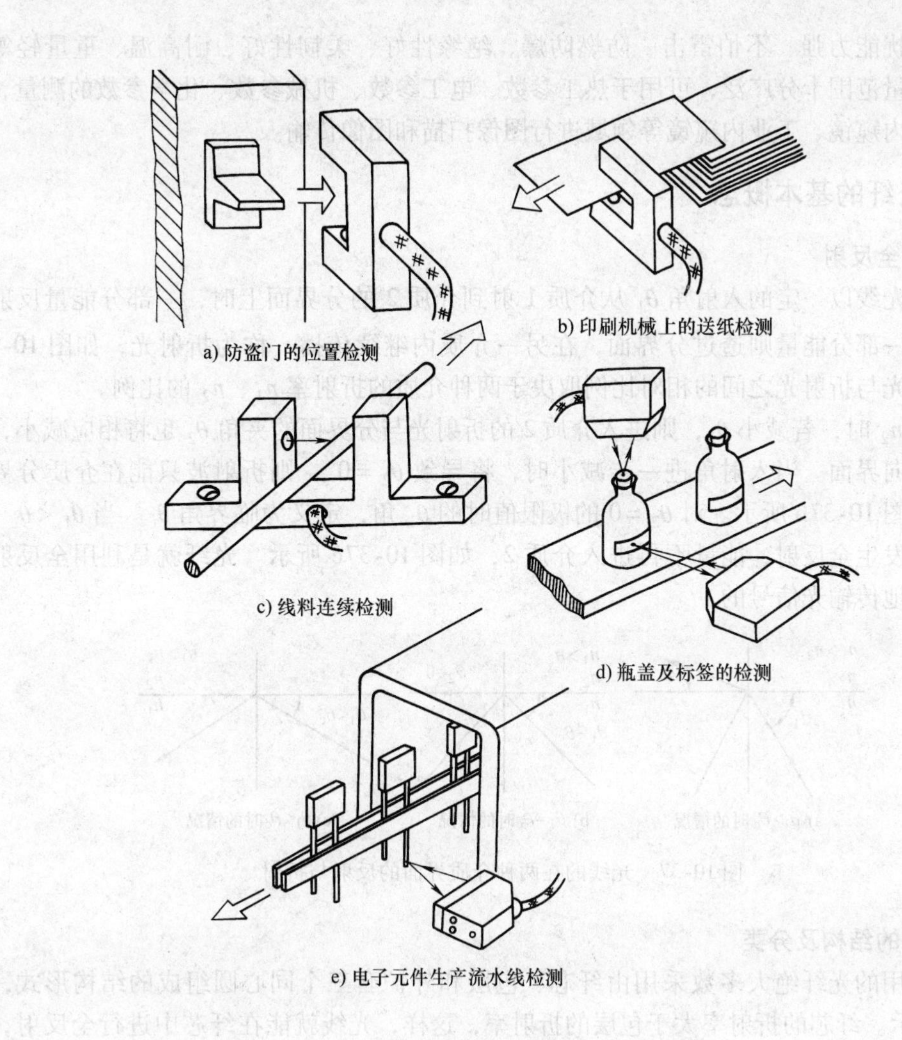

图 10-36　光电断续器的应用实例

第五节　光导纤维传感器及应用

取一根无色有机玻璃圆棒，加热后弯曲成约 90°圆弧形，将其一头朝向地板，用手电筒照射有机玻璃棒的上端，我们可以看到，光线顺着弯曲的有机玻璃棒传导，从棒的下端射出，在地板上出现一个圆光斑，这就是光的全反射实验。

光导纤维简称光纤，它是以特别的工艺拉成的细丝。光纤透明、纤细，虽比头发丝还细，却具有能把光封闭在其中，并沿轴向进行传播的特征。1966 年高锟博士提出，利用光的全反射原理，将 SiO_2石英玻璃制成细长的玻璃纤维，用于传输光信号。1970 年，康宁公司制造出了损耗为 20dB/km（即光在光纤中传输 1km，光强衰减为原来的 1/10）的光纤。随着加工工艺的进步，目前好的光纤的损耗已接近 0.01dB/km。光导纤维的用途也越来越广泛，可用于网络通信，高速传递大量的信息；还可以用于建筑的照明等。

光纤传感器是近年来随着光导纤维技术的进步而发展起来的新型传感器。光纤传感器具有抗电磁干扰能力强、不怕雷击、防燃防爆、绝缘性好、柔韧性好、耐高温、重量轻等特点。它的测量范围十分广泛，可用于热工参数、电工参数、机械参数、化学参数的测量，还可以在医用内窥镜、工业内窥镜等领域进行图像扫描和图像传输。

一、光纤的基本概念

1. 光的全反射

当一束光线以一定的入射角 θ_1 从介质 1 射到介质 2 的分界面上时，一部分能量反射回原介质；另一部分能量则透过分界面，在另一介质内继续传播，称为折射光，如图 10-37a 所示。反射光与折射光之间的相对比例取决于两种介质的折射率 n_1、n_2 的比例。

当 $n_1 > n_2$ 时，若减小 θ_1，则进入介质 2 的折射光与分界面的夹角 θ_2 也将相应减小，折射光束将趋向界面。当入射角进一步减小时，将导致 $\theta_2 = 0°$，则折射波只能在介质分界面上传播，如图 10-37b 所示。对 $\theta_2 = 0$ 的极限值时的 θ_1 角，定义为临界角 θ_c。当 $\theta_1 < \theta_c$ 时，入射光线将发生全反射，能量不再进入介质 2，如图 10-37c 所示。光纤就是利用全反射的原理来高效地传输光信号的。

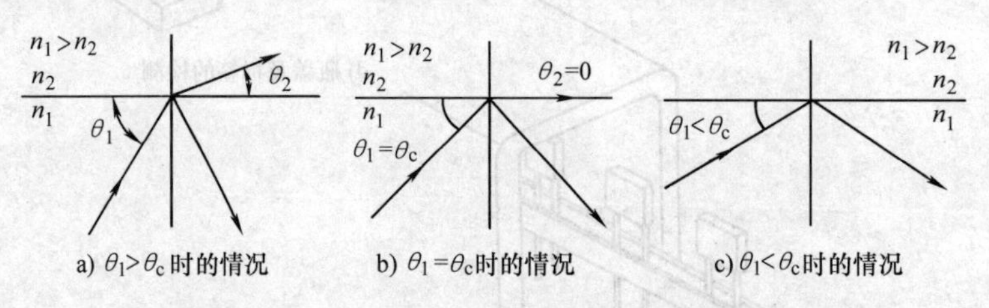

图 10-37　光线的在两种介质界面的反射与折射

2. 光纤的结构及分类

目前实用的光纤绝大多数采用由纤芯、包层和外护套三个同心圆组成的结构形式，如图 10-38所示。纤芯的折射率大于包层的折射率，这样，光线就能在纤芯中进行全反射，从而实现光的传导；外护套处于光纤的最外层，包围着包层区，外护套的功能有两个：一是加强光纤的机械强度；二是保证外面的光不能进入光纤之中。图中所示的结构还有缓冲层和加强层，以进一步保护纤芯和包层。

纤芯的直径和折射率决定光纤的传输特性，图 10-39 示出了三种不同光纤的纤芯直径和折射率对光传播的影响。

（1）阶跃型　阶跃型光纤纤芯的折射率各点分布均匀一致。

（2）梯度型　梯度型光纤的折射率呈聚焦型，即在轴线上折射率最大，离开轴线则逐步降低，至纤芯区的边沿时，降低到与包层区一样。

（3）单孔型　由于单孔型光纤的纤芯直径较小（数微米）接近于被传输光波的波长，光以电磁场“模”的原理在纤芯中传导，能量损失很小，适宜于远距离传输，又称为单模光纤。

阶跃型和梯度型的纤芯直径约为 100μm 左右，加塑套后的外径一般小于 1mm。可在一定的波长（0. 85 ~1. 3μm）工作，有多个不同的模式在光纤中传输，所以称为多模光纤，其价格较单模光纤便宜。

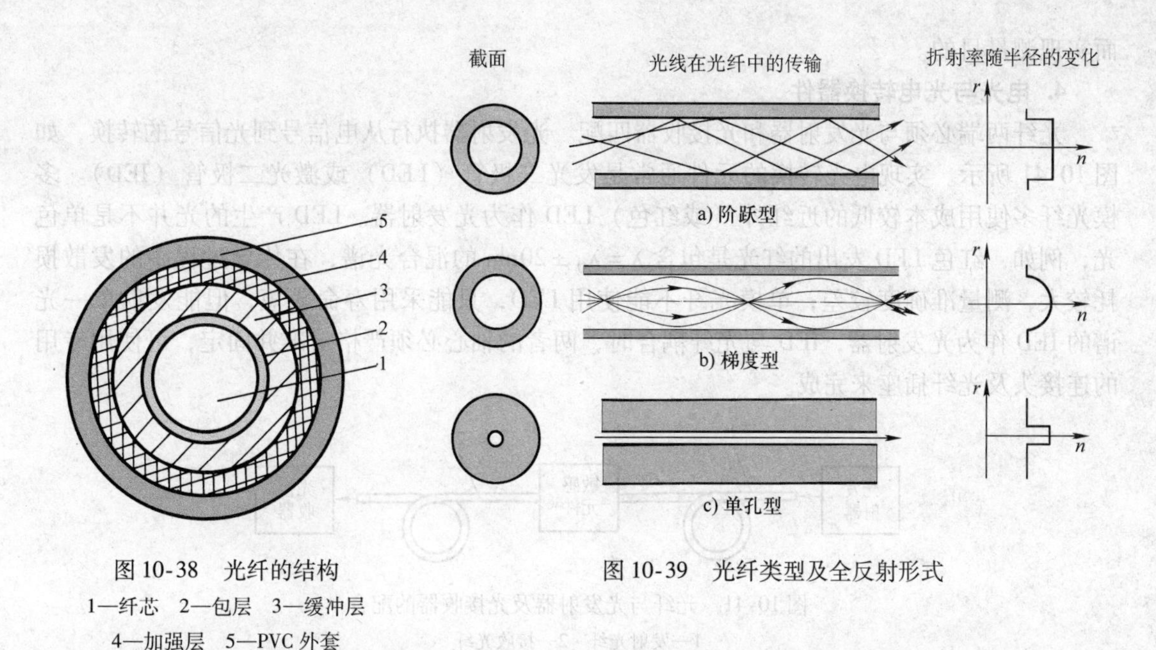

图 10-38 光纤的结构

1—纤芯 2—包层 3—缓冲层 4—加强层 5—PVC 外套

图 10-39 光纤类型及全反射形式

3. 光纤损耗

设计光纤传感器时，总希望光纤在传输信号的过程中损耗尽量小且稳定。光纤损耗主要由三部分组成，如图 10-40 所示。

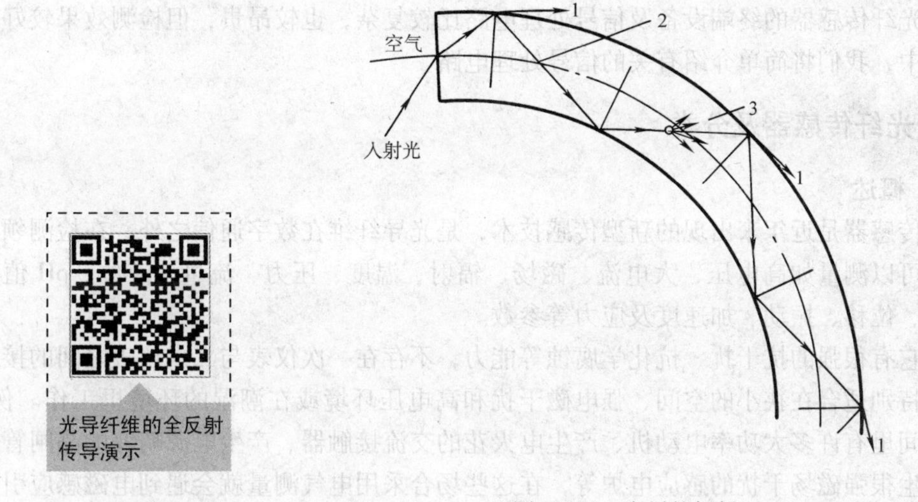

图 10-40 光纤的损耗

1—折射 2—全反射 3—散射

（1）吸收损耗 石英玻璃中的微量金属如 Fe、Co、Cr、M 等对光有吸收作用。

（2）散失损耗 光纤材料不均匀使光在传导中产生散射而造成的损耗。

（3）机械弯曲变形损耗 光纤发生弯曲时，若光的入射角接近临界角，部分光将向包层外折射而造成的损耗。

第（1）、（2）两项是固有损耗，第（3）项与光纤在传感器中所处的状态有关。许多物理量可以使光纤产生机械弯曲变形，造成光纤的弯曲损耗，使光纤的出射光发生变化，从而实现测量目的。

4. 电光与光电转换器件

光纤两端必须与光发射器和光接收器匹配。光发射器执行从电信号到光信号的转换，如图 10-41 所示。实现电光转换的元件通常是发光二极管（LED）或激光二极管（IED）。多模光纤多使用成本较低的近红外（或红色）LED 作为光发射器。LED 产生的光并不是单色光，例如，红色 LED 发出的红光是包含 $\lambda=\lambda_0\pm20\text{nm}$ 的混合光谱，在传导过程中的发散损耗较大，测量准确度较差；单模光纤不能使用 LED，只能采用寿命较短，但能发射单一光谱的 IED 作为光发射器，IED 与光纤耦合时，两者的轴心必须严格对准并固定，可使用专用的连接头及光纤插座来完成。

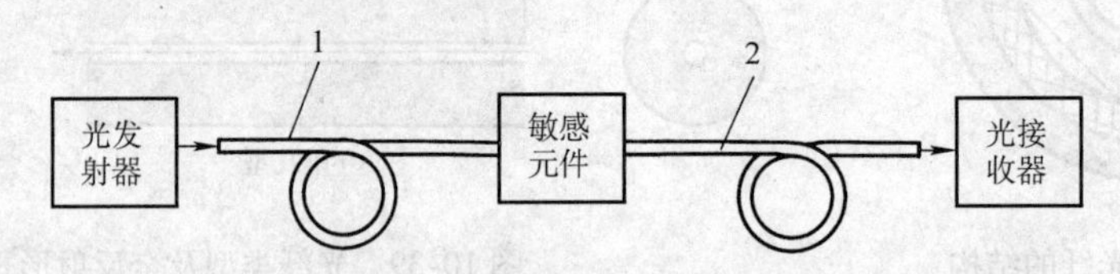

图 10-41 光纤与光发射器及光接收器的配合

1—发射光纤 2—接收光纤

实现从光信号到电信号转换的元件是光敏二极管或光敏晶体管。在接收到光脉冲时，光敏晶体管能给出对应的电脉冲。光敏晶体管的响应通常较慢，只用于慢速测量；高速光敏二极管的响应时间较快，有的可达 1ns 左右。

单模光纤传感器的终端设备及信号处理电路比较复杂，也较昂贵，但检测效果较好。在以下内容中，我们将简单介绍有关的信号处理电路。

二、光纤传感器及分类

（一）概述

光纤传感器是近年来出现的新型传感技术，是光导纤维在数字通信之外，在检测领域中的应用。可以测量如高电压、大电流、磁场、辐射、温度、压力、流量、液位、pH 值、角度、长度、位移、振动、加速度及应力等参数。

由于它有很强的抗干扰、抗化学腐蚀等能力，不存在一次仪表与二次仪表之间的接地麻烦，所以特别适合在狭小的空间、强电磁干扰和高电压环境或在潮湿的环境里工作。例如，在工厂车间里有许多大功率电动机、产生电火花的交流接触器、产生电源畸变的晶闸管调压设备、产生很强磁场干扰的感应电炉等，在这些场合采用电气测量就会遇到电磁感应引起的噪声问题；在可能产生化学泄漏或可燃性气体溢出的场合，就会遇到腐蚀和防爆的问题，在这些环境恶劣的场所，选用光纤传感器就较合适。

当然，光纤传感器也有缺点，如光纤质地较脆、机械强度低；要求比较好的切断、连接技术；分路、耦合比较麻烦等。

（二）光纤传感器分类

从广义上讲，凡是采用了光导纤维的传感器都可称为光纤传感器。例如，可以将前几章学过的传感器输出信号经 LED 转换成光信号，再耦合到光纤端部，光纤作为光的传输线，将被测量传送到二次仪表去。在这种传感器系统中，传统的传感器和光纤结合起来，大大提高了传输过程中的抗电磁干扰能力，可实现遥测和远距离传输。光纤在传感器测量系统中仅起信号传输作用，所以本教材不讨论这种形式的光纤传感器。

本节提到的光纤传感器是指光纤自身传感器。所谓光纤自身传感器，就是将光纤自身作为敏感元件（也称作测量臂），直接接收外界的被测量。被测量引起光纤的长度、折射率、直径等方面的变化，从而使得在光纤内传输的光被调制。若将光看成简谐振动的电磁波，则光可以被调制的参数有四个，即振幅（强度）、相位、波长和偏振方向。

1. 强度调制型光纤传感器

强度调制型光纤传感器是应用较多的光纤传感器，它的结构比较简单，可靠性高，但灵敏度稍低，目前有许多已达到商品化的阶段。图 10-42 示出了强度调制型光纤传感器的几种形式。

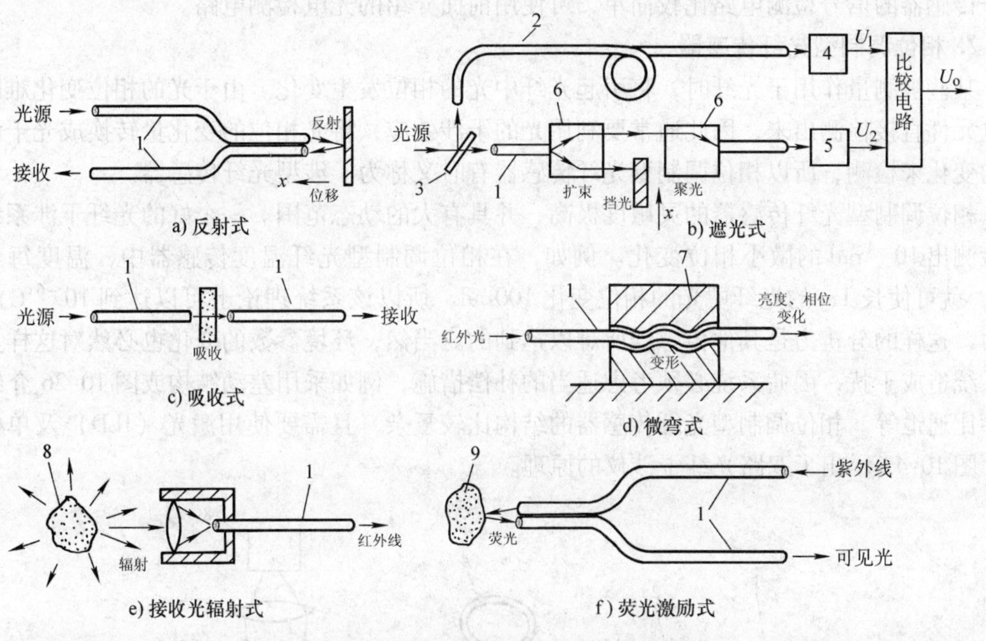

图 10-42 强度调制型光纤传感器的几种形式

1—传感臂光纤 2—参考臂光纤 3—半反半透镜（分束镜）
4—光电探测器 A 5—光电探测器 B 6—透镜 7—变形器 8—辐射体 9—荧光体

（1）反射式 反射式的基本结构见图 10-42a。当被测表面前后移动时引起反射光强发生变化，利用该原理，可进行位移、振动、压力等参数的测量。

（2）遮光式 遮光式的基本结构见图 10-42b。不透光的被测物部分遮挡在两根传感臂光纤的聚焦透镜之间，当被测物上下移动时，引起另一根传感臂光纤接收到的光强发生变化。利用该原理，也可进行位移、振动、压力等参数的测量。

（3）吸收式 吸收式的基本结构见图 10-42c。透光的吸收体遮挡在两根光纤之间，当被测物理量引起吸收体对光的吸收量改变时，引起光纤接收到的光强发生变化。利用该原理，可进行温度等参数的测量。

（4）微弯式 微弯式的基本结构见图 10-42d。将光纤放在两块齿型变形器之间，当变形器受力时，将引起光纤发生弯曲变形，使光纤损耗增大，光电检测器接收到的光强变小。

利用该原理，可进行压力、力、重量、振动等参数的测量。

(5) 接收光辐射式　接收光辐射式的基本结构见图 10-42e。在这种形式中，被测体本身为光源，传感器本身不设置光源。根据光纤接收到的光辐射强度来检测与辐射有关的被测量。这种结构的典型应用是利用黑体受热发出红外辐射来检测温度，还可用于检测放射线等。

(6) 荧光激励式　荧光激励式的基本结构见图 10-42f。在这种形式中，传感器的光源为紫外线。紫外线照射到某些荧光物质上时，就会激励出荧光。荧光的强度与材料自身的各种参数有关。利用这种原理，可进行温度、化学成分等参数的测量。

大部分强度调制式光纤传感器都属于传光型，对光纤的要求不高，但希望耦合进入光纤的光强尽量大些，所以一般选用较粗芯径的多模光纤，甚至可以使用塑料光纤。强度调制式光纤传感器的信号检测电路比较简单，可使用前面介绍的光电检测电路。

2. 相位调制型光纤传感器

某些被测量作用于光纤时，将引起光纤中光的相位发生变化。由于光的相位变化难以用光电元件直接检测出来，因此通常要利用光的干涉效应，将光相位的变化量转换成光干涉条纹的变化来检测，所以相位调制型光纤传感器有时又称为干涉型光纤传感器。

相位调制型光纤传感器的灵敏度极高，并具有大的动态范围。一个好的光纤干涉系统可以检测出 10^{-4}rad 的微小相位变化。例如，在相位调制型光纤温度传感器中，温度每变化 1℃，就可使长 1m 的光纤中光的相位变化 100rad，所以该系统理论上可以达到 10^{-6}℃ 的分辨力，这样的分辨力是其他传感器所难以达到的。当然，环境参数的变化也必然对这样灵敏的系统造成干扰，因此系统必须考虑适当的补偿措施，例如采用差动结构或图 10-26 介绍过的参比通道等。相位调制型光纤传感器的结构比较复杂，且需要使用激光（ILD）及单模光纤。图 10-43 示出了双路光纤干涉仪的原理。

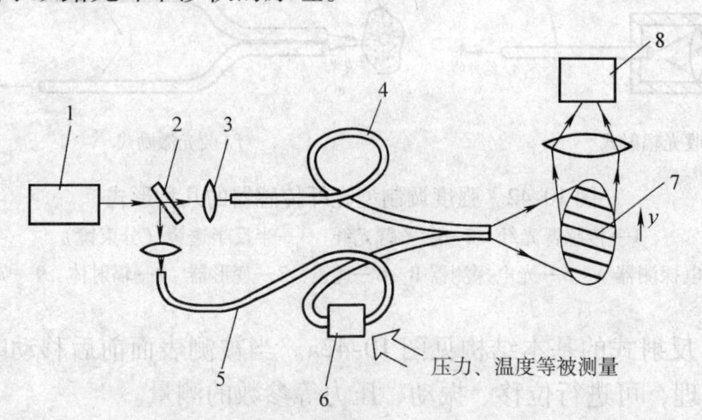

图 10-43　双路光纤干涉仪

1—ILD　2—分束镜　3—透镜　4—参考光纤（参考臂）　5—传感光纤（测量臂）　6—敏感头　7—干涉条纹　8—光电读出器

将光纤测量臂输出的光与不受被测量影响的另一根光纤（也称作参考臂）的参考光作比较，根据比较结果可以计算出被测量。

双路光纤干涉仪必须设置两条光路，一束光通过敏感头，受被测量影响；另一路通过参考光纤，它的光程是固定的。在两束光的汇合投影处，测量臂传输的光与参考臂传输的光将因相位不同而产生明暗相间的干涉条纹。当外界因素使传感光纤中的光产生光程差 Δl 时，干涉条纹将发生移动（如图 10-43 中的 y 方向所示），移动的数目 $m=\Delta l/\lambda$（λ 为光的波长）。所谓的外界因素可以是被测的压力、温度、磁致伸缩、应变等物理量。根据干涉条纹的变化量，就可检测出被测量的变化，常见的检测方法有条纹计数法等。

三、光纤传感器的应用举例

1. 光纤液位传感器

光纤液位传感器是利用了强度调制型光纤反射式原理制成的，其工作原理如图 10-44 所示。

LED 发出的红光被聚焦射入到入射光纤中，经在光纤中长距离全反射，到达球形端部。有一部分光线透出端面，另一部分经端面反射回到出射光纤，被另一根接收光纤末端的光敏二极管 VD 接收（图中未画出）。

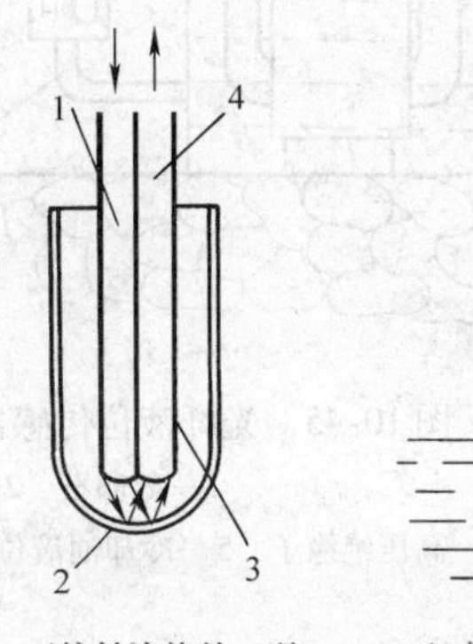

a) 不接触液体的工况

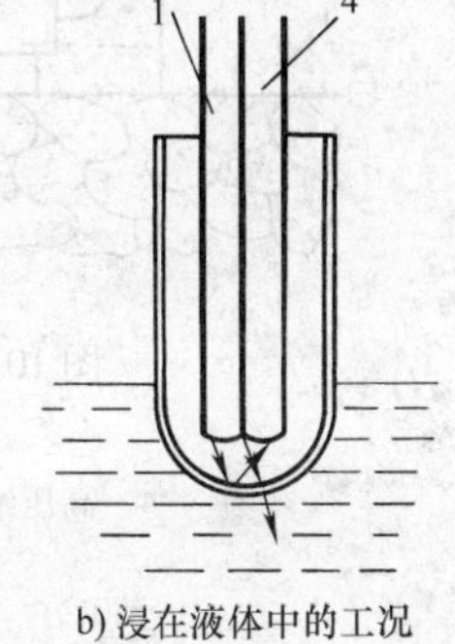

b) 浸在液体中的工况

图 10-44 光纤液位测量
1—入射光纤 2—透明球形端面
3—包层 4—出射光纤

当球形端面与液体接触时，因为液体的折射率比空气大，通过球形端面的光透射量增加而反射量减少，由后续电路判断反光量是否少于阈值，就可判断传感器是否与液体接触。该液位传感器的缺点是，液体在透明球形端面的粘附现象会造成误判；另外，不同液体的折射率不同，对反射光的衰减量也不同，例如水将引起 -6dB 左右的衰减，而油可达 -30dB 的衰减，因此，必须根据不同的被测液体调整相应的阈值。

光纤液位传感器在高压变压器冷却油液面检测报警电路中的应用如图 10-45 所示。因为光纤传感器不会将高电压引入到计算机控制系统，所以绝缘问题较易解决。

当变压器冷却油液体低于光纤液位传感器的球形端面时，出射光纤的接收光敏二极管接收到光量减少。当 U_o 小于阈值 U_R 时，报警器报警。如果要检测上、下限油位，可设置两个光纤液位传感器，请读者自行思考。

2. 光纤式混凝土应变传感器

光纤混凝土应变传感器是利用了强度调制型光纤原理制成的，如图 10-46 所示。

测量光纤作为应变传感器固定在钢板上，入射光纤左端的光纤插头与光源光纤（图中未画出）连接，出射光纤右端的插头与传导光纤（图中未画出）连接。当钢板由四个螺栓固定在混凝土表面时，它将随混凝土一起受到应力而产生应变，引起入射光纤与接收光纤之间的距离变大，使光电检测器接收到的光强变小，测量电路根据受力前后的光强变化计算出对应的应力。若应力超标，将产生报警信号。

钢板也可埋入混凝土构件内，进行长期监测。测量信号通过光纤进行远程传输（可超过 40km），监测现场无需供电，从这个意义上讲，该传感器属于无源传感器。

光纤应变传感器还可以采用类似第十一章介绍过的反射光栅的方法来得到更精确的结果，称为光纤光栅，其分辨力比电阻应变传感器高几个数量级，在微位移和振动测量中得到

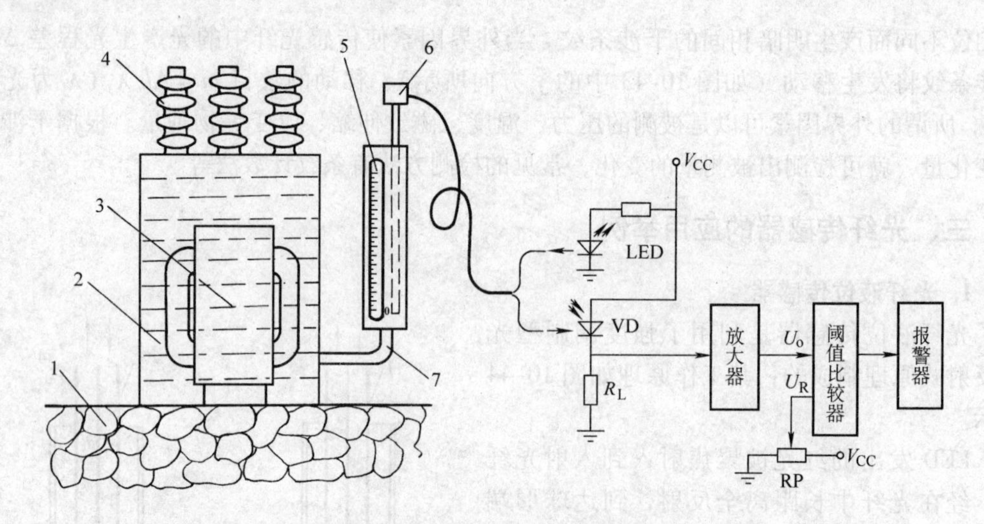

图 10-45 光纤液位传感器用于高压变压器冷却油的液位检测

1—鹅卵石 2—冷却油 3—高压变压器

4—高压绝缘子 5—冷却油液位指示窗口 6—光纤液位传感器 7—连通器

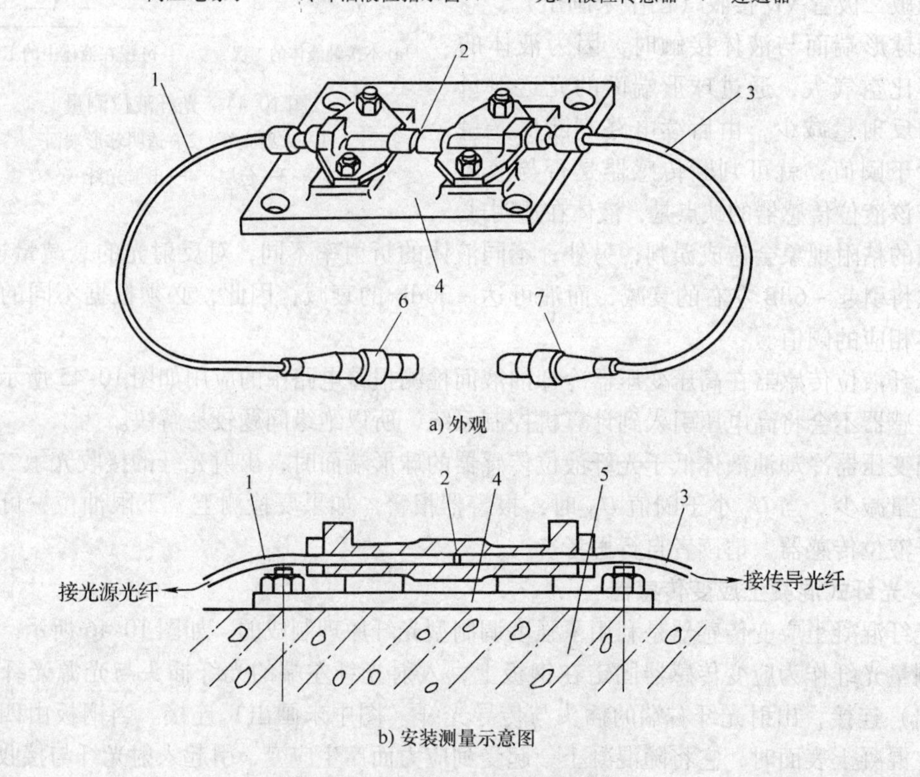

图 10-46 光纤混凝土应变传感器

1—入射光纤 2—气隙 3—出射光纤 4—钢板 5—混凝土 6—光源光纤连接头 7—传导光纤连接头

越来越多的应用。

3. 光纤温度传感器

光纤温度传感器是利用了强度调制型光纤荧光激励式原理制成的，如图 10-47 所示。

LED 将 0. 64μm 的可见光耦合投射到入射光纤中。感温壳体左端的空腔中充满彩色液晶，入射光经液晶散射后耦合到出射光纤中。当被测温度 t 升高时，液晶的颜色变暗，出射光纤得到的光强变弱，经光敏三极管及放大器后，得到的输出电压 U_o 与被测温度 t 成某一函数关系。光纤温度传感器特别适合于远距离防爆场所的环境温度检测。

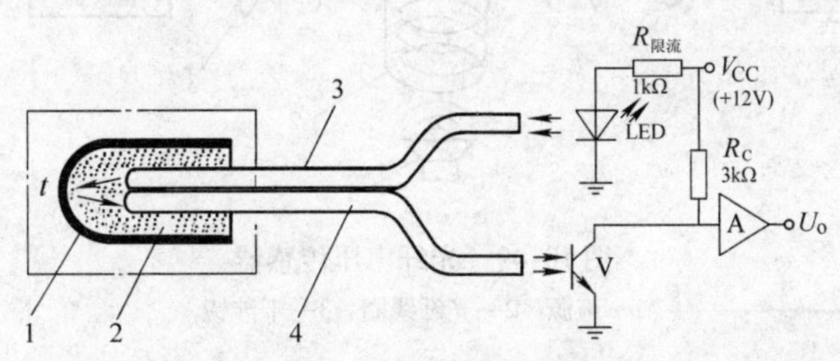

图 10-47 光纤温度传感器

1—感温黑色壳体 2—液晶 3—入射光纤 4—出射光纤

4. 光纤高温传感器

光纤高温传感器是利用了强度调制型光纤接收光辐射式原理制成的。光纤高温传感器包括端部掺杂质的高温蓝宝石单晶光纤探头、光电探测器和辐射信号处理系统，如图 10-48 所示。

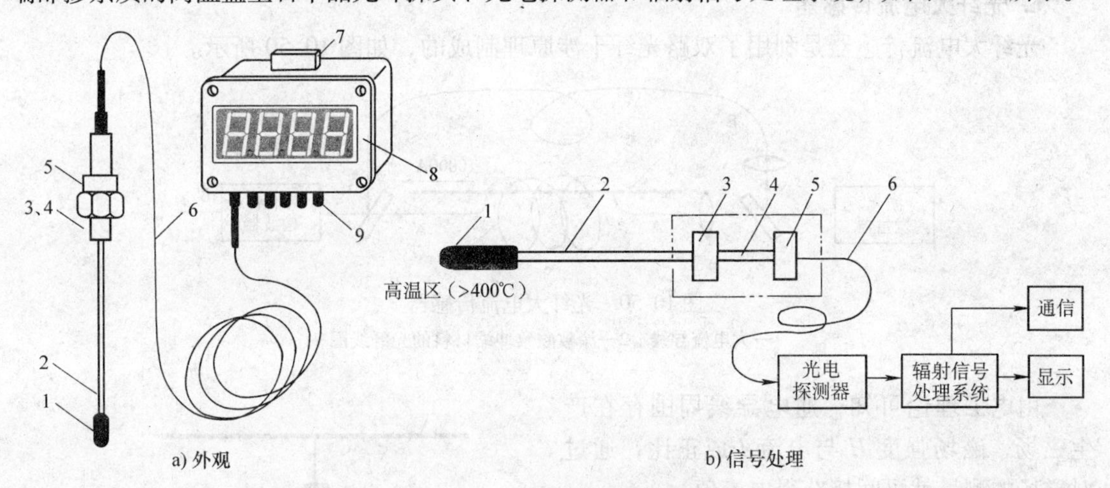

图 10-48 光纤高温传感器

1—黑体腔 2—蓝宝石高温光纤 3—光纤耦合器 4—低温耦合光纤 5—滤光器

6—传导光纤 7—通信接口 8—辐射信号处理系统及显示器 9—多路输入端子

当光纤温度传感器端部达到 400℃以上时，由于黑体腔被加热而引起热辐射（红外光），蓝宝石光纤收集黑体腔的红外热辐射，红外线经蓝宝石高温光纤传输并耦合进入低温光纤，然后射入末端的光敏二极管（两者轴线对准）。光电二极管接收到的红外信号经过光电转换、信号放大、线性化处理、A－D 转换、微处理器处理后给出待测温度。为实现多点测量，加入多路开关，通过微处理器控制，选择测点顺序。

该光纤高温传感器的测温上限可达 1800℃。在 800℃以上时，灵敏度优于 1℃；在 1000℃以上，可分辨温度优于 0. 1℃，对于铸造、热处理的工艺和质量控制具有积极的意义。

5. 光纤声压传感器

光纤声压传感器是利用了双路光纤干涉原理制成的，如图 10-49 所示。

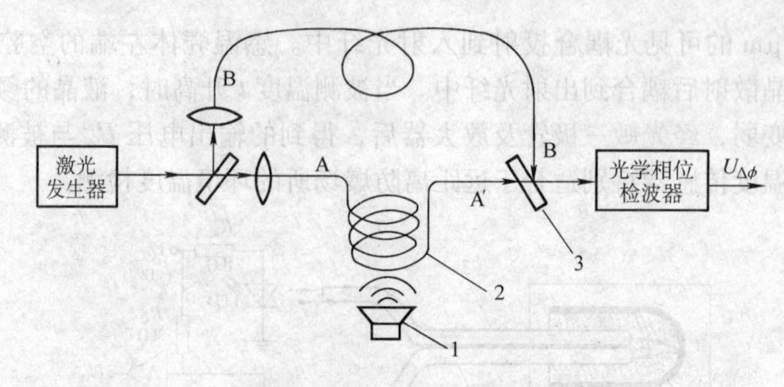

图 10-49　光纤声压传感器

1—声源　2—光纤线圈　3—干涉镜

激光束用分束镜分成两束，A 束通过由多圈光纤组成的声波感测器，B 束作为激光的相位比较基准。当有声波作用于由光纤线圈组成的声波探测器时，光纤线圈随声波而伸缩，这样 A 束光纤的相位有 $\Delta\phi$ 的变化。A、B 两束光产生干涉，光学相位检波器输出与被测声波成一定函数的输出电压 $U_{\Delta\phi}$。这种干涉型的光纤声压传感器能检测出 10^{-6} rad 的微小相位差，因此灵敏度很高。

6. 光纤大电流传感器

光纤大电流传感器是利用了双路光纤干涉原理制成的，如图 10-50 所示。

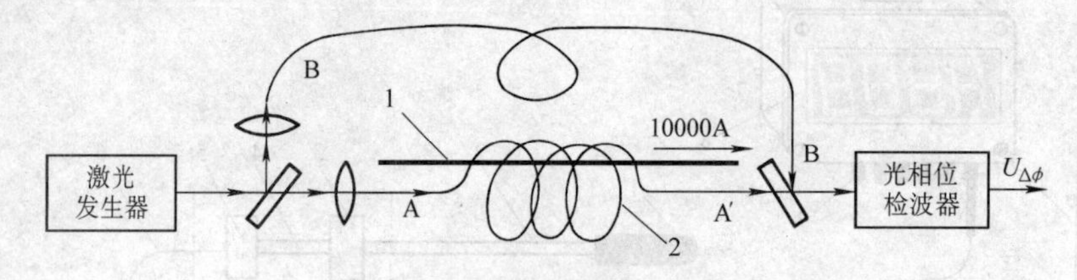

图 10-50　光纤大电流传感器

1—大电流导线　2—涂敷磁致伸缩材料的光纤线圈

由电工理论可知，通电导线周围存在产生磁场，磁场强度 H 与电流 I 成正比，通过对磁场的测量就可间接获得电流值。

将磁致伸缩材料涂敷在光纤表面，并将光纤绕在通有大电流的导线上。大电流导线周围产生磁场，由于磁致伸缩效应，光纤线圈伸缩，导致两根光纤的光束产生干涉条纹，干涉条纹的相位差 φ 与被测电流有关，检测出 $\Delta\phi$ 就可确定被测电流的大小。由于光纤的绝缘电阻非常高，所以光纤大电流传感器非常适合于超高压测量。

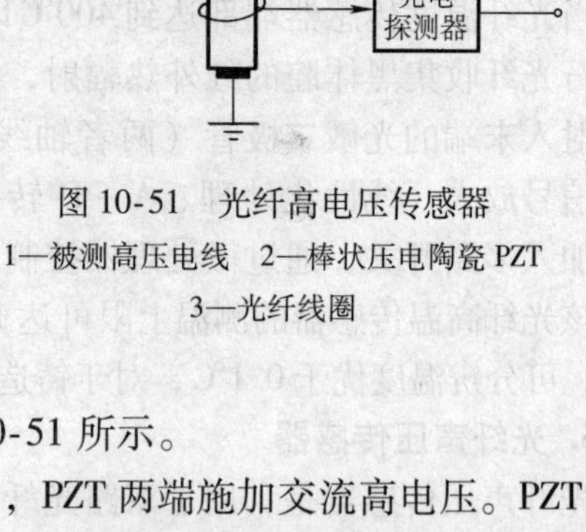

图 10-51　光纤高电压传感器

1—被测高压电线　2—棒状压电陶瓷 PZT

3—光纤线圈

7. 光纤高电压传感器

光纤高电压传感器测量交流高电压的原理如图 10-51 所示。

光纤绕在棒状压电陶瓷（PZT 锆钛酸铅晶体）上，PZT 两端施加交流高电压。PZT 在高压电场作用下产生电致伸缩，使光纤随 PZT 的长度和直径变化而产生变形，光电探测器测得这一变化，输出与被测高电压成一定函数关系的输出电压 U_o。

由于 PZT 和光纤的绝缘电阻很高，所以适合于高压的测量，其结构和体积比高压电压互感器小得多。

思考题与习题

1. 单项选择题

1）晒太阳取暖利用了________；人造卫星的光电池板利用了________；植物的生长利用了________。

A. 光电效应　B. 光化学效应　C. 光热效应　D. 感光效应

2）蓝光的波长比红光________，相同光子数量的蓝光能量比红光________。

A. 长　B. 短　C. 大　D. 小

3）光敏二极管属于________，光电池属于________。

A. 外光电效应　B. 内光电效应　C. 光生伏特效应　D. 热电效应

4）光敏二极管在测光电路中应处于________偏置状态，而光电池通常处于________偏置状态。

A. 正向　B. 反向　C. 零　D. 高电压

5）在要求高速、低噪声的光纤通信中，与出射光纤耦合的光电元件应选用________。

A. 光敏电阻　B. PIN 光敏二极管　C. APD 光敏二极管　D. 光敏晶体管

6）温度上升，光敏电阻、光敏二极管、光敏晶体管的暗电流________。

A. 上升　B. 下降　C. 不变　D. 忽高忽低

7）普通型硅光电池的峰值波长为________，落在________区域。

A. 0. 8m　B. 8mm　C. 0. 8μm　D. 0. 8nm

E. 可见光　F. 近红外光　G. 紫外光　H. 远红外光

8）欲精密并线性测量光的照度，光电池应配接________。

A. 电压放大器　B. A－D 转换器　C. 电荷放大器　D. I/U 转换器

9）欲利用光电池为手机充电，需将数片光电池________起来，以提高输出电压，再将几组光电池________起来，以提高输出电流。

A. 并联　B. 串联　C. 短路　D. 开路

10）欲利用光电池在灯光（约 200lx）下驱动液晶计算器（1.5V）工作，由图 10-15 可知，必须将________光电池串联起来才能正常工作。

A. 2 片　B. 3 片　C. 5 片　D. 20 片

11）超市收银台用激光扫描器检测商品的条形码是利用了图 10-22 中________的原理；用光电传感器检测复印机走纸故障（两张重叠，变厚）是利用了图 10-22 中________的原理；放电影时，利用光电元件读取影片胶片边缘“声带”的黑白宽度变化来还原声音，是利用了图 10-22 中________的原理；而洗手间红外反射式干手机又是利用了图 10-22 中________的原理。

A. 图 a　B. 图 b　C. 图 c　D. 图 d

12）用于液位计时，可能产生盲区的传感器是________。

A. 电接点传感器　B. 电容传感器　C. 光电传感器　D. 霍尔传感器

2. 某光电继电器电路如图 10-52a 所示，VD_1 输出特性如图 10-11 所示，史密特型反相器 CD40106 的输出特性如图 10-52b 所示，请分析填空。

1）当无光照时，VD_1 ________（导通/截止），I_Φ 为________，U_i 为________，所以 U_o 为________电平，约为________V，设 V_1 的 $U_{BE}=0.7V$，则 I_B 约为________mA，设 V_1 的 $\beta=200$，集电极饱和压降

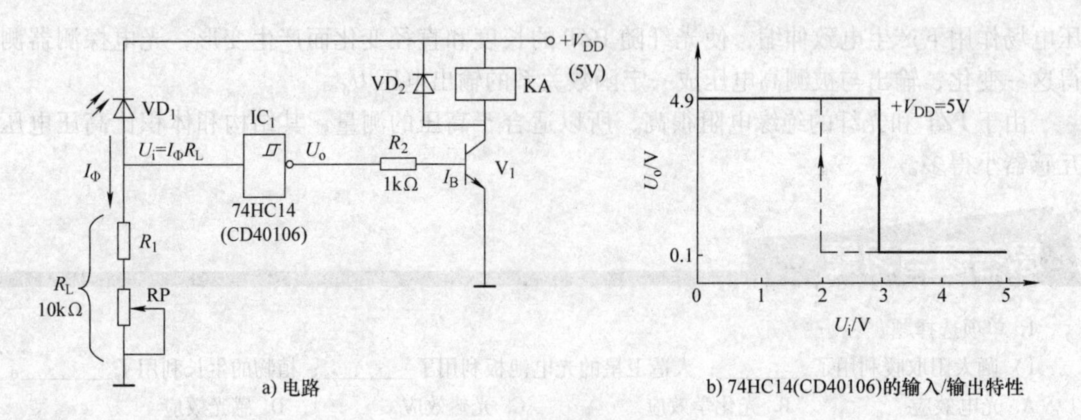

图 10-52　光电继电器电路

U_{CES}为 0.3V，继电器 KA 的线圈直流电阻为 100Ω，则晶体管的饱和电流 I_{CES}为________ mA。若 KA 的额定工作电流为 45mA，则 KA 必定处于________（吸合/释放）状态。

2）若光照增强，从图 10-52b 可以看出，当 U_i ________（大/小）于________V 时，史密特反相器翻转，U_o 跳变为________电平，KA ________。

3）若希望在光照度很小的情况下 KA 动作，R_L 应________（变大/变小），此时应将 RP 往________（上/下）调。RP 称为调________电位器。

4）图 10-52 中的 R_2 起________作用，V$_1$ 起________（电压/功率）放大作用，VD$_2$ 起________作用，保护________在 KA 突然失电时不致被继电器线圈的反向感应电动势所击穿，因此 VD$_2$ 又称为________二极管。

3. 某光敏晶体管在强光照时的光电流为 2.5mA，选用的继电器吸合电流为 50mA，直流电阻为 200Ω。现欲设计两个简单的光电开关，其中一个是有强光照时继电器吸合（得电）；另一个相反，是在有强光照时继电器释放（失电）。请分别画出两个光电开关的电路图（只允许采用普通晶体管放大光电流），并标出选用的电源电压值及电源极性。

4. 某光电池的有效受光面积为 2mm^2，光电特性如图 10-15 所示，测量电路如图 10-21 所示。求：

1）光电池的输出短路电流 I_Φ 为多少微安？设电流－电压转换电路的反馈电阻 $R_f=10\text{k}\Omega$，当光照度为 10000lx 时，输出电压 U_o 为多少伏？（不考虑正负值，以下同）

2）设 $R_1=10\text{k}\Omega$，$R_{f2}=1\text{M}\Omega$，则第二级运放的放大倍数 K_2 是多少？

3）当光照度降为 25lx 时，第二级运放的输出电压 U_{o2} 约为多少伏？

5. 在一片 0.5mm 厚的不锈钢圆片边缘，用线切割机加工出等间隔的透光缝，缝的总数 $z_1=60$，如图 10-53 所示。将该薄圆片置于光电断续器（具体介绍见图 10-35a）的槽内，并随旋转物转动。用计数器对光电断续器的输出脉冲进行计数，在 10s 内测得计数脉冲数 m_1 如图 10-53 中的显示器所示（计数时间从清零以后开始计算，10s 后自动停止计数）。问：

1）流过光电断续器左侧的发光二极管电流 I_{VL} 为多少毫安？（注：红外发光二极管的正向压降 $U_{VL}=1.2\text{V}$）

2）光电断续器的输出脉冲频率 f 约为多少赫？

3）旋转物平均每秒约转多少圈？平均每分钟约转多少圈？

4）数码显示器的示值与转速 n（单位为 r/min）之间是什么关系？

5）如果为加工方便，将不锈钢圆片缝的总数减少，使 $z_2=6$，则转速与数码显示器的示值之间是几倍的关系？

6. 冲床工作时，工人稍不留神就有可能被冲掉手指头。请选用两种以上的传感器来同时探测工人的手是否处于危险区域（冲头下方）。只要有一个传感器输出有效（即检测到手未离开该危险区），则不让冲头

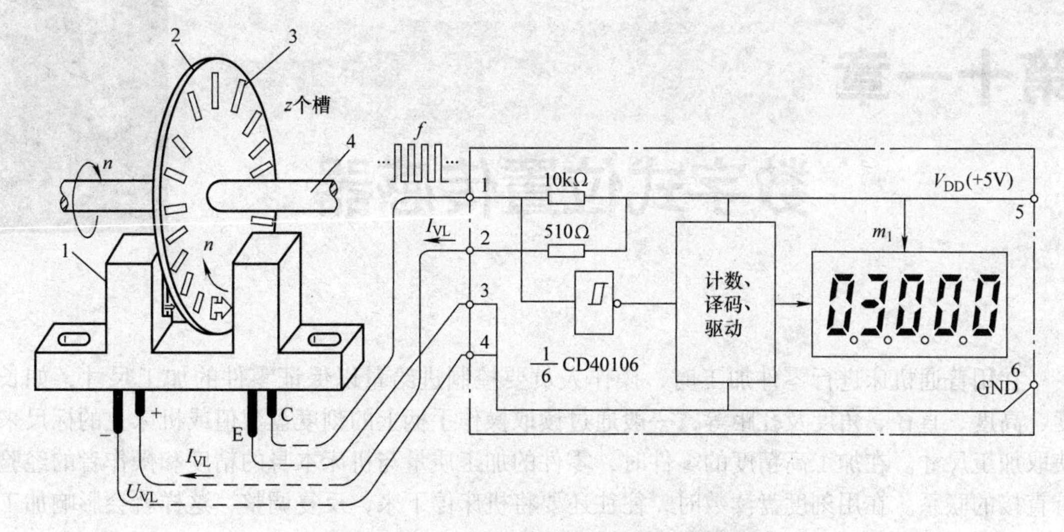

图 10-53 利用光电断续器测量转速和圈数

1—光电断续器 2—不锈钢薄圆片 3—透光缝 4—旋转物转轴

动作，或使正在动作的冲头惯性轮刹车。请上网查阅有关资料，以文字形式，谈谈你的检测控制方案，以及必须同时设置两个传感器组成“或”逻辑的关系以及必须使用两只手（左右手）同时操作冲床开关的必要性。

7. 请你在课后回家打开家中的自来水表，观察其结构及工作过程。然后考虑如何利用学到的光电测转速原理，在自来水表玻璃外面安装若干电子元器件，使之变成数字式自来水累积流量测量、显示器。请上网查阅有关资料，以文字形式写出你的设计方案。

8. 请观察宾馆的玻璃大门，谈谈如何利用热释电传感器及其他元器件实现宾馆玻璃大门的自动开闭。

9. 请根据图 10-28 的基本原理，设计一个汽车烟雾报警器，安装在轿车车厢里。当车内有人吸烟时，自动启动抽风机，将烟排出车外。请画出测控原理框图，简要说明其工作原理，并画出控制电路。

第十一章 Chapter 11

数字式位置传感器

在用普通机床进行零件加工时，操作人员要控制进给量以保证零件的加工尺寸，如长度、高度、直径、角度及孔距等，一般通过读取操作手柄上的刻度盘数值或机床上的标尺来获取加工尺寸。在加工高精度的零件时，零件的加工质量与机床本身的精度和操作者的经验有直接的联系。在用刻度盘读数时，往往还要将机床停下来，反复调整，这样就会影响加工效率及精度。如果有一种检测装置能自动地测量出直线位移或角位移，并用数字形式显示出来，那么就可实时地读取位移数值，从而提高加工效率及加工精度。本章所讲述的数字式位置传感器就能完成上述任务。

几十年来，世界各国都在致力于发展数字位置测量技术，寻找理想的测量元件和信息处理技术。早在 1874 年，物理学家瑞利就发现了构成计量光栅基础的莫尔条纹，但直到 20 世纪 50 年代初，英国 FERRANTI 公司才成功地将计量光栅用于数控铣床。与此同时，美国 FARRAND 公司发明了感应同步器，20 世纪 60 年代末，日本 SONY 公司发明了磁栅数显系统，20 世纪 90 年代初，瑞士 SYLVAC 公司又推出了较为廉价的容栅数显系统。目前，数字位置测量的直线位移分辨力可达 0.1μm，角位移分辨力可达 0.1″，并正朝着大量程、自动补偿、测量数据处理高速化的方向发展。

数字式位置传感器一方面应用于测量工具中，使传统的游标卡尺、千分尺、高度尺等实现了数显化，使读数过程变得既方便、又准确；另一方面，数字式位置传感器还广泛应用于数控机床中，通过测量机床工作台、刀架等运动部件的位移，进行位置伺服控制。与此同时，数字式位置传感器在机床数显改造上得到了越来越多的应用，这是提高我国机床水平的一条途径。

本章将从结构、原理、应用等方面介绍几种常用的数字式位置传感器，如角编码器、光栅传感器、磁栅传感器、容栅传感器等，它们均能直接给出数字脉冲信号，所以称为数字式位置传感器。它们既具有很高的准确度，又可测量很大的位移量，这是前几章介绍过的其他位置传感器，如电感、电容等无法比拟的。

第一节　位置测量的方式

位置测量主要是指直线位移和角位移的精密测量。机械、设备的工作过程多与长度和角度发生关系，存在着位置或位移测量问题。随着科学技术和生产的不断发展，对位置检测提出了高准确度、大量程，数字化和高可靠性等一系列要求。数字式位置传感器正好能满足这种要求，目前得到广泛应用的有角编码器、光栅、磁栅和容栅等测量技术。

数字式位置测量就是将被测的位置量以数字的形式来表示，它具有以下特点：

1）将被测的位置量直接转变为脉冲个数或编码，便于显示和处理；2）测量精度取决于分辨力，和量程基本无关；3）输出脉冲信号的抗干扰能力强。

数字式位置传感器可以单独组成数字显示装置（简称数显表），专门用于位置测量和测量结果显示，也可以和数控系统（一种专门用于机床控制的计算机系统）组成位置控制系统。

一、直接测量和间接测量

位置传感器有直线式和旋转式两大类。若位置传感器所测量的对象就是被测量本身，即直线式传感器测直线位移，旋转式传感器测角位移，则该测量方式为直接测量。例如直接用于直线位移测量的直线光栅和长磁栅等；直接用于角度测量的角编码器、圆光栅、圆磁栅等。

若旋转式位置传感器测量的回转运动只是中间值，由它再推算出与之关联的移动部件的直线位移，则该测量方式为间接测量，图 11-1 所示为直接测量和间接测量示意图。

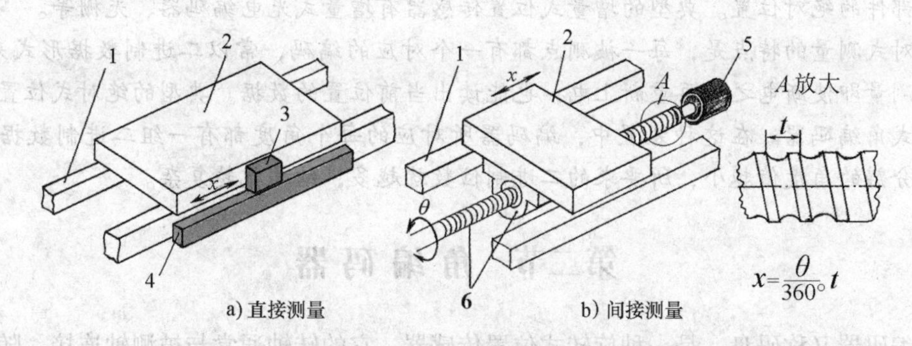

图 11-1 直接测量和间接测量示意图

1—导轨 2—运动部件 3—直线式位置传感器的随动部件
4—直线式位置传感器的固定部件 5—旋转式位置传感器 6—丝杠-螺母副

图 11-1 中，丝杠的正、反向旋转通过螺母带动运动部件作正、反向直线运动。若测量对象为运动部件的直线位移，则安装在移动部件上的直线式位置传感器即为直接测量，如图 11-1a 所示；而安装在丝杠上的旋转式位置传感器通过测量丝杠旋转的角度可间接获得移动部件的直线位移，即为间接测量，如图 11-1b 所示。

例 11-1 设丝杠螺距 $t=6.00$mm（当丝杠转一圈 360°时，螺母移动的直线距离），旋转式位置传感器测得丝杠旋转角度为 7290°，求：螺母的直线位移 x 为多少毫米？

解 螺母的直线位移

$$x=(6\text{mm}/360^\circ)\times 7290^\circ=121.50\text{mm}$$

用直线式位置传感器进行直线位移的直接测量时，传感器必须与直线行程等长，测量范围受传感器长度的限制，但测量精度高；而用旋转式进行间接测量时则无长度限制，但由于存在着直线与旋转运动的中间传递误差，如机械传动链中的间隙等，故测量精度不及直接测量。能够将旋转运动转换成直线运动的机械传动装置除了丝杠-螺母外，还有齿轮-齿条、带-带轮（俗称皮带-皮带轮）等传动装置。

二、增量式和绝对式测量

增量式测量的特点是只能获得位移增量。在图 11-1 中，移动部件每移动一个基本长度或角度单位，位置传感器便发出一个输出信号，此信号通常是脉冲形式。这样，一个脉冲所代表的基本长度或角度单位就是分辨力，对脉冲计数，便可得到位移量。

例 11-2　在图 11-1a 中，若增量式测量系统的每个脉冲代表为 0.01mm，直线光栅传感器发出 200 个脉冲，求：工作台的直线位移 x。

例　根据题意，工作台每移动 0.01mm，直线光栅传感器便发出 1 个脉冲，计数器就加 1 或减 1。当计数值为 200 时，工作台移动了

$$x = 200 \times 0.01\text{mm} = 2.00\text{mm}$$

增量式位置传感器必须有一个零位标志，作为测量起点的标志，见图 11-4 中的序号 4 元件和图 11-11 中的序号 5 元件。即使如此，如果中途断电，增量式位置传感器仍然无法获知移动部件的绝对位置。典型的增量式位置传感器有增量式光电编码器、光栅等。

绝对式测量的特点是，每一被测点都有一个对应的编码，常以二进制数据形式来表示。绝对式测量即使断电之后再重新上电，也能读出当前位置的数据。典型的绝对式位置传感器有绝对式角编码器。在这种装置中，编码器所对应的每个角度都有一组二进制数据与之对应。能分辨的角度值越小，所要求的二进制位数就越多，结构就越复杂。

第二节　角编码器

角编码器又称码盘，是一种旋转式位置传感器，它的转轴通常与被测轴连接，随被测轴一起转动，如图 11-1b 所示。它能将被测轴的角位移转换成二进制编码或一串脉冲。角编码器有两种基本类型：绝对式编码器和增量式编码器。

一、绝对式编码器

绝对式编码器是按照角度直接进行编码的传感器，可直接把被测转角用数字代码表示出来。根据内部结构和检测方式有接触式、光电式等形式。

1. 接触式编码器

图 11-2 所示为一个 4 位二进制接触式码盘。它在一个不导电基体上做成许多有规律的导电金属区，其中阴影部分为导电区，用“1”表示，其他部分为绝缘区，用“0”表示。码盘分成四个码道，在每个码道上都有一个电刷，电刷经取样电阻接地，信号从电阻上取出。这样，无论码盘处在哪个角度上，该角度均有 4 个码道上的“1”和“0”组成 4 位二进制编码与之对应。码盘最里面一圈轨道是公用的，它和各码道所有导电部分连在一起，经限流电阻接激励电源 U_i 的正极。

由于码盘是与被测转轴连在一起的，而电刷位置是固定的，当码盘随被测轴一起转动时，电刷和码盘的位置就发生相对变化。若电刷接触到导电区域，则该回路中的取样电阻上有电流流过，产生压降，输出为“1”；反之，若电刷接触的是绝缘区域，则不能形成回路，取样电阻上无电流流过，输出为“0”，由此可根据电刷的位置得到由“1”、“0”组成的 4

位二进制码。例如，在图 11-2b 中可以看到，此时的输出为 0101。

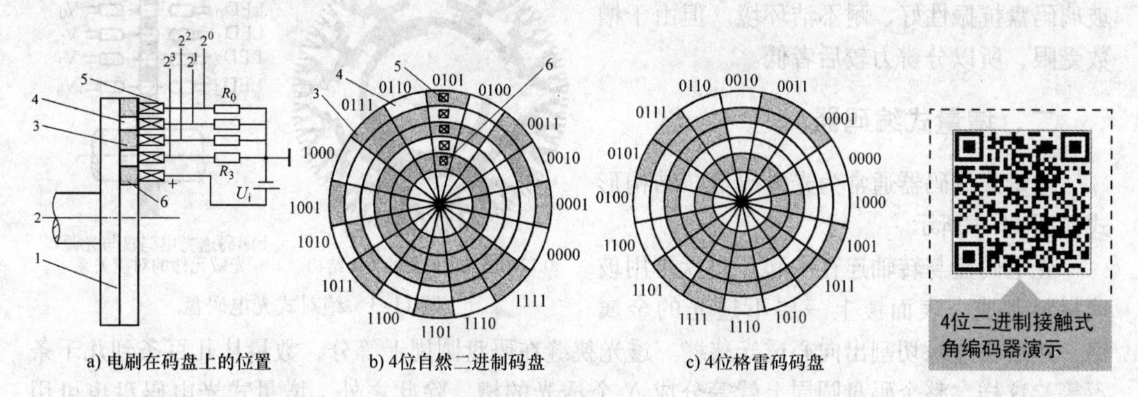

a) 电刷在码盘上的位置　　b) 4位自然二进制码盘　　c) 4位格雷码码盘

图 11-2　4 位二进制接触式角编码器

1— 码盘　2—转轴　3—导电体　4—绝缘体　5—电刷　6—激励公用轨道（接电源正极）

从以上分析可知，码道的圈数（不包括最里面的公用码道）就是二进制的位数，且高位在内，低位在外。由此可以推断出，若是 N 位二进制码盘，就必须有 N 圈码道，且圆周均分 2^N 个数据来分别表示其不同位置，所能分辨的角度 α 为

$$\alpha = 360°/2^N \tag{11-1}$$

$$\text{分辨率} = 1/2^N \tag{11-2}$$

显然，位数 N 越大，所能分辨的角度 α 就越小，测量准确度就越高。所以，若要提高分辨力，就必须增加码道数，即二进制位数。若为 13 码道，则每转位置数为 $2^{13} = 8192$，分辨角度为 $\alpha = 360°/2^{13} = 2.67'$。

例 11-3　求 12 码道的绝对式角编码器的分辨率及分辨力 α。

解　该 12 码道的绝对式角编码器的圆周被均分为 $2^{12} = 4096$ 个位置数，所以分辨率为 1/4096，能分辨的角度为

$$\alpha = 360°/2^{12} = 5.27'$$

另外，在实际应用中，对码盘制作和电刷安装要求十分严格，否则就会产生非单值性误差。例如，当电刷由位置（0111）向位置（1000）过渡时，若电刷安装位置不准或接触不良，可能会出现 8 ~ 15 之间的任意十进制数。为了消除这种非单值性误差，可采用二进制循环码盘（格雷码盘）。

图 11-2c 为一个 4 位格雷码盘，与图 11-2b 所示的 4 位自然二进制码盘相比，不同之处在于，码盘旋转时，任何两个相邻数码间只有一位是变化的，所以每次只切换一位数，可把误差控制在最小单位内。

2. 绝对式光电角编码器

绝对式光电角编码器由绝对式光电码盘及光电元件构成。图 11-3a 中，黑的区域为不透光区，用“0”表示；白的区域为透光区，用“1”表示。每一码道上都有一组如图 11-3b 所示的光电元件，在任意角度都有对应的、唯一的二进制编码。

由于径向各码道的透光和不透光，使各光敏元件中，受光的输出“1”电平，不受光的输出“0”电平，由此而组成 n 位二进制编码。

光电码盘的特点是没有接触磨损，码盘寿命长，额定转速高，分辨力也较高。就码盘材

料而言，不锈钢薄板所制成的光电码盘要比玻璃码盘抗振性好、耐不洁环境。但由于槽数受限，所以分辨力较后者低。

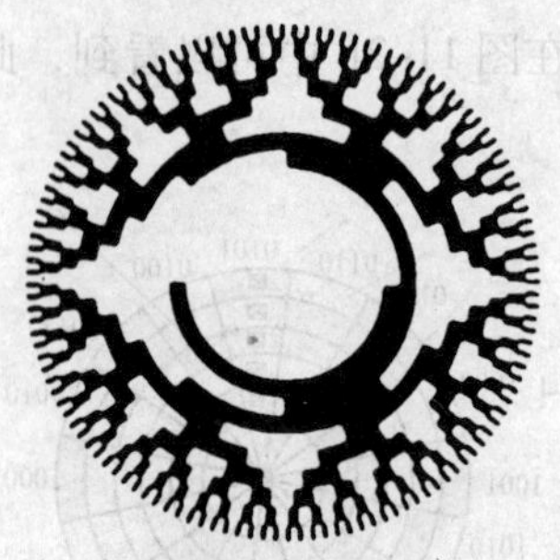

a) 12码道光电码盘的平面结构

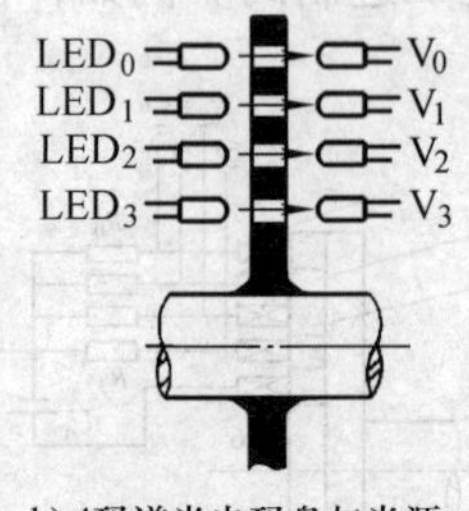

b) 4码道光电码盘与光源、光敏元件的对应关系

图 11-3 绝对式光电码盘

二、增量式编码器

增量式编码器通常为光电码盘，结构形式如图 11-4 所示。

光电码盘与转轴连在一起。码盘可用玻璃材料制成，表面镀上一层不透光的金属铬，然后在边缘切割出向心透光狭缝。透光狭缝在码盘圆周上等分，数量从几百条到几千条不等。这样，整个码盘圆周上就等分成 N 个透光的槽。除此之外，增量式光电码盘也可用不锈钢薄板制成，然后在圆周边缘切割出均匀分布的透光槽，其余部分均不透光。

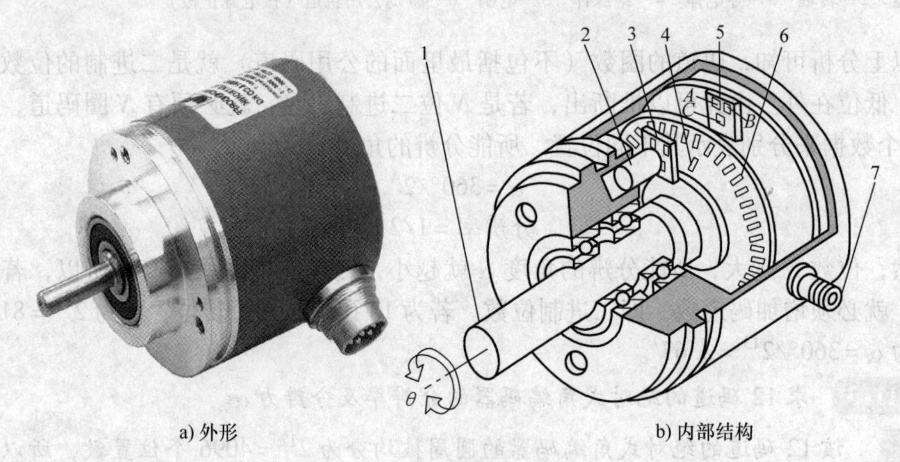

a) 外形　　b) 内部结构

图 11-4 增量式光电角编码器结构示意图

1— 转轴 2—发光二极管 3—光栏板 4—零标志位光槽
5—光敏元件 6—码盘 7—电源及信号线连接座

光电码盘的光源最常用的是自身有聚光效果的 LED。当光电码盘随工作轴一起转动时，在光源的照射下，透过光电码盘和光栏板狭缝形成忽明忽暗的光信号，光敏元件把此光信号转换成电脉冲信号，通过信号处理电路的整形、放大、细分、辨向后，向数控系统输出脉冲信号，也可由数码管直接显示位移量。

光电编码器的测量准确度取决于它所能分辨的最小角度，而这与码盘圆周上的狭缝条纹数目 N 有关，能够分辨的最小角度

$$\alpha = \frac{360°}{N} \tag{11-3}$$

$$\text{分辨率} = \frac{1}{N} \tag{11-4}$$

例 11-4 某增量式角编码器的技术指标为每圈 1024 个脉冲/r（即 $N = 1024$p/r），求：分辨力 α。

解 按题意，码盘边缘的透光槽数为 1024 个，则能分辨的最小角度为

$$\alpha = 360°/N = 360°/1024 = 0.352° = 21.12'$$

为了得到码盘转动的绝对位置，还须设置一个基准点，如图 11-4 中的“零位标志槽”，又称“一转脉冲”；为了判断码盘旋转的方向，光栏板上的两个狭缝距离是码盘上的两个狭缝距离的 $(m+1/4)$ 倍，m 为正整数，并设置了两组光敏元件，如图 11-4 中的 A、B 光敏元件，有时又称为 cos、sin 元件。光电编码器的输出波形如图 11-5 所示。有关波形辨向、细分的原理将在本章第三节中论述。

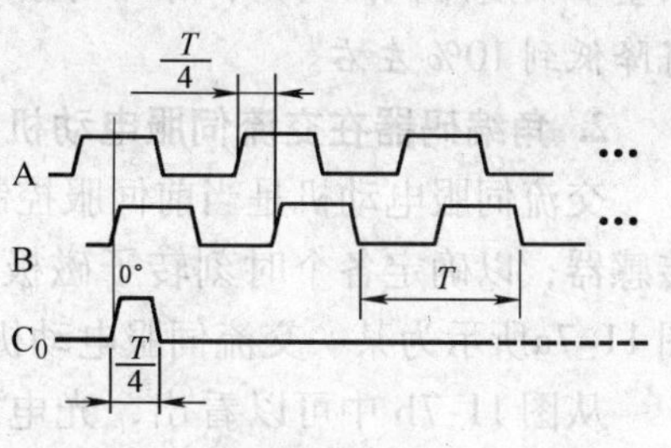

图 11-5 光电编码器的输出波形

三、角编码器的应用

码盘除了能直接测量角位移或间接测量直线位移外，还有以下用途：

1. 数字测速

由于光电编码器的输出信号是脉冲形式，因此，可以通过测量脉冲频率或周期的方法来测量转速。光电编码器可代替测速发电机的模拟测速而成为数字测速装置。数字测速方法有 M 法测速等，如图 11-6 所示。

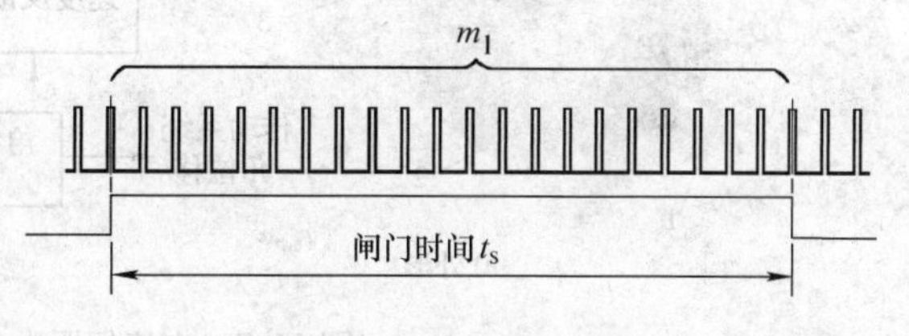

图 11-6 M 法测速原理

在一定的时间间隔 t_s 内（如 10s、1s、0.1s 等），用编码器所产生的脉冲数来确定速度的方法称为 M 法测速。

若编码器每转产生 N 个脉冲，在 t_s 时间间隔内得到 m_1 个脉冲，则编码器所产生的脉冲频率为

$$f = \frac{m_1}{t_s} \tag{11-5}$$

则转速 n（单位为 r/min）为

$$n = 60\frac{f}{N} = 60\frac{m_1}{t_s N} \tag{11-6}$$

例 11-5 某编码器的指标为1024个脉冲/r（1024p/r），在 0.4s 时间内测得 4K 脉冲（1K = 1024），即 $N = 1024$p/r，$t_s = 0.4$s，$m_1 = 4\text{K} = 1024 \times 4 = 4096$ 脉冲，求转速 n。

解 编码器轴的转速

$$n = 60\frac{m_1}{t_s N} = 60\frac{4096}{0.4 \times 1024}\text{r/min} = 600\text{r/min}$$

M 法测速适合于转速较快的场合。例如，脉冲的频率 $f = 1000$Hz，$t_s = 1$s 时，此时的测量准确度可达 0.1% 左右；而当转速较慢时，编码器的脉冲频率较低，测量准确度则降低。

t_s 的长短也会影响测量准确度。t_s 取得较长时，测量准确度较高，但不能反映速度的瞬时变化，不适合动态测量；t_s 也不能取得太小，以至于在 t_s 时段内得到的脉冲太少，而使

测量准确度降低。例如，脉冲的频率f仍为1000Hz，t_s缩短到0.01s时，此时的测量准确度将降低到10%左右。

2. 角编码器在交流伺服电动机中的应用

交流伺服电动机是当前伺服控制中最新技术之一。交流伺服电动机的运行需要角度位置传感器，以确定各个时刻转子磁极相对于定子绕组转过的角度，从而控制电动机的运行。图11-7a所示为某一交流伺服电动机外观图。

从图11-7b中可以看出，光电编码器在交流伺服电动机控制中起了三个方面的作用：①提供电动机定、转子之间相互位置的数据；②通过数字测速提供速度反馈信号；③提供传动系统角位移信号，作为位置反馈信号。

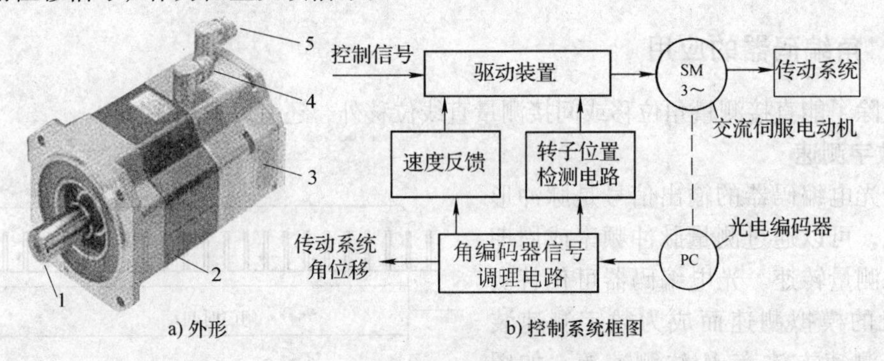

图11-7 交流伺服电动机及控制系统

1—电动机转子轴 2—电动机壳体 3—光电编码器 4—三相电源连接座 5—光电角编码器输出端子（航空插头）

3. 角编码器在工件加工定位中的应用

由于绝对式编码器每一转角位置均有一个固定的编码输出，若编码器与转盘同轴相连，则转盘上每一工位安装的被加工工件均可以有一个编码相对应，如图11-8所示。当转盘上某一工位转到加工点时，该工位对应的编码由编码器输出给控制系统。

例如，要使处于工位2上的工件转到加工点等待钻孔加工，计算机就控制电动机通过传动机构带动转盘须时针旋转。与此同时，绝对式编码器输出的编码不断变化。当输出为0000变为0010（假设为4码道）时，表示转盘已将工位2转到加工点，伺服电动机停转并锁定。

这种编码方式在加工中心（一种带刀库和自动换刀装置的数控机床）的刀库选刀控制中得到广泛应用。

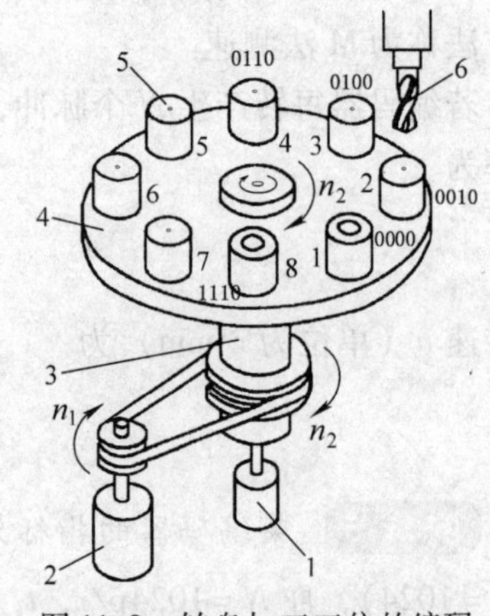

图11-8 转盘加工工位的编码

1—绝对式角编码器 2—伺服电动机 3—转轴 4—转盘 5—工件 6—刀具

第三节 光栅传感器

一、光栅的类型和结构

光栅的种类很多，可分为物理光栅和计量光栅。物理光栅主要是利用光的衍射现象，常用于光谱分析和光波波长测定，而在检测中常用的是计量光栅。计量光栅主要是利用光的透射和反射现象，常用于位移测量，有很高的分辨力，可优于 0.1μm。另外，计量光栅的脉冲读数速率可达每毫秒几百次，非常适用于动态测量。

计量光栅可分为透射式光栅和反射式光栅两大类，均由光源、光栅副、光敏元件三大部分组成。光敏元件可以是光敏二极管，也可以是光电池。透射式光栅一般是用光学玻璃做基体，在其上均匀地刻划出间距、宽度相等的条纹，形成连续的透光区和不透光区，如图 11-9a所示；反射式光栅一般使用不锈钢制作基体，在其上用化学方法制作出黑白相间的条纹，形成反光区和不反光区，如图 11-9b 所示。

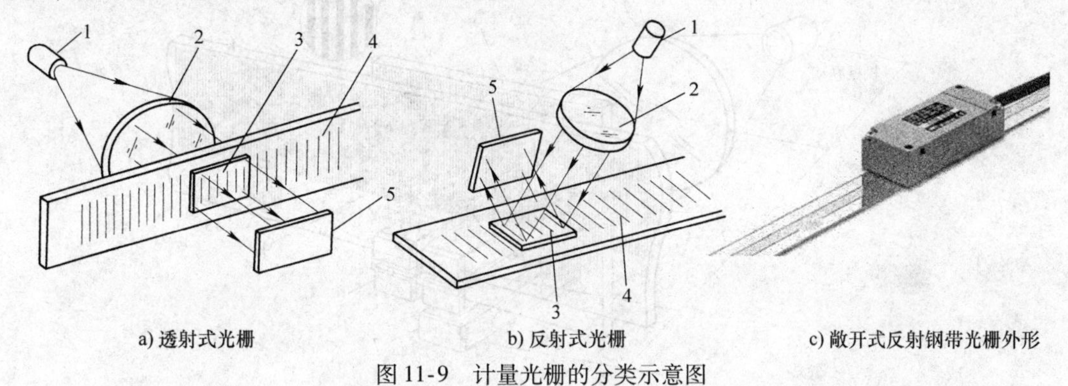

a) 透射式光栅　　b) 反射式光栅　　c) 敞开式反射钢带光栅外形

图 11-9　计量光栅的分类示意图

1—光源　2—透镜　3—指示光栅　4—主光栅（标尺光栅）　5—光敏元件

计量光栅按形状可分为长光栅和圆光栅。长光栅用于直线位移测量，故又称直线光栅；圆光栅用于角位移测量，两者工作原理基本相似。图 11-10 所示为直线光栅外观及内部结构剖面示意图，图 11-11 为直线透射式光栅测量示意图。

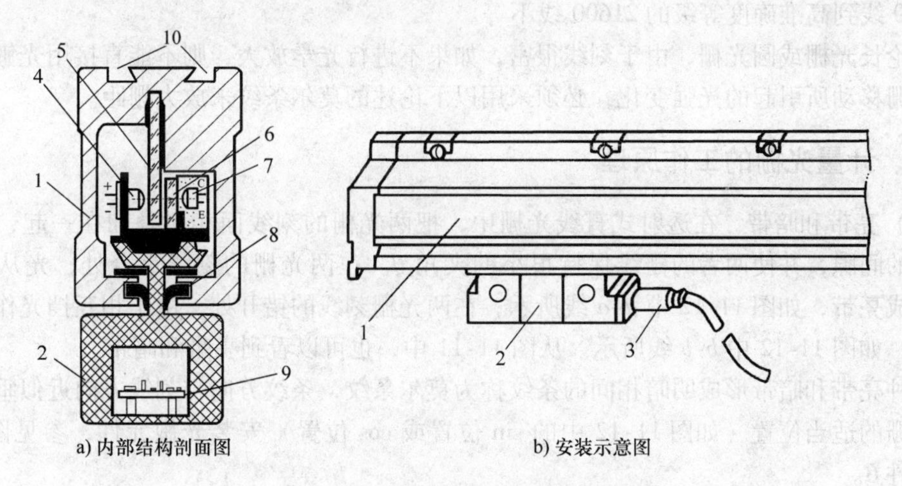

a) 内部结构剖面图　　b) 安装示意图

图 11-10　直线光栅的结构及外观

1—铝合金定尺尺身外壳　2—读数头（动尺）　3—电缆　4—带聚光镜的 LED
5—主光栅（标尺光栅，固定在定尺尺身上）　6—指示光栅（随读数头及溜板移动）
7—光敏元件　8—密封唇　9—信号调理电路　10—安装槽

计量光栅由标尺光栅（主光栅）和指示光栅组成，所以计量光栅又称光栅副。标尺光栅和指示光栅的刻线宽度和间距完全相同。将指示光栅与标尺光栅叠合在一起，两者之间保持很小的间隙（0. 05mm 或 0. 1mm）。在长光栅中标尺光栅固定不动，而指示光栅安装在运动部件上，所以两者之间形成相对运动。在圆光栅中，指示光栅通常固定不动，而标尺光栅随转轴转动。

在图 11-11 中，a 为栅线宽度，b 为栅缝宽度，$W = a + b$ 称为光栅常数，或称栅距。通常 $a = b = W/2$，栅线密度一般为 10 线/mm、25 线/mm、50 线/mm、100 线/mm 和 200 线/mm等几种。

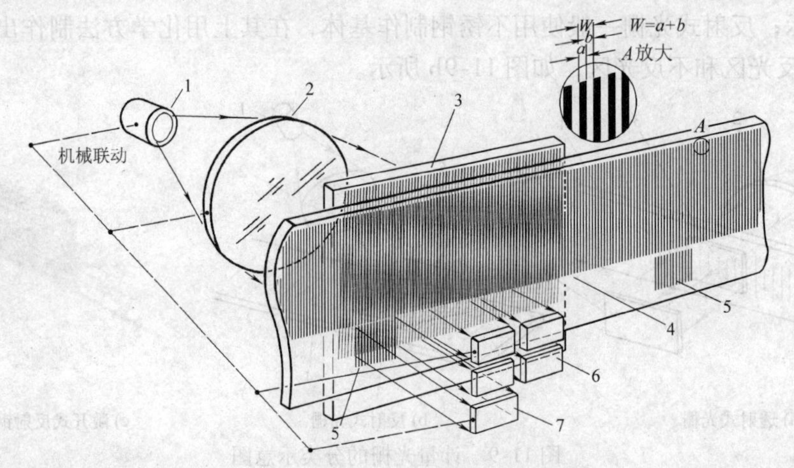

图 11-11　直线透射式光栅测量示意图

1—光源　2—透镜　3—指示光栅　4—主光栅（标尺光栅）
5—零位光栅　6—细分辨向用光敏元件（2 路或 4 路）　7—零位光敏元件

对于圆光栅来说，两条相邻刻线的中心线之夹角称为角节距，每圈的栅线数从较低准确度的 100 线到高准确度等级的 21600 线不等。

无论长光栅或圆光栅，由于刻线很密，如果不进行光学放大，则不能直接用光敏元件来测量光栅移动所引起的光强变化，必须采用以下论述的莫尔条纹来放大栅距。

二、计量光栅的工作原理

（1）亮带和暗带　在透射式直线光栅中，把两光栅的刻线面相对叠和在一起，中间留有很小的间隙，并使两者的栅线保持很小的夹角 θ。在两光栅的刻线重合处，光从缝隙透过，形成亮带，如图 11-12 中 a-a 线所示；在两光栅刻线的错开处，由于相互挡光作用而形成暗带，如图 11-12 中 b-b 线所示。从图 11-11 中，也可以看到亮带和暗带。

这种亮带和暗带形成明暗相间的条纹称为莫尔条纹，条纹方向与刻线方向近似垂直。通常在光栅的适当位置（如图 11-12 中的 sin 位置或 cos 位置）安装光敏元件，参见图 11-11 中的元件 6。

（2）sin 和 cos 光敏元件　当指示光栅沿 x 轴自左向右移动时，莫尔条纹的亮带和暗带（a-a 线和 b-b 线）将顺序自下而上（图中的 y 方向）不断地掠过光敏元件。光敏元件“观察”到莫尔条纹的光强变化近似于正弦波变化。光栅移动一个栅距 W，光强变化一个周期，sin 和 cos 光敏元件的输出电压的波形如图 11-13 所示。

莫尔条纹有如下特征：

1）莫尔条纹是由光栅的大量刻线共同形成的，对光栅的刻划误差有平均作用，从而能

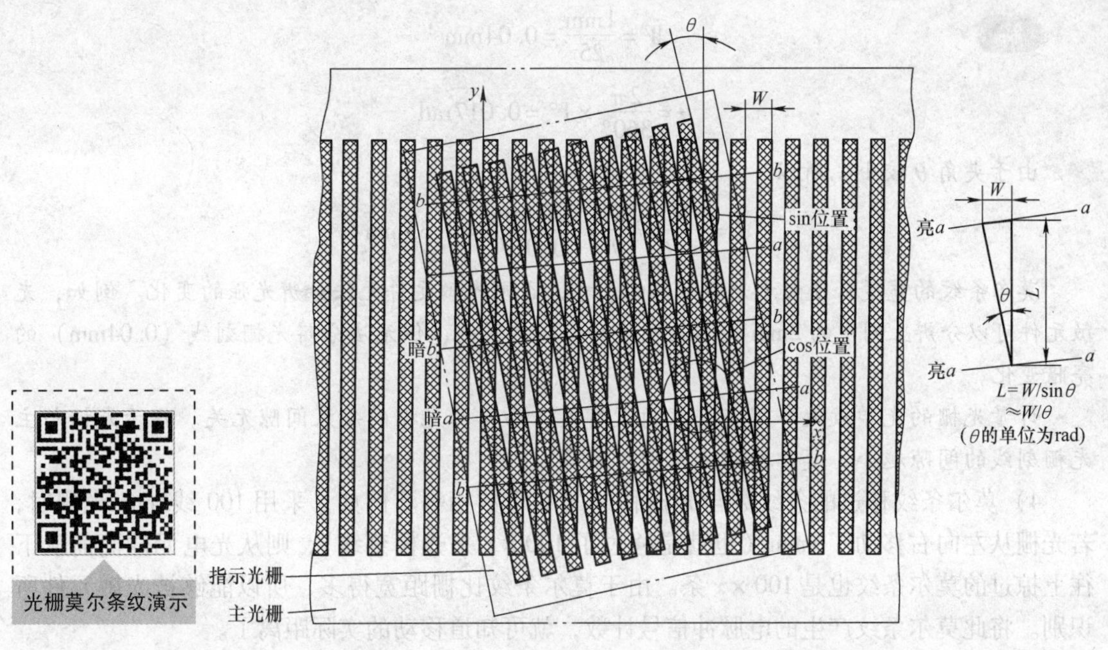

图 11-12　等栅距黑白透射光栅形成的莫尔条纹（$\theta \neq 0$）

在很大程度上消除光栅刻线不均匀引起的误差。

2）当两光栅沿与栅线垂直的方向作相对移动时，莫尔条纹则沿光栅刻线方向移动（两者的运动方向相互垂直）；光栅反向移动，莫尔条纹亦反向移动。在图 11-12 中，当指示光栅向右移动时，莫尔条纹向上运动。

3）莫尔条纹的间距是放大了的光栅栅距，它随着指示光栅与主光栅刻线夹角而改变。由于 θ 很小，所以其关系可用下式表示：

$$L = W/\sin\theta \approx W/\theta \qquad (11\text{-}7)$$

式中，L 是莫尔条纹间距；W 是光栅栅距；θ 是两光栅刻线夹角，必须以弧度（rad）为单位，式（11-7）才能成立。

从式（11-7）可知，θ 越小，L 越大，相当于把微小的栅距放大了 $1/\theta$ 倍。由此可见，计量光栅起到光学放大器的作用。

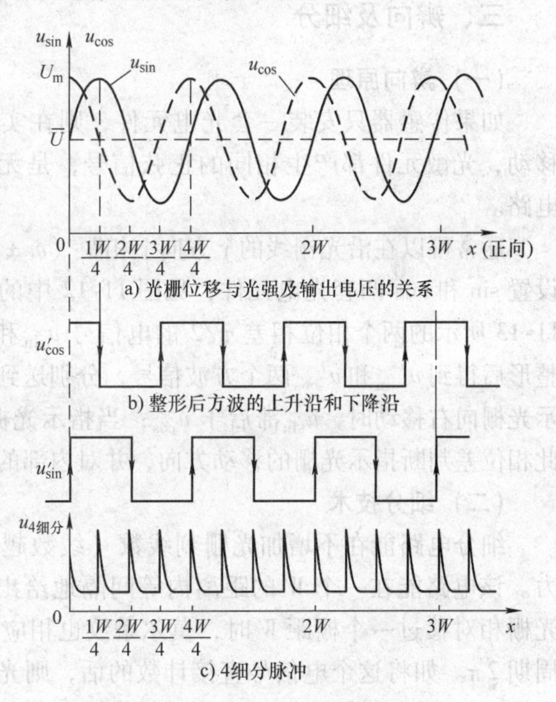

图 11-13　sin 和 cos 光敏元件的输出电压波形及细分脉冲

例 11-6　某长光栅的刻线数为 25 线/mm，指示光栅与主光栅刻线的夹角 $\alpha = 1°$，求：栅距 W 和莫尔条纹间距 L。

解
$$W=\frac{1\text{mm}}{25}=0.04\text{mm}$$

$$\theta=\frac{2\pi}{360°}\times 1°=0.017\text{rad}$$

由于夹角 θ 较小，所以

$$L=\frac{W}{\sin\theta}\approx\frac{W}{\theta}=\frac{0.04\text{mm}}{0.017}=2.35\text{mm}$$

莫尔条纹的宽度必须大于光敏元件的尺寸，否则光敏元件无法分辨光强的变化。例如，光敏元件可以分辨上例中的2mm左右的明线和暗线的区别，但无法分辨光栅刻线（0.04mm）的亮暗变化。

计量光栅的光学放大作用与安装角度有关，而与两光栅的安装间隙无关。指示光栅与主光栅刻线的间隙越小，莫尔条纹的清晰度越高。

4）莫尔条纹移过的条纹数与光栅移过的刻线数相等。例如，采用100线/mm光栅时，若光栅从左向右移动了 $x$mm（也就是移过了 $100\times x$ 条光栅刻线），则从光电元件面前从下往上掠过的莫尔条纹也是 $100\times x$ 条。由于莫尔条纹比栅距宽得多，所以能够被光敏元件所识别。将此莫尔条纹产生的电脉冲信号计数，就可知道移动的实际距离了。

三、辨向及细分

（一）辨向原理

如果传感器只安装一套光电元件，则在实际应用中，无论光栅作正向移动还是反向移动，光敏元件都产生相同的正弦信号，是无法分辨移动方向的。为此，必须设置辨向电路。

通常可以在沿光栅线的 y 方向上相距 $(m\pm 1/4)L$（相当于电相角1/4周期）的距离上设置sin和cos两套光电元件，见图11-12中的sin位置和cos位置。这样就可以得到如图11-13所示的两个相位相差 $\pi/2$ 的电信号 $u_{\sin}$ 和 $u_{\cos}$，也称正弦信号和余弦信号，经放大、整形后得到 $u'_{\sin}$ 和 $u'_{\cos}$ 两个方波信号，分别送到微处理器，来判断两路信号的相位差。当指示光栅向右移动时，$u_{\sin}$ 滞后于 $u_{\cos}$；当指示光栅向左移动时，$u_{\sin}$ 超前于 $u_{\cos}$。微处理器据此相位差判断指示光栅的移动方向，并对内部的计数器做加法运算或减法运算。

（二）细分技术

细分电路能在不增加光栅刻线数（线数越多，就越昂贵）的情况下提高光栅的分辨力。该电路能在一个 W 的距离内等间隔地给出 n 个计数脉冲。由前面的讨论可知，当两光栅相对移过一个栅距 W 时，莫尔条纹也相应移过一个 L，光敏元件的输出就变化一个电周期 2π。如将这个电信号直接计数的话，则光栅的分辨力只有一个 W 的大小。为了能够分辨比 W 更小的位移量，必须采用细分电路。由于细分后计数脉冲的频率提高了 n 倍，所以细分又称倍频。细分后，传感器的分辨力有较大的提高。通常采用的细分方法有四倍频、十六倍频法。例如，在图11-13b、c中，如果在sin和cos脉冲的上升沿及下降沿均取出微分尖脉冲，合并后，在一个 W 的距离内，就能得到4个计数脉冲，从而实现4细分。

例11-7 某光栅电路的细分数 $n=4$，光栅刻线数 $N=100$ 根/mm，求细分后光栅的分辨力 Δ。

 栅距 $W = 1/N = (1/100)$ mm = 0.01mm

$$\Delta = W/n = (0.01/4)\ \text{mm} = 0.0025\text{mm} = 2.5\mu\text{m}$$

由上例可见，光栅信号通过4细分技术处理后，相当于将光栅的分辨力提高了3倍（能够分辨的数值是原来的四分之一）。

（三）零位光栅

在增量式光栅中，为了寻找坐标原点、消除误差积累，在测量系统中需要有零位标记（位移的起始点），因此在光栅尺上除了主光栅刻线外，还必须刻有零位基准的零位光栅（参见图11-11中的序号5、7），以形成零位脉冲，又称参考脉冲。把整形后的零位信号作为计数开始的条件。

在使用光栅时要注意运动速度必须在允许的范围内。当速度过高时，光电元件来不及响应，造成输出信号的幅值降低，波形变坏。

需要说明的是，光栅传感器（直线光栅和圆光栅）除了上述所讲的增量式外，还有绝对式光栅，它的输出为格雷码或其他二进制码，请读者参阅有关文献资料。

四、光栅传感器的应用

由于光栅具有测量准确度高等一系列优点，若采用不锈钢反射式光栅，测量范围可达数十米，而且不需接长，信号抗干扰能力强，因此在国内外受到重视和推广，但必须注意防尘、防震问题。近年来我国设计、制造了很多光栅式测量长度和角度的计量仪器，并成功地将光栅作为数控机床的位置检测元件，用于精密机床和仪器的精密定位、长度检测、速度、振动和爬行的测量等。

1. 光栅数显表

微机光栅数显表的组成框图如图11-14所示。所谓“微机”，是指在上世纪八十年代所研制的，类似于现在的单片机。虽然其功能比较简单，但能够处理数字信号，在上个世纪得到广泛的应用。在微机光栅数显表中，放大、整形采用传统的集成电路，辨向、细分均由微处理器来完成。图11-15所示为光栅数显表在机床进给运动中的应用。

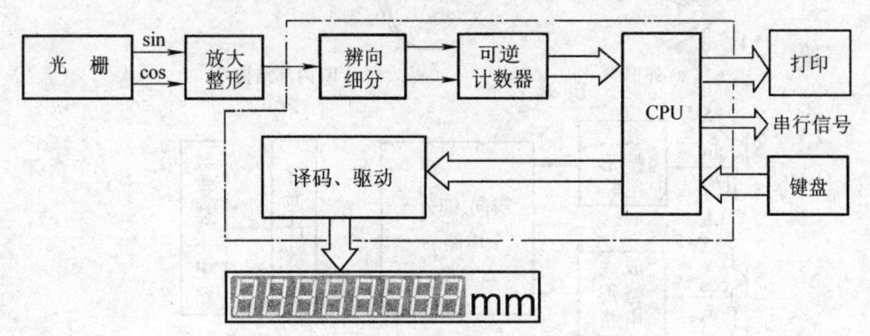

图11-14　微机光栅数显表的组成框图

在机床操作过程中，由于用数字显示方式代替了传统的标尺刻度读数，大大提高了加工精度和加工效率。以横向进给为例，光栅读数头固定在工作台上，尺身固定在床鞍上，当工作台沿着床鞍左右运动时，工作台移动的位移量（相对值/绝对值）可通过数字显示装置显示出来。同理，床鞍前后移动的位移量可按同样的方法来处理。

2. 光栅传感器在位置控制中的应用

在现代数控机床中，光栅用于位置检测并作为位置反馈可用于位置控制，详见本书第十三章第五节。

3. 轴环式数显表

图 11-16 是 ZBS 型轴环式光栅数显表示意图。它的主光栅用不锈钢圆薄片制成，可用于角位移的测量。

定片（指示光栅）固定，动片（主光栅）可与外接旋转轴相联并转动。动片表面均匀地镂空 500 条透光条纹，见图 11-16b，定片为圆弧形薄片，在其表面刻有两组透光条纹（每组 3 条），定片上的条纹与动片上的条纹成一角度 θ。两组条纹分别与两组红外发光二极管和光敏晶体管相对应。当动片旋转时，产生的莫尔条纹亮暗信号由光敏晶体管接收，相位正好相差 $\pi/2$，即第一个光敏晶体管接收到正弦信号，第二个光敏晶体管接收到余弦信号。经整形电路处理后，两者仍保持相差 1/4 周期的相位关系。再经过细分及辨向电路，根据运动的方向来控制可逆计数器做加法或减法计数，测量电路框图如图 11-16c 所示。测量显示的零点由外部复位开关完成。

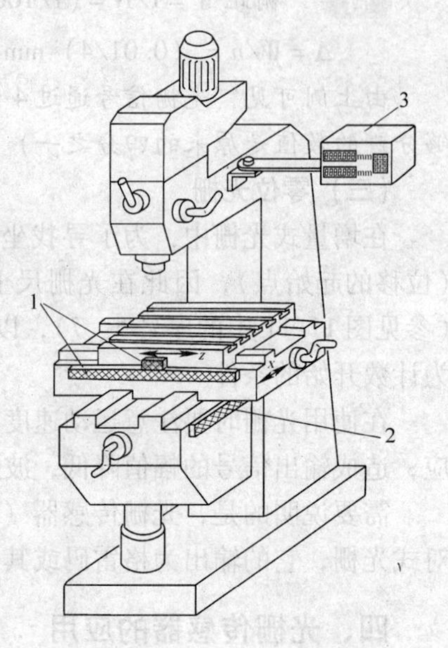

图 11-15 光栅数显表在机床进给运动中的应用

1—横向进给位置光栅检测

2—纵向进给位置光栅检测

3—2 维数字显示装置

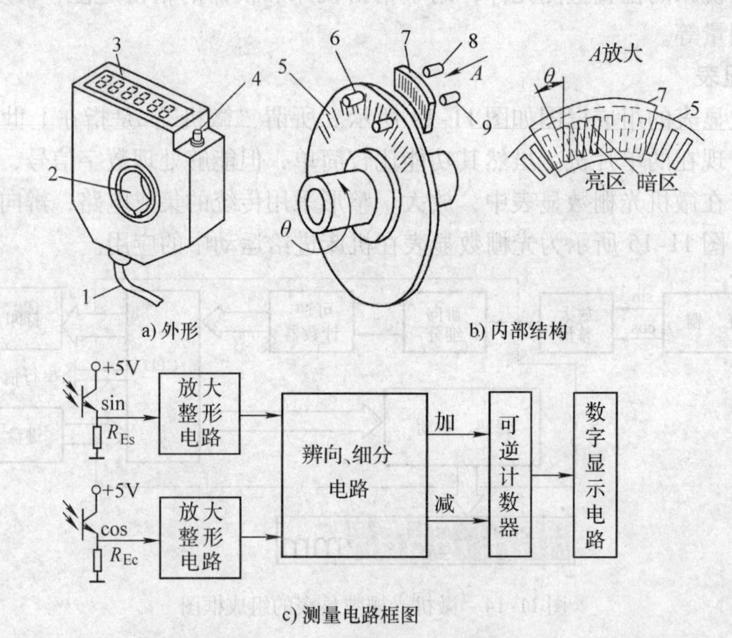

图 11-16 ZBS 型轴环式光栅数显表

1—电源线 2—轴套 3—数字显示器 4—复位开关 5—主光栅

6—红外发光二极管 7—指示光栅 8—sin 光敏晶体管 9—cos 光敏晶体管

光栅型轴环式数显表具有体积小、安装简便、读数直观、工作稳定、可靠性好、抗干扰能力强、性能/价格比高等优点。适用于中小型机床的进给或定位测量，也适用于老机床的改造。

如把它装在车床进给刻度轮的位置，可以直接读出进给尺寸，减少停机测量的次数，从而提高工作效率和加工精度。图 11-17 所示为轴环式数显表在车床纵向进给显示中的安装示意图。

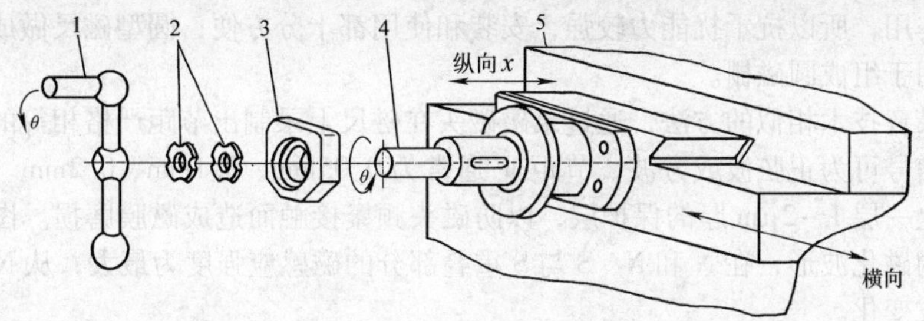

图 11-17 轴环式数显表在车床进给显示中的安装示意图

1—手柄 2—紧固螺母 3—轴环式数显表拖板 4—丝杠轴 5—溜板

第四节 磁栅传感器

与其他类型的位置检测元件相比，磁栅传感器具有制作简单，录磁方便、易于安装及调整，测量范围宽可达十几米，不需接长，抗干扰能力强、价格比光栅便宜等一系列优点，因而在大型机床的数字检测及自动化机床的定位控制等方面得到了广泛的应用，但要注意防止退磁和定期更换磁头。

磁栅可分为长磁栅和圆磁栅两大类。长磁栅主要用于直线位移的测量，圆磁栅主要用于角位移的测量。图 11-18 为长磁栅外观示意图。

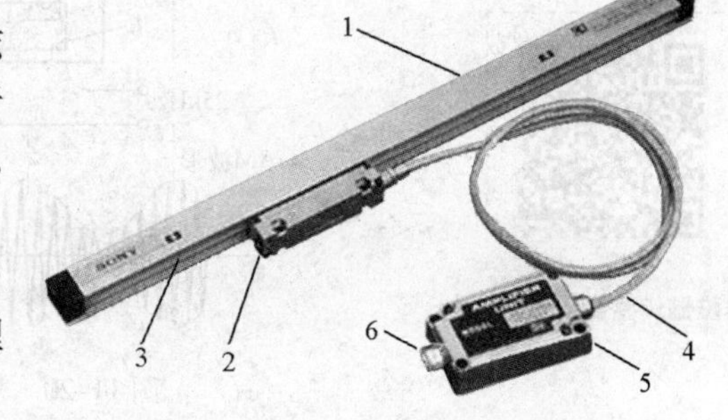

图 11-18 长磁栅外观示意图

1—尺身 2—滑尺（读数头） 3—密封唇 4—电缆 5—信号调理盒 6—接插口

一、磁栅结构及工作原理

磁栅传感器主要由磁尺、磁头和信号处理电路组成。

（一）磁尺

磁尺按基体形状有带状磁尺、线状磁尺（又称同轴型）和圆形磁尺，如图 11-19 所示。

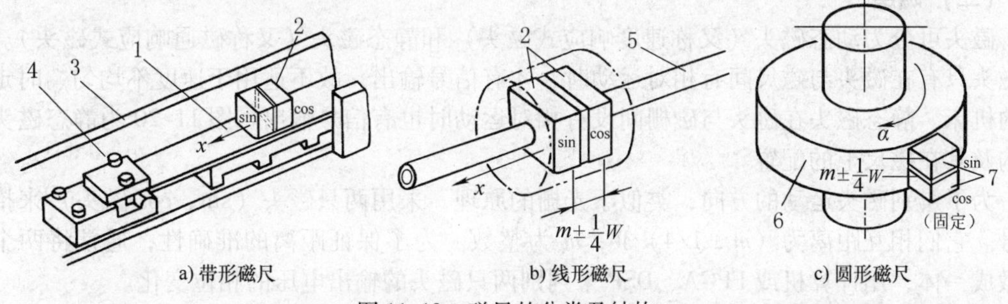

图 11-19 磁尺的分类及结构

1—带形磁尺 2—磁头 3—框架 4—预紧固定螺丝 5—同轴形（线形）磁尺 6—圆形磁盘 7—圆磁头

带形磁栅是用约宽 20mm、厚 0.2mm 的金属作为尺基，其有效长度可达 30m 以上。带状磁尺固定在用低碳钢做的屏蔽壳体内，并以一定的预紧力固定在框架中，框架又固定在设备上，使带状磁尺同设备一起胀缩，从而减少温度对测量精度的影响。线状磁尺是用 $\phi 2 \sim \phi 4$mm 的圆形线材作尺基，磁头套在圆型材上，由于磁尺被包围在磁头中间，对周围电磁场起到了屏蔽作用，所以抗干扰能力较强，安装和使用都十分方便；圆型磁尺做成圆形磁盘或磁鼓形状，用于组成圆磁栅。

利用与录音技术相似的方法，通过录磁磁头在磁尺上录制出节距严格相等的磁信号作为计数信号，信号可为正弦波或方波，节距 W 通常为 0.05mm、0.1mm、0.2mm。最后在磁尺表面还要涂上一层 1 ~ 2μm 厚的保护层，以防磁头频繁接触而造成磁膜磨损。图 11-20 上部所示为磁尺的磁化波形，在 N 和 N、S 与 S 重叠部分的磁感应强度为最大，从 N 到 S 磁感应强度呈正弦波变化。

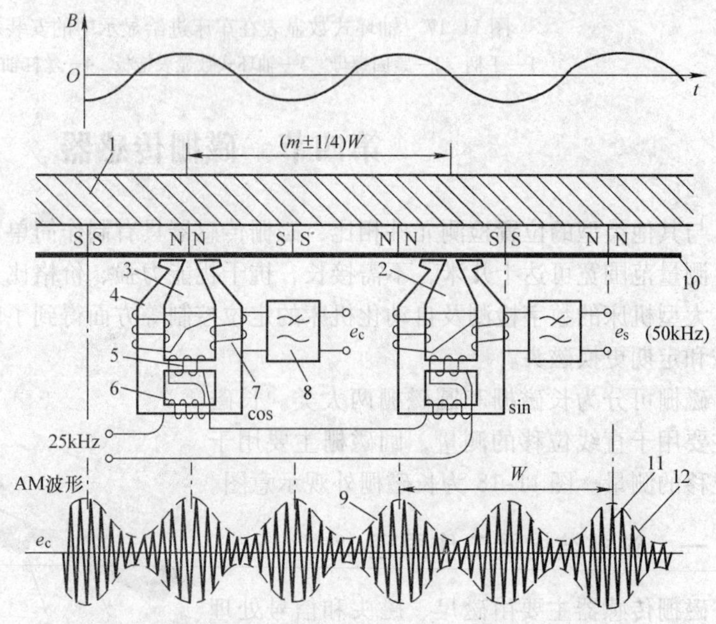

图 11-20 静态磁头的结构及输出信号与磁尺的关系

1—磁尺 2—sin 磁头 3—cos 磁头 4—磁极铁心 5—可饱和铁心 6—励磁绕组 7—感应输出绕组 8—低通滤波器 9—匀速运动时 sin 磁头的输出波形 10—保护膜 11—载波 12—包络线

（二）磁头

磁头可分为动态磁头（又称速度响应式磁头）和静态磁头（又称磁通响应式磁头）。动态磁头只有在磁头与磁尺间有相对运动时，才有信号输出，故不适用于速度不均匀、时走时停的机床。静态磁头在磁头与磁栅间没有相对运动时也有信号输出。图 11-20 为静态磁头的结构及其在磁尺上的配置。

为了辨别磁头运动的方向，类似于光栅的原理，采用两只磁头（sin、cos 磁头）来拾取信号。它们相互距离为（$m \pm 1/4$）W，m 为整数。为了保证距离的准确性，通常将两个磁头做成一体，用计算机或 FPGA、DSP 来判别两只磁头的输出电压的相位变化。

二、磁栅数显表及其应用

磁头、磁尺与专用磁栅数显表配合，可用于检测机械位移量，行程可达数十米，分辨力优于 1μm。图 11-21 为上海机床研究所生产的 ZCB-101 鉴相型磁栅数显表的原理框图。

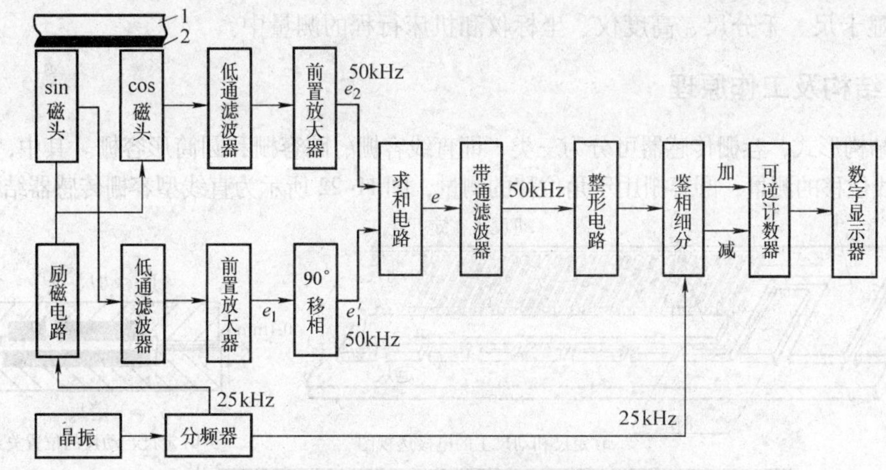

图 11-21　ZCB-101 鉴相型磁栅数显表的原理框图

1—磁尺基底　2—录磁后的硬磁性薄膜

图 11-21 中，晶体振荡器输出的脉冲经分频器变为 25kHz 方波信号，再经功率放大后同时送入 sin、cos 磁头的励磁绕组（串联），对磁头进行励磁。两只磁头产生的感应电动势经低通滤波器和前置放大器送到求和放大电路，得到相位能反映位移量的电动势 e，$e = E_m \sin(\omega t \pm 2\pi x/W)$。

由于求和电路的输出信号中还包括有许多高次谐波、干扰等无用信号，所以还需将其送入一个“带通滤波器”，取出角频率为 ω（50kHz）的正弦信号，并将其整形为方波。当磁头相对磁尺位移一个节距 W 时，其相位就变化 360°。

“鉴相、细分”电路有“加”“减”两个脉冲输出端。当磁头正向位移时，电路输出加脉冲，可逆计数器作加法；反之则做减法，计数结果由多位十进制数码管显示。

目前的磁栅数显表多已采用微处理器来实现图 11-21 框图中的功能。这样，硬件的数量大大减少，而功能却优于普通数显表。现以上海机床研究所生产的 WCB 系列微机磁栅数显表为例来说明带微机数显表的功能。

WCB 与该所生产的 XCC 系列以及日本 SONY 公司各种系列的直线形磁尺兼容，组成直线位移数显表装置。该表具有位移显示功能、直径/半径、公制/英制转换及显示功能、数据预置功能、断电记忆功能、超限报警功能、非线性误差修正功能、故障自检功能等，能同时测量 x、y、z 三个方向的位移，通过计算机软件程序对三个坐标轴的数据进行处理，分别显示三个坐标轴的位移数据。

磁栅数显表同样可用于图 11-15 所示的机床进给位置显示。

随着材料技术的进步，目前带状磁栅可做成开放式的，长度可达几十米，并可卷曲。安装时可直接用特殊的材料粘贴在被测对象的基座上，读数头与控制器（如可编程控制器 PLC）相连并进行数据通信，可随意对行程进行显示和控制。

第五节　容栅传感器

容栅传感器是一种新型数字式位移传感器，是一种基于变面积工作原理的电容传感器。因为它的电极排列如同栅状，故称此类传感器为容栅传感器。与其他大位移传感器，如光栅、磁栅等相比，虽然准确度稍差，但体积小、造价低、耗电省和环境使用性强，广泛应用于电子数显卡尺、千分尺、高度仪、坐标仪和机床行程的测量中。

一、结构及工作原理

根据结构形式，容栅传感器可分为三类，即直线容栅、圆容栅和圆筒形容栅。其中，直线容栅用于直线位移的测量，圆容栅用于角位移的测量，图 11-22 所示为直线型容栅传感器结构简图。

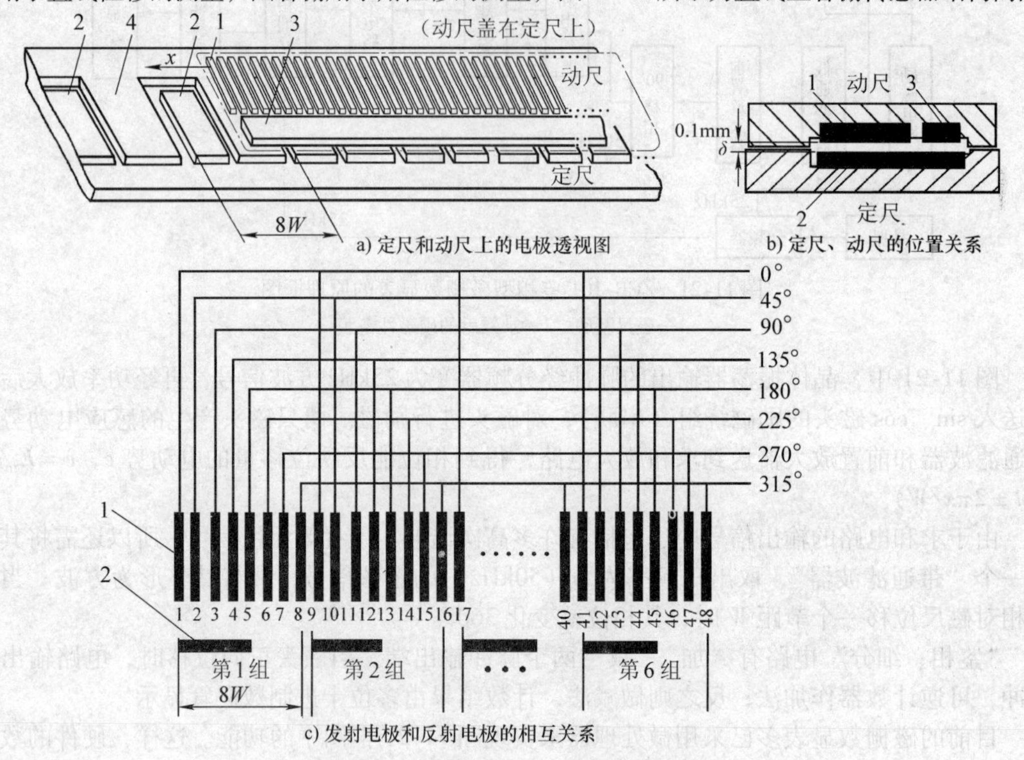

图 11-22　直线型容栅传感器结构简图

1—发射电极　2—反射电极　3—接收电极　4—屏蔽电极

直线容栅传感器由动尺和定尺组成，动尺是有源的，定尺是无源的，两者保持很小的间隙 δ（约 0.1mm），如图 11-22b 所示。动尺上有多个发射电极和一个长条形接收电极；定尺上有多个相互绝缘的反射电极和一个屏蔽电极（接地）。一个发射电极的宽度为一个节距 W，一个反射电极对应于一组发射电极。

在图 11-22 中，若发射电极有 48 个，分成 6 组，则每组有 8 个发射电极。每隔 8 个接在一起，组成一个激励相，在每组相同序号的发射电极上加一个幅值、频率和相位相同的激励信号，相邻序号电极上激励信号的相位差是 45°（360°/8）。设第一组序号为 1 的发射电极上加一个相位为 0°的激励信号，序号为 2 的发射电极上的激励信号相位则为 45°，以此类推，则序号为 8 的发射电极上的激励信号相位就为 315°；而第二组序号为 9 的发射电极上的激励信号相位与第一组序号为 1 的相位相同，也为 0°，以此类推，直到第 6 组的序号 48 为止。

发射电极与反射电极、反射电极与接收电极之间存在着电场，见图 11-22b。由于反射电极的电容耦合和电荷传递作用，使得接收电极上的输出信号随发射电极与反射电极的位置变化而变化。

当动尺向右移动 x 距离时，发射电极与反射电极间的相对面积发生变化，反射电极上的电荷量发生变化，并将电荷感应到接收电极上，在接收电极上累积的电荷 Q 与位移量 x 成正比。经运算器处理后进行公/英制转换和BCD码转换，再由译码器将BCD码转变成七段码，送显示驱动单元，如图11-23所示。

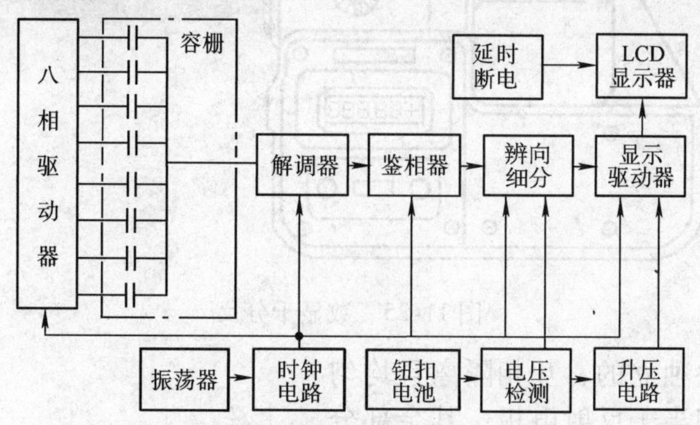

图11-23 容栅测量转换电路框图

一般用于数显卡尺的容栅的节距 $W=0.635$mm（25毫英寸），最小分辨力为0.01mm，非线性误差小于0.01mm，150mm总测量误差为0.02～0.03mm。

直线容栅传感器还有一种梳状结构，能接近衍射光栅和激光干涉仪的测量准确度，但造价远比它们低。

二、容栅传感器在数显尺中的应用

普通测量工具，如游标卡尺、千分尺等在读数时存在视差。随着容栅技术在测量工具中的应用及性能/价格比的不断提高，数显卡尺、千分尺应运而生，并在生产中越来越多地替代了传统卡尺。图11-24是数显游标卡尺示意图。

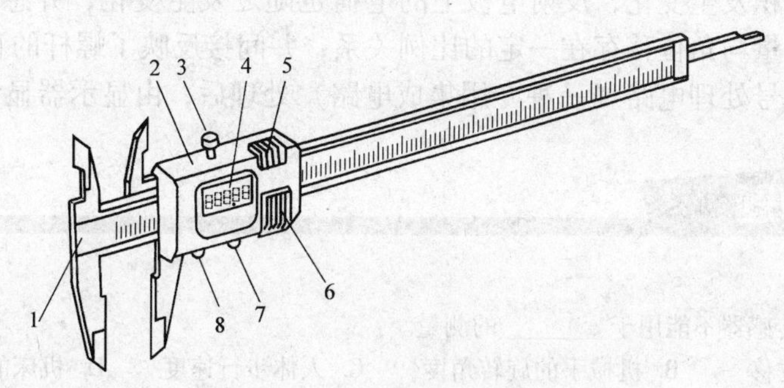

图11-24 数显游标卡尺

1—尺身 2—游标 3—紧固螺钉 4—液晶显示器 5—串行接口 6—电池盒 7—复位按钮 8—公/英制转换按钮

在图11-24中，容栅定尺安装在尺身上，动尺与单片测量转换电路（专用IC）安装在游标上，分辨力为0.01mm，重复精度0.01mm。当若干分钟不移动动尺时，自动断电，因此1.5V氧化银扣式电池可使用一年以上。通过复位按钮可在任意位置置零，消除累积误差；通过公/英制转换钮实现公/英制转换；通过串行接口可与计算机或打印机相联，经软件处理，可对测量数据进行统计处理。

除此以外，直线式容栅还可应用于数显测高仪中，测量范围可达1m以上，分辨力可达0.01mm。

图11-25所示为容栅数显千分尺外形，它的分辨力为0.001mm，重复准确度为0.002mm，累积误差为0.002mm。数显千分尺采用的是圆容栅。圆容栅由旋转容栅和固定容栅组成，图11-26所示为圆容栅示意图。

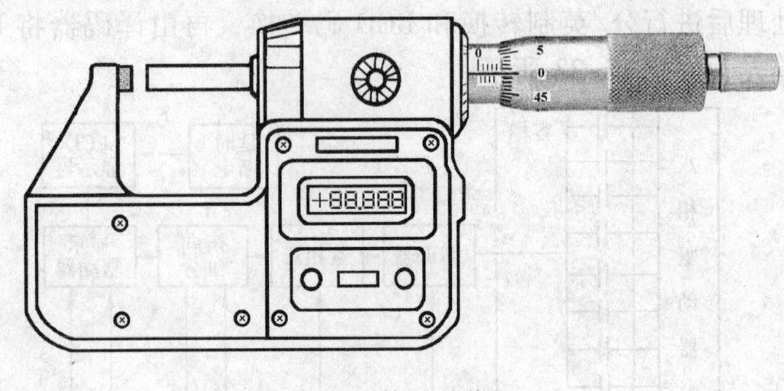

图 11-25 数显千分尺

旋转容栅上面有 5 块独立的、互相隔离且均匀分布的金属导片，相当于反射电极，其余部分的金属连成一片并接地，相当于屏蔽电极。固定容栅的外圆均匀分布着 40 条金属导片，共分成 8 组，每组 5 条导片，每隔 4 条连成一组，形成发射电极。这 5 组导片分别接到 5 个引出端子，由 5 个依次相移 72°（360°/5）的方波进行激励。固定容栅的中间有两圈金属环与发射电极相对应，一个金属环作为接收电极，另一个最里圈的金属环接地，也相当于屏蔽电极。

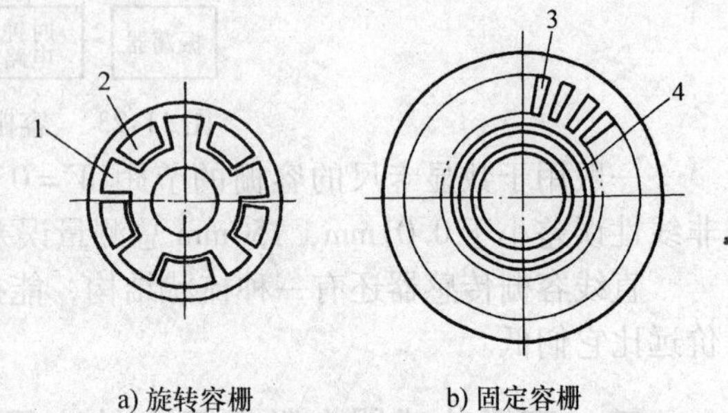

图 11-26 圆容栅示意图

1—屏蔽电极 2—反射电极 3—发射电极 4—接收电极

使用数显千分尺时，固定容栅不动，安装在尺身上，旋转容栅随螺杆旋转，发射电极与反射电极的相对面积发生变化，反射电极上的电荷也随之发生变化，并感应到接收电极上。接收电极上的电荷量与角位移存在一定的比例关系，并间接反映了螺杆的直线位移。接收电极上的电荷量经信号处理电路（一种专用集成电路）处理后，由显示器显示出位移量。

思考题与习题

1. 单项选择题

1）数字式位置传感器不能用于________的测量。

A. 机床刀具的位移　　B. 机械手的旋转角度　　C. 人体步行速度　　D. 机床的位置控制

2）不能直接用于直线位移测量的传感器是________。

A. 长光栅　　B. 长磁栅　　C. 角编码器　　D. 圆容栅

3）绝对式位置传感器输出的信号是________，增量式位置传感器输出的信号是________。

A. 电流信号　　B. 电压信号　　C. 脉冲信号　　D. 二进制格雷码

4）有一只十码道绝对式角编码器，其分辨率为________，能分辨的最小角位移为________。

A. 1/10　　B. $1/2^{10}$　　C. $1/10^2$　　D. 3.6°　　E. 0.35°　　F. 0.01°

5）有一 1024p/r 增量式角编码器，在零位脉冲之后，光敏元件连续输出 10241 个脉冲。则该编码器的转轴从零位开始转过了________。

A. 10241 圈　　B. 1/10241 圈　　C. 10 又 1/1024 圈　　D. 11 圈

6）有一 2048p/r 增量式角编码器，光敏元件在 30s 内连续输出了 204800 个脉冲。则该编码器转轴的转速为________。

A. 204800r/min　　B. 60 × 204800 r/min　　C. （100/30） r/min　　D. 200 r/min

7）某直线光栅每毫米刻线数为 50 线，采用 4 细分技术，则该光栅的分辨力为________。

A. 5μm　　B. 50μm　　C. 4μm　　D. 20μm

8）不能将角位移转变成直线位移的机械装置是________。

A. 滚珠丝杠-螺母　　B. 齿轮-齿条　　C. 齿轮副　　D. 传输带-带轮

9）光栅中采用 sin 和 cos 两套光电元件是为了________。

A. 提高信号幅度　　B. 辨向　　C. 抗干扰　　D. 作三角函数运算

10）光栅传感器利用莫尔条纹来达到________。

A. 提高光栅的分辨力　　B. 辨向的目的

C. 使光敏元件能分辨主光栅移动时引起的光强变化　　D. 细分的目的

11）当主光栅与指示光栅的夹角为 θ（rad）、主光栅与指示光栅相对移动一个栅距时，莫尔条纹移动________。

A. 一个莫尔条纹间距 L　　B. θ 个 L　　C. $1/\theta$ 个 L　　D. 一个 W 的间距

12）磁带录音机中应采用廉价的________来读取磁信号；磁栅传感器中应采用________来读取磁信号。

A. 动态磁头　　B. 静态磁头　　C. 电涡流探头　　D. 变压器感应线圈

13）容栅传感器是根据电容的________工作原理来工作的。

A. 变极距式　　B. 变面积式　　C. 变介质式　　D. 变气隙式

14）粉尘较多的场合不宜采用________；直线位移测量超过 2m 时，为减少接长误差，不宜采用________。

A. 光栅　　B. 磁栅　　C. 容栅　　D. 感应同步器

15）测量超过 100m 的位移量应选用________，属于接触式测量的是________。

A. 光栅　　B. 磁栅　　C. 容栅　　D. 光电式角编码器

2. 在检修某机械设备时，发现某金属齿轮的两侧各有 A、B 检测元件，如图 11-27a 所示。请分析填空。

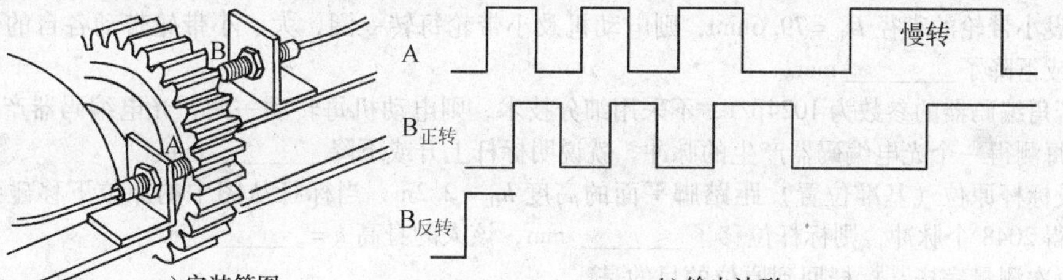

图 11-27　机械设备中的旋转参数测量原理分析

1）根据已学过的知识，可以确认 A、B 两个检测元件是________（行程开关/接近开关），其检测原理是属于________传感器。

2）齿轮每转过一个齿，则 A、B 各输出________个脉冲。在设定的时间内，对脉冲进行计数，就可以测量齿轮的________和________。

3）若齿轮的齿数 $z=36$，在 2s 内测得 A（或 B）输出的脉冲数为 1026 个，则说明齿轮转过了____圈。

4）若齿轮正转时 A、B 的输出脉冲如图 11－27b 所示，由 b 图可以看出，设置 A、B 两个检测元件是为了判别________________。

5）若齿轮反转，请以 A 的波形为基准，画出 B 的输出波形（应考虑相位差）。

6）若发现 A 或 B 无信号输出，产生故障的可能原因为：________、________、________、________等。

7）可用________（塑料/铁片）来判断 A 或 B 是否损坏。

3. 一透射式 3600 线/圈的圆光栅，采用 4 细分技术，求：

1）角节距 θ 为多少度？换算为多少分？

2）细分前的分辨力为多少分？

3）4 细分后该圆光栅数显表每产生一个脉冲，说明主光栅旋转了多少分？

4）若测得主光栅顺时针旋转时产生加脉冲 1200 个，然后又测得减脉冲 200 个，则主光栅的角位移 $\alpha_{总}$ 为多少度？

4. 图 11-28a 所示为一人体身高和体重测量装置外观，图 11-28b 所示为测量身高的传动机构简图，请分析填空并列式计算。

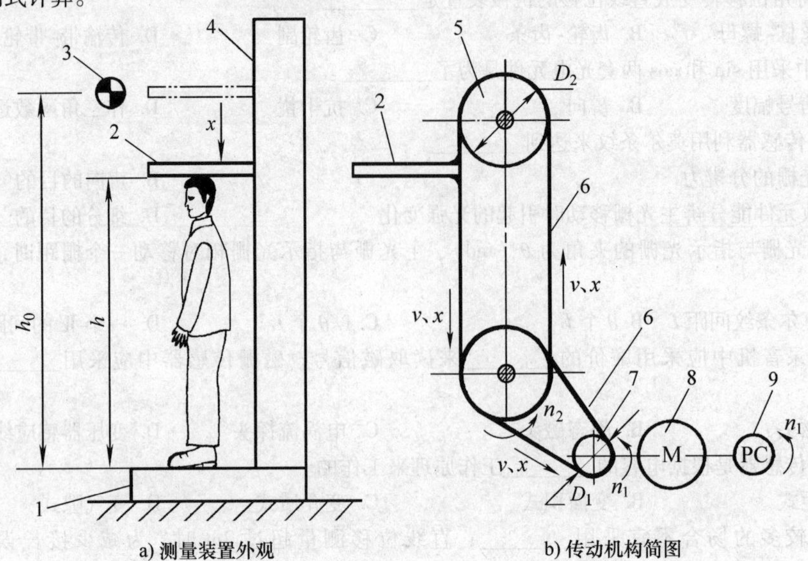

图 11-28 测量身高的装置示意图

1—底座 2—标杆 3—原点 4—立柱 5—大带轮 6—传动带 7—小带轮 8—电动机 9—光电编码器

1）测量体重的荷重传感器应该选择________（压电/应变片/超声波/红外热释电）传感器，该传感器应安装在________部位。

2）电动机与角编码器及小带轮联轴，再带动大带轮及标杆，且两根传动带外表面的线速度 v 及位移处处相同。设小带轮的直径 D_1 = 79.6mm，则电动机及小带轮每转一圈，大、小带轮带动各自的传动带及标杆就上升或下降了________mm。

3）若角编码器的参数为 1024p/r，不采用细分技术，则电动机每转动一圈，光电编码器产生________个脉冲。每测得一个光电编码器产生的脉冲，就说明标杆上升或下降________mm。

4）设标杆原位（基准位置）距踏脚平面的高度 h_0 = 2.2m，当标杆从图中的原位下移碰到人的头部时，共测得 2048 个脉冲，则标杆位移了________mm，该人的身高 h = ________m。

5）每次测量完毕，标杆回到原位的目的是________________。

5. 有一增量式光电角编码器，其参数为 1024p/r，采用 4 细分技术，编码器与丝杠同轴连接，丝杠螺距 t = 2mm，如图 11-29 所示。当丝杠从图中所示的位置开始旋转，在 5s 时间里，光电角编码器后续的细分电路共产生了 4×51456 个脉冲。请列式计算：

1）丝杠共转过________圈，又________度。

2）丝杠的平均转速 n 为____________（r/min）。

3）螺母从图中所示的位置移动了____________mm。

4）螺母移动的平均速度 v 为________________mm/s。

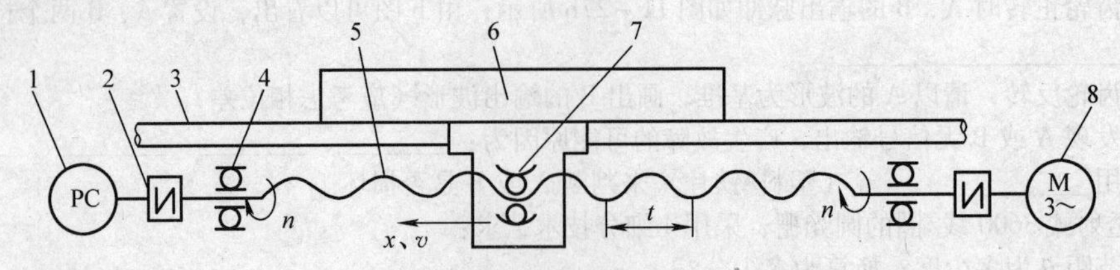

图 11-29 光电编码器与丝杠的连接

1—光电角编码器 2—联轴器 3—导轨 4—轴承 5—滚珠丝杠

6—工作台 7—螺母（和工作台 6 连在一起） 8—电动机

第十二章 Chapter 12

检测系统的抗干扰技术

作为生产第一线的工程技术人员，我们经常会遇到这样一些现象：采购来的测量仪表安装到机器上时，仪表数码管显示的数字有时会忽大忽小地乱跳，但有时又显得很正常；在实验室调试好的检测、控制系统，安装到车间里，时不时发生动作失常，数据失实；带计算机的仪表偶尔还发生“死机”现象，我们可能需要花费许多时间来寻找这些现象的原因。最后也许我们会发现，在其中作祟的是一些小小的疏忽：可能是一根地线忘了接，也可能是为了美观而将信号线与电源线捆扎在一起……也许我们发现只要在信号线输入端并联一只电容器，数据就不乱跳了；也许当我们换上一个带滤波器的电源插座时，设备的动作就变得规矩了。可是这已经浪费了许多宝贵的时间、拖延了工程的进展。这一切都源自我们对车间或工作现场存在的各式各样的干扰预计不足，或不予重视，或不知道该采取什么措施来克服这些干扰。所以我们很有必要花一些时间来了解各种干扰的来源、学习电磁兼容性的控制方法，掌握检测系统的抗干扰技术。

本章首先讨论自动检测系统的几种常见干扰及防护方法，然后重点论述电磁兼容原理及对策。

第一节　干扰源及防护

在非电量测量过程中，往往会发现总是有一些无用的背景信号与被测信号叠加在一起，称之为干扰（Interferential），有时也采用噪声（Noise）这一习惯用语。

噪声对检测装置的影响必须与有用信号共同分析才有意义。衡量噪声对有用信号的影响常用信噪比（S/N）来表示，它是指信号通道（Signal Channel）中，有用信号功率 P_S 与噪声功率 P_N 之比，或有用信号电压有效值 U_S 与噪声电压有效值 U_N 之比。信噪比常用对数形式来表示，单位为 dB（分贝），即

$$S/N = 10\lg\frac{P_S}{P_N} = 20\lg\frac{U_S}{U_N}(\mathrm{dB}) \tag{12-1}$$

在测量过程中应尽量提高信噪比，以减少噪声对测量结果的影响。试图用增加放大倍数的方法来减少干扰是于事无补的。

干扰信号来自于干扰源。工业现场的干扰源形式繁多，经常是几个干扰源同时作用于检测装置，只有仔细地分析其形式及种类，才能提出有效的抗干扰措施。下面介绍将常见的噪声干扰源，并提出对应的防护措施。

一、机械干扰

机械干扰是指机械振动或冲击使电子检测装置中的元器件发生振动，改变了系统的电气参数，造成可逆或不可逆的影响。

例如，若将检测仪表直接固定在剧烈振动的机器上或安装于汽车上时，可能引起焊点脱焊、已调整好的电位器滑动臂位置改变、电感线圈电感量变化等等；并可能使电缆接插件滑脱，开关、继电器、插头及各种紧固螺丝松动，印制电路板从插座中跳出等，造成接触不良或短路。

在振动环境中，当零件的固有频率与振动频率一致时，还会引起共振。共振时零件的振幅逐渐增大，其引脚在长期交变力作用下，会引起疲劳断裂。

对机械干扰，可选用专用减振弹簧-橡胶垫脚或吸振海绵垫来降低系统的谐振频率，吸收振动的能量，从而减小系统的振幅，如图 12-1 所示。

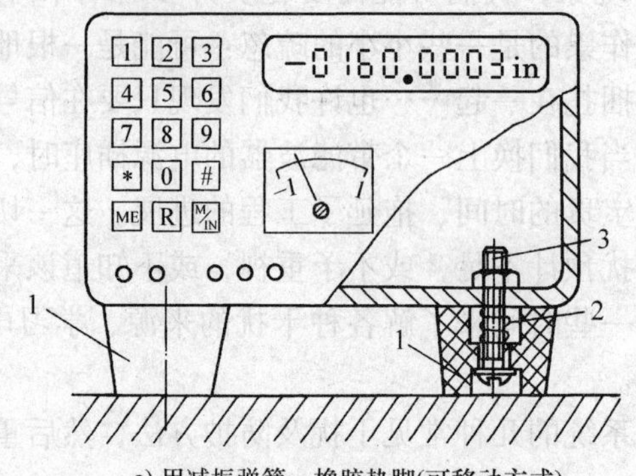

a) 用减振弹簧—橡胶垫脚(可移动方式)

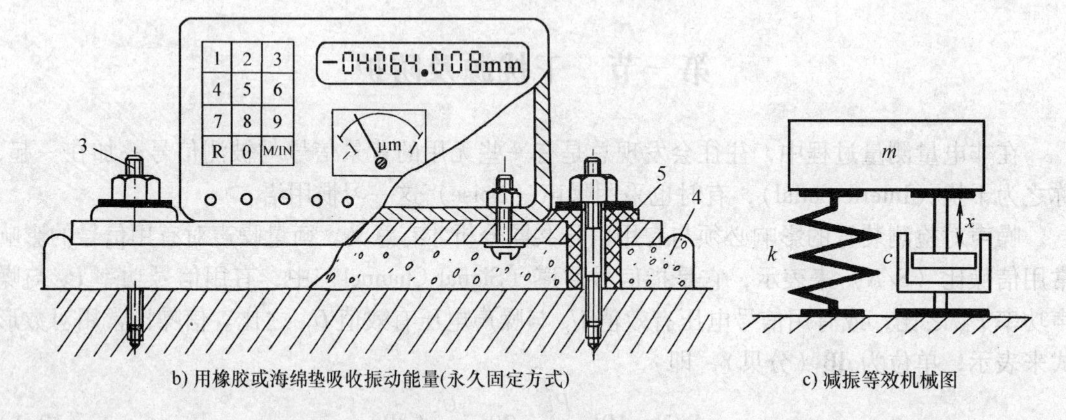

b) 用橡胶或海绵垫吸收振动能量(永久固定方式)　　c) 减振等效机械图

图 12-1　两种减振方法

1—橡胶垫脚　2—减振弹簧　3—固定螺丝　4—吸振橡胶（海绵）垫　5—橡胶套管（起隔振作用）
m—质量块　k—弹簧　c—阻尼器

二、湿度及化学干扰

当环境相对湿度大于 65% 时，物体表面就会附着一层厚度为 0.01 ~ 0.1μm 的水膜，当相对湿度进一步提高时，水膜的厚度将进一步增加，并渗入材料内部。不仅降低了绝缘强度，还会造成漏电、击穿和短路现象；潮湿还会加速金属材料的腐蚀，并产生原电池电化学干扰；在较高的温度下，潮湿还会促使霉菌的生长，并引起有机材料的霉烂。

某些化学物品如酸、碱、盐、各种腐蚀性气体以及沿海地区由海风带到岸上的盐雾也会造成与潮湿类似的漏电腐蚀现象。

在上述环境中工作的检测装置必须采取以下措施来加以保护：

1）将变压器等易漏电或击穿的元器件用绝缘漆或环氧树脂浸渍，将整个印制电路板用防水硅胶密封（如洗衣机中那样）。

2）对设备定期通电加热驱潮，或保持机箱内的微热状态。

3）将易受潮的电子线路安装在不透气的机箱中，箱盖用橡胶圈密封。

三、热干扰

我们可以做如下实验：将一只1MΩ电阻的两根引脚接到直流毫伏表输入端，再用电烙铁加热电阻的一根引脚，就会发现，即使将电烙铁移开，毫伏表仍有读数。如果该电阻处于放大器的输入端，则放大器的输出端就有较可观的输出电压。用电烙铁加热晶体管时也会发现类似的现象。

热量，特别是温度波动以及不均匀温度场对检测装置的干扰主要体现在以下三个方面：

1）各种电子元件均有一定的温度系数，温度升高，电路参数会随之改变，引起误差。

2）接触热电势：由于电子元件多由不同金属构成，当它们相互连接组成电路时，如果各点温度不均匀就不可避免地产生热电势，它叠加在有用信号上引起测量误差。

3）元器件长期在高温下工作时，将降低使用寿命、降低耐压等级，甚至烧毁。

克服热干扰的防护措施有：

1）在设计检测电路时，尽量选用低温漂元器件。例如采用金属膜电阻、低温漂、高准确度运放，对电容器容量稳定性要求高的电路使用聚苯乙烯等温度系数小的电容器等。

2）在电路中考虑采取软、硬件温度补偿措施；

3）尽量采用低功耗、低发热元器件。例如尽量不用LSTTL器件，而改用HCTTL门电路；电源变压器采用高效率、低空载电流系列（例如R型、环型）等。

4）选用的元器件规格要有一定的余量。例如电阻的瓦数要比估算值大一倍以上，电容器的耐压、晶体管的额定电流、电压均要增加一倍以上，其成本并不与额定值成比例增加，但可靠性却大为提高。必须了解到这样一个道理：在一个系统的几千个元器件中，只要有一个损坏，就可能导致整个系统瘫痪，造成的经济损失可能很大；稳压电源应采用低压差稳压IC或高效率开关电源。

5）仪器的前置级（通常指输入级）应尽量远离发热元器件（如电源变压器、稳压模块、功率放大器等）。因为前置级的温漂可能逐级得到放大，到末级时，已超出指标范围。如果仪器内部采用上下层结构，前置级应置于最下层，因为热空气上升、冷空气的补充，总是导致上层温度高于下层。如果仪器本身有散热风扇，则前置级必须处于冷风进风口（必须加装过滤灰尘的毛毡），功率级置于出风口。

6）加强散热：①空气的导热系数比金属小几千倍，应给发热元器件安装金属散热片，应尽量将散热片的热量传导到金属机壳上，通过面积很大的机壳来散热，元器件与散热片之间还要涂导热硅脂或垫导热薄膜；②如果发热量较大，应考虑强迫对流，采用排风扇或半导体致冷（温差致冷）器件以及热管（内部充有低沸点液体，沸腾时将热量带到热管的另一端去）来有效地降低功率器件的温度；③有条件时，将检测仪器放在空调房间里。

7）采用热屏蔽：所谓热屏蔽就是用导热性能良好的金属材料做成屏蔽罩，将敏感元件、前置级电路包围起来，使罩内的温度场趋于均匀，有效地防止热电势的产生。对于高准确度的计量工作，还要将检测装置置于恒温室中，局部的标准量具，如频率基准等还须置于恒温油槽中。

总之，温度干扰引起的温漂比其他干扰更难克服，在设计、使用时必须予以充分注意。

四、固有噪声干扰

在电路中，电子元件本身产生的、具有随机性、宽频带的噪声称为固有噪声。最重要的固有噪声源是电阻热噪声、半导体散粒噪声和接触噪声。例如，电视机未接收到信号时屏幕上表现出的雪花干扰就是由固有噪声引起的。

电路中常出现的固有噪声源有电阻热噪声；半导体器件产生的散粒噪声；开关、继电器触点、电位器触点、接线端子电阻、晶体管内部的不良接触等产生的接触噪声等。

选用低噪声元器件、减小流过器件的电流、减小电路的带宽等，均能减小固有噪声干扰。

五、电、磁噪声干扰

在交通、工业生产中有大量的用电设备产生火花放电，在放电过程中，会向周围辐射出从低频到甚高频大功率的电磁波。无线电台、雷电等也会发射出功率强大的电磁波。上述这些电磁波可以通过电网、甚至直接辐射的形式传播到离这些噪声源很远的检测装置中。在工频输电线附近也存在强大的交变电场和磁场，将对十分灵敏的检测装置造成干扰。由于这些干扰源功率强大，要消除它们的影响较为困难，必须采取多种措施来防护，我们将在下一节作专题讨论。

第二节 检测技术中的电磁兼容原理

一、电磁兼容（EMC）概念

自从1866年世界上第一台发电机开始发电至今的一百多年里，人类在制造出越来越复杂的电气设备的同时，也制造出越来越严重的电磁“污染”。如果不正视这种污染，研制出来的各种仪器设备在这种污染严重的地方将无法正常工作。

1881年英国科学家希维赛德发表了“论干扰”的文章，标志着研究抗干扰问题的开端。早在20世纪40年代，人们就提出了电磁兼容性的概念。我国从20世纪80年代至今已制定了几十个电磁兼容的国家标准，强制要求所有的电气设备必须通过相关电磁兼容标准的性能测试，否则为不合格产品。

关于电磁兼容的定义，在第一章中已简单介绍过。通俗地说，电磁兼容是指电子系统在规定的电磁干扰环境中能正常工作的能力，而且还不允许产生超过规定的电磁干扰。

二、电磁干扰的来源

下雷阵雨时，在电视机屏幕上会看到一条条明亮的条纹，这时我们会不由自主地望望天空，那里正是干扰的发源地！

一般来说，电磁干扰源分为两大类：自然界干扰源和人为干扰源，后者是检测系统的主要干扰源。

1. 自然界干扰源

自然界干扰源包括地球外层空间的宇宙射电噪声、太阳耀斑辐射噪声以及大气层的天电噪声。后者的能量频谱主要集中在30MHz以下，对检测系统的影响较大。

2. 人为干扰源

人为干扰源又可分为有意发射干扰源和无意发射干扰源。前者如广播、电视、通信雷达和导航等无线设备，它们有专门的发射天线，所以空间电磁场能量很强，特别是离这些设备很近时，干扰能量是很大的。后者是各种工业、交通、医疗、家电、办公设备在完成自身任务的同时，附带产生的电磁能量的辐射。如工业设备中的电焊机、高频炉、大功率机床启停电火花、高压输电线路的电晕放电，交通工具中的汽车、摩托车点火装置、电力牵引机车的电火花，医疗设备中的高压X光机、高频治疗仪器，家电中的吸尘器、冲击电钻火花、变频空调、微波炉，办公设备中的复印机、计算机开关电源等电气设备，它们有的产生电火花，有的造成电源畸变，有的产生大功率的高次谐波，当它们距离检测系统较近时，均会干扰检测系统的工作。我们在日常生活中也经常能感受到它们的影响，比如这些设备一开动，收音机里就会发出刺耳的噪声，所以有时也能利用便携式半导体收音机来寻找干扰噪声的来源。

三、电磁干扰的传播路径

电磁干扰的形成必须同时具备三项因素，即干扰源、干扰途径以及对电磁干扰敏感性较高的接受电路——检测装置的前置级电路。三者的关系示于图12-2中。

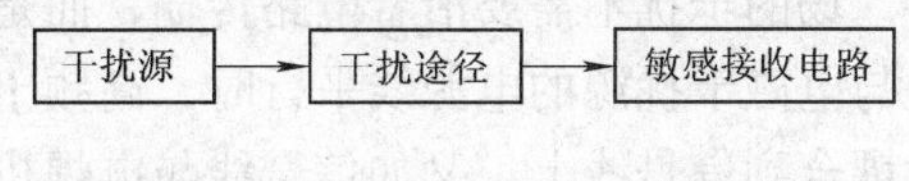

图12-2 电磁干扰三要素之间的联系

消除或减弱电磁干扰的方法可针对这三项因素，采取三方面措施：

（1）消除或抑制干扰源　积极、主动的措施是消除干扰源，例如使产生干扰的电气设备远离检测装置；将整流子电动机改为无刷电动机；在继电器、接触器等设备上增加消弧措施等，但多数情况是无法做到的。

（2）破坏干扰途径　对于以“电路”的形式侵入的干扰，可采取诸如提高绝缘性能；采用隔离变压器、光耦合器等切断干扰途径；采用退耦、滤波等手段引导干扰信号的转移；改变接地形式切断干扰途径等。对于以“辐射”的形式侵入的干扰，一般采取各种屏蔽措施，如静电屏蔽、磁屏蔽、电磁屏蔽等。

（3）削弱接受回路对干扰的敏感性　高输入阻抗的电路比低输入阻抗的电路易受干扰；模拟电路比数字电路抗干扰能力差等。一个设计良好的检测装置应该具备对有用信号敏感、对干扰信号尽量不敏感的特性。以上三个方面的措施可用疾病的预防为比喻，即消灭病菌来源，阻止病菌传播和提高人体的抵抗能力。以下只讨论如何破坏干扰途径和削弱检测系统对干扰敏感性的问题。

日常生活中我们会发现，当电吹风机靠近电视机时，电视机屏幕上会产生雪花干扰，喇叭中传出“噼噼、啪啪”的干扰声，并伴随有50Hz的嗡嗡声。

在图12-3中，电吹风机是干扰源。电磁波干扰来源于电吹风机内的电动机换向器和电刷之间的电火花，它产生高频电磁波，以两种途径到达电视机：一是通过公用的电源插座，从电源线侵入电视机的开关电源，从而到达电视机的高频头；二是以电吹风机为中心，向空间辐射电磁波能量，以电磁场传输的方式到达电视机的天线。

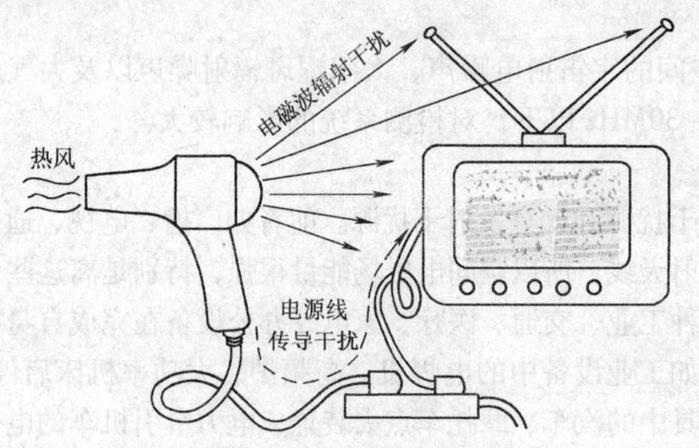

辐射干扰演示

图12-3 电吹风机对电视机的干扰途径

通常认为电磁干扰的传输路径有两种方式，即“路”的干扰和“场”的干扰。路的干扰又称传导传输干扰，场的干扰又称辐射传输干扰。

路的干扰必定在干扰源和被干扰对象之间有完整的电路连接，干扰沿着这个通路到达被干扰对象。例如通过电源线、变压器引入的干扰，通过共用一段接地线引入的共阻抗干扰、通过印制电路板、接线端子的漏电阻引入的干扰等都属于路的干扰。

场的干扰不需要沿着电路传输，而是以电磁场辐射的方式进行。例如，当传感器的信号线与电磁干扰源的电源线平行时，高频干扰或50Hz电场就通过两段导线的分布电容，将干扰耦合到信号线上。又如信号线与电焊机或电动机的电源线平行时，这些大功率设备的电源线周围存在大电流产生的强大磁场，通过互感的形式将50Hz干扰耦合到信号线上。下面举例说明常见的路和场的干扰，以及如何切断这些干扰途径。

1. 通过路的干扰

（1）由泄漏电阻引起的干扰　当仪器的信号输入端子与220V电源进线端子之间产生漏电、印制电路板上前置级输入端与整流电路存在漏电等情况下，噪声源（可以是高频干扰、也可以是50Hz干扰或直流电压干扰）得以通过这些漏电电阻作用于有关电路而造成干扰。被干扰点的等效阻抗越高，由泄漏电阻而产生的干扰影响越大。

要减小印制板漏电引起的干扰，就要采用高质量的玻璃纤维环氧层压板，并在表面制作不吸潮的阻焊层。还可以在高输入阻抗电路周围制作接地的印制铜箔，形成“接地保护环”，使漏电流入公共参考端，而不致影响到高输入阻抗电路；要减小信号输入端子漏电引入的电源干扰，就应使它远离220V电源进线端子，并在它的四周设置接地保护端子；要减小电源变压器的漏电引起的干扰，就要将变压器真空浸漆或用环氧树脂灌封等。

（2）由共阻抗耦合引起的干扰　它是指当两个或两个以上的电路共同享有或使用一段公共的线路，而这段线路又具有一定的阻抗时，这个阻抗成为这两个电路的共阻抗。第二个电路的电流流过这个共阻抗所产生的压降就成为第一个电路的干扰电压。常见的例子是通过接地线阻抗引入的共阻抗耦合干扰，在图 12-4 中，一个功率放大器的输入回路的地线与负载（例如为扬声器、继电器等）的地线共用一段印制电路板地线。理论上这段地线电阻为零，公共地之间为等电位。而实际上这段地线两端电阻为毫欧级。例如当这段地线长 100mm，宽 3mm，印制板的铜箔厚度为 0.03mm 时，它的直流电阻 r_3 约为 0.02Ω。如果负载电流为 1A，则在 r_3 上的压降约为 20mV，相当于在图 12-4b 的放大器同相输入端加入一个正反馈信号，其结果有可能引起自激振荡。

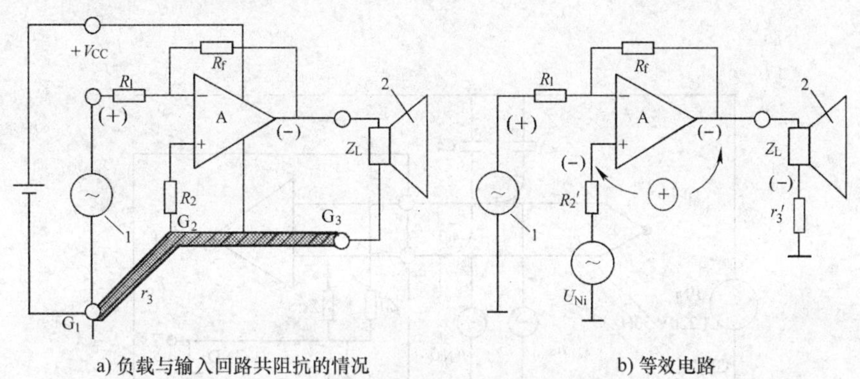

a) 负载与输入回路共阻抗的情况　　b) 等效电路

图 12-4　共阻抗耦合干扰

1—有用信号源　2—负载　r_3—接地线共阻抗

在高频情况下，地线的共阻抗不但要考虑直流电阻，还要考虑趋肤效应和感抗。在上例中，若 $f=1$MHz，则 $Z_3=200\Omega$，其阻抗之大可能是所预料不到的。

以上仅讨论了本级电路的共阻抗，在多级电路中，共阻抗耦合干扰就更大，解决办法是地线分开设置，具体方法在第三节中介绍。另外，从图 12-4b 中还可以看出，共阻抗耦合干扰也属于差模干扰的型式，一旦形成是很难消除的。

（3）由电源配电回路引入的干扰　交流供配电线路在工业现场的分布相当于一个吸收各种干扰的网络，而且十分方便地以电路传导的形式传遍各处，并经检测装置的电源线进入仪器内部造成干扰。最明显的是电压突跳和交流电源波形畸变使工频的高次谐波（从低频延伸至高频）经电源线进入仪器的前级电路。

例如，晶闸管电路在导通角较小时，电压平均值很小，而电流有效值却很大，使电源电压在其导通期间有较大的跌落，50Hz 电源波形不再为正弦波，其高次谐波分量在 100kHz 时还有很可观的幅值。

又如现在许多仪表均使用开关电源，电磁兼容性不好的开关电源会经电源线往外泄漏出几百千赫兹的尖脉冲干扰信号。干扰的频率越高，越容易通过检测仪表电源回路的分布电容，耦合到检测仪表的放大电路中去。

2. 通过场的干扰

工业现场各种线路上的电压、电流的变化必然反映在其对应的电场、磁场的变化上，而处在这些“场”内的导体将受到感应而产生感应电动势和感应电流。各种噪声源常常通过这种“场”的途径将噪声源的部分能量传递给检测电路，从而造成干扰。

（1）由电场耦合引起的干扰　电场耦合实质上是电容性耦合。

电场偶合干扰的一个例子是动力输电线路对热电偶传输线的干扰，如图 12-5 所示。如果 $C_1=C_2$，输入阻抗 $Z_{i1}=Z_{i2}$，则 u_{Ni}对两根信号传输线的干扰大小相等、相位相同，因此属于共模干扰。由于仪用放大器的共模抑制比 K_{CMR}一般均可达到 100dB 以上，所以 u_{Ni}对检测装置的影响不大。但当系统两个输入端出现很难避免的不平衡时，共模电压的一部分将转换为串模干扰，就较难消除了。因此必须尽量保持电路的对地平衡。例如在实际布线时，信号线多采用双绞扭导线，如图 12-6 所示。它能保证两根信号线与干扰源的距离保持一致，也就保证了 $C_1=C_2$。克服电场干扰更好的办法是采用静电屏蔽技术，我们将在以下的内容中介绍。

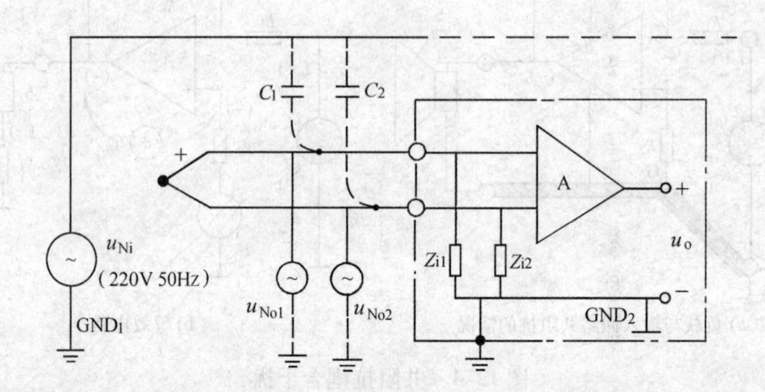

图 12-5　220V 电源线与热电偶引线引起的电场耦合干扰示意图

（2）由磁场耦合引起的干扰　磁场耦合干扰的实质是互感性耦合干扰。例如热电偶的一根引线与存在强电流的工频输电线靠得太近时，检测电路引入的噪声电压与噪声源的角频率、两导线间的互感量以及干扰源电流成正比。

防止磁场耦合干扰途径的办法有：使信号源引线远离强电流干扰源，从而减小互感量 M；采用本节以下论述的低频磁屏蔽；采用绞扭导线等。采用绞扭导线可以使引入信号处理电路两端的干扰电压大小相等、相位相同，从而使差模干扰转变成共模干扰，如图 12-6 所示。

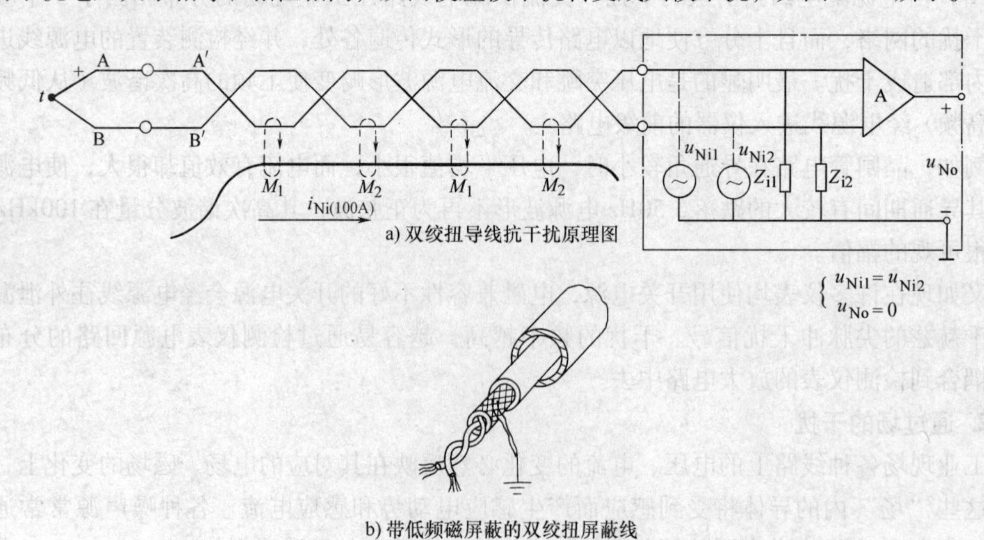

a) 双绞扭导线抗干扰原理图

b) 带低频磁屏蔽的双绞扭屏蔽线

图 12-6　双绞扭导线将磁场耦合干扰转换成共模电压的示意图

第三节 几种电磁兼容控制技术

抗电磁干扰技术有时又称为电磁兼容控制技术。下面针对图 12-2 中的“破坏干扰途径”和“削弱检测系统电路对干扰的敏感性”两个目标，介绍几种常用的抗干扰措施，如屏蔽、接地、浮置、滤波和光电隔离等技术。

一、屏蔽技术

将收音机或手机放在用铜网或不锈钢（网眼密度与纱窗相似）包围起来的空间中，并将铜网接大地时，可以发现，原来收得到电台的收音机变成寂静无声了。我们可以说：广播电台发射的电磁波被接地的铜网屏蔽掉了，或者说被吸收掉了。这种现象在汽车、火车、电梯以及地铁、矿山坑道里都会发生。这种利用金属材料制成容器，将需要防护的电路包围在其中，可以防止电场或磁场耦合干扰的方法称为屏蔽。屏蔽可分为静电屏蔽、低频磁屏蔽和电磁屏蔽等几种。下面分别论述它们屏蔽的对象及使用方法。

1. 静电屏蔽

根据电磁学原理，在静电场中，密闭的空心导体内部无电力线，亦即内部各点等电位。静电屏蔽就是利用这个原理，用铜或铝等导电性良好的金属为材料制作成封闭的金属容器，并与地线连接，把需要屏蔽的电路置于其中，使外部干扰电场的电力线不影响其内部的电路，反过来，内部电路产生的电力线也无法外逸去影响外电路，如图 12-7 所示。

必须说明的是，作为静电屏蔽的容器器壁上允许有较小的孔洞（作为引线孔或调试孔）它对屏蔽的影响不大。在电源变压器的一次侧和二次侧之间插入一个留有缝隙的导体，并将它接地也属于静电屏蔽，它可以防止两只绕组间的静电耦合干扰。

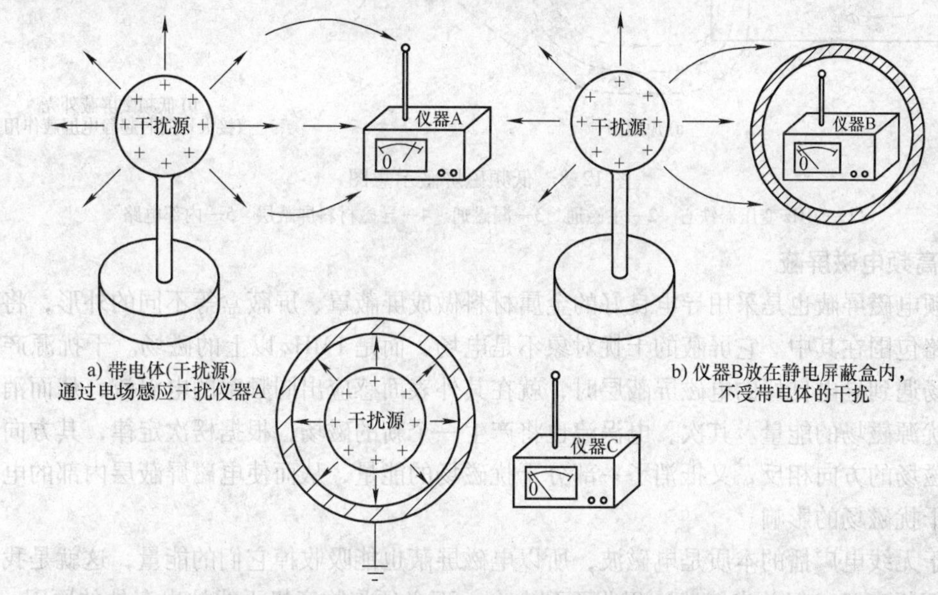

图 12-7 静电屏蔽原理

静电屏蔽不但能够防止静电干扰，也一样能防止交变电场的干扰，所以许多仪器的外壳用导电材料制作并且接地。现在虽然有越来越多的仪器用工程塑料（ABS）制作外壳，但当你打开外壳后，仍然会看到在机壳的内壁粘贴有一层接地的金属薄膜，或镀膜，它起到与金属外壳一样的静电屏蔽作用。

2. 低频磁屏蔽

低频磁屏蔽是用来隔离低频（主要指 50Hz）磁场和固定磁场（也称静磁场，其幅度、方向不随时间变化，如永久磁铁产生的磁场）耦合干扰的有效措施。任何通过电流的导线或线圈周围都存在磁场，它们可能对检测仪器的信号线或者仪器造成磁场耦合干扰。静电屏蔽线或静电屏蔽盒对低频磁场不起隔离作用。

这时必须采用高导磁材料作屏蔽层，以便让低频干扰磁力线从磁阻很小的磁屏蔽层上通过，使低频磁屏蔽层内部的电路免受低频磁场耦合干扰的影响。例如，仪器的铁皮外壳就起到低频磁屏蔽的作用。若进一步将其接地，又同时起静电磁屏蔽作用。在干扰严重的地方常使用复合屏蔽电缆，其最外层是低磁导率、高饱和的铁磁材料，内层是高磁导率、低饱和铁磁材料，最里层是铜质电磁屏蔽层，以便一步步地消耗干扰磁场的能量。在工业中常用的办法是将屏蔽线穿在铁质蛇皮管或普通铁管内，达到双重屏蔽的目的。图 12-8 是低频磁屏蔽示意图。

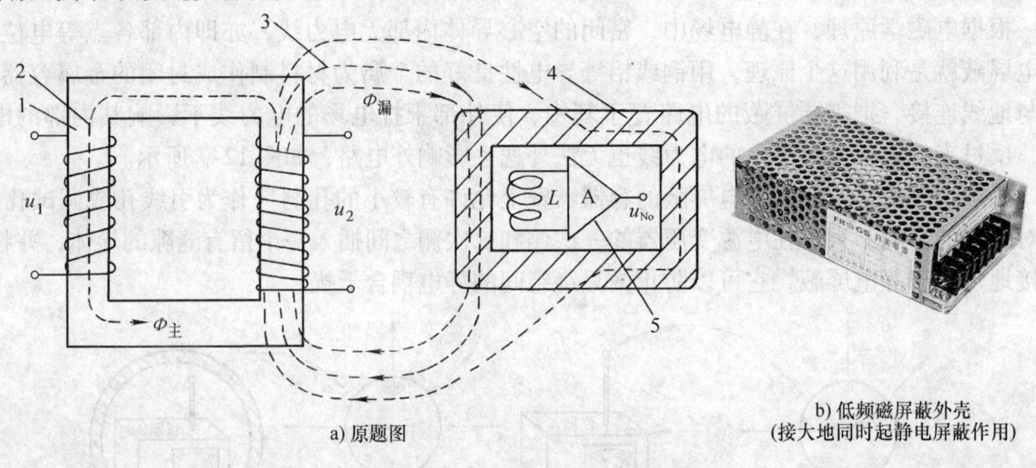

a) 原题图　　b) 低频磁屏蔽外壳（接大地同时起静电屏蔽作用）

图 12-8　低频磁屏蔽示意图

1—50Hz 变压器铁心　2—主磁通　3—漏磁通　4—导磁材料屏蔽层　5—内部电路

3. 高频电磁屏蔽

高频电磁屏蔽也是采用导电良好的金属材料做成屏蔽罩、屏蔽盒等不同的外形，将被保护的电路包围在其中。它屏蔽的干扰对象不是电场，而是 1MHz 以上的磁场。干扰源产生的高频磁场遇到导电良好的电磁屏蔽层时，就在其外表面感应出同频率的电涡流，从而消耗了高频干扰源磁场的能量。其次，电涡流也将产生一个新的磁场，根据楞次定律，其方向恰好与干扰磁场的方向相反，又抵消了一部分干扰磁场的能量，从而使电磁屏蔽层内部的电路免受高频干扰磁场的影响。

由于无线电广播的本质是电磁波，所以电磁屏蔽也能吸收掉它们的能量，这就是我们在汽车（钢板车身，但并未接地）里收不到电台，而必须将收音机天线拉出车外的原因。

若将电磁屏蔽层接地，它就同时兼有静电屏蔽作用，对电磁波的屏蔽效果就更好，这种情况又称为电磁屏蔽。通常作为信号传输线使用的铜质网状屏蔽电缆接地时就能同时起电磁屏蔽和静电屏蔽作用。图 12-9 是高频电磁屏蔽原理示意图。

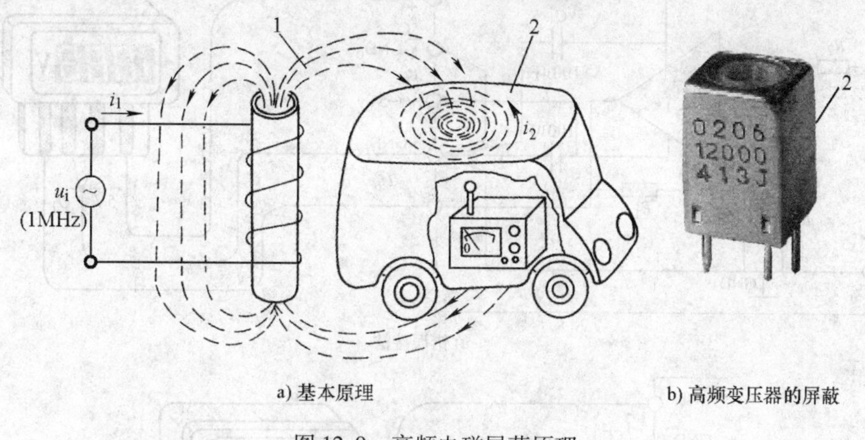

图 12-9 高频电磁屏蔽原理

1—交变磁场 2—电磁屏蔽层

二、接地技术

（一）地线的种类

接地起源于强电技术，它的本意是接大地，主要着眼于安全。这种地线也称为“保护地线”。“接地保护”与“接零保护”统称为“保护接地”，是为了防止人身触电事故、保证电气设备正常运行所采取的一项安全技术措施。接地保护的接地电阻值必须小于规定的数值。对于仪器、通信、计算机等电子技术来说，“地线”多是指电信号的基准电位，也称为“公共参考端”，它除了作为各级电路的电流通道之外，还是保证电路工作稳定、抑制干扰的重要环节。它可以是接大地的，也可以是与大地隔绝的，例如飞机、卫星上的仪器地线。因此通常将仪器设备中的公共参考端称为信号地线。

信号地线又可分为以下几种：

（1）模拟信号地线 模拟信号地线是模拟信号的零信号电位公共线。因为模拟信号电压多数情况下均较弱、易受干扰，易形成级间不希望的反馈，所以模拟信号地线的横截面积应尽量大些。

（2）数字模拟地线 数字信号地线是数字信号的零电平公共线。由于数字信号处于脉冲工作状态，动态脉冲电流在接地阻抗上产生的压降往往成为微弱模拟信号的干扰源，为了避免数字信号对模拟信号的干扰，两者的地线应分别设置为宜。

图 12-10 是数字电路干扰模拟电路的例子。图中的数字面板表为 $3\frac{1}{2}$位电压表，满度值为 1.999V，最低位为 1mV。该数字面板表内部包含了高分辨率的 A/D 转换器和 LED 数码管及驱动电路。前者为模拟电路，而后者为数字电路，且工作电流较大。

图 12-10a 为错误的接法。它将数字面板表的电源负极（有较大的数字脉冲电流）与被测电压（易受干扰的模拟信号）的负极在数字面板表的接插件上用一根地线连接到印制电路板上。由于数码管的电流在这段共用地线上产生压降，使施加到数字面板表接插件上的被测电压受到干扰。只要有几毫伏的干扰，就会使数字面板表的示值跳动不止。如果将数字电路的地线与模拟电路的地线分开设置就能有效地消除这种干扰，如图 12-10b 所示。

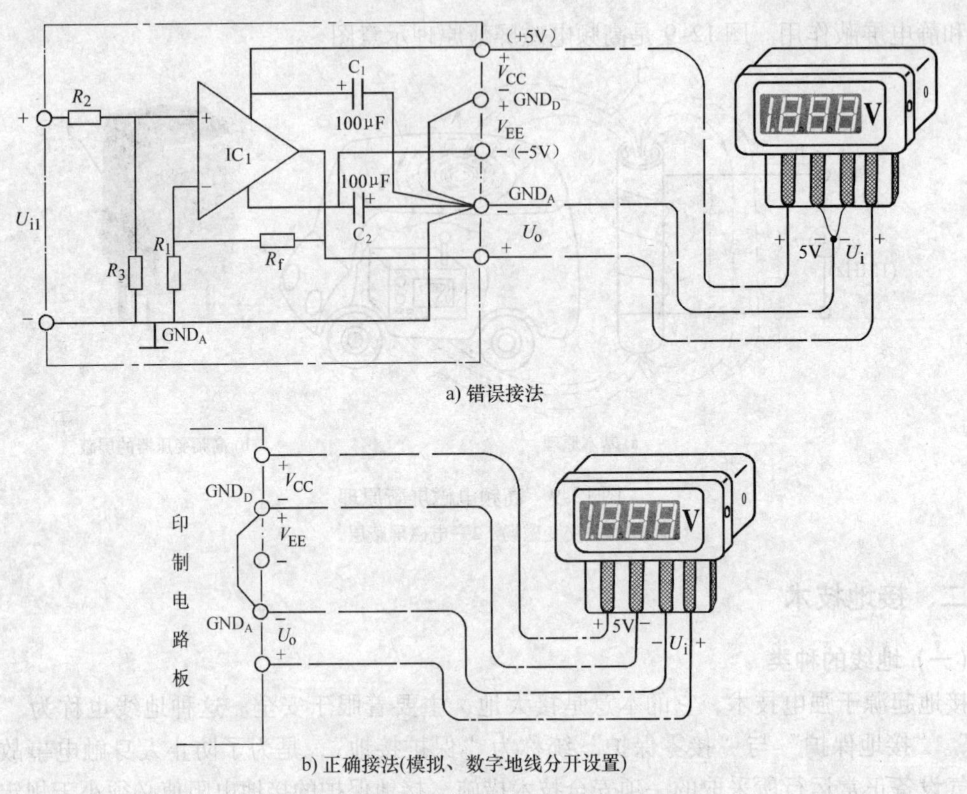

图 12-10　数字电路对模拟电路的干扰

GND_A—模拟地　GND_D—数字地

(3) 信号源地线　传感器可看作是测量装置的信号源，多数情况下信号较为微弱，通常传感器安装在生产设备现场，而测量装置设在离现场一定距离的控制室内，从测量装置的角度看，可以认为传感器的地线就是信号源地线，它必须与测量装置进行适当的连接才能提高整个检测系统的抗干扰能力。

(4) 负载地线　负载的电流一般都比前级信号电流大得多，负载地线上的电流有可能干扰前级微弱的信号，因此负载地线必须与其他信号地线分开。

例如，若误将喇叭的负极（接地线）与扩音机话筒的屏蔽线碰在一起，就相当于负载地线与信号地线合并，可能引起啸叫。又如当负载是继电器时，继电器触点闭合和断开的瞬间经常产生电火花，容易反馈到前级，造成干扰。这时经常让信号通过光耦合器来传输，使负载地线与信号地线在电气上处于绝缘状态，彻底切断负载对前级的干扰。

(二) 一点接地原则

对于上述 4 种地线一般应分别设置，在电位需要连通时，也必须仔细选择合适的点，在一个地方相连，才能消除各地线之间的干扰。

1. 单级电路的一点接地原则

现举单调谐选频放大器为例来说明单级电路的一点接地原则，单级电路的一点接地如图 12-11所示。图中有 11 个元件的一端需要接地，如果不熟悉单级电路的一点接地原则，从原理图来看，这 11 个端点可接在接地母线上的任意点上，这几个点可能相距较远，不同点之间的电位差就有可能成为这级电路的干扰信号，因此应采取图 12-11b 所示的一点接地方式。考虑到加工工艺，在实际的印制电路板设计中，只能做到各接地点尽量靠近、并加大地线的宽度，如图 12-11c 所示。图中的焊盘及铜箔走线是做在印制板的反面（底层，又称铜箔层或焊接面）。图 12-11c 中的文字是用丝网印刷的方法用彩色油墨印在印制板的正面（顶层，又称元件面），便于安装、调试时参考和校对。用 CAD 绘制和打印图 12-11c 时，计算机将焊接面和元件面画在同一张画面上，并用不同的颜色来区别。

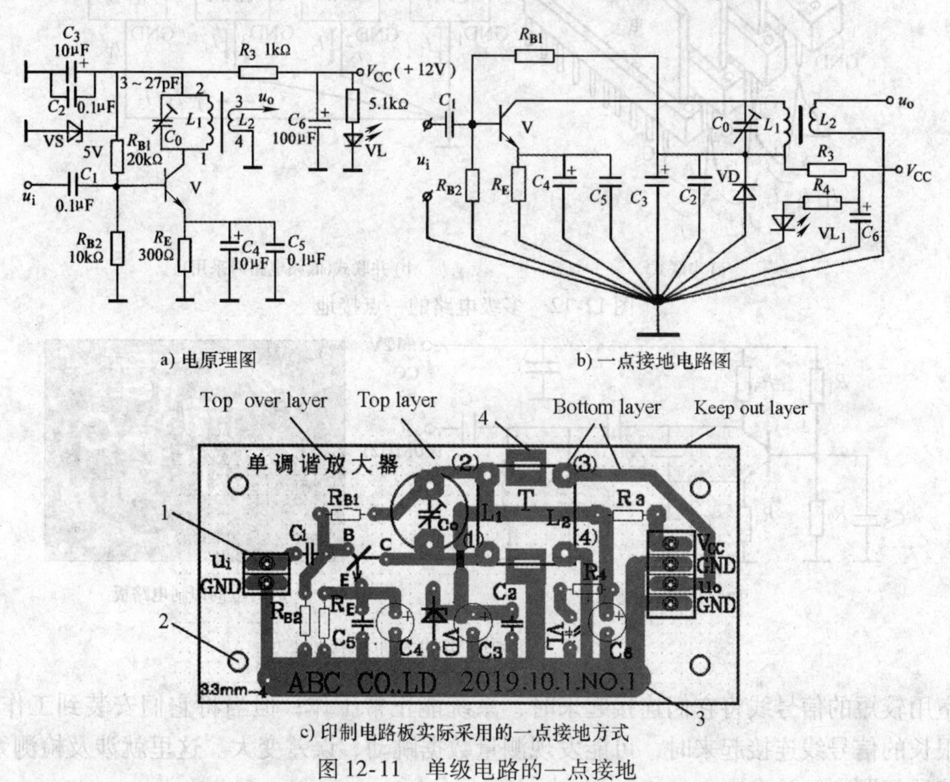

a) 电原理图　　b) 一点接地电路图

c) 印制电路板实际采用的一点接地方式

图 12-11　单级电路的一点接地

1—接线端子　2—印制电路板安装孔　3—接地母线　4—高频变压器金属屏蔽外壳接地点（上下各一个方孔）

Top over layer—文字层　Top layer—顶层（单面印制电路板元件面）

Bottom layer—底层（焊盘及走线层，阴影）　Keep out layer—印制电路板的边框（禁止布线区）

2. 多级电路的一点接地原则

图 12-12a 所示的多级电路的地线逐级串联，形成公共地线。在这段地线上存在着 G_1、G_2、G_3、三点不同的对地电位差，虽然其数值很小，但仍有可能产生共阻抗干扰。只有在数字电路或放大倍数不大的模拟电路中，为布线简便起见，才可以采用上述电路，但也应注意以下两个原则：一是公用地线截面积应尽量大些，以减小地线的内阻，二是应把电流最大的电路放在距电源的接地点最近的地方。

图 12-12b 采取并联接地方式，这种接法不易产生共阻抗耦合干扰，但需要很多根地线，在低频时效果较好，但在高频时反而会引起各地线间的互感耦合干扰，因此只在频率为 1MHz 以下时才予以采用。当频率较高时，应采取大面积的地线，这时允许“多点接地”，这是因为接地面积十分大，内阻很低，事实上相当于一点接地，不易产生级与级之间的共阻耦合。图 12-13 是高频电路的大面积接地的一个例子。

3. 检测系统的一点接地原则

检测系统通常由传感器（一次仪表）与二次仪表构成，两者之间相距甚远。当我们在

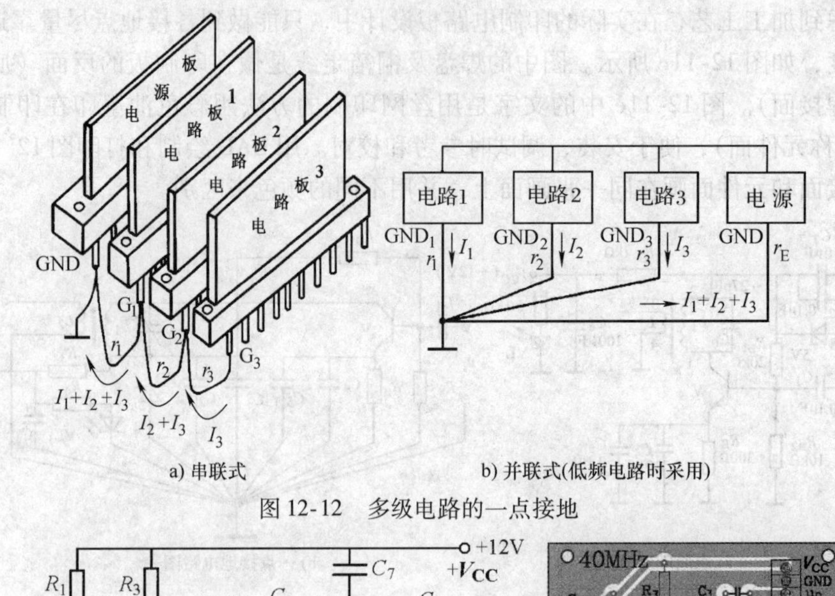

a) 串联式　　b) 并联式(低频电路时采用)

图 12-12　多级电路的一点接地

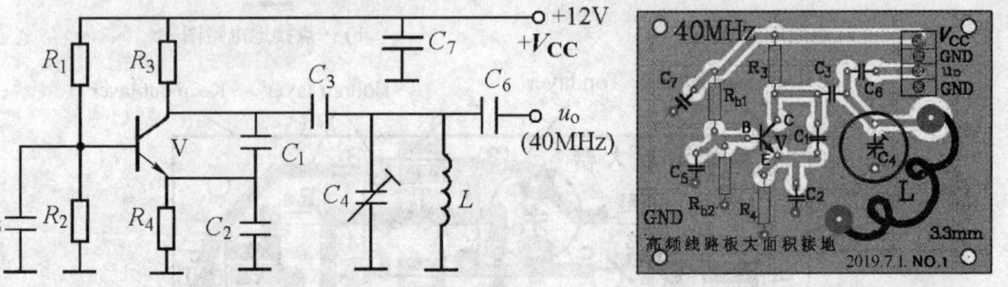

a) 高频LC振荡电路　　b) 对应的印制电路板

图 12-13　高频电路的大面积接地

实验室用较短的信号线将它们连接起来时，系统能正常工作；但当将它们安装到工作现场，并用很长的信号线连接起来时，可能发现测量数据跳动、误差变大。这里就涉及检测系统的一点接地问题。

（1）大地电位差　当你在工业现场相距 10m 以上两部设备的接地螺栓之间跨接一只手电筒用的小电珠时，你会发现小电珠时而很亮，时而又暗淡无光。显然，在两个接地螺栓之间存在一个变化的电位差，此电位差随工业现场用电设备的起停而随机波动。

从理论上说，大地是理想的零电位。无论向大地注入多大的电流或电荷，大地各点仍为等电位。可是事实上大地存在一定的电阻。如果某一电器设备对地有较大的漏电流，则以漏电点为圆心，在很大的一个范围内，电位沿半径方向向外逐渐降低，在人体跨步之间可以测到或多或少的电压降。图 12-14 给出了漏电设备产生“跨步电压" 的示意图。假设电气设备 A 的 U 相对地漏电，而电气设备 B 的 V 相对地漏电，则在它们附近的其他设备的接地棒之间就存在较大的电位差，我们将它称为大地位差。有的地方大地电位差只有零点几伏；而在工业现场，由于电气设备很多，大地电流十分复杂，所以大地电位差有时可能高达好几伏，甚至几十伏。

（2）检测系统两点接地将产生大地环流　若将传感器及二次仪表的零电位参考点在安装地点分别接各自的大地，则可能在二次仪表的输入端测到较为可观的 50Hz 干扰电压。究其原因，是因为由大地电位差 u_G 经图 12-15a 中的 A、D、G_S、R_{S2}、C、B 点，在内阻很小的传输线中的一根上产生较大数值的“大地环流” i_G，并在两端接地的传输线内阻 R_{S2} 上产生降压 u_{GS2}。这个降压对二次仪表而言，相当于在输入端串联了一个差模干扰电压。

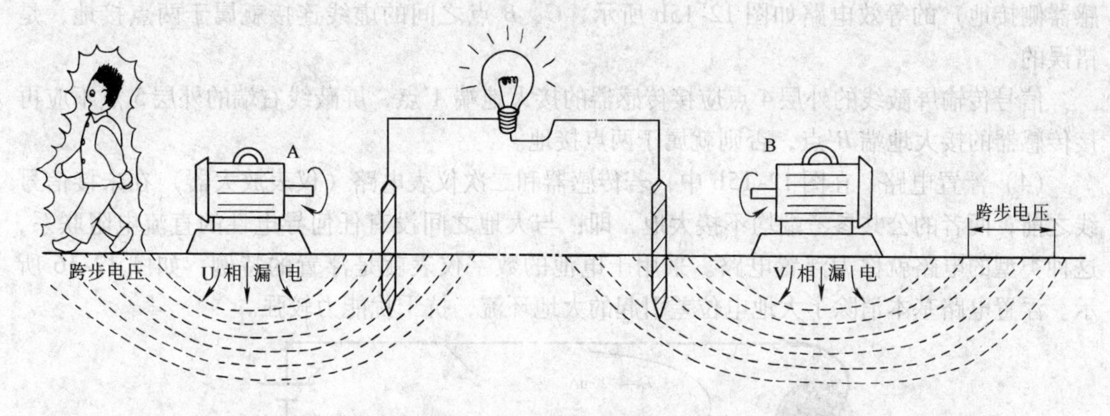

图 12-14 跨步电压及大地电位差

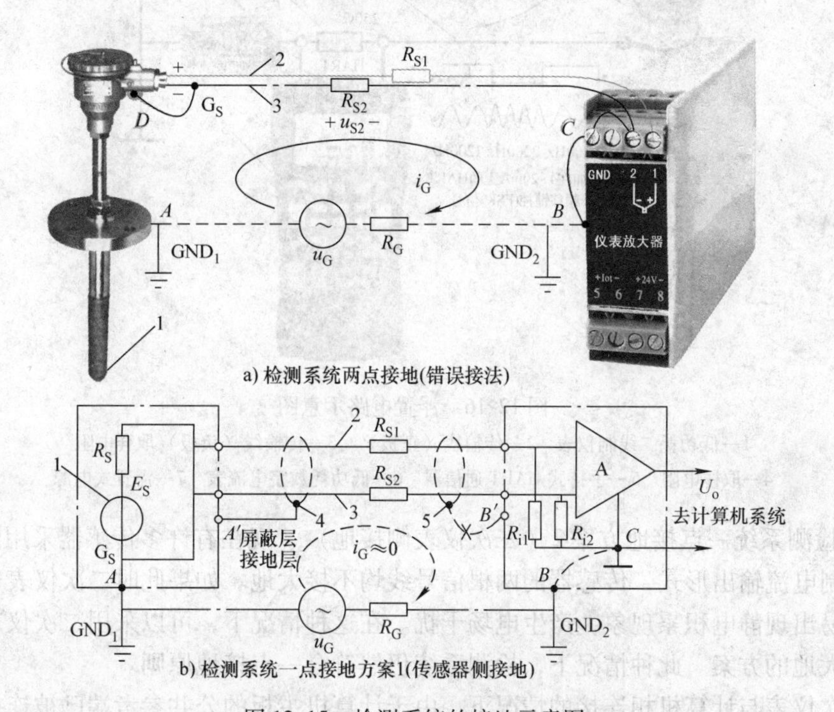

a) 检测系统两点接地(错误接法)

b) 检测系统一点接地方案1(传感器侧接地)

图 12-15 检测系统的接地示意图

1—传感器的信号源（热电偶） 2—信号传输线（正极） 3—信号传输线（负极）

4—屏蔽线外层的传感器侧接地点 5—屏蔽线外层的二次仪表侧接地点（不能重复接大地）

R_{S1}、R_{S2}—传输线电阻 u_G—大地电位差 R_G—大地电阻 i_G—大地环流

A—传感器的安装法兰盘接大地点 D—传感器的金属接线盒接大地点 G_S—传输线负极的接地点

C—二次仪表的公共参考端 B—二次仪表的外壳接大地点

（3）检测系统一点接地方案 1（传感器侧接地） 由于许多传感器生产商在制造传感器时，常将传感器输出信号的公共参考端与传感器外壳相连接，又由于多数传感器外壳通过固定螺钉、支撑构架、法兰盘等与大地连接，所以传感器的输出信号线中有一根（多数是负极线）在传感器侧被接大地。为了不造成检测系统的两点接地，就迫使二次仪表输入端中的公共参考端不能再接大地，否则就会引起大地环流。即：图 12-15a 所示的二次仪表放大器的 C 点不能与热电偶的负极端相连，C 点也不能接大地。检测系统一点接地方案 1（传

感器侧接地）的等效电路如图 12-15b 所示，*C*、*B* 点之间的虚线连接就属于两点接地，是错误的。

信号传输屏蔽线的外层 4 点应接传感器的接大地端 *A*′点，屏蔽线右端的外层 5 点不应再接传感器的接大地端 *B*′点，否则就属于两点接地。

（4）浮置电路　在图 12-15b 中，若传感器和二次仪表电路（仪表放大器）在未接信号线之前，两者的公共参考端均不接大地，即：与大地之间没有任何导电性的直流电阻联系，这种类型的电路就称为浮置电路。采用干电池的数字仪表就是浮置的特例，如图 12-16 所示。浮置电路基本消除了大地电位差引起的大地环流，抗干扰能力较强。

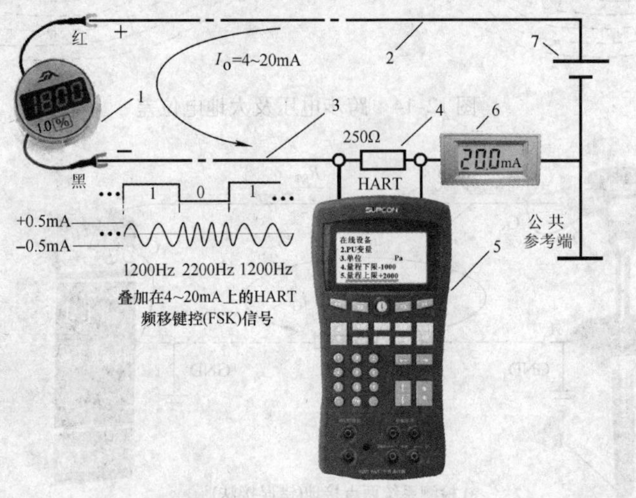

图 12-16　浮置电路示意图

1—低功耗二线制仪表　2—传输线（正极）　3—传输线（负极）取样电阻
4—取样电阻　5—手持式 HART 通信器　6—低功耗数字电流表　7—浮置式电源

（5）检测系统一点接地方案 2（二次仪表侧接地）　现在有许多传感器采用图 12-16 所示的两线制电流输出形式，传感器的两根信号线均不接大地。如果此时二次仪表也采用浮置电路，容易出现静电积累现象，产生电场干扰。在这种情况下，可以采用二次仪表侧的公共参考端接大地的方案。此种情况下，检测系统仍然符合一点接地原则。

在二次仪表与计算机相连接的情况下，由于计算机主板的公共参考端已被连接到金属机箱，并通过保安地线接大地，所以这时的二次仪表的公共参考端也就通过计算机主板接大地了。这种情况下，传感器的公共参考端 G_S 点不应再接大地，否则又会产生大地环流，造成干扰。

在上述情况下，应将图 12-15b 中的信号传输屏蔽线外层接二次仪表的接大地端，以避免由屏蔽线的两点接地引入的分布电容的干扰。

三、滤波技术

滤波器（Filter）是抑制交流差模干扰的有效手段之一。下面分别介绍电磁兼容技术中常用的几种滤波电路。

1. RC 滤波器

当信号源为热电偶、应变片等测量信号缓慢变化的传感器时，串接小体积、低成本的无源

RC 低通滤波器，将对串模干扰有较好的抑制效果。对称的 RC 低通滤波器电路如图 12-17 所示。

低通滤波器只允许直流信号或缓慢变化的极低频率的信号通过，而不让叠加在有用信号上的较高频率的信号（差模干扰）通过。这里所说的较高频率信号是指 50Hz 及 50Hz 以上的信号，它们都不是有用信号，是大地环流、电源畸变、电火花等造成的干扰信号。电容器 C 并联在二次仪表输入端，它对较高频率的干扰信号的容抗较低，可将其旁路。在二次仪表输入端测到的干扰信号比不串接低通滤波器时小许多，所以能提高抗差模干扰能力，但对共模干扰不起作用。图 12-17b 中，采用两级 RC 低通滤波器，对干扰衰减就更大。

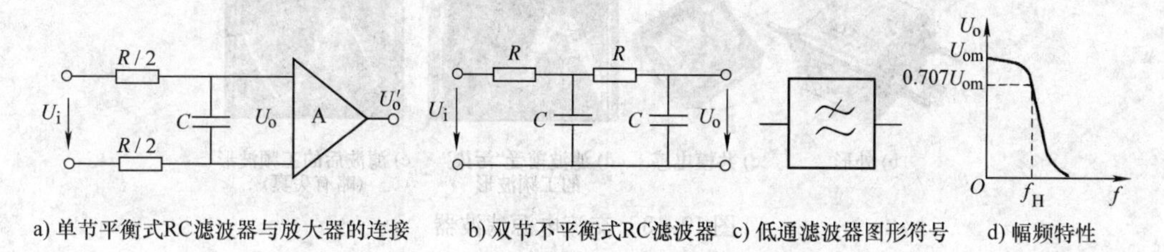

a) 单节平衡式RC滤波器与放大器的连接　b) 双节不平衡式RC滤波器　c) 低通滤波器图形符号　d) 幅频特性

图 12-17　差模干扰 RC 低通滤波器

信号低通滤波器多采用电阻串联、电容并联的方式，但也可以将电感与电阻串联，则对高频干扰的滤波效果更好。

需要指出的是，仪表输入端串接低通滤波器后，等效于接入一个积分电路，会阻碍有用信号的突变。当信号突变时，由于串接了低通滤波器，故二次仪表的响应变慢。由此可见，串接低通滤波器是以牺牲检测系统响应速度为代价来减小串模干扰的。

2. 交流电源滤波器

电源网络吸收了各种高、低频噪声，电源线上的干扰（骚扰）可分为两类：共模干扰信号和差模干扰信号。相线（L）与大地（PE）、中性线（N）与大地之间存在的大小相同、相位相同的干扰信号属于共模干扰信号，相线与中性线之间存在的干扰信号属于差模干扰信号。

对此，常用 LC 交流电源滤波器（又称为电源线 EMI 滤波器）来抑制混入电源的噪声，如图 12-18 所示。电源线 EMI 滤波器实际上是一种低通滤波器，它能无衰减地将直流或 50Hz 等低频电源功率传送到用电设备上，却能大大衰减经电源传入的骚扰信号，保护设备免受其害。电源线 EMI 滤波器也能大大抑制设备本身产生的骚扰信号进入电源，避免造成电磁环境污染，危害其他设备。

交流电源滤波器的外壳可以直接接地，也可以接到三相五线制供电线路的 PE（保护接地线，每隔 20 ~ 30m 重复接地）。

在电源和负载之间插入交流电源滤波器之后可以将几千赫至几十兆赫范围内的电磁干扰衰减几十分贝以上。

在干扰环境中工作的各种计算机、传感器、二次仪表等电器设备的电源最好都要串接交流电源滤波器。其规格的选择主要考虑两点：一是滤波器的额定电流必须大于该电气设备的工作电流；二是在可预见的频率范围内，对干扰的衰减系数必须符合要求。用户可根据需要，选择内部包含一级 LC 或两级甚至三级 LC 的电源滤波器，使用时需要良好接大地。目前还可购到内部已串联有交流电源滤波器的拖线板，使用起来就更加方便。

购买开关电源、UPS、变频器或各种电子调压器时，也必须查询该电源设计时是否串接

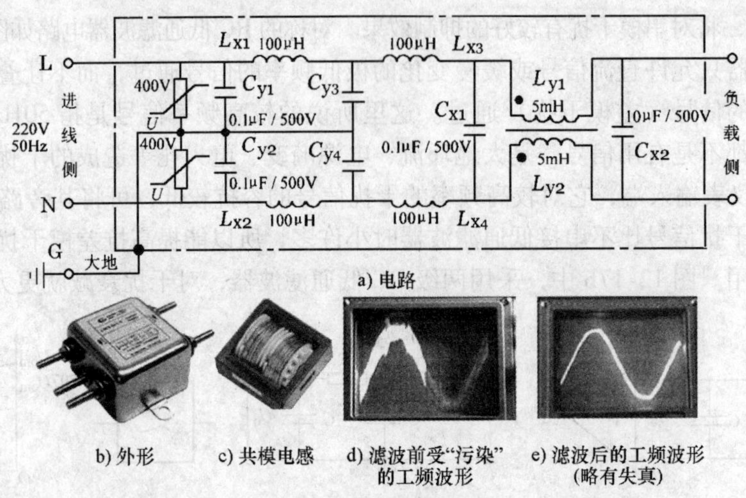

图 12-18 交流电源滤波器

合格的 LC 滤波器，是否符合国家规定的电磁兼容标准。因为开关电源以及其他逆变器均是一个对其他电气设备威胁很大的干扰源，它本身产生的电磁干扰信号有很宽的频率范围，又有很大的幅度，会经过电源线向外传送电磁干扰信号。

3. 直流电源滤波器

直流电源往往为几个电路所共用，为了避免通过电源内阻造成几个电路间互相干扰，应在每个电路的直流电源上加上 RC 或 LC 退耦滤波器，如图 12-19 所示。图中的电解电容用来滤除低频噪声。由于电解电容采用卷制工艺而含有一定的电感，在高频时阻抗反而增大，所以需要在电解电容旁边并联一个 1nF ~0. 1μF 的高频磁介电容或独石电容，用来滤除高频噪声。

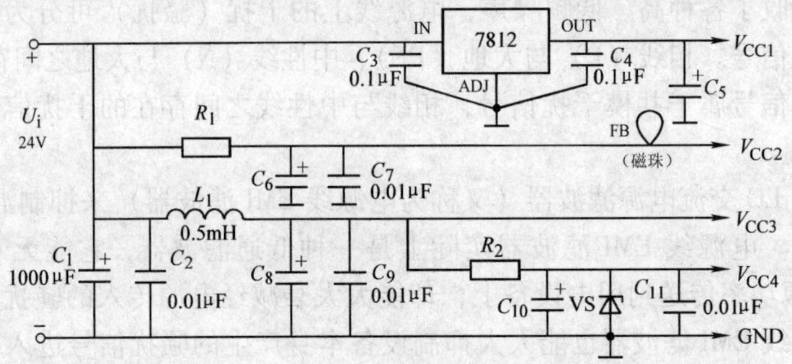

图 12-19 直流电源退耦滤波器电路

0. 01μF—独石贴片电容 L_1—差模磁环滤波器 FB—磁珠 FR 滤波器

四、光电耦合技术

1. 光耦合器的工作原理

目前，检测系统越来越多地采用光耦合器（俗称光电耦合器，以下均简称为光耦）来提高系统的抗共模干扰能力。

光耦合器是一种电→光→电的耦合器件，它的输入量是电流，输出量也是电流，可是两者之间从电气上看却是绝缘的，图 12-20 是其结构示意图。发光二极管一般采用砷化镓红外发光二极管，而光敏元件可以是光敏二极管、光敏晶体管、达林顿管，甚至可以是光敏双向晶闸管、光敏集成电路等，发光二极管与光敏元件的轴线对准并保持一定的间隙。

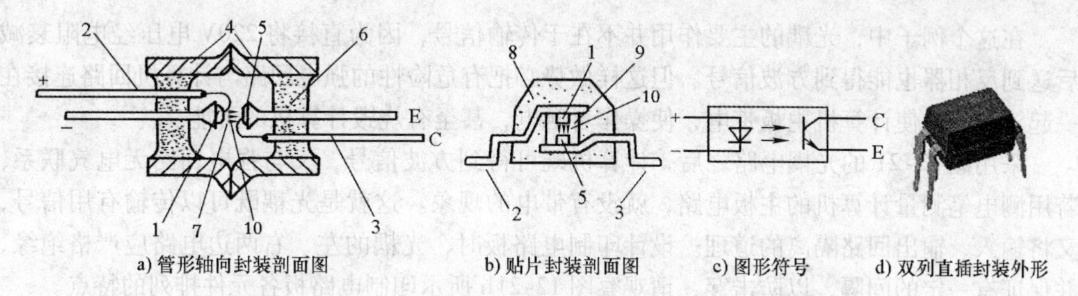

a) 管形轴向封装剖面图　b) 贴片封装剖面图　c) 图形符号　d) 双列直插封装外形

图 12-20　光耦示意图

1—发光二极管　2—输入引脚　3—输出引脚　4—金属外壳　5—光敏元件
6—不透明玻璃绝缘材料　7—气隙　8—黑色不透光塑料外壳　9—透明树脂　10—红外线

当有电流流入发光二极管时，它即发射红外光，光敏元件受红外光照射后，产生相应的光电流，这样就实现了以光为媒介的电信号的传输。

2. 光耦的特点

1）输入、输出回路绝缘电阻高（大于 $10^{10}\Omega$）、耐压超过 1kV。

2）因为光的传输是单向的，所以输入信号不会反馈和影响输入端。

3）输入、输出回路在电气上是完全隔离的，能很好地解决不同电位、不同逻辑信号电路之间的隔离和传输的矛盾。

3. 光耦的隔离、信号传输作用举例

（1）强电与弱电的隔离　图 12-21 是用光耦传递信号并将输入回路与输出回路隔离的电路。光耦的红外发光二极管经两只限流电阻 R_1、R_2 跨接到三相电源回路的两根相线上。当交流接触器未吸合时，流过光耦中的红外发光二极管 VL_1 的电流为零，所以光耦中的光敏晶体管 VT_1 处于截止状态，U_E 为低电平，反相器的输出 U_o 为高电平。

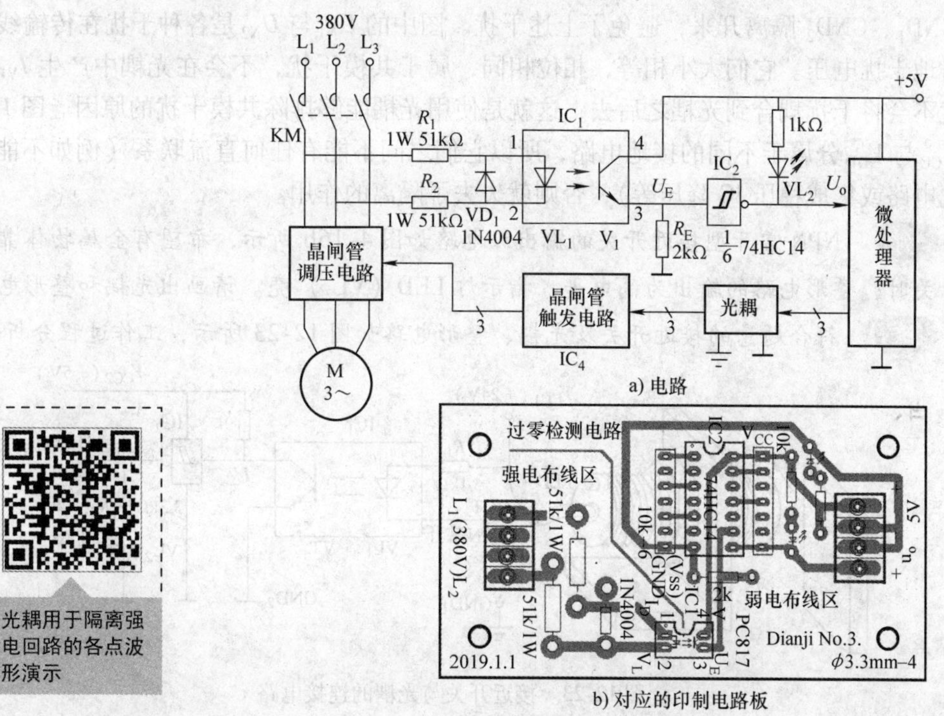

光耦用于隔离强电回路的各点波形演示

图 12-21　光耦用于强电信号的检测与隔离

在这个例子中，光耦的主要作用并不在于传输信号，因为直接将220V电压经电阻衰减后送到反相器也能得到方波信号。但这样做势必把有危险性的强电回路与计算机回路连接在一起，可能会使计算机主板带电，使操作者触电，甚至有烧毁计算机的可能。

采用图12-21的光耦电路之后，计算机既可得到方波信号，又与强电回路无电气联系，若用测电笔测量计算机的主板电路，就没有带电的现象。这就是光耦既可以传输有用信号，又将输入、输出回路隔离的道理。设计印制电路板时，光耦的左、右两边电路应严格绝缘，并保证有一定的间隔，以防击穿，请观察图12-21b所示印制电路板各元件排列的特点。

（2）光耦的隔离地电位及电平转换作用　图12-22是利用光耦来隔离大地电位差干扰，并传送脉冲信号的示意图。在距计算机控制中心很远的生产现场有一台非接触式转速表，它产生与转速成正比的TTL电平信号，经很长的传输线传送给计算机。

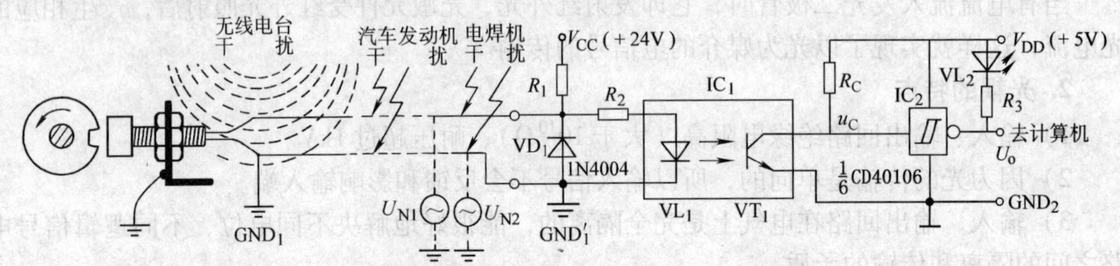

图12-22　利用光耦来隔离大地电位差干扰的示意图

假设该转速表的公共参考端在出厂时已与外壳连接，所以其中一根信号线接传感器的大地。如果直接将这两根信号线接到计算机中，势必就在传感器地GND_1与计算机地GND_2之间构成大地环流回路，在干扰很大的情况下，计算机可能无法正确地接收转速信号。

现在传感器与计算机之间接入一只光耦IC_1，它在传送信号的同时又将两个不同电位的地GND_1、GND_2隔离开来，避免了上述干扰。图中的U_{N1}与U_{N2}是各种干扰在传输线上引起的对地干扰电压。它们大小相等，相位相同，属于共模干扰，不会在光耦中产生I_{VL}，所以也就不会将干扰耦合到光耦之后去，这就是使用光耦能够排除共模干扰的原因。图12-22中的V_{CC}与V_{DD}分属于不同的接地电路，所以它们之间不能有任何直流联系（例如不能使用分压比电路或集成稳压IC降压等)，否则就失去了隔离的作用。

例　NPN常开型接近开关的输出级电路如图4-16b所示，希望有金属物体靠近该接近开关时，整形电路的输出为高电平，指示灯LED（VL_2）亮。请画出光耦和整形电路。

解　符合题意的接近开关及光耦、整形电路如图12-23所示，工作过程分析如下：

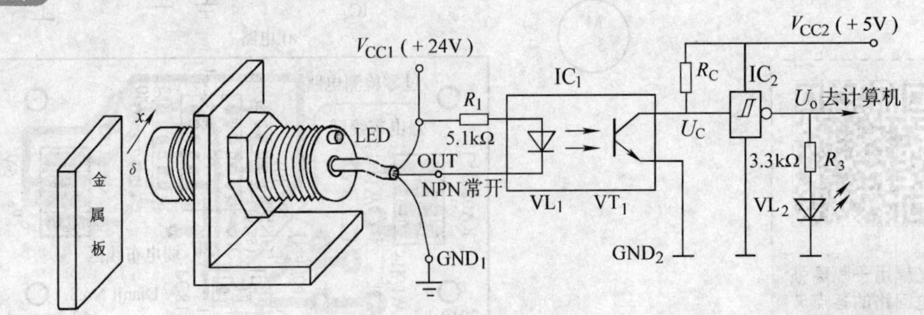

图12-23　接近开关与光耦的连接电路

当金属板靠近接近开关至额定动作距离时，接近开关的输出OC门跳变为低电平，V_{CC1}经R_1、VL_1至OC门回到GND_1构成回路。所以VL_1发射红外光，使VT_1饱和，U_C为低电平，经IC_1反相，U_o变为高电平。该高电平经R_3、VL_2到GND_2构成回路，所以VL_2亮，满足题意要求。

必须指出的是，GND_1与GND_2绝对不应接在一起，否则就失去了使用光耦的抗干扰作用，V_{CC2}也不能从V_{CC1}分压而来。

以上讨论的都是光耦在数字电路中的应用。在线性电路中，如果使用线性光耦，就能比较彻底地切断大地电位差形成的环路电流。近年来半导体器件商努力提高线性光耦的性能，目前其误差已可以小于千分之一。

使用光耦的另一种办法是先将前置放大器来的输出电压进行A-D转换，然后通过光耦用数字脉冲的形式，把代表模拟量的数字信号耦合到诸如计算机之类的数字处理系统去作数据处理，从而将模拟电路与数据处理电路隔离开来，有效地切断共模干扰的环路（见图13-7及图13-11）。在这种方式中，必须配置多路光耦（视A-D转换器的位数而定），虽然耦合电路对器件的线性度没有要求，但由于光耦是工作在高频数字脉冲状态，所以应采用高速光耦。

思考题与习题

1. 单项选择题

1）测得某检测仪表的输入信号中，有用信号为20mV，干扰电压亦为20mV，则此时的信噪比为______。

A. 20dB　　B. 1dB　　C. 0 dB　　D. 40dB

2）附近建筑工地的打桩机一开动，数字仪表的显示值就乱跳，这种干扰属于______，应采取______措施。一进入类似我国南方的黄梅天气，仪表的数值就明显偏大，这属于______，应采取______措施。盛夏一到，某检测装置中的计算机就经常死机，这属于______，应采取______措施。车间里的一台电焊机一开始工作，计算机就可能死机，这属于______，在不影响电焊机工作的条件下，应采取______措施。

A. 电磁干扰　　B. 固有噪声干扰　　C. 热干扰　　D. 湿度干扰　　E. 机械振动干扰

F. 改用指针式仪表　　G. 降温或移入空调房间　　H. 重新启动计算机

I. 在电源进线上串接电源滤波器　　J. 立即切断仪器电源

K. 不让它在车间里电焊　　L. 关上窗户　　M. 将机箱密封或保持微热

N. 将机箱用橡胶-弹簧垫脚支撑

3）调频（FM）收音机未收到电台时，喇叭发出烦人的“流水”噪声，这是______造成的。

A. 附近存在电磁场干扰　　B. 固有噪声干扰

C. 机械振动干扰　　D. 空气中的水蒸气流动干扰

4）减小放大器的输入电阻时，放大器受到的______。

A. 热干扰减小，电磁干扰也减小

B. 热干扰减小，电磁干扰增大

C. 热干扰增大，电磁干扰也增大

D. 热干扰增大，电磁干扰减小

5）考核计算机的电磁兼容是否达标是指______。

A. 计算机能在规定的电磁干扰环境中正常工作的能力　　B. 该计算机不产生超出规定数值的电磁干扰

C. 两者必须同时具备　　D. 两者都不具备

6）发现某检测仪表机箱有麻电感，必须采取______措施。

A. 接到配电变压器中性点 B. 将机箱接大地（保护接地） C. 采用导磁材料 D. 机箱接配电箱零线

7）发现某检测缓变信号的仪表输入端存在 50Hz 差模干扰，应采取______措施。

A. 提高前置级的共模抑制比 B. 在输入端串接高通滤波器

C. 在输入端串接低通滤波器 D. 在电源进线侧串接电源滤波器

8）检测仪表附近存在一个漏感很大的 50Hz 电源变压器（例如电焊机变压器）时，该仪表的机箱和信号线必须采用______。

A. 静电屏蔽 B. 低频磁屏蔽 C. 电磁屏蔽 D. 机箱接大地

9）飞机上的仪表接地端必须______。

A. 接大地 B. 接飞机的金属构架及蒙皮 C. 接飞机的天线 D. 悬空

10）经常看到数字集成电路的 V_{DD} 端（或 V_{CC} 端）与地线之间并联一个 0.01μF 的独石电容器，这是为了______。

A. 滤除 50Hz 锯齿波 B. 滤除模拟电路对数字电路的干扰信号

C. 滤除印制板数字 IC 电源布线上的脉冲尖峰电流干扰 D. 滤除微波干扰

11）光耦合器是将______信号转换为______信号再转换为______信号的耦合器件。

A. 光→电压→光 B. 电流→光→电流 C. 电压→光→电压

12）在图 12-21a 中，流过 R_1、R_2 的电流较小，R_1、R_2 的功耗小于 1/4W。但是，若将接在 380V 上的 R_1、R_2 换成 1/4W，会出现______问题；若 VD_1 开路，将使光耦中的 VL_1 在电源的负半周______；图 12-21b 中，若 IC 的 1、2 脚与 3、4 脚的走线靠得太近，也会出现________问题。

A. 烧毁 B. 信号减小 C. 击穿

2. 在一个热电势放大器的输入端，测得热电势为 10mV，差模交流（50Hz）干扰信号电压有效值为 1mV。

1）求施加在该输入端信号的信噪比 S/N 为多少分贝（dB）？

2）要采取什么措施才能提高放大器输入端的信噪比？

3. 某检测系统由热电偶和放大器 A-D 转换器、数显表等组成，如图 12-24 所示。请指出与接地有关的错误，并画出正确的接线图。

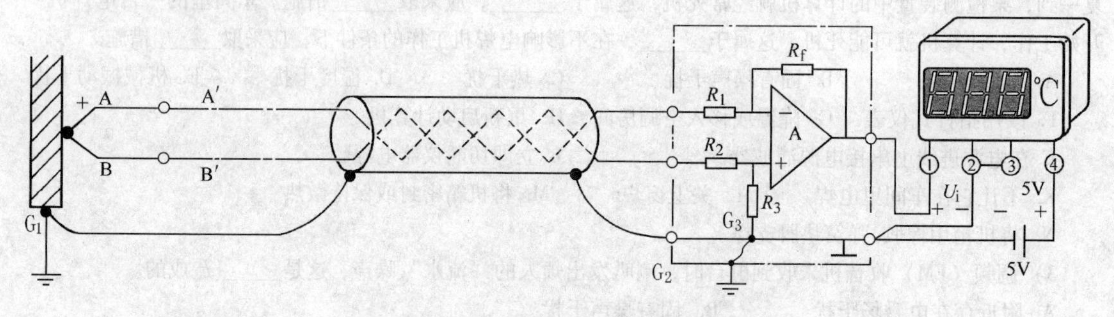

图 12-24 热电偶测温电路接线图改错

4. 图 12-25a、b 分别为三菱和西门子 PLC 的输入接口电路示意图，请回答以下问题：

1）无源输入电路和有源输入电路有何区别？

2）请参考图 4-16、图 4-17，说明什么是 NPN 常开、PNP 常开和 PNP 常闭传感器？什么是高电平有效和低电平有效？

3）什么情况下，才能够在 PLC 的输入端（X＊或 IO.＊）产生电流 I_{X*} 或 $I_{IO.*}$？（“＊”表示 PLC 的输入点的编号）

4）说明光耦在 PLC 的输入接口电路中使用的意义。

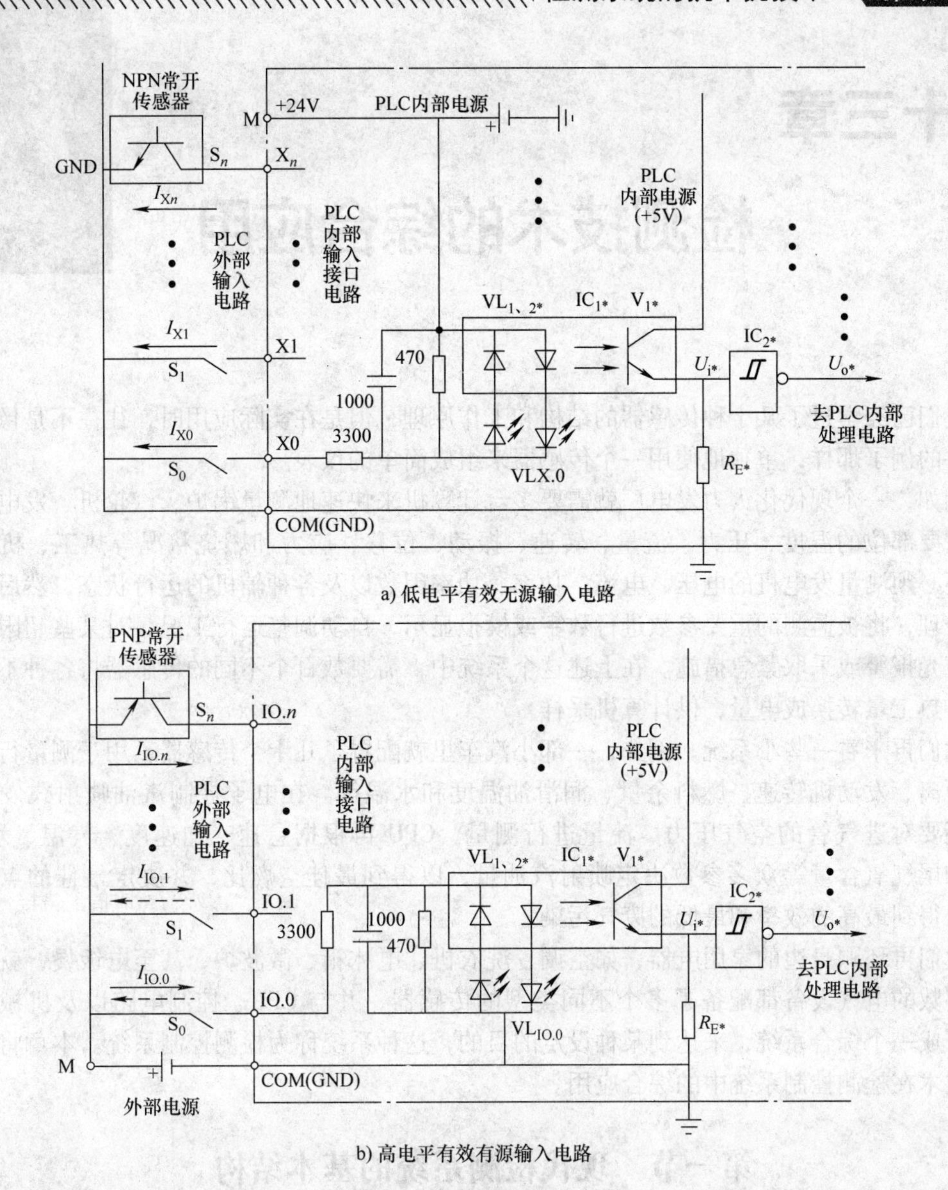

图 12-25 两种 PLC 的传感器输入接口电路示意图

第十三章 Chapter 13

检测技术的综合应用

我们已经学过了几十种传感器的结构和工作原理，但是在实际应用时，往往不是像各章节所举的例子那样，单独地使用一个传感器来组成简单的仪表。

例如，一个现代化火力发电厂就需要多台计算机来快速地测量锅炉、汽轮机、发电机上许多重要部位的温度、压力、流量、转速、振动、位移、应力和燃烧状况等热工、机械参数，还必须测量发电机的电压、电流、功率、功率因数以及各种辅机的运行状态，然后进行综合处理，将被监测的重要参数进行数字或模拟显示，自动调整运行工况，对某些超限参数进行声光报警或采取紧急措施。在上述这个系统中，需要数百个不同的传感器将各种不同的机械、热工量转换成电量，供计算机采样。

我们再来看一些小系统，例如，一部小汽车里就配置了几十个传感器，用于测量行驶速度、距离、发动机转速、燃料余量、润滑油温度和水温等。在电子控制汽油喷射式发动机中，还要对进气管的空气压力、流量进行测量，CPU 再根据怠速、加速度、气温、水温、爆震和尾气氧含量等众多参数决定喷射汽油量，以得到最佳空燃比，并决定最佳的点火时刻，以得到最高的效率和最低的废气污染。

我们再环顾身边的家用电器，如空调、洗衣机、电冰箱、微波炉、甚至电饭煲，就会发现大多数的电气设备都配备了多个不同类型的传感器，并与 CPU、控制电路以及机械传动部件组成一个综合系统，来达到某种设定的目的，这种系统称为检测控制系统。本章将介绍检测技术在检测控制系统中的综合应用。

第一节　现代检测系统的基本结构

自从 1946 年世界上第一台电子计算机问世至今，计算机的发展十分迅猛，伴随而来的大规模集成电路技术、信号分析与处理技术、软件及网络技术等为现代检测系统提供了强有力的技术手段。现代检测系统可分为三种基本结构体系，下面给予简单介绍。

1. 智能仪器

在检测领域中有时也称为智能传感器，它是将微处理器、存储器、接口芯片与传感器融合在一起组成的检测系统，有专用的小键盘、开关、按键及显示器（如数码管）等，多使用汇编语言，体积小，专用性强。图 13-1 是智能传感器的硬件结构图。

2. PC 仪器

PC 仪器又称个人计算机仪器系统。它是以市售的个人计算机（必须符合工控要求）配以适当的硬件电路与传感器组合而成的检测系统。由于它是基于个人计算机基础上的仪器，所以也称为个人仪器。

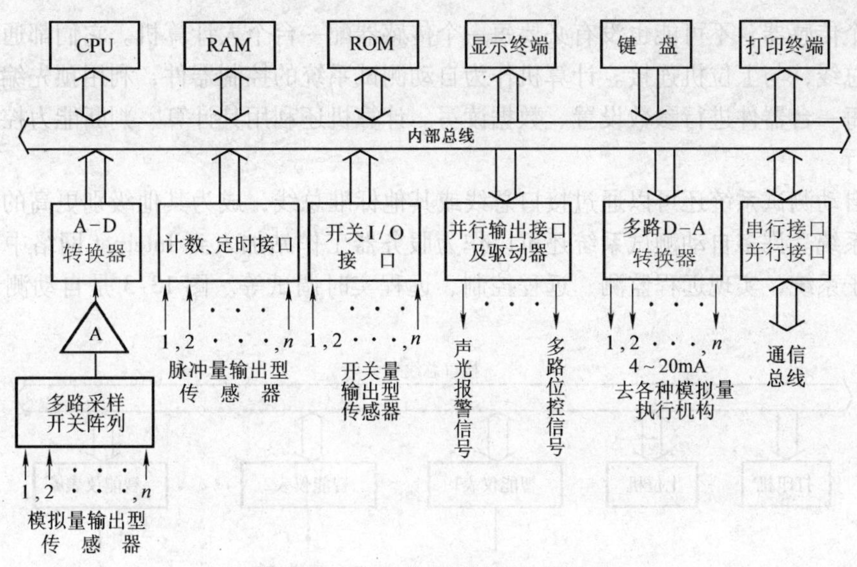

图 13-1 智能传感器的硬件结构图

PC 仪器与智能仪器不同之处在于：利用个人计算机本身所具有的完整配置来取代智能仪器中的微处理器、开关、按键、显示数码管、串行口及并行口等，充分利用了个人计算机的软硬件资源，并保留了个人计算机原有的许多功能。

组装 PC 仪器时，将传感器信号送到相应的接口板上，再将接口板插到工控机总线扩展槽中，配以相应的软件就可以完成自动检测功能。

研制者不必像研制智能仪器那样去研制微处理器及相关电路，而是利用成熟的个人计算机技术，将精力放在硬件接口模块和软件开发上，而不是放在微处理器系统上。在硬件方面，目前已有许多厂商生产的与各种传感器配套的接口板可供选择；在软件方面，也有许多成熟的工控软件出售。编写程序时，可以调用其中有关的功能模块，而不是去编写底层软件，这样就可大大加快研制进程和开发周期。PC 仪器的硬件结构框图如图 13-2 所示。

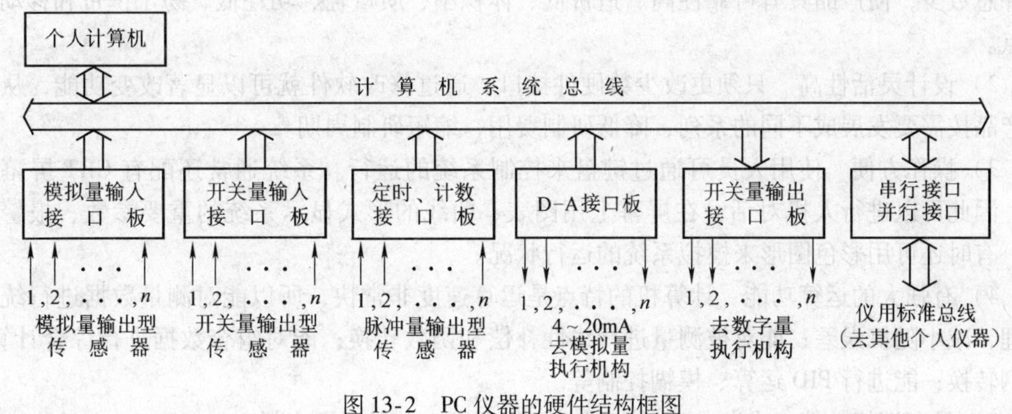

图 13-2 PC 仪器的硬件结构框图

3. 自动测试系统（ATS）

它以工控机为核心，以标准接口总线为基础，以可程控的多台智能仪器为下位机组合而成的一种现代检测系统。

在现代化车间或生态农业系统中，生产的自动化程度很高，一条流水线上往往要安装几

十、上百个传感器，不可能也没有必要每一个传感器配一台个人计算机。它们都通过各自的通用接口总线，与上位机连接。计算机作为自动测试系统的控制器件，利用预先编程的测试软件，对每一台器件进行参数设置、数据读写。计算机还利用其计算、判断能力控制整条流水线的运行。

一个自动测试系统还可以通过接口总线或其他标准总线，成为其他级别更高的自动测试系统的子系统。许多自动测试系统还可以作为服务器工作站加入到 Internet 网络中，成为网络化测试子系统，实现远程监测、远程控制、远程实时调试等。图 13-3 是自动测试系统的方框图。

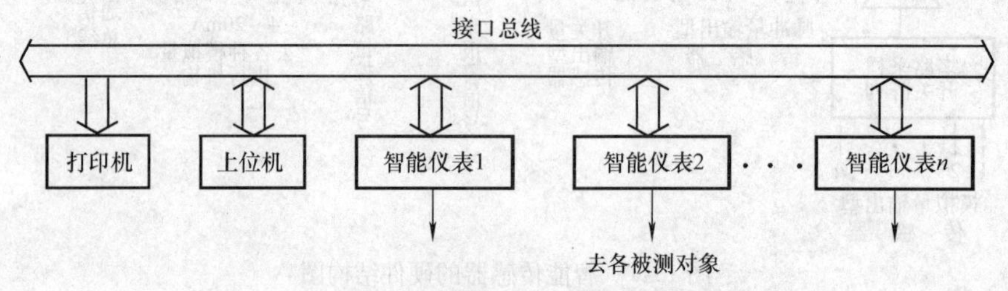

图 13-3　自动测试系统的原理框图

本章介绍现代检测系统中的较为简单的智能仪器和个人仪器的组成方法，并将它们统称为带计算机的检测系统。有兴趣的读者可自行参阅自动测试系统的有关参考文献。

第二节　带计算机的检测系统简介

一、带计算机的检测系统的特点及功能

带计算机的检测系统与常规的不带计算机的检测系统比较，有如下特点及功能：

1）性能价格比高　在采用单片机的系统中，由于采用软、硬件结合的办法，因此电路元件总数少，使产品具有可靠性高、造价低、体积小、质量轻、功耗低、易于携带和移动等特点。

2）设计灵活性高　只须更改少数硬件接口，通过修改软件就可以显著改变功能，从而使产品按需要发展成不同的系列，降低研制费用，缩短研制周期。

3）操作方便　使用人员可通过键盘来控制系统的运行。系统通常还配有 CRT 屏幕显示，因此可以进行人机对话，在屏幕上用图表、曲线的形式显示系统的重要参数、报警信号，有时还可用彩色图形来模拟系统的运行状况。

4）有强大的运算功能　计算机的特点是运算速度非常快，所以能对测量数据进行统计处理，减小随机误差；能对被测量进行线性补偿和函数转换；能对组合数据进行综合计算、量纲转换；能进行 PID 运算、模糊控制等。

5）具有记忆功能　在断电时，能长时间保存断电前的重要参数。

6）有自校准功能　自校准包括自动零位校准和自动量程校准。计算机采用程序控制的办法，在每次测试前，先将放大器输入端短接，将零漂数值存入 RAM，在正常测试时从测量值中扣除零位偏差；计算机通过判断被测量所属的量程，自动切换可编程放大器的放大倍数，完成量程的自动切换。为了消除由于环境变化引起的放大器增益误差，计算机于测试之

前在放大器输入端自动接入基准电压，测出放大器增益变化量，在正常测试时通过运算加以纠正。自校准功能大大减小了测量误差，减少了面板上的各种旋钮。

7）能进行自动故障诊断　所谓自动故障诊断就是当系统出现故障无法正常工作时，只要计算机本身能继续运行，它就自动停止正常程序，转而执行故障诊断程序，按预定的顺序搜索故障部位，并在屏幕上显示出来，从而大大缩短了检修周期。

二、带计算机的检测系统的工作流程

这里主要介绍检测系统的巡回检测概念和软件抗干扰技术，不涉及常规的计算机软件编写方法。

从图 13-1 可以看到，检测系统涉及的传感器和输入量众多，其工作流程如下：计算机首先根据存储在 ROM 或硬盘中的程序，向多路采样开关阵列的选通地址译码器写入准备采样的传感器地址，由译码器接通该地址对应的采样开关，所要采样的信号被连接到高准确度放大器，放大后的信号经 A－D 转换器转换成数字量，计算机通过数据总线接收该信号。为了随机误差统计处理的需要，每个采样点需要快速地采样多遍。一个采样点采样结束后，计算机转而发送第二个采样地址，对第二个传感器采样，直至全部被测点均被采样完毕为止。如果被采集的信号不是模拟量而是状态量，计算机由并行接口进行读操作；如果被采样信号是串行数据量，则通过串行接口接收该信号。

从上述分析可知，计算机不可能在同一时刻读取所有传感器来的信号，而是分时但快速地轮流读取所有的被测量，这种采样方式称为“巡回检测”。

采样结束后，所有的采样值还需要经过误差统计处理，剔除粗差，求取算术平均值，然后存储在 RAM 中。计算机根据预定程序，将有关的采样值作一系列的运算、比较判断，将运算的结果分别送显示终端和打印终端，并将某些数值送到输出接口，输出接口将各数字量分别送到位控信号电路和多路 D－A 转换电路，去控制各种执行机构。若某些信号超限，计算机立即启动声光报警电路进行报警。

上述剔除粗大误差的方法中，除了按第一章论述的数据统计原理进行外，在工业中经常采用如下简易办法进行，即对存在干扰和随机误差的信号进行“等准确度”（也称“等精度”）、快速多次采样，然后先舍去第一个采样值，再舍去若干最大值和最小值，将余下的几个中间值作算术平均值运算，该算术平均值可以认为是排除了各种干扰后的较正确的结果，这种方法有时也被称为简易数字滤波。以上介绍的检测系统的工作过程可以作为系统软件设计的参考。

下面简要介绍与巡回检测系统有关的一些重要部件以及它们与计算机之间的接口电路。

三、系统中的几种重要部件

1. 采样开关

常用的采样开关主要有两种，一种是干簧继电器，另一种是 CMOS 模拟开关。

（1）干簧继电器　干簧继电器主要由驱动线圈和干簧管组成，图 13-4a 示出了两常开干簧继电器的外形。干簧管是干式舌簧开关管的简称，它是一个充有惰性气体（如氮、氦等）的小型玻璃管，在管内封装两支用导磁材料制成的弹簧片，其触点部分镀金，如图 13-4c所示。当驱动线圈中有电流通过时，线圈内的弹簧片被磁化，当所产生的磁性吸引力足以克服弹簧片的弹力时，两弹簧片互相吸引而吸合，使触点接通，当磁场减弱到一定程度时，触点跳开。干簧管具有簧片质量小、动作比普通继电器快、触点不易氧化、接触电阻小、绝缘电阻高、抗电冲击等特点。驱动线圈绕在干簧管外面，驱动功率约几十毫瓦，耗电较大、速度较慢是干簧继电器的主要缺点。优点是不易烧毁或击穿。

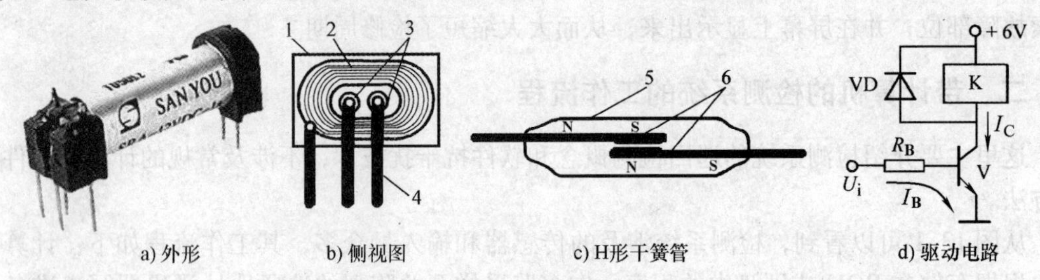

图 13-4　干簧继电器

1—外壳　2—驱动绕组　3—干簧管　4—引脚　5—玻壳　6—磁性簧片

干簧继电器中的干簧管其实也是一种十分简单的传感器。它与一块磁铁就可以组成接近开关。它在水位控制、电梯“平层”控制、防盗报警等方面得到应用，其优点是体积较小，触点可靠性较高，属于“无源”传感器。感兴趣的读者可参阅接近开关方面的有关内容。

（2）CMOS 采样开关　CMOS 采样开关是一种能够传输模拟信号的可控半导体开关。它的核心是由 P 沟道 MOS 管和 N 沟道 MOS 管并联而成的 CMOS 传输门。当控制端（EN 或 INH）处于“有效”状态时，P 沟道 MOS 管或 N 沟道 MOS 管导通，模拟开关处于导通状态，导通电阻约十几至几百欧姆。当控制端处于“无效”状态时，两个 MOS 管均截止，截止电阻大于 $10^8\Omega$。在自动检测系统中常采用多路 CMOS 模拟开关集成电路，如 CD4051、CD4052 等（目前已有对应的 HC 系列产品）。前者是八选一开关，后者是双四选一开关，分别如图 13-5a、b 所示。CMOS 模拟开关的优点是集成度高，动作快（小于 1μs）、耗电少

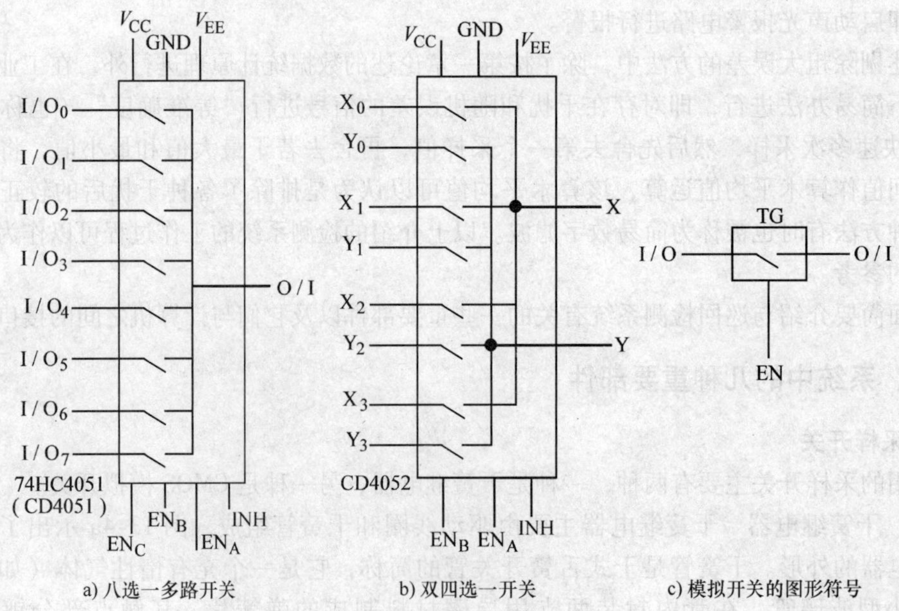

图 13-5　CMOS 模拟采样开关

等。缺点是导通电阻较大、各通道间有一定的漏电、击穿电压低、易损坏等。

采用八选一多路开关的“多通道数据切换电路”如图 13-6 所示。该电路的优点是使用的元件少，缺点是所有传感器的零信号线均需并联起来。若各传感器的地电位不相同，这样的接法会引起较大的环流，是不适当的。较好的办法是采用双 n 选一开关来切换每个传感器的一对信号线。但是当各传感器对地电位相差较大时，会引起各通道间漏电甚至击穿，所以当共模电压较大时，一般不使用 CMOS 模拟开关而宁愿使用体积较大、动作较慢的干簧继电器。

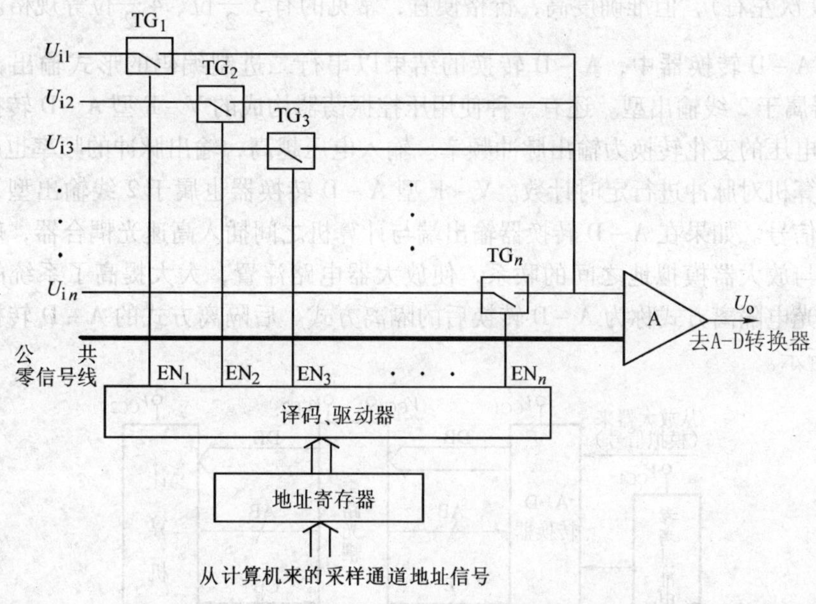

图 13-6 采样开关在多通道数据切换中的应用

2. 检测系统中的放大器

从传感器来的信号有许多是毫伏级的弱信号，需经放大才能进行 A－D 转换。由于高质量的放大器价格相对较为昂贵，所以一般地是将放大器放在采样开关之后，这样只需要一个高质量的放大器就可对几十、上百个传感器来的信号进行放大。

系统对放大器的主要要求是：准确度高、温度漂移小、共模抑制比高、频带宽的直流放大器。之所以有这些要求，是因为工业中的被测量有的变化十分缓慢，因此放大器的频率下限必须延伸到直流；由于多通道数据的切换速度可能很高，可达每秒数千次以上，所以放大器要有很高的电压上升率；由于被测信号中调制了较高的共模干扰电压，所以放大器必须有很高的抗共模干扰的能力；又由于放大倍数一般较大，系统要求的准确度又较高，所以放大器的输入失调电压温漂系数一般要小于 1μV/℃。目前常用的放大器有三种型式：一种是高准确度、低漂移的双极型放大器，如 OP-07 等；另一种为 CMOS 斩波、自稳零集成运放，它的输入失调电压漂移系数很低（约 0.001μV/℃），共模抑制比达 130dB，但它存在较大的斩波尖峰干扰电压，噪声较大，如 ICL7650 等；第三种为隔离放大器，带有光电隔离电路及隔离电源，有很高的抗共模干扰能力，但价格较贵。目前已研制出专门用于放大微弱信号的“数据放大器”，它的各项性能指标均较好，在自动检测系统中的应用日渐增多。

3. 检测系统中的 A－D 转换器（ADC）与接口电路

计算机只能对数字信号进行运算处理，因此经放大器放大后的模拟信号必须进行 A－D 转换。目前采用较多的 A－D 转换器有两大类，一类是并行 A－D 转换器，另一类是串行 A－D转换器。

在并行 A－D 转换器中，又有逐位比较型和双积分型之分。前者转换速度较快，有 8 位、10 位、12 位等规格。位数越高，准确度也越高，但价格也相应提高。后者转换速度较慢（每秒 10 次左右），但准确度高，价格便宜，常见的有 $3\frac{1}{2}$位、$4\frac{1}{2}$位等规格。

在串行 A－D 转换器中，A－D 转换的结果以串行二进制编码的形式输出，所以这类 A－D转换器属于 2 线输出型。还有一种使用压控振荡器构成的 V－F 型 A－D 转换器，它能将输入模拟电压的变化转换为输出脉冲频率。输入电压越高，输出脉冲的频率也越高，因此可以利用计算机对脉冲进行定时计数。V－F 型 A－D 转换器也属于 2 线输出型，其输出是连续的脉冲信号。如果在 A－D 转换器输出端与计算机之间插入高速光耦合器，就能切断计算机数字地与放大器模拟地之间的联系，使放大器电路浮置，大大提高了系统的抗干扰能力。这样的光电隔离方式称为 A－D 转换后的隔离方式。后隔离方式的 A－D 转换电路框图如图 13-7 所示。

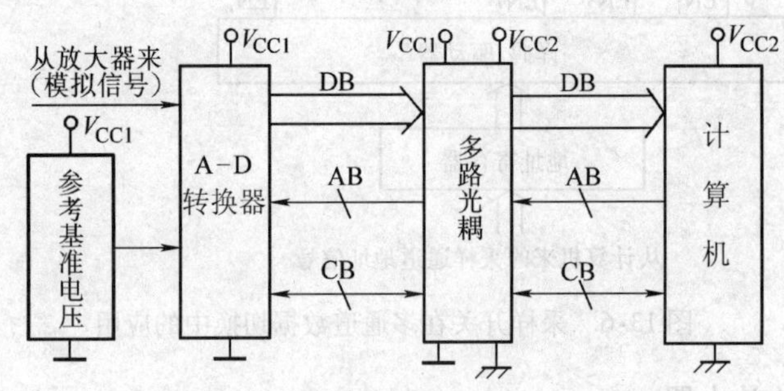

图 13-7 后隔离方式的 A－D 转换电路框图

4. 检测系统中的 D－A 转换器（DAC）与接口电器

计算机运算处理后的数字信号有时必须转换为模拟信号，才能用于工业生产的过程控制。如果说 A－D 是“编码器”的话，D－A 就相当于“解码器”，它的输入是计算机送来的数字量，它的输出是与数字量相对应的电压或电流。如果在计算机与 D－A 之间插入多路光耦合器就能较好地防止工业控制设备干扰计算机的工作。如果使用多路采样保持器，只要使用一只 D－A 即可进行多路 D－A 转换，如图 13-8 所示。这种方法是以分时方式进行的，数据的刷新不能太快。

四、可编程序控制器中的传感器接口板

可编程序控制器（简称 PLC）是计算机技术与继电器常规控制概念相结合的产物，是以微处理器为核心，也同样有键盘、显示终端、输入输出接口等外围设备。与普通计算机控制系统不同的是，它是专门为工业数字控制设计的计算机系统。它不仅可以取代以继电器、控制盘为主的顺序控制器，还可以用于大规模的生产过程控制。它照顾到现场电气操作人员的技能和习惯，摒弃了计算机常用的计算机编程语言的表达方式，独具风格地形成一套以继

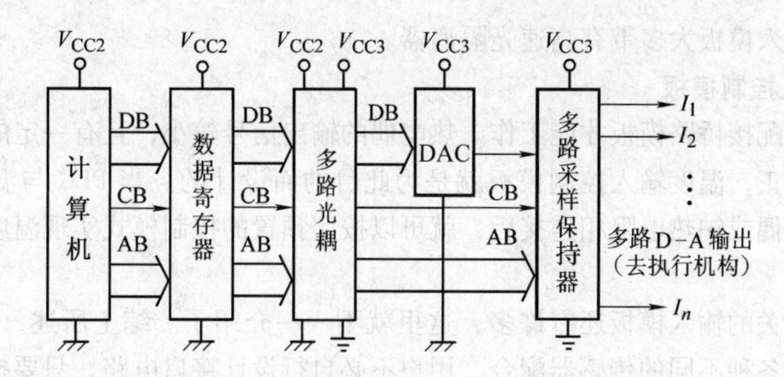

图 13-8　隔离式多路 D－A 转换电路框图

电器梯形图为基础的形像编程语言和模块化软件结构，便于工程人员在使用现场修改软件。目前国内外研制的 PLC 已广泛应用于各个工业领域，因此检测技术与 PLC 的结合也是必然的。

传感器与 PLC 的联系主要是输入接口。生产 PLC 的厂家为了让不同的用户能方便地使用 PLC，设计制造了各种不同的"I/O 模板"与各种不同的传感器配套。常用的输入模板有：

1. 模拟量输入模板

输入可以是 0～5V、0～10V、－10～＋10V、4～20mA 等不同形式。采用的 ADC 有 8 位、12 位和 16 位等，采用光电耦合隔离方式。在进行温度测量时，可选用专用的"热电偶模拟量输入模板"，可完成冷端自动补偿和非线性校正功能。若采用铂热电阻作测温元件，则可选用铂热电阻模板。

2. 开关量输入模板

包括直流输入模板和交流输入模板，图 13-9 是某种型号 PLC 机采用的直流开关量输入电路。

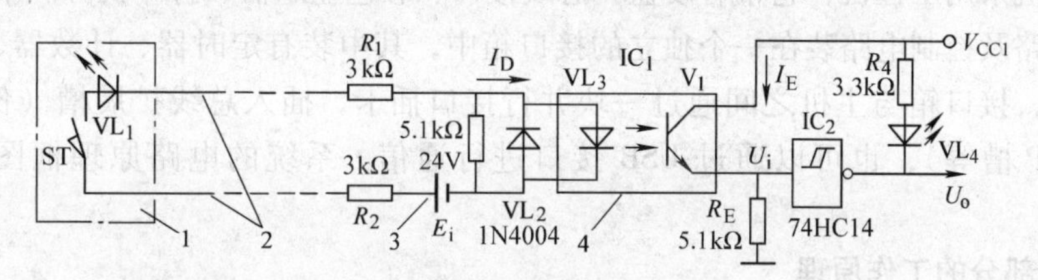

图 13-9　PLC 的开关量输入电路

1—现场开关盒　2—传输线　3—电源　4—光耦　E_i—与 $+V_{CC1}$ 隔离的 24V 电源

现场开关输入模板以电流形式传输信号，抗干扰能力比采用电压传输方式强。每块模板上有几十个图 13-9 所示的电路，也就是说，每块模板的输入点数有几十个。

3. 计时/计数模板

有的传感器以频率或串行数字量的形式作为输出，计时/计数模板就是为这种传感器设计的。

4. 中断控制模板

系统中有的传感器担负着重要参数的测试任务。在某些情况下，需要紧急处理这些传感器的信号，这就必须采取中断方式来处理。中断控制模板通常有多个优先中断级输入，可响应正的或负的跳变的中断输入。

上述几种输入模板大多带有高速光隔离器。

5. 温度输入控制模板

热敏电阻需配接桥路模板才能工作。热电偶的输出信号较小，且有一定的非线性，需给予放大和线性纠正，温度输入控制模板就是为此目的而设计的。当PLC与温度控制模板相配合，并与热电偶或铂热电阻相连接后，就可以按照预置的控制模式实现温度的自动调节与控制。

与传感器有关的输入模板还有许多，这里就不一一介绍了。综上所述，PLC的通用性、互换性强，可与各种不同的传感器配合，用户不必自行设计接口电路，只要按照说明书选购不同功能的模板即可构成完整的自动检测控制系统。

第三节　带计算机的检测技术应用实例

带计算机的自动检测系统很多，这里介绍几个使用传感器较多的综合应用实例。

一、陶瓷隧道窑温度、压力监测控制系统

热工参数是工业检测的重要的内容，下面介绍一种使用微型计算机的检测系统在这方面的应用实例。

陶瓷厂的瓷坯由窑车送入烧窑隧道中，经一定的烧制程序，就变为成品。检测燃烧室的温度及压力，从而控制每个喷油嘴及风道蝶阀的开闭程度，就可以使整个燃烧过程符合给定的“烧成曲线”。采用带计算机的检测控制系统后，可以降低油耗，减小废品率，经济效益明显，下面介绍系统的组成。

系统主机采用工控机，它带有硬盘、总线接口、彩色显示器、打印机等。本系统把巡回数据采集电路及控制电路装在一个独立的接口箱中，其中装有定时器、计数器、并行输入/输出接口等，接口箱与主机之间通过一块并行接口插卡，插入总线扩展槽（例如ISA槽、PCI槽、AGP槽等），也可以通过USB接口进行通信。系统的电路原理框图如图13-10所示。

1. 检测部分的工作原理

系统的测温点共20点，采用分度号K（镍铬-镍硅）热电偶测量温度较低的预热带温度；用分度号B（铂铑30-铂铑6）及分度号R（铂铑13-铂）热电偶分别测量温度较高的燃烧室、烧成带、冷却带的温度。压力检测点共4点，采用YSH-1压力变送器。它们的输出信号经CMOS模拟开关切换后送到公用前置放大器。前置放大器采用低温漂、高准确度的“仪用测量放大器”。它的增益（放大倍数）可由计算机程序（8421码）控制。在巡回检测到压力变送器时，将增益设定为2倍；在检测热电偶时，将增益设定为100，此时可将－50～＋50mV的热电势放大到－5～＋5V。放大后的模拟信号稳定后，送到A－D转换器转换为数字量。在这个例子中，A－D转换器采用12位ADC。当输入模拟量为－5～＋5V时，输出的数字量为0000H～0FFFH。即－5V时输出为0000H，0V时输出为7FFH（2047），＋5V时输出为0FFFH（4095）。A/D转换器结果由计算机作为一个变量存储在内存中。若系统共有n个传感器，则巡回检测一次，可刷新n个变量的内容。

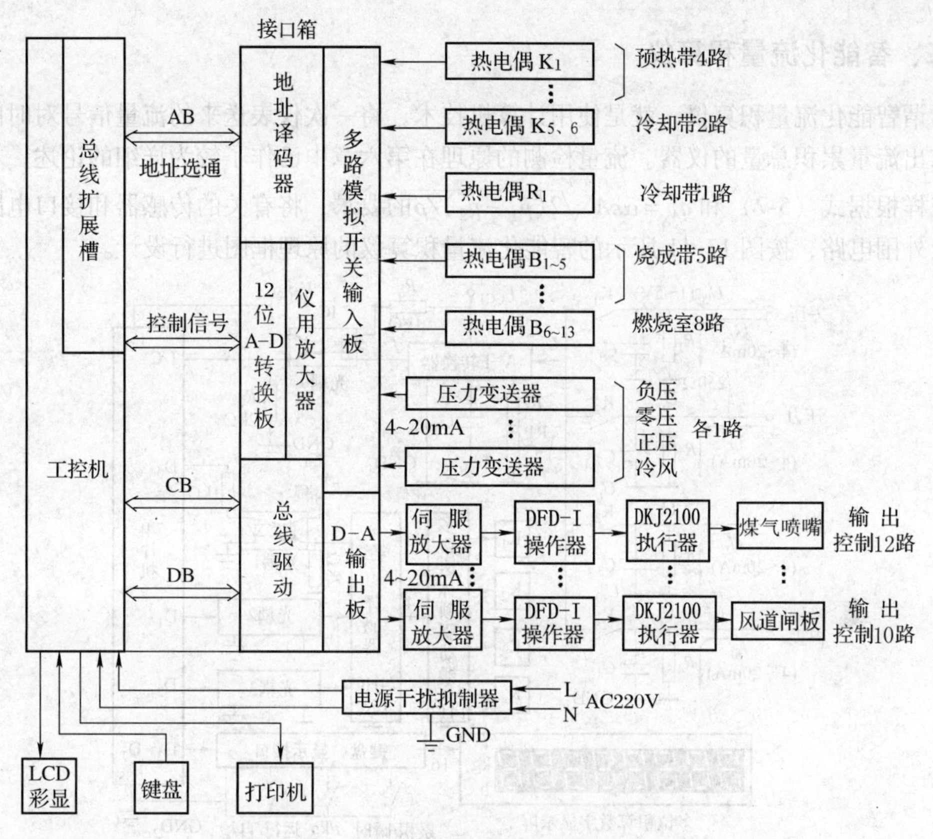

图 13-10 隧道窑计算机检测控制系统框图

2. 控制部分的工作原理

系统开始工作时，从硬盘中调入用户程序及各有关参数，进行数据巡回采集。每一路数据采样 8 次，然后进行中值滤波，再将所得到的测量值进行数据处理，诸如温度补偿、线性化等，以便得到较精确的结果。计算机每隔几秒对需控制的每路信号进行 PID 运算。本系统采用 12 路 8 位数模转换器来获得 4~20mA 的电流输出，并经伺服放大器分别控制隧道窑煤气喷嘴及风道蝶阀的开合度。

3. 系统特点

工控机具有性能价格比高、功能较强、内存容量较大、软件资源丰富、可采用高级语言编程等优点。用户只需插入适当的接口电路板就可以组成较完整的检测系统。本系统能定时或按需打印出生产中必要的数据，可通过键盘随时修改各设定值，可在线修改 PID 参数，可随时将必要的参数存盘，并有掉电数据保存功能，这在生产中是十分重要的。系统有声光报警装置，并设有零电压及满度电压校验通道，以便进行零位校准和满度校准。当系统发生故障时，可通过运行一些检查程序，迅速判断故障点，这给维修带来了很大的方便。

由于个人电脑的抗电磁干扰能力、防振、防潮、防尘能力均不强，所以不太适合在现场条件较恶劣的场合使用。而工控机密封性较好，降温抽风机设有过滤网，机箱内的压力略高于大气压，所以防尘效果较好。它的电源系统有较好的抗电磁干扰能力，避震效果也较好。虽然价格比个人电脑昂贵，但可靠性强很多。

二、智能化流量积算仪

所谓智能化流量积算仪，就是使用计算机技术，将一次仪表送来的流量信号对时间作积分，求出流量累积总量的仪器。流量检测的原理在第六章中已作了较为详细的论述，本实例介绍怎样根据式（5-7）和 $q_V=\alpha\varepsilon A\sqrt{2(p_1-p_2)/\rho}$ 的要求，将有关的传感器和接口电路、单片机及外围电路，按图 13-11 所示的智能化流量积算仪的原理框图进行设计。

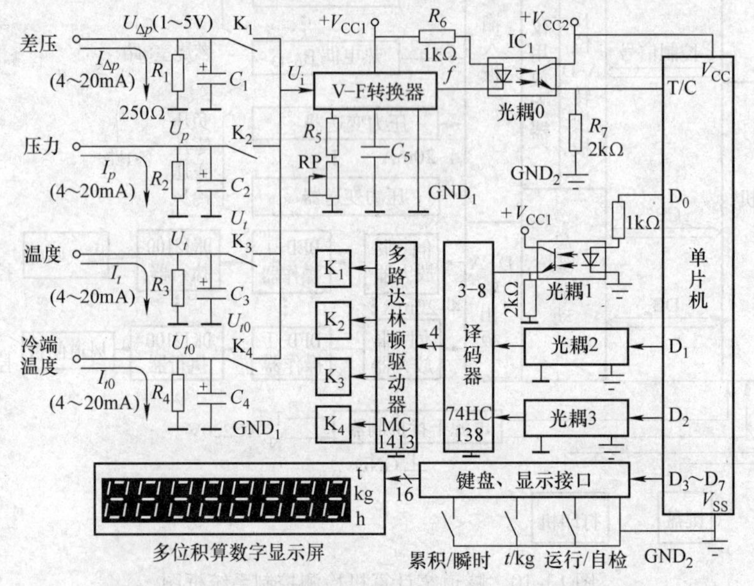

图 13-11 智能化流量积算仪单片机接口电路原理框图

本智能化流量积算仪采用差压法测量瞬时流量，因此必须首先测出差压 Δp。由于温度和压力会引起流体的密度 ρ 的变化，有时还需要进行温度补偿和压力补偿，所以必须测出流体的温度 t 和压力 p。如果使用热电偶，还必须测量热电偶的冷端（室温）温度 t_0。上述 4 种信号先由标准的一次仪表转换为 4 ~ 20mA 的电流信号，经信号传输线传送到本积算仪的输入端，再用取样电阻（250. 0Ω）转换成 4 个低内阻的 1 ~ 5V 电压信号：$U_{\Delta p}$、U_p、U_t、U_{t0}。上述 4 个电压信号按顺序轮流通过采样继电器 K_1 ~ K_4 传送至 V – F 型模/数转换器（或串行 D – A）的电压输入端。采样继电器的选通是由单片机轮流给出不同的选通号（地址），通过 3-8 译码器后，由驱动器接通采样继电器的驱动线圈而实现的。

V – F 转换器的输出是连续的窄脉冲信号，脉冲的振荡频率 f 由 V – F 转换器的外围电阻、电容的时间常数及 V – F 的输入电压 U_i 共同决定。当 U_i 为零时，f 可以设定为较低的频率，例如 100Hz；U_i 增大，f 也随之提高；当 U_i 达到满度值（本例中为 5V）时，可微调与 V/F 器件有关的外围电阻阻值，使 f_{max} 达到设定值。V – F 的输出脉冲经光耦合器（IC_1）传送到单片机的“定时/计数”输入端，从而测出与 4 个输入信号成正比例的脉冲频率。对 4 个频率信号进行适当的运算，就可以得到瞬时流量值。

根据累积流量的定义，单片机必须将瞬时流量对时间作积分运算。由于本实例中采用了 V – F 转换器，所以事实上只需在标准的时间段（例如 1s）内，对 V – F 输出的脉冲数进行累加计数，就可以达到近似于积分的目的。为了防止断电时累积流量数据的丢失，积算仪还必须设置一个断电数据保持电路。

为了显示累计结果，一般必须设置 8 位或更多的数码管。为了选择显示吨、或千克、或立方米等不同的单位，也为了选择显示瞬时流量还是累计流量，积算仪面板上还必须设置选择按键，由单片机读取不同的选择方式，并在数码管的右边显示出相应的单位。

图 13-11 中使用了多只光耦，能使左边的传感器回路及继电器与右边易受干扰的单片机回路隔离开来。

三、传感器在模糊控制洗衣机中的应用

所谓模糊控制系统是模拟人智能的一种控制系统。它将人的经验、知识和判断力作为控制规则，根据诸多复杂的因素和条件作出逻辑推理去影响控制对象。

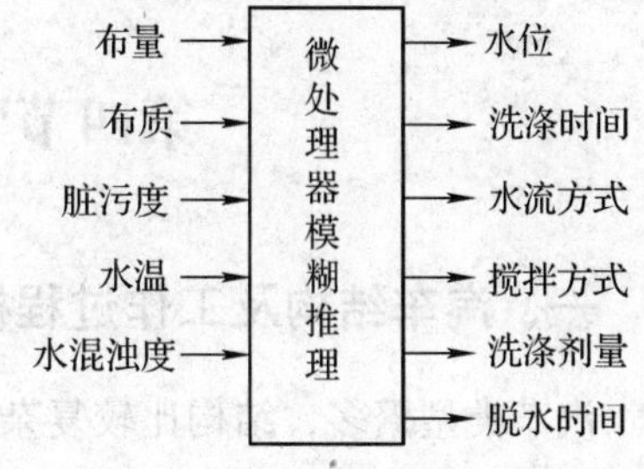

图 13-12 模糊控制洗衣机的模糊推理

模糊洗衣机又称傻瓜洗衣机，能自动判断衣物的数量（重量）、布料质地（粗糙、软硬）、肮脏程度来决定水位的高低、洗涤时间、搅拌与水流方式、脱水时间等，将洗涤控制在最佳状态。不但使洗衣机省电、省水、省洗涤剂，又能减少衣物磨损。图 13-12 是模糊控制洗衣机的模糊推理示意图，图 13-13 是其结构示意图。

下面简单介绍一下模糊洗衣机的洗涤过程及传感器在其中的应用。

（1）布量和布质的判断　在洗涤之前，先注入一定的水，然后启动电动机，使衣物与洗涤桶一起旋转。然后断电，让电动机依靠惯性继续运转直到停止。由于不同的布量和布质所产生的“布阻抗”大小、性质都不相同，所以导致电动机的启动和停转的过程、时间也不相同。微处理器根据检测到的电动机电流再按照预先输入的经验公式来判断出布量和布质，从而决定搅拌和洗涤方式。

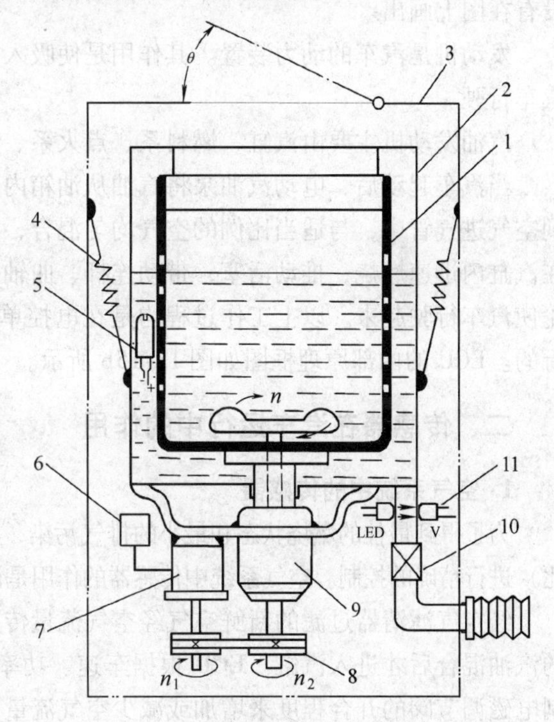

图 13-13 模糊控制洗衣机的结构示意图

1—脱水缸（内缸） 2—外缸 3—外壳 4—悬吊弹簧（共四根） 5—水位传感器 6—布量传感器 7—变速电动机 8—皮带轮 9—减速、离合、制动装置 10—排水阀 11—光电传感器

（2）水位判断　不同的布量需要不同的水位高度。水位传感器采用压力原理，水位越高，对水位传感器中膜盒的压力就越大，微处理器根据其输出判断水位是否到达预设值。

（3）水温的判断　洗衣过程中，如果提高水温可以提高洗涤效果，减少洗涤时间。微处理器根据不同的衣质决定水温的高低。水温可由半导体集成温度传感器来测定。

（4）水浑浊度的测定　浑浊度的检测是采用红外光电“对管”来完成的，它们安装在排水阀的上方。给红外 LED 通以恒定的电流，它发出的红外光透过排水管中的水流

到达红外光敏晶体管，光强的大小反映了水的浑浊程度。

随着洗涤的开始，衣物中的污物溶解于水，使得透光度下降。洗涤剂加入后，透明度更进一步下降。当透明度恒定时，则认为衣物的污物已基本溶解于水，洗涤程序可以结束，打开排水阀，脱水缸高速旋转。由于排水口在脱水时混杂着大量的紊流气泡，使光线散射。当光的透过率为恒值时，则认为脱水过程完毕，然后再加清水漂洗，直到水质变清、无泡沫、透明度达到设定值时，则认为衣物已漂洗干净，经脱水程序后整个洗涤过程完毕。

第四节　传感器在汽车中的应用

一、汽车结构及工作过程概述

汽车类型繁多，结构比较复杂，大体可分为发动机、底盘和电气设备三大部分，每一部分均安装有许多检测和控制用的传感器。为分析方便起见，把与传感器有关联的部分画在图 13-14中，我们将之分成燃料系、点火系、传动系、轿厢系等几个系统，其他无关的部分没有在图上画出。

发动机是汽车的动力装置。其作用是使吸入的燃料燃烧而产生动力，通过传动系统，使汽车行驶。

汽油发动机主要由汽缸、燃料系、点火系、起动系、冷却系及润滑系等组成。

当汽车起动后，电动汽油泵将汽油从油箱内吸出，由滤清器滤出杂质后，经喷油器喷射到空气进气管中，与适当比例的空气均匀混合，再分配到各气缸中。混合气由火花塞点火而在汽缸内迅速燃烧，推动活塞，带动连杆、曲轴作回转运动。曲轴运动通过齿轮机构驱动车轮使汽车行驶起来。以上工作过程均是在电控单元 ECU（Electronic Control Unit）控制下进行的。ECU 的内部原理框图如图 13-15b 所示。

二、传感器在汽车运行中的作用

1. 空气系统中的传感器

为了得到最佳的燃烧状态和最小的排气污染，必须对油气混合气中的空气/燃油比例（空燃比）进行精确的控制。空气系统中传感器的作用是计量和控制发动机燃烧所需要的空气量。

经空气滤清器过滤的新鲜空气经空气流量传感器测量之后再进入进气管，与喷油器喷射的汽油混合后才进入汽缸。ECU 根据车速、功率（载重量、爬坡等）等不同运行状况，控制电磁调节阀的开合程度来增加或减少空气流量。空气流量传感器有多种类型，使用较多的有图 2-32 介绍的热丝式气体测速仪以及下面介绍的卡门涡流流量计。卡门涡流流量计结构如图 13-16 所示。

在进气管中央设置一只直径为 d 的圆锥体（涡流发生器）。锥底面与流体流速方向垂直。当流体流过锥体时，由于流体和锥体之间的摩擦，在锥体的后部两侧交替地产生旋涡，并在锥体下游形成两列涡流，该涡流称为卡门涡流。由于两侧旋涡的旋转方向相反，所以使

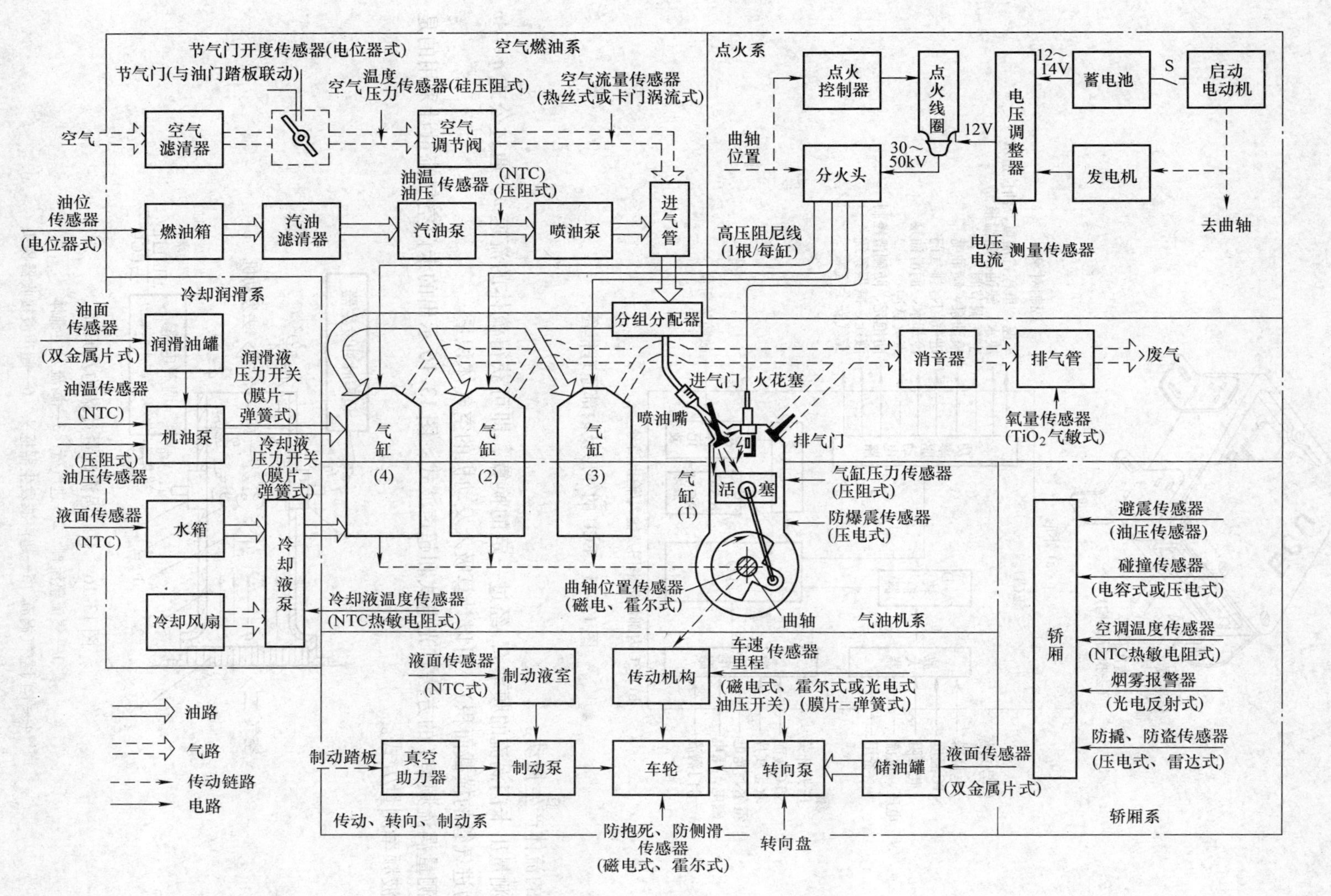

图 13-14 汽车的组成框图及传感器分布

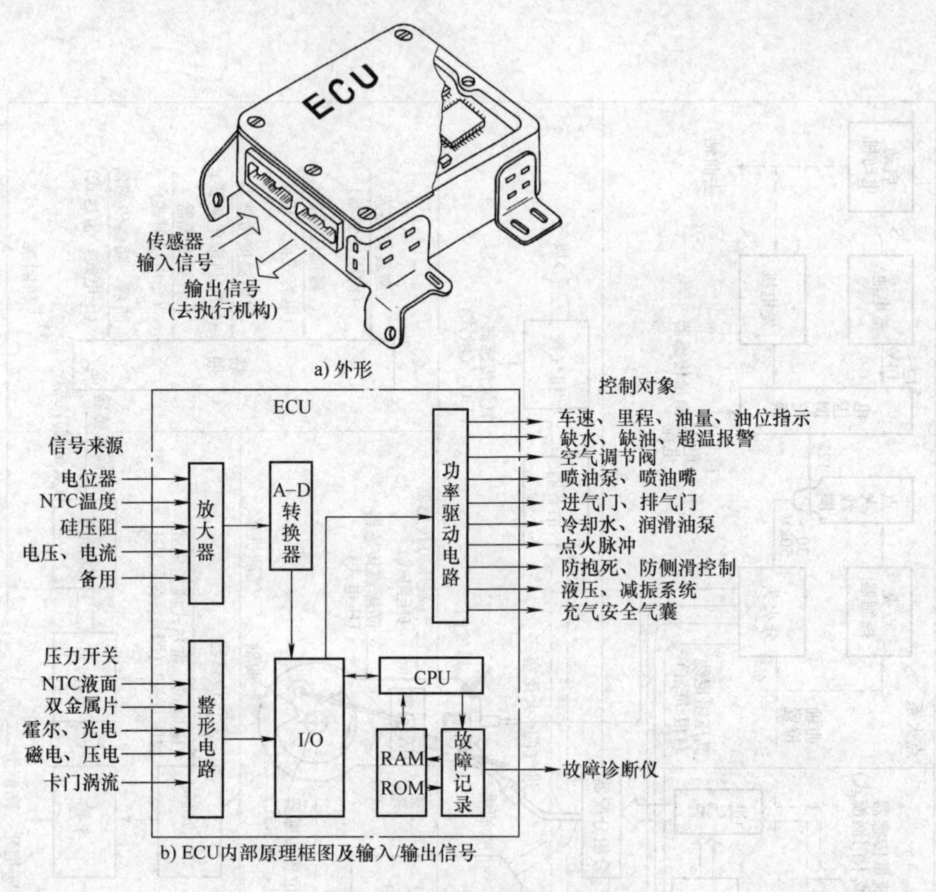

图 13-15 ECU 的外形及内部原理框图

下游的流体产生振动。

测量出卡门涡流的频率 f，经过一定的换算，即可获得流体的流速 v。通过公式 $q\approx Av$（A 为进气管的横截面积），可以计算吸入发动机的空气体积量。

测量涡流频率 f 的方法有光电式和超声波式，图 13-16 示出的卡门空气流量计采用的是超声波频率测量方式。

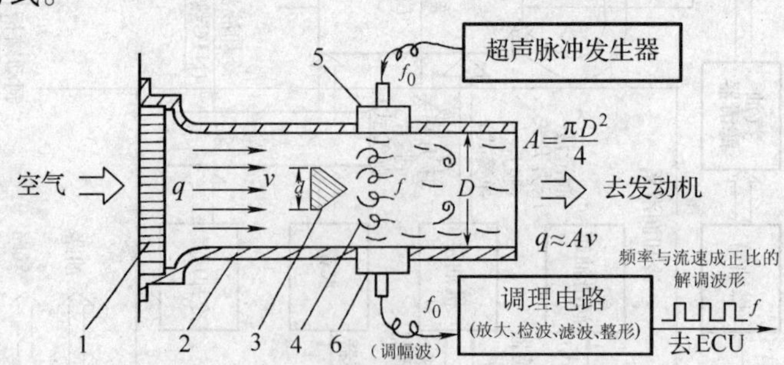

图 13-16 卡门涡流流量计结构及原理

1—气流整流栅 2—进气管 3—涡流发生锥体

4—卡门空气涡流 5—超声波发生器探头 6—超声波接收器探头

超声波发射、接收器安装在卡门涡流发生器后部。卡门涡流引起流体的密度变化（涡流中的空气密度高），超声波发生器接收到的超声波为卡门涡流调幅后的调幅波，经过检波器、低通滤波器和整形电路，就可以得到低频调制脉冲信号 f。进气量越多，则脉冲频率越高。

卡门涡流流量计旁边还安装有 NTC 热敏电阻式气温传感器，用于测量进气温度，以便修正因气温引起的空气密度变化。NTC 温度传感器的外形及特性如图 13-17 所示。

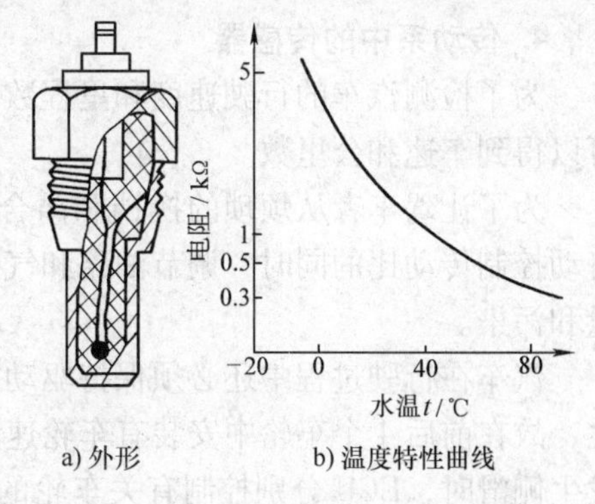

图 13-17　NTC 温度传感器及特性

当汽车从平原行驶到高原时，大气压力和含氧量发生变化，因此，还必须测量大气压力，以便增加进气量。大气压测量可以使用第二章图 2-9 介绍的半导体压阻式固态传感器。由于放大电路与半导体惠斯登应变电桥一起制作在一块厚膜电路内，所以体积小，自身的温漂也很小。

空气进气量还与油门踏板有关。驾驶员通过操作油门踏板控制进气道的节气门开度，以改变进气流通截面积，从而控制进气量，由此控制发动机的功率。ECU 必须知道节气门的开度，才能控制喷油器的喷油量。节气门的开度是利用图 2-34a 所示的圆盘式电位器来检测的，油门踏板踏下时，带动电位器转轴，输出 0～5V 的电压反馈给 ECU。

2. 燃油系统中的传感器

燃油系统的作用是供给气缸内燃烧所需的汽油。在燃油泵的作用下，汽油从油箱吸出，再经调压器将燃油压力调整到比进气压力高 250～300kPa 左右，然后由分配管分配到各气缸对应的喷油器上。油压的测量也采用图 2-9 介绍的压阻式压力传感器。油压信号送到 ECU，ECU 根据货物载重量及爬坡度、加速度、车速度等负载条件和运行参数，调整燃油泵及喷油器中的电磁线圈通电时间（占空比），以控制喷油量。

例如，在怠速状态（发动机在未带负载的情况下空转）时，油门踏板处于松开状态，节气门开度很小，ECU 检测出开度大小，控制喷油器喷出少而浓的混合气；在大负载时，由于油门踏板被踩下较多，节气门开度增大，喷油器喷出大量加浓的混合气；在加速时，节气门突然开大，喷油器必须在瞬间喷出加浓的混合气。

燃油温度会影响燃油的粘稠度及喷射效果，所以通常采用 NTC（有时也采用 PTC）热敏电阻温度传感器来测量油温。

现代汽车还在排气管前端安装一只图 2-24 所示的氧含量传感器。当排气中的氧含量不足时，由 ECU 控制增大空燃比，改变油气浓度，提高燃烧效率，减少黑烟污染。

3. 发动机点火系统中的传感器

发动机火花塞点火时刻的正确性关系到发动机输出功率、效率及排气污染等重要参数。在第九章已介绍过利用霍尔传感器来取得曲轴转角和确定点火时刻的方法。点火提前角必须根据发动机转速来确定。

在第三章图 3-22b 中已请读者分析过利用电磁感应原理来测量发动机曲轴角度的方法，电磁转速表的输出脉冲频率与发动机转速成正比。发动机转速越快，ECU 输出的点火时刻就必须逐渐提前，使混合油气在汽缸中燃烧得更加充分，减小黑烟，并得到最大转矩。但如果提前角太大，油气可能在发动机中产生爆震，俗称“敲缸”。次数多时，易损坏发动机。

新型汽车的气缸壁上均安装有一只压电式爆震检测传感器（详见第六章）。如果发生爆震，立即减小提前角。

在发动机缸体中还安装有一只缸压传感器，用于测量燃烧压力，以得到最佳燃烧效果。

4. 传动系中的传感器

为了检测汽车的行驶速度和里程数，ECU 将曲轴转速信号与车轮周长进行适当的换算，可以得到车速和公里数。

为了让驾车者从烦琐的换挡和离合器操作中解脱出来，ECU 还可以根据行驶状态，在自动控制传动比的同时，调节油路和气路，以达到最佳的换挡点、最大的效率、最小的耗油量和污染。

汽车在行驶过程中还必须保持驱动车轮在冰雪等易滑路面上的稳定性并防止侧偏力的产生，故在前后 4 个车轮中安装有车轮速度传感器（类似于图 3-22b 所示的转速传感器）。当发生侧滑时，ECU 分别控制有关车轮的制动控制装置及发动机功率，提高行驶的稳定性和转向操作性。

当汽车紧急刹车时，使汽车减速的外力主要来自地面作用于车轮的摩擦力，即所谓的地面附着力。而地面附着力的最大值出现在车轮接近抱死而尚未抱死的状态。这就必须设置一个“防抱死制动系统”又称为 ABS。ABS 由车轮速度传感器、ECU 以及电-液控制阀等组成。ECU 根据车轮速度传感器来的脉冲信号控制电液制动系统，使各车轮的制动力满足少量滑动但接近抱死的制动状态，以使车辆在紧急刹车时不致失去方向性和稳定性。

为了减小汽车在崎岖的道路上的颠簸，提高舒适性，ECU 还能根据 4 个车轮的独立悬挂系统的受力情况，控制油压系统，调节 4 个车轮的高度，跟踪地面的变化，保持轿厢的平稳。

5. 其他车用传感器

汽车中还设置了电位器式油箱油位传感器、热敏电阻式缺油报警传感器、双金属片式润滑机油缺油报警传感器、机油油压传感器、冷却水水温传感器、车厢烟雾传感器、空调自启动温度传感器、车门未关紧报警传感器、保险带未系传感器、雨量传感器以及霍尔式直流大电流传感器等。汽车在维修时还需要另外一些传感器来测试汽车的各种特性，例如 CO、氮氢化合物测试仪以及专用故障测试仪等，有兴趣的读者可参阅有关现代汽车方面的资料。

第五节 传感器在数控机床中的应用

数控机床是机电一体化的典型产品，它是机、电、液、气和光等多学科的综合性组合，技术范围覆盖了机械制造、自动控制、伺服驱动、传感器及信息处理等领域。具有高准确度、高效率、高柔性的特点，以数控机床为核心的先进制造技术已成为世界各发达国家加速经济发展，提高综合国力和国家地位的重要途径。

传感器在数控机床中占据重要的地位，它监视和测量着数控机床的每一步工作过程，图 13-18是数控车床的外形图。

一、位置检测装置在进给控制中的应用

以位置检测装置为代表的传感器，在保证数控机床高准确度方面起了重要作用，数控机

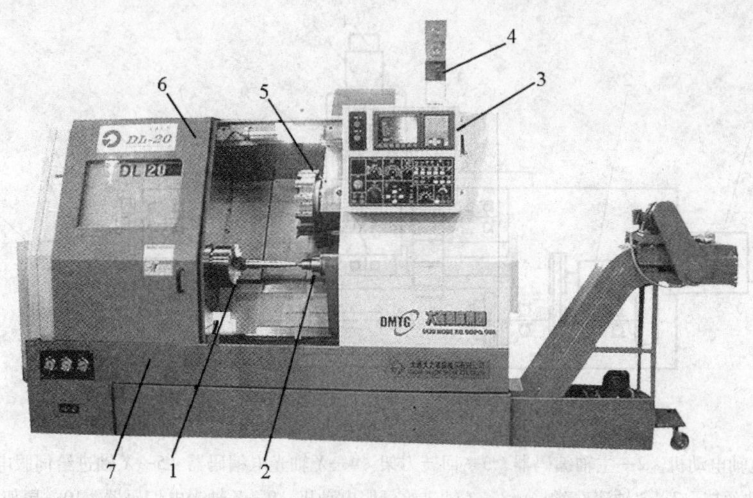

图 13-18 数控车床外形及结构

1—主轴卡盘 2—尾架 3—数控系统操作面板及机床操作面板 4—警灯
5—回转式刀架 6—移动式防护门 7—床身

床很重要的一个指标就是进给运动的位置定位误差和重复定位误差，要提高位置控制准确度就必须采用高准确度的位置检测装置。图 13-19 所示为数控车床内部结构组成，图 13-20 为该车床的传动链组成。

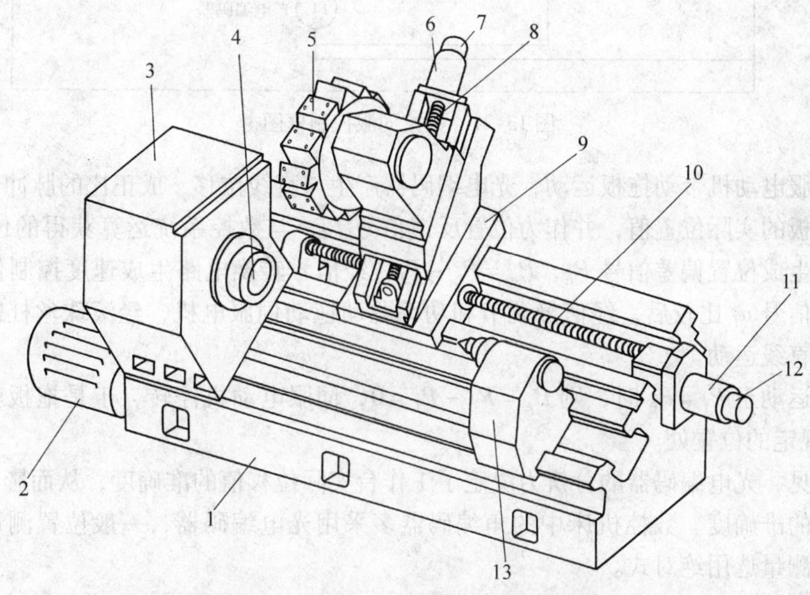

图 13-19 数控车床内部结构（卸掉外壳后）

1—床身 2—主轴电动机 3—主轴箱 4—主轴 5—回转刀架 6—X 轴进给伺服电动机 7—X 轴光电编码器
8—X 轴滚珠丝杠 9—拖板 10—Z 轴滚珠丝杠 11—Z 轴进给伺服电动机 12—Z 轴光电编码器 13—尾架

拖板的横向运动为 Z 轴，由 Z 轴进给伺服电动机通过 Z 轴滚珠丝杠来实现；拖板上刀架的径向运动为 X 轴，由 X 轴进给伺服电动机通过 X 轴滚珠丝杠来实现。伺服电动机端部配有光电编码器，用于角位移测量和数字测速，角位移通过丝杠螺距能间接反映拖板或刀架的直线位移。以 Z 轴为例，该轴的伺服控制框图如图 13-21 所示。

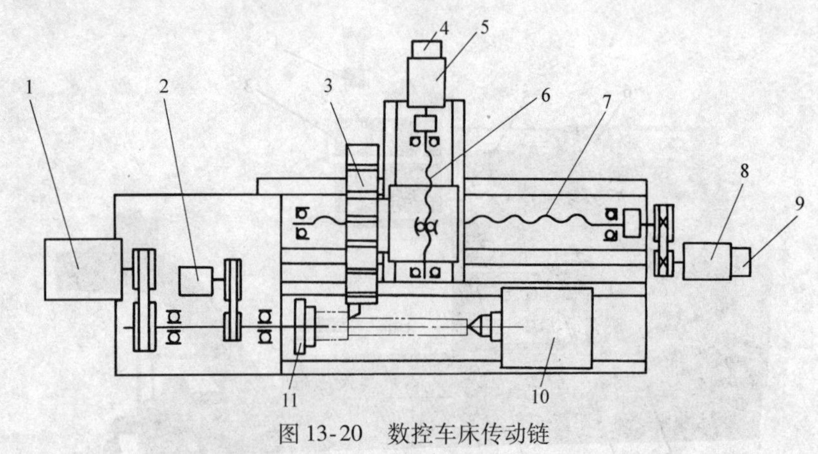

图 13-20　数控车床传动链

1—主轴电动机　2—主轴编码器　3—回转刀架　4—X 轴光电编码器　5—X 轴进给伺服电动机
6—X 轴滚珠丝杠　7—Z 轴滚珠丝杠　8—Z 轴进给伺服电动机　9—Z 轴光电编码器　10—尾架　11—主轴

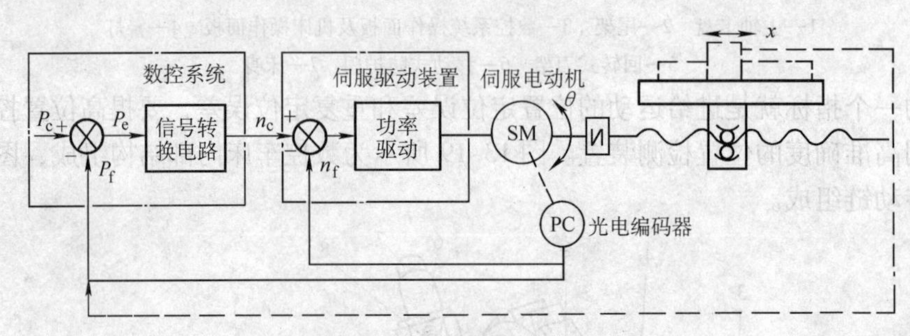

图 13-21　数控伺服控制框图

随着伺服电动机带动拖板运动，光电编码器产生与直线位移 x 成正比的脉冲信号，该信号反映了拖板的实际位置值，并作为位置反馈信号 P_f，与数控系统运算获得的位置指令 P_c 进行比较，生成位置偏差信号 P_e，$P_e = P_c - P_f$，经信号转换电路生成速度控制信号 n_c，n_c 与速度反馈信号 n_f 比较后，经信号调节和功率驱动拖动伺服电机，经滚珠丝杠螺母副带动拖板继续做直线运动。

当拖板运动至 $P_f = P_c$ 时，则 $P_e = P_c - P_f = 0$，伺服电动机停转，于是拖板就停在位置指令 P_c 所规定的位置处。

由此可见，光电编码器的分辨力决定了工作台实际位移值的准确度，从而影响到数控机床位置控制的准确度。数控机床中的角编码器多采用光电编码器，一般位置测量选用增量式，重要的测量选用绝对式。

另外，与伺服电动机同轴联接的光电编码器一方面用于测量丝杠的角位移 θ；另一方面也可用于数字测速，产生速度反馈信号 n_f。

在高准确度数控机床中，位置检测装置可采用直线光栅，它的测量准确度比光电编码器高，但价格也较高。图 13-22 为光栅在数控车床 Z 轴上的安装示意图。

光栅尺固定在床身上，在进给驱动中，扫描头随拖板运动，产生与直线位移成正比的脉冲信号，该信号直接反映了拖板的实际位置值。目前，数控机床用的光栅分辨力可达 1μm，更高的分辨力可达 0.1μm。

另外，在图 13-20 中，与主轴相连的主轴编码器也是一个光电编码器，用于车螺纹的控制。其作用是使主轴的转速与 Z 轴进给相匹配，以保证螺距的一致性。

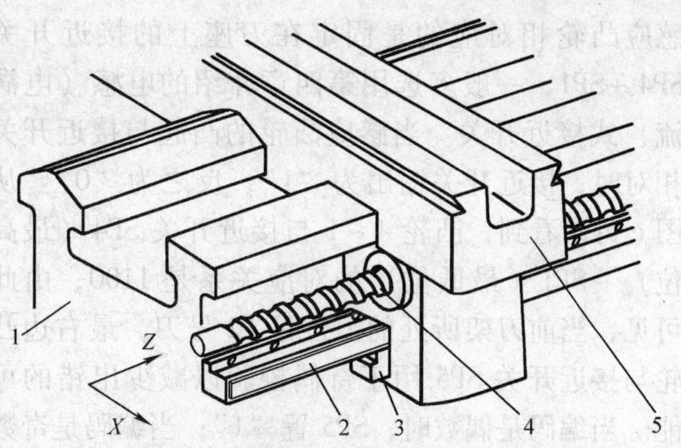

图 13-22 光栅在 Z 轴上的安装示意图

1—床身 2—光栅尺 3—扫描头

4—滚珠丝杠－螺母副 5—床鞍

二、接近开关在刀架选刀控制中的应用

在图 13-18 和图 13-19 中，回转刀架根据数控系统发出的刀位指令控制刀架回转，将选定的刀具定位在加工位置。刀架在回转过程中，每转过一个刀位，就发出一个信号，该信号与数控系统的刀位指令进行比较，当刀架的刀位信号与指令刀位信号相符时，表示选刀完成。图 13-23 为某数控车床回转刀架的组成。

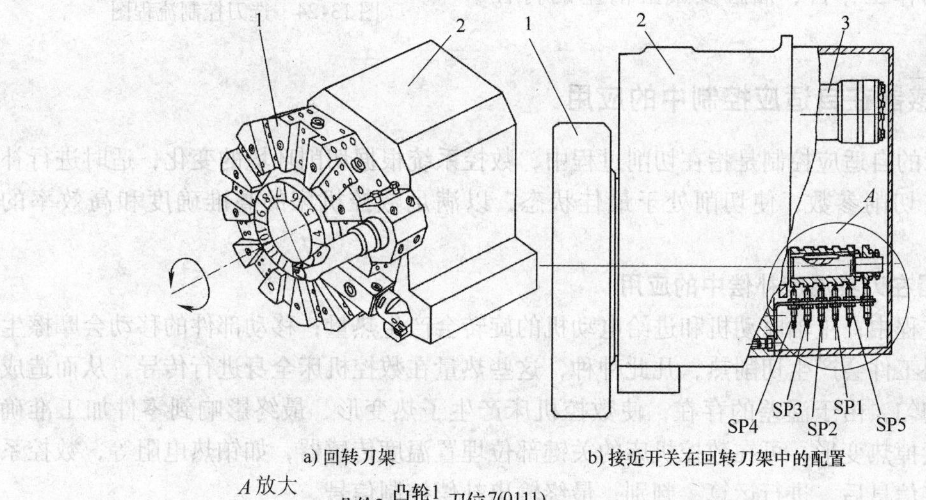

a) 回转刀架　　b) 接近开关在回转刀架中的配置

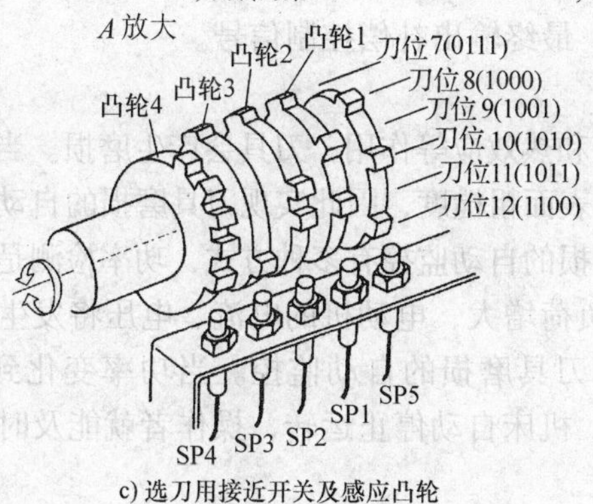

c) 选刀用接近开关及感应凸轮

图 13-23 某数控车床回转刀架的组成

1—刀架 2—壳体 3—驱动电动机

刀架回转由刀架电动机或回转油缸通过传动机构来实现，刀架回转时，与刀架同轴的感应凸轮也随之旋转。在图 13-23c 中，从左边往右的四个凸轮组成四位二进制编码，共计 2^4 即 16 个刀位，每一个编码对应一个刀位。例如 1001 对应 9 号刀位，0110 对应 6 号刀位。与

感应凸轮相对应的是固定在刀座上的接近开关SP4～SP1，一般多选用第四章介绍的电感（电涡流）式接近开关。当感应凸轮的凸起与接近开关相对时，接近开关输出为“1”，反之为“0”。从图c可以看到，凸轮4～1与接近开关SP4（最高位）～SP1（最低位）的对应关系是1100，由此可见，当前刀架所处的刀位是12号刀。最右边凸轮与接近开关SP5用于奇偶校验以减少出错的可能。当编码是偶数时，SP5置“1”；当编码是奇数时，SP5置“0”，图13-24所示为选刀控制流程图。

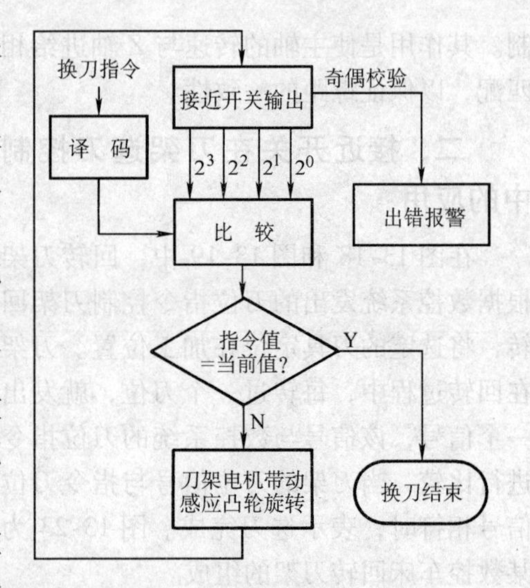

图13-24 选刀控制流程图

接近开关除了在刀架选刀控制外，还在数控机床中还常用作工作台、油缸及气缸活塞的行程控制。

三、传感器在自适应控制中的应用

数控机床的自适应控制是指在切削过程中，数控系统根据切削环境的变化，适时进行补偿及监控调整切削参数，使切削处于最佳状态，以满足数控机床的高准确度和高效率的要求。

1. 传感器在刀具温度补偿中的应用

在切削过程中，主轴电动机和进给电动机的旋转会产生热量；移动部件的移动会摩擦生热；刀具切削工件会产生切削热，凡此种种，这些热量在数控机床全身进行传导，从而造成温度分布不均匀，由于温差的存在，使数控机床产生了热变形，最终影响到零件加工准确度。为了补偿掉热变形，可在数控机床的关键部位埋置温度传感器，如铂热电阻等，数控系统接收到这些信息后，进行运算、判别，最终输出补偿控制信号。

2. 传感器在刀具磨损监控中的应用

刀具在切削工件的过程中，由于摩擦和热效应等作用，刀具会产生磨损。当刀具磨损达到一定程度时，将影响工件的尺寸准确度和表面粗糙度，因此实现刀具磨损的自动监控是数控机床自适应控制的重要组成部分。对刀具磨损的自动监控有多种方式，功率检测是其中之一。

随着刀具的磨损，机床主轴电机的负荷增大，电动机的电流、电压将发生变化，导致功率P改变，利用这一变化规律可实现对刀具磨损的自动监控。当功率变化到一定数值时，由功率传感器向数控系统发出报警信号，机床自动停止运转，操作者就能及时进行刀具调整或更换。

电动机功率监控框图如图13-25所示。电流、电压以及两者的相位差φ、功率因数$\cos\varphi$等信息由霍尔电流传感器和霍尔电压传感器来获得，数据系统根据$P=\sqrt{3}UI\cos\varphi/1000$（kW）计算得到电动机的输入电功率。

四、传感器在数控机床自动保护中的应用

数控机床涉及机、电、液、气和光等各方面技术，任何一个环节出错就会影响到数控机

床的正常运行。

1. 过热保护

数控机床中，需要过热保护的部位有几十处，主要是监测一些轴承温度、液压油温度、润滑油温度、冷却空气温度、各个电动机绕组温度等。例如，在主轴和进给电动机中埋设有热敏电阻，当电动机过载、过热时，温度传感器就会发出信号，使数控系统产生过热报警信号。

2. 工件夹紧力的检测

数控机床加工前，自动将毛坯送到主轴卡盘中并夹紧，夹紧力由压力传感器检测，当夹紧力小于设定值时，将导致工件松动，这时控制系统将发出报警信号，停止走刀。

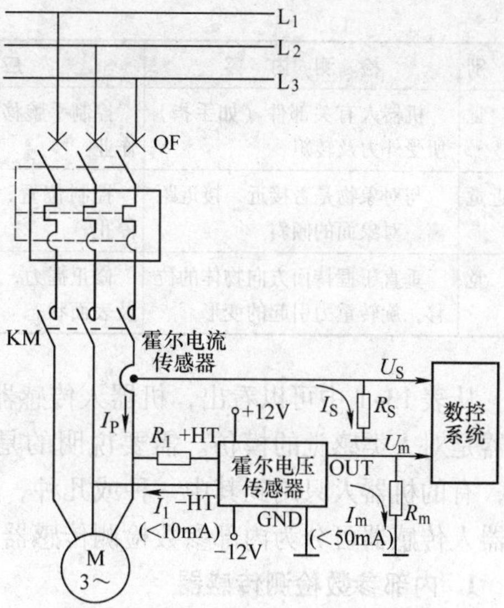

3. 辅助系统状态检测

在润滑、液压、气动等系统中，均安装有压力传感器、液位传感器、流量传感器，对这些辅助系统随时进行监控，保证数控机床的正常运行。

图 13-25 电动机功率监控框图

第六节 传感器在机器人中的应用

机器人是由计算机控制的机器，它的动作机构具有类似人的肢体及感官的功能；动作程序灵活易变；有一定程度的智能；在一定程度上，工作时可以不依赖人的操纵。机器人传感器在机器人的控制中起了非常重要的作用，正因为有了传感器，机器人才具备了类似人类的知觉功能。

一、机器人传感器的分类

表 13-1 所示的是机器人传感器的分类及应用。

表 13-1 机器人传感器的分类及应用

类别	检测内容	应用目的	传感器件
明暗觉	是否有光，亮度多少	判断有无对象，并得到定量结果	光敏管、光电断续器
色觉	对象的色彩及浓度	利用颜色识别对象的场合	彩色摄影机、滤色器、彩色 CCD
位置觉	物体的位置、角度、距离	物体空间位置，判断物体移动	光敏阵列、CCD 等
形状觉	物体的外形	提取物体轮廓及固有特征，识别物体	光敏阵列、CCD 等
接触觉	与对象是否接触，接触的位置	决定对象位置，识别对象形态，控制速度，安全保障，异常停止，寻径	光电传感器、微动开关、薄膜接点、压敏高分子材料
压觉	对物体的压力、握力、压力分布	控制握力，识别握持物，测量物体弹性	压电元件、导电橡胶、压敏高分子材料

（续）

类 别	检 测 内 容	应 用 目 的	传 感 器 件
力 觉	机器人有关部件（如手指）所受外力及转矩	控制手腕移动，伺服控制，正确完成作业	应变片、导电橡胶
接近觉	与对象物是否接近，接近距离，对象面的倾斜	控制位置，寻径，安全保障，异常停止	光传感器、气压传感器、超声波传感器、电涡流传感器、霍尔传感器
滑 觉	垂直于握持面方向物体的位移，旋转重力引起的变形	修正握力，防止打滑，判断物体重量及表面状态	球形接点式、光电式旋转传感器、角编码器、振动检测器

从表 13-1 中可以看出，机器人传感器与人类感觉有相似之处，因此可以认为机器人传感器是对人类感觉的模仿。需要说明的是，并不是表中所列的传感器都用在一个机器人身上，有的机器人只用到其中一种或几种，如有的机器人突出视觉；有的机器人突出触觉等。机器人传感器可分为内部参数检测传感器和外部参数检测传感器两大类。

1. 内部参数检测传感器

内部参数检测传感器是以机器人本身的坐标来确定其位置。通过内部参数检测传感器，机器人可以了解自己工作状态，调整和控制自己按照一定的位置、速度、加速度和轨迹进行工作。图 13-26 所示为一种球坐标工业机器人的外观图。

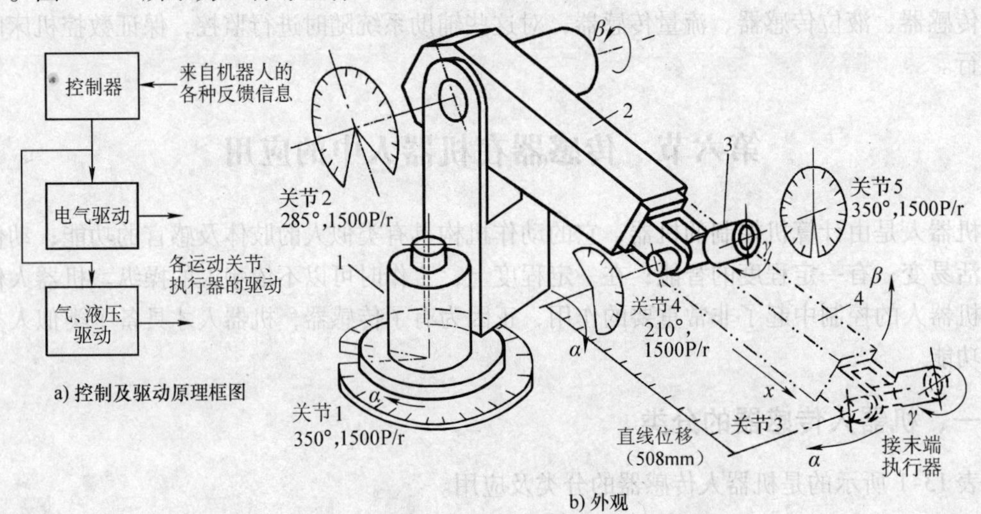

图 13-26 一种球坐标工业机器人

1—回转立柱 2—摆动手臂 3—手腕 4—伸缩手臂

在图 13-26 中，回转立柱对应于关节 1 的回转角度，摆动手臂对应关节 2 的俯仰角度，手腕对应关节 4 的上下摆动角度，手腕又对应关节 5 的横滚（回绕手爪中心旋转）角度，伸缩手臂对应关节 3 的伸缩长度等均由位置检测传感器检测出来，并反馈给计算机，计算机通过复杂的坐标计算，输出位置定位指令，结果经电气驱动或气液驱动，使机器人的末端执行器——手爪最终能正确地落在指令所规定的空间点上。例如手爪夹持的是焊枪，则机器人就成为焊接机器人，在汽车制造厂中，这种焊接机器人广泛用于车身框架的焊接；如手爪本身就是一个夹持器，则成为搬运机器人。机器人中常用的位置检测传感器角编码器等，见本书第十一章。

2. 外部检测传感器

外部检测传感器的功能是让机器人能识别工作环境，很好地执行如取物、检查产品品质量、控制操作动作等，使机器人对环境有自校正和适应能力。外部检测传感器通常包括触觉、接近觉、视觉、听觉、嗅觉和味觉等传感器。例如在图 13-26 中，在手爪中安装上触觉传感器后，手爪就能感知被抓物的重量，从而改变夹持力；在移动机器人中，通过接近传感器可以使机器人在移动时绕开障碍物等。

二、触觉传感器

机器人触觉可分为压觉、力觉、滑觉和接触觉等几种。

1. 压觉传感器

压觉传感器位于手指握持面上，用来检测机器人手指握持面上承受的压力大小和分布。图 13-27 所示为硅电容压觉传感器阵列结构示意图。

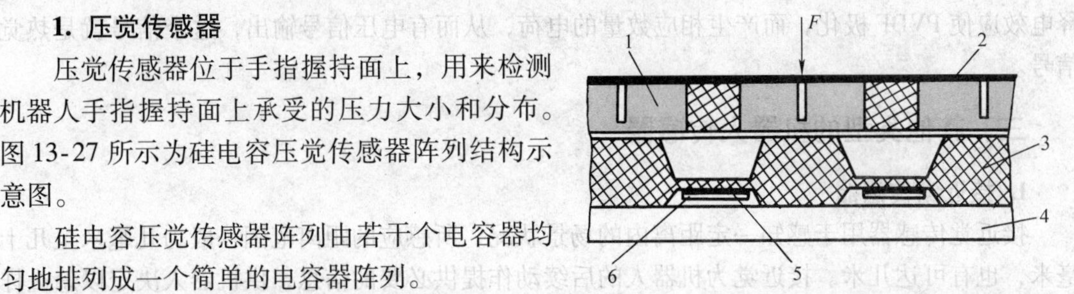

图 13-27 硅电容压觉传感器阵列剖面图

1—柔性垫片层 2—表皮层 3—硅片 4—衬底 5—SiO_2 6—电容极板

硅电容压觉传感器阵列由若干个电容器均匀地排列成一个简单的电容器阵列。

当手指握持物体时，传感器受到外力的作用，作用力通过表皮层和垫片层传到电容极板上，从而引起电容 C_x 的变化，其变化量随作用力的大小而变，经转换电路输出电压反馈给计算机，经与标准值比较后输出指令给执行机构，使手指保持适当握紧力。

2. 滑觉传感器

机器人的手爪要抓住属性未知的物体，必须对物体作用最佳大小的握持力，以保证既能握住物体不产生滑动，而又不使被抓物滑落，还不至于因用力过大而使物体产生变形而损坏。在手爪间安装滑觉传感器就能检测出手爪与物体接触面之间相对运动（滑动）的大小和方向。

光电式滑觉传感器只能感知一个方向的滑觉（称一维滑觉），若要感知二维滑觉，则可采用球形滑觉传感器，如图 13-28 所示。

该传感器有一个可自由滚动的球，球的表面是用导体和绝缘体按一定规格布置的网格，在球表面安装有接触器。当球与被握持物体相接触时，如果物体滑动，将带动球随之滚动，接触器与球的导电区交替接触从而发出一系列的脉冲信号 U_f，脉冲信号的个数及频率与滑动的速度有关。球形滑觉传感器所测量的滑动不受滑动方向的限制，能检测全方位滑动。在这种滑觉传感器中，也可将两个接触器改用光电传感器代替，滚球表面制成反光和不反光的网格，可提高可靠性，减少磨损。

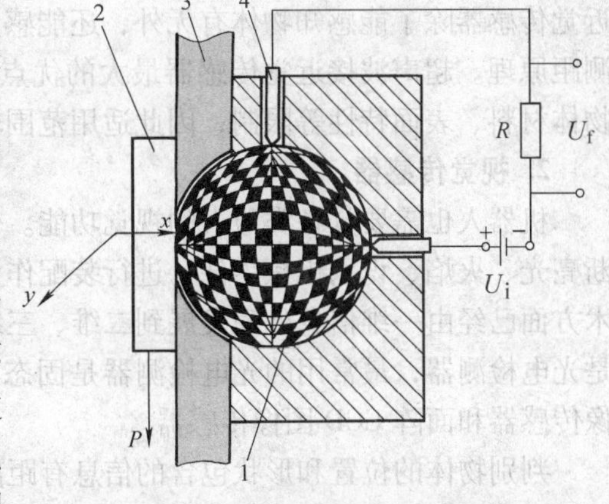

图 13-28 球形滑觉传感器

1—滑动球 2—被抓物 3—软衬 4—接触器

3. PVDF 接触觉传感器

有机高分子聚二氟乙烯（PVDF）是一种具有压电效应和热释电效应的敏感材料，利用

第六章第一节介绍过的PVDF可以制成接触觉、滑觉、热觉的传感器，是人们用来研制仿生皮肤的主要材料。PVDF薄膜厚度只有几十微米，具有优良的柔性及压电特性。

当机器人的手爪表面开始接触物体时，接触时的瞬时压力使PVDF因压电效应产生电荷，经电荷放大器产生脉冲信号，该脉冲信号就是接触觉信号。

当物体相对于手爪表面滑动时引起PVDF表层的颤动，导致PVDF产生交变信号，这个交变信号就是滑觉信号。

当手爪抓住物体时，由于物体与PVDF表层有温差存在，产生热能的传递，PVDF的热释电效应使PVDF极化，而产生相应数量的电荷，从而有电压信号输出，这个信号就是热觉信号。

三、其他类型的机器人传感器

1. 接近觉传感器

接近觉传感器用于感知一定距离内的场景状况，所感应的距离范围一般为几毫米至几十毫米，也有可达几米。接近觉为机器人的后续动作提供必要的信息，供机器人决定以怎么样的速度逼近对象或避让该对象。常用的接近觉传感器有电磁式、光电式、电容式、超声波式、红外式、微波式等多种类型。

（1）电磁式接近觉传感器　常用的电磁式接近觉传感器有本书第四章介绍的电涡流传感器以及第八章介绍的霍尔式传感器。这类传感器用以感知近距离的、静止物体的接近情况，电涡流式对非金属材料构成的物体无法感知、霍尔式对非磁性材料构成的物体无法感知，选用时可根据具体要求而定。

（2）光电式接近觉传感器　光电式接近觉传感器采用发射-反射式原理，在第十章有所介绍。这种传感器适合于判断有无物体接近，而难于感知物体距离的数值。另一个不足之处是物体表面的反射率等因素对传感器的灵敏度有较大的影响。

（3）超声波接近觉传感器　超声波接近觉传感器既可以用一个超声波换能器兼做发射和接收器件；也可以用两只超声波换能器，一只作为发射器，另一只作为接收器。超声波接近觉传感器除了能感知物体有无外，还能感知物体的远近距离，类似于第七章介绍的超声波测距原理。超声波接近觉传感器最大的优点是不受环境因素（如背景光）的影响，也不受物体材料、表面特性等限制，因此适用范围较大。

2. 视觉传感器

机器人也需要具备类似人的视觉功能。带有视觉系统的机器人可以完成许多工作，如判断亮光、火焰、识别机械零件、进行装配作业、安装修理作业、精细加工等。在图像处理技术方面已经由一维信息处理发展到二维、三维复杂图像的处理。将景物转换成电信号的设备是光电检测器，最常用的光电检测器是固态图像传感器。固态图像传感器包括线阵CCD图像传感器和面阵CCD图像传感器。

判别物体的位置和形状包含的信息有距离信息、明暗信息和色彩信息，前两个信息是主要的，只有当景物是彩色的或者必须对彩色信号进行处理时，才考虑彩色信息。

安装有视觉传感器的机器人可应用到喷漆机器人的视觉系统中，能使末端执行器——喷漆枪跟随物体表面形状的起伏不断变换姿态，提高喷漆质量和效率。

距离信息的获得还有立体图像摄影等方法，请读者参考有关书籍。

第七节　传感器在智能楼宇中的应用

自1984年美国建成第一座智能楼宇以来，智能楼宇在世界各国建筑物中的比例越来越大。智能楼宇或智能建筑（Intelligent Building，IB）是信息时代的产物，是计算机及传感器应用的重要方面。20世纪90年代，人们利用系统集成方法，将计算机技术、通信技术、信息技术、传感器技术与建筑艺术有机结合起来，通过对楼宇中的各种设备进行自动监控，对信息资源的管理、对使用者的信息服务及建筑物三者进行优化组合，使智能楼宇具有安全、高效、舒适、便利、灵活的特点。智能楼宇包括几大主要特征：楼宇自动化（BA）、防火自动化（FA）、通信自动化（CA）、办公自动化（OA）、信息管理自动化（MA）等。

上述5A特征通过布线综合化来实现。综合布线系统犹如智能楼宇内的一条高速公路，人们可以在土建阶段，将连接5A的线缆综合布线到建筑物内，然后可根据用户的需要及时代的发展，安装或增设其他系统。智能楼宇的管理、监控、通信系统如图13-29所示。

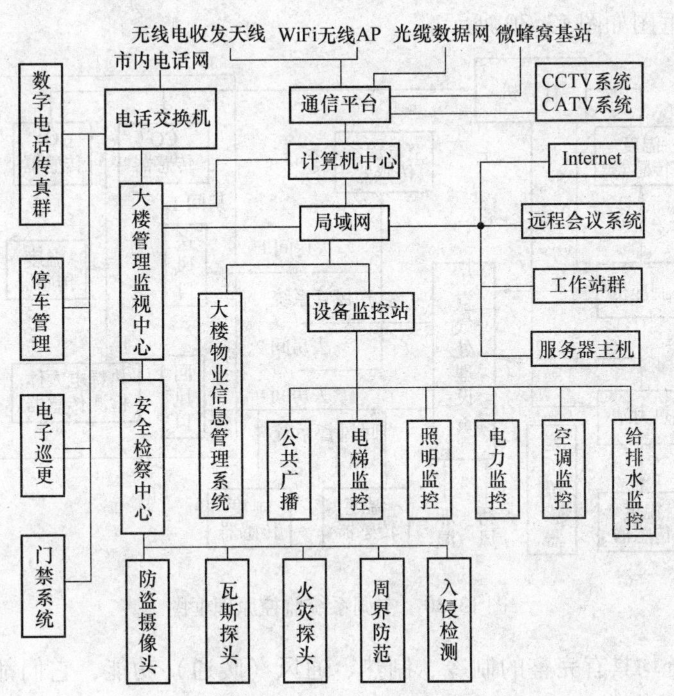

图13-29　智能楼宇的管理、监控、通信系统

人们对智能化建筑的要求包括以下几个方面：

1）高度安全性的要求，包括防火、防盗、防爆、防泄漏等。

2）舒适的物质环境与物理环境。

3）先进的通信设施与完备的信息处理终端设备。

4）电器与设备的自动化及智能化控制。

智能楼宇采用网络化技术，把通信、消防、安防、门禁、能源、照明、空调及电梯等各个子系统统一到设备监控站（IP网络平台）上。集成的楼宇管理系统能够使用网络化、智能化、多功能化的传感器和执行器，传感器和执行器通过数据网和控制网联结起来，与通信系统一起形成整体的楼宇网络，并通过宽带网与外界沟通。

在上述智能楼宇的基础上，还可将智能的内涵扩大到周边的其他楼房，形成智能小区。智能小区通过对小区建筑群的 4 个基本要素（结构、系统、服务、管理）进行优化设计，提供一个投资合理，又拥有高效率、舒适、便利、安全的办公、居住环境。智能小区系统可具体分解成以下几个子系统：智能停车充电管理、光伏并网管理、电子巡更、周界防范、抄表平台、安防监视、智能门禁、楼宇可视对讲系统、公共广播等。相信随着计算机与传感器技术的发展，今后人们的生活品质将越来越高。下面简要介绍传感器在智能楼宇中的几个典型应用。

一、空调系统的监控

空调系统监控的目的是：既要提供温湿度适宜的环境，又要求节约能源。其监控范围为制冷机、热力站、空气处理设备（空气过滤、热湿交换）、送排风系统、变风量末端（送风口）等，其原理框图如图 13-30 所示。

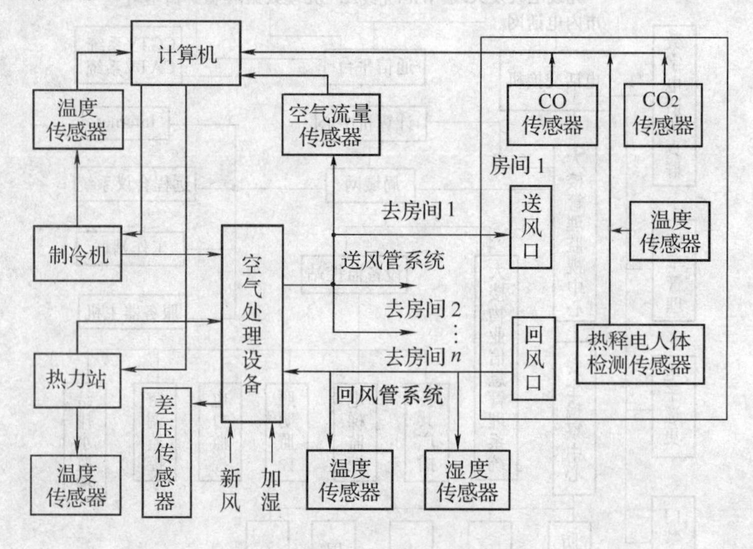

图 13-30 空调系统监控原理框图

现代空调系统均具有完整的制冷、制热、通风（暖通）功能，它们都在传感器和计算机的监控下工作。

在制冷机和热力站的进出口管道上，均需设置温度、压力传感器，系统根据外界气温的变化，控制它们的工作；在新风口和回风口处，需安装差压传感器。当它们的过滤网堵塞时，压差开关动作，给系统发出报警信号；在送风管道上，需安装空气流量传感器，当风量探头在空气处理设备开动后仍未测得风量时，将给系统发出报警信号；在回风管上，需安装湿度传感器，当回风湿度低于设定值时，系统将开启加湿装置；在各个房间内须安装 CO（气敏电阻）和 CO_2（红外吸收光谱式）传感器，当房间内的空气质量趋向恶劣时，将向智能楼宇的计算机中心发出报警信号，以防事故发生；在各个办公室内还可以安装热释电人体检测传感器，当该房间内长时间没有人的活动迹象时，自动关闭空调器。也可以设定为在早晨自动启动空调系统，在下班后关闭空调系统。当然，在人工干预时，也可改变这一设定。

二、给排水系统

给排水系统的监控和管理也是由现场监控站和管理中心来实现，其最终目的是实现管网的合理调度。也就是说，无论用户水量怎样变化，管网中各个水泵都能及时改变其运行方式，保持适当的水压，实现泵房的最佳运行；监控系统还随时监视大楼的排水系统，并自动排水；当系统出现异常情况或需要维护时，系统将产生报警信号，通知管理人员处理。给排水系统的监控主要包括水泵的自动启停控制、水位流量、压力的测量与调节；用水量和排水量的测量；污水处理设备运转的监视、控制、水质检测；节水程序控制；故障及异常状况的记录等，给排水系统监控的原理框图如图 13-31 所示。现场监控站内的控制器按预先编制的软件程序来满足自动控制的要求，即根据水箱和水池的高、低水位信号来控制水泵的启、停及进水控制阀的开关，并且进行溢水和停水的预警等。当水泵出现故障时，备用水泵则自动投入工作，同时发出报警信号。

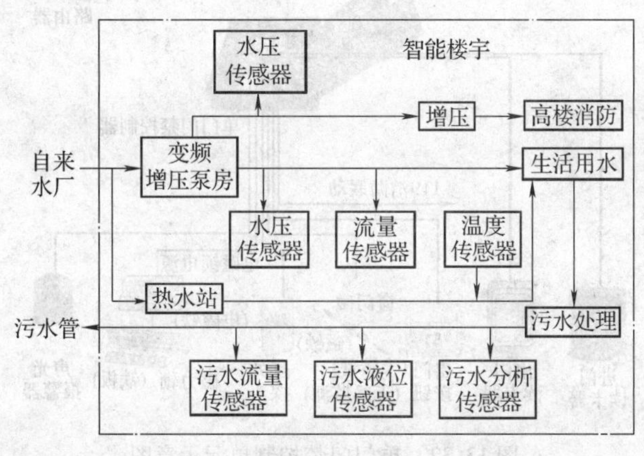

图 13-31　给排水系统监控原理框图

三、供配电与照明系统监控

智能楼宇的最大特点之一是节能，而照明系统在整个楼宇的用电量中占有很大的比例。作为一个大型高级建筑物，灯光系统控制水平的高低直接反映了大楼的智能化水平。供配电系统对如下参数进行监视：电压、电流、视在功率、功率因数、频率等指标，并自动进行功率因数补偿；为了节电，当传感器长期感应不到有人走动时，自动关闭该区域的灯光照明；还可采取检测天气情况，在连续若干个晴天后的凌晨才浇灌花园等诸多节电措施。

当楼宇内的供配电出现故障时，传感器和计算机必须在极短的时间里向监控中心报告故障的部位和原因，供电系统将立即启动 UPS 或自备发电机，向重要供电对象（例如计算机系统）提供电力，以免系统崩溃。

四、火灾监视、控制系统

火情、火灾报警传感器主要有感烟传感器、感温传感器以及紫外线火焰传感器。从物理作用上区分，可分为离子型、光电型；从信号方式区分，可分为开关型，模拟型及智能型。在重点区域必须设置多种传感器，同时对现场的火情加以监测，以防误报警，还应及时将现场数据经控制网络向控制系统汇总。获得火情后，系统就会采取必要的措施，经通信网络向有关职能部门报告火情，并对楼宇内的防火卷帘门、电梯、灭火器、喷水头、消防水泵、电动门等联动设备下达启动或关闭的命令，以使火灾得到即时控制，还应启动公共广播系统，引导人员疏散。

五、门禁、防盗系统

出入口控制系统又叫门禁管理系统，是对楼宇内外的出入通道进行智能管理的系统，门禁系统属公共安全管理系统范畴。在楼宇内的主要管理区、出入口、电梯厅、主要设备控制中心机房、贵重物品的库房等重要部位的通道口，安装门禁控制装置，由中心控制室监控。单门门禁控制单元示意图如图 13-32 所示。

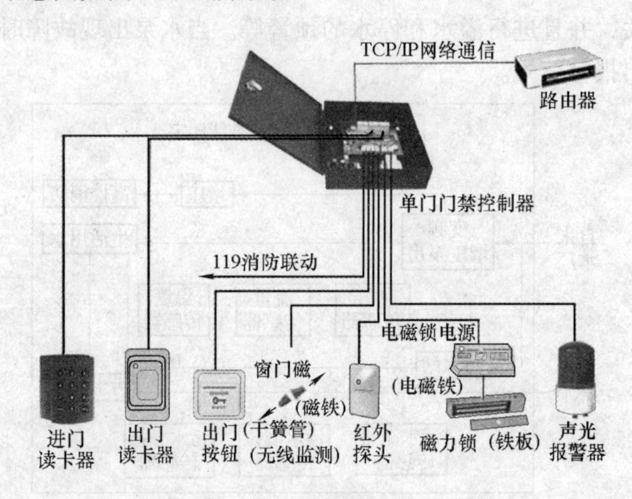

图 13-32 单门门禁控制单元示意图

各门禁控制单元一般由门禁读卡模块、智能卡读卡器、指纹识别器（今后可能还有视网膜识别器、手机刷卡、人脸识别等）、电控锁、磁力锁（磁铁、干簧管、无线报警发射模块）或电动闸门、开门按钮等系统部件组成。人员通过受控制的门或通道时，必须在门禁读卡器前出示代表其合法身份的授权卡、密码后才能通行。

楼宇中应设置紧急按钮等报警装置。当出现紧急情况，如当发生强行开门（称为入侵报警）、非善意闯入、突发急病、遭遇持械匪徒威胁时，可实现紧急报警。当发生火警时，系统自动取消全部的门禁控制，并打开紧急疏散通道门（断电失磁）。

智能楼宇通常在重要通道上方安装电视监控系统。电视监控系统也属公共安全管理系统范畴，在人们无法或不宜直接观察的场合，实时、形象和真实地反映被监视的可疑对象画面。一台监视器可分割成十几个区域，以供工作人员观察十几个摄像探头的信号，并自动将画面存储于计算机的硬盘内。当画面静止不变时，所占用的字节数极少，可存储一个月以上的画面；当画面发生变化时，可给工作人员发出提示信号。使用计算机还便于调阅在此期间任何时段的画面，还可放大、增亮、锐化有关的细节。

在一些无人值守的部位，根据重要程度和风险等级要求，例如金融、贵重物品库房、重要设备机房、主要出入口通道等进行周界或定方位保护。周界和定方位保护可同时使用压电、红外、微波、激光、振动、玻璃破碎等传感器。高灵敏度的探测器获得侵入物的信号，以有线或无线的方式传送到中心控制值班室，在建筑模拟图形屏上显示出报警位置，使值班人员能及时、形象地获得发生事故的信息。

六、停车监控系统

在智能楼宇内，多配置有地下车库。车库综合管理系统监控车辆的进入，指示停车位置，禁止无关人员闯入，甚至能自动登录车牌号码，图 13-33 为停车监控原理框图。

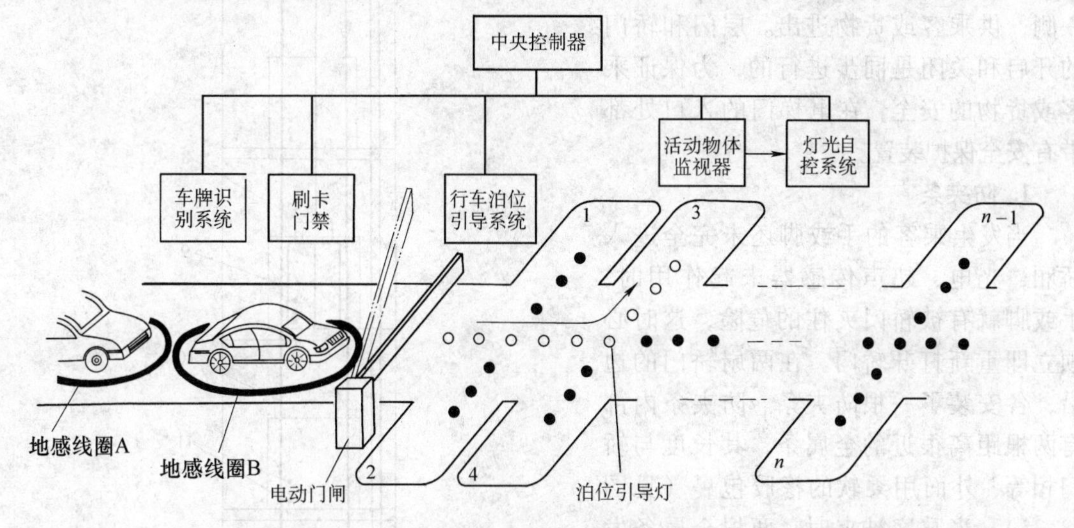

图 13-33 停车监控原理框图

在一些系统中，使用感应读卡器，可以在 1m 的距离外读出进出车辆的信息。还有一些系统使用图像传感器。当车辆驶近入口时，地感线圈（电涡流线圈）感应到车辆的速度、长度，并启动 CCD 摄像机，将车牌影像摄入，并送到车牌图像识别器，形成进入车辆的车牌数据。车牌数据与停车凭证数据（凭证类型、编号、进库日期、时间）一起存入管理系统的计算机内，并分配停车泊位，同时在管理系统的显示器上即时显示该车位被占用的信息。

当管理系统允许该车辆进入后，电动车闸栏杆自动开启。进库的车辆在停车引导灯的指挥下，停到规定的位置。若车库停车满额，库满灯亮，拒绝车辆入库。

当传感器检测到某停车区域无人时，自动关闭该区域的灯光照明。

七、电梯运行管理

电梯是智能楼宇的重要设备。电梯的使用对象是人，因此必须确保万无一失。在电梯运行管理中，传感器起到十分重要的作用，下面简要介绍传感器在电梯中的应用。

电梯是机械、电气紧密结合的产品，有垂直升降式和自动扶梯两大类，图 13-34 所示为升降式电梯组成简图。

轿厢是乘人、运货的设备，平常所说的乘电梯，就是进入轿厢，并随其上下而到达所要求的楼层。轿厢的上下运动是由电动机、曳引机、曳引轮和对重等装置配合完成的。电动机带动曳引机运转拖动轿厢和对重作相对运动，并保持平衡。轿厢上升，对重下降；轿厢下降，则对重上升，于是，轿厢就沿着导轨在井道中上下运行。

在电梯中，有很多检测装置用于电梯控制，如电梯的平层控制、选层控制、门系统控制等。下面就传感器在电梯门入口处的安全保护和选层控制作简单介绍。

（一）入口安全保护

电梯门有层门和轿门之分，层门设在每层的入口处，在层门旁有指示往上、往下的按钮；轿门设在轿厢靠近层门的一侧，供乘客或货物进出。层门和轿门的开启和关闭是同步进行的，为保证乘客或货物的安全，在电梯门的入口处都带有安全保护装置。

1. 防夹条

当发生乘客的手或脚还未完全进入轿厢，光电、超声传感器未起作用时，手或脚就有被轿门夹住的危险，这时必须立即重新打开轿门。在两扇轿门的边沿，各安装了一根防夹条。防夹条内部有两根距离很近的金属条，其长度与轿门相等，外面用柔软的橡胶包裹（见图13-35）。当乘客被夹时，两根金属条发生短路，向电梯的 PLC 控制系统发出报警信号，轿门和层门立即微开一段距离，待报警消除后再重新关闭。

2. 光电式保护装置

光电式保护装置是在轿厢门边上安装多道水平光电装置，称为光幕式对射式红外光电开关，如图 13-35 所示。

光幕式轿厢门的左边等间距安装有多个红外发射管，右边同一条直线（或斜线）上的相应位置安装相同数量的红外接收光敏晶体管。当同一条直线上的红外发射管、红外接收管之间没有障碍物时，红外发射管发出的 40kHz 调制光信号能够顺利到达红外接收管。红外接收管接收到调制光信号后，经选频放大器，输出低电平。在有障碍物的情况下，红外发射管发出的光信号被遮挡，红外接收管输出高电平。在轿厢门关闭的过程中，PLC 巡回检测所有的红外接收管的状态，只要有任何一路红外接收管输出为高电平，电梯的轿厢门都会重新开启，待乘客进入或离开轿厢后才继续完成关闭动作。用 40kHz 电流来调制发光二极管的输出光，是为了防止阳光、荧光灯的干扰，也能减小发光二极管的功耗，延长使用寿命。

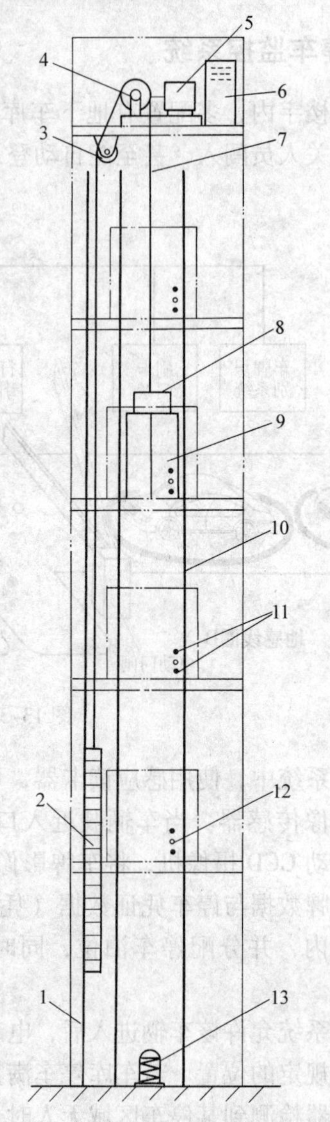

图 13-34 升降式电梯组成

1—对重导轨 2—对重 3—导向轮 4—曳引轮 5—曳引电动机 6—控制柜 7—曳引钢丝绳 8—开关门机构 9—轿厢 10—轿向导轨 11—轿厢上（下）减速开关 12—平层开关 13—缓冲器

图 13-35　电梯轿厢门光幕保护示意图

1—红外发射二极管阵列　2—多路红外线　3—红外接收光敏晶体管阵列

4—轿厢门　5—轿厢　6—门侧防夹条

（二）选层控制

乘客进入轿厢后，就要在控制面板上键入所要到达楼层的数字，控制电梯的电脑必须知道电梯所处的位置，才能正确指层，选择减速点，正确平层。目前多采用光电式角编码器来实现测距。角编码器在曳引电动机上的安装如图 13-36 所示。

曳引电动机旋转后，增量式角编码器即输出脉冲，脉冲数正比于电梯运行的距离。例如，电梯上行到 3 楼，设 3 楼距地面对应 9000 个脉冲，减速点设定在 7000 个脉冲，当电梯从地面（设为零点）往上运行时开始计数，当计数到 7000 个脉冲时，发出减速指令，于是电梯慢速上行，当计数到 9000 个脉冲时，发出停止指令，电梯便停在 3 楼层面。

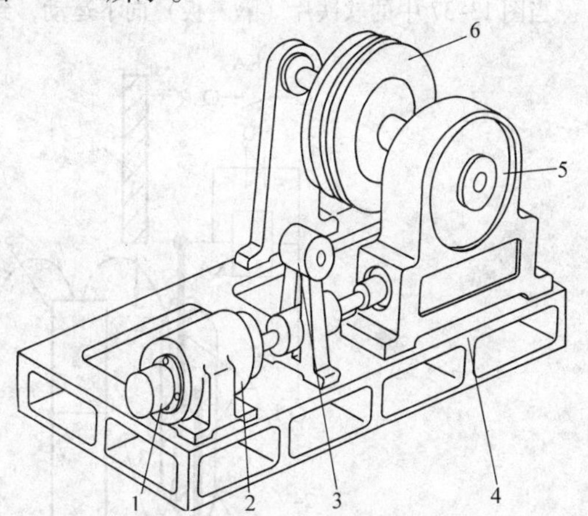

图 13-36　安装在曳引电动机上的角编码器

1—角编码器　2—曳引电动机　3—电磁制动器

4—底座　5—蜗轮－蜗杆减速箱　6—曳引轮

在电梯运行过程中，因钢丝绳打滑等原因会引起计数误差，即电梯实际运行的距离与对应的计数脉冲不符。如上例中，理论上，3 楼距地面的距离对应为 9000 个脉冲，由于打滑，在到达 3 楼时多计了 100 个脉冲，实际输出 9100 个脉冲。因此，必须在井道中设置校正装置，称为“平层感应器”，以免多层运行时产生累积误差。校正传感器可采用电感接近开关（电涡流接近开关）、干簧管或其他开关元件。如上例中，当电梯到达 3 楼时，必须将 PLC 中的计数器强行置为代表该层的 9000 脉冲，这样就避免了累积误差。

电梯轿厢进入上述平层减速运行状态后，安装在轿厢外侧面的平层感应器开始进入隔磁板的区域。感应器可采用光电式或类似于图 13-37 所示的干簧管和磁钢构成。隔磁板的典型长度为250mm，安装时，取中点距离为125mm，称为“125mm 爬行”。设电梯下行，PLC 将所预设的125mm 距离对应的角编码器脉冲数值与爬行开始的初始值进行比较，待两数值等同时，爬行停止，PLC 根据传感器发出的平层信号，命令刹车装置动作，使轿厢准确地停止，执行开门程序。

思考题与习题

1. 单项选择题

1）图13-10所示的结构方式属于__________；而图13-11所示的结构方式属于__________；一个现代化电厂的检测、控制系统应该采用__________。

A. PC 仪器　　B. 智能仪器　　C. 自动检测系统　　D. 自动化仪器

2）在计算机的检测系统中，对多个传感器送来的信号分时、快速轮流读取采样方式称为__________。

A. 抽样检测　　B. 快速检测　　C. 数字滤波　　D. 巡回检测

3）CMOS 模拟开关的缺点是__________。

A. 速度慢　　B. 耗电大　　C. 集成度低　　D. 易击穿

4）欲测量快速变化的动态应力，应选用______________ A-D 转换器。

A. 逐位比较型　　B. 双积分型　　C. 串行　　D. 积分型

5）某带计算机的检测系统对32路模拟信号进行巡回检测，共需__________根地址选通线。

A. 32　　B. 3　　C. 8　　D. 5

6）在楼宇因火灾而断电时，________不应失电解锁。

A. 卷帘门　　B. 通道门　　C. 防盗门　　D. 电梯轿厢门

2. 图13-4c 所介绍的干簧管还可用于位置检测，如图13-37所示。当干簧管与永久磁铁靠得较近（例如3mm 左右）时，干簧管中的两根簧片被磁化，镀金触点处的极性恰好相反，异性相吸而接通，KA 得电。

当图13-37中的软铁片（隔磁板）向下运动，到达干簧管与永久磁铁之间时，KA 失电。请说明：

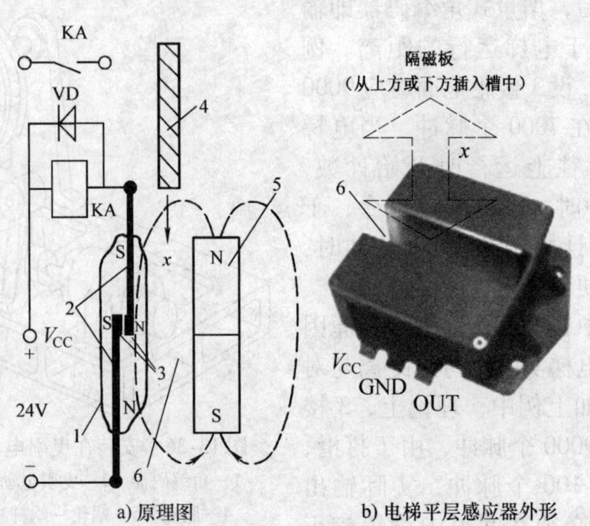

a) 原理图　　b) 电梯平层感应器外形

图13-37　干簧管用于电梯平层示意图

1—干簧管玻壳　2—铁磁性簧片　3—镀金触点　4—安装在轿厢外壁的软铁片（隔磁板）　5—永久磁铁　6—隔磁板插槽

1）KA 失电的原因。

2）如将该装置用于电梯平层，请说明隔磁板、电梯平层感应器与电梯轿厢、巷道之间的安装关系。

3）除了电梯平层外，请举两个例子说明干簧管还能在哪些场合起位置检测作用。

3. 在图13-9中，若行程开关ST被触碰而闭合，请分析各元件的电流流向，并说明指示灯VL_4的亮暗状态。

4. 请参考图13-14，回答以下问题：

1）总结汽车中，大约有哪些类型传感器？

2）请上网查阅有关汽车的ABS（防抱死刹车系统），写出ABS的主要工作原理。

5. 请观察空调的运行过程，谈谈你对“模糊空调”的初步想法。必须包含哪些传感器才能实现这个构思？

6. 请参考图13-29的智能楼宇基本原理，上网查阅智能小区的结构，画出原理框图。

7. 请根据学过的知识，参考附录A的有关内容，在表13-2上画出连接线，将左边的传感器与右边的具体应用连接起来（多项选择）。

表13-2　传感器的应用连线

传感器名称	应用连线	应用场合与领域
铂热电阻		-50～150℃测温
NTC热敏电阻		-200～960℃测温
PTC热敏电阻		-200～1800℃测温
热电偶		
PN结测温集成电路		某个温度阈值点的测量
PIN光敏二极管		图像识别
光敏晶体管		人体红外线识别
光电池		光导纤维通信信号读取
热释电传感器		莫尔条纹光信号的读取
CCD		太阳照度测量
干簧管接近开关		铝合金材料的感知
电涡流接近开关		带有磁性的材料的感知
电容接近开关		导磁（铁磁）材料的感知
霍尔接近开关		人手的感知以及粮食物位的测量
光电开关		7m距离，白色物体的感知
应变片		振动和动态力的测量
气敏电阻		可燃性气体的测量
湿敏电阻		磁场方向和大小的测量
磁敏电阻		地球微弱磁感应强度的测量
压电传感器		相对湿度的测量
霍尔传感器		压力的测量
半导体压阻传感器		重力、力、应力、应变、扭矩的测量
电涡流探伤		钢输油管内部探伤
超声波探伤		钢输油管外表面探伤
X光或γ射线探伤		储油罐外表面探伤
霍尔探伤		钢结构内部结构摄影
CT扫描		风力发电机的玻璃纤维和碳纤维复合型叶片探伤
磁电式转速传感器		反光的、带有缺口的旋转体转速测量
电涡流转速传感器		导电的、带有缺口的旋转体转速测量
光电式转速传感器		带有磁性的、有缺口的旋转体转速测量
		带有磁性的、有齿状体的旋转体转速测量
霍尔式转速传感器		表面带有黑白相间条纹的旋转体转速测量
圆盘式电位器		无刷电动机的转子角度的测量
角编码器		360°角位移的测量
霍尔传感器		340°角位移的测量
电涡流位移传感器		1mm以下、分辨力达到0.5μm的位移测量
电感测微仪		10mm以下、分辨力达到20μm的位移测量
直线光栅传感器		1m以下、分辨力达到10μm的位移测量
直线磁栅传感器		10m以下、分辨力达到0.5μm的位移测量
容栅百分尺		30m以上、分辨力为10μm的位移测量

附　录

附录A　常用传感器的性能及选择

传感器类型	典型示值范围	特点及对环境的要求	应用场合与领域
金属热电阻	-200～960℃	精度高，不需冷端补偿；对测量桥路及电源稳定性要求较高	测温、温度控制
热敏电阻	-50～150℃	灵敏度高，体积小，价廉；线性差，一致性差，测温范围较小	测温、温度控制及与温度有关的非电量测量
热电偶	-200～1800℃	属自发电型传感器，精度高，测量电路较简单；冷端温度补偿电路较复杂	测温、温度控制
PN结集成温度传感器	-50～150℃	体积小，集成度高，精度高，线性好，输出信号大，测量电路简单；测温范围较小	测温、温度控制
热成像	距离1000m以内、波长3～16μm的红外辐射	可在常温下依靠目标自身发射的红外辐射工作，能得到目标的热像；分辨率较低	探测发热体、分析热像上的各点温度
电位器	500mm以下或360°以下	结构简单，输出信号大，测量电路简单；易磨损，摩擦力大，需要较大的驱动力或力矩，动态响应差，应置于无腐蚀性气体的环境中	直线和角位移及张力测量
应变片	2000μm/m以下	体积小，价廉，精度高，频率特性较好；输出信号小，测量电路复杂，易损坏，需定时校验	力、应力、应变、扭距、质量、振动、加速度及压力测量
自感、互感	100mm以下	分辨力高，输出电压较高；体积大，动态响应较差，需要较大的激励功率，分辨力与线性区有关，易受环境振动影响，需考虑温度补偿	小位移、液体及气体的压力测量及工件尺寸的测量
电涡流	50mm以下	非接触式测量，体积小，灵敏度高，安装使用方便，频响好，应用领域宽广；测量结果标定复杂，分辨力与线性区有关，需远离不属被测物的金属物，需考虑温度补偿	小位移、振幅、转速、表面温度、表面状态及无损探伤、接近开关
电　容	50mm以下 360°以下	需要的激励源功率小，体积小，动态响应好，能在恶劣条件下工作；测量电路复杂，对湿度影响较敏感，需要良好屏蔽	小位移、气体及液体压力、流量测量、厚度、含水量、湿度、液位测量、接近开关
压　电	10^6N以下	属于自发电型传感器，体积小，高频响应好，测量电路简单；不能用于静态测量，受潮后易产生漏电	动态力、振动频谱分析、加速度测量
磁致伸缩	λ值达10^{-3}	功率密度高，转换效率高、驱动电压低；只能工作于低频区	声纳、液位、位移、力、加速度测量

（续）

传感器类型	典型示值范围	特点及对环境的要求	应用场合与领域
光敏晶体管	视应用情况而定	非接触式测量，动态响应好，应用范围广；易受外界杂光干扰，需要防光罩	照度、温度、转速、位移、振动、透明度、颜色测量、接近开关，光幕，或其他领域的应用
光　纤	视应用情况而定	非接触、可远距离传输，应用范围广，可测微小变化，绝缘电阻高，耐高电压；测量光路及电路复杂，易受外界干扰，测量结果标定复杂	超高电压、大电流、磁场、位移、振动、力、应力、长度、液位、温度
CCD 图像	波长 0.4 ~ 1μm 的光辐射	非接触，高分辨率，集成度高；价昂，须防尘、防震	长度、面积、形状测量、图形及文字识别、摄取彩色图像
CMOS 图像	波长 0.4 ~ 1μm 的光辐射	价廉，结构简单，集成度高，耗电量不到 CCD 的 1/10，发热小，响应速度快，感光面积大；成像质量略低于 CCD	工件形状、尺寸测量及文字识别、彩色监视、图像识别
霍　尔	10 ~ 2000 Gs	非接触，体积小，线性好，动态响应好，测量电路简单，应用范围广；易受外界磁场影响、温漂较大	磁感应强度、角度、位移、振动、转速测量
磁　阻	0.1 ~ 100 Gs	非接触，体积小，灵敏度高；不能分辨磁场方向，线性较差，温漂大，需要差动补偿	电子罗盘、高斯计、磁力探矿、漏磁探测、伪币检测、转速测量
超声波	视应用情况而定	非接触式测量，动态响应好，应用范围广；测量电路复杂，定向性稍差，测量结果标定复杂	无损探伤、距离、速度、位移、流量、流速、厚度、液位、物位测量，或其他特殊领域应用
角编码器	10000r/min 以下，角位移无上限	测量结果数字化，精度较高，受温度影响小，成本较低	角位移、转速测量，经直线 - 旋转变换装置也可测量直线位移
光　栅	20m 以下	测量结果数字化，精度高，受温度影响小；价昂，不耐冲击，易受油污及灰尘影响，须用遮光、防尘罩防护	大位移、静动态测量，多用于自动化机床
磁　栅	30m 以下	测量结果数字化，精度高，受温度影响小，磁录方便，价格比光栅低；精度比光栅低，易受外界磁场影响，需要屏蔽，应防止磁头磨损	大位移、静动态测量，多用于自动化机床
容　栅	1m 以下	测量结果数字化，体积小，受温度影响小，可用电池供电，价格比磁栅低；精度比磁栅低，易受外界电场影响，需要屏蔽	静动态测量，多用于数显量具

附录 B　中华人民共和国法定计量单位

我国的法定计量单位（以下简称法定单位）包括：

（1）国际单位制的基本单位（见表 B-1）。

（2）国际单位制的辅助单位（见表 B-2）。

（3）国际单位制中具有专门名称的导出单位（见表 B-3）。

（4）国家选定的非国际单位制单位（略）。

（5）由以上单位构成的组合形式的单位（略）。

（6）用于构成十进制倍数和分数单位的词头（见表 B-4）。

表 B-1 国际单位制的基本单位

量的名称	单位名称	单位符号	量的名称	单位名称	单位符号
长 度	米	m	热力学温度	开［尔文］	K
质 量	千克	kg	物质的量	摩［尔］	mol
时 间	秒	s	发光强度	坎［德拉］	cd
电 流	安［培］	A			

表 B-2 国际单位制的辅助单位

量的名称	单位名称	单位符号
平面角	弧 度	rad
立体角	球面度	sr

表 B-3 国际单位制中具有专门名称的导出单位

量的名称	单位名称	单位符号	其他表示示例
频率	赫［兹］	Hz	S^{-1}
力；重力	牛［顿］	N	$kg \cdot m/s^2$
压力，压强；应力	帕［斯卡］	Pa	N/m^2
能量；功；热	焦［耳］	J	$N \cdot m$
功率；辐射通量	瓦［特］	W	J/s
电荷量	库［仑］	C	A. s
电位；电压；电动势	伏［特］	V	W/A
电容	法［拉］	F	C/V
电阻	欧［姆］	Ω	V/A
电导	西［门子］	S	A/V
磁通量	韦［伯］	Wb	$V \cdot s$
磁通量，磁感应强度	特［斯拉］	T	Wb/m^2
电感	亨［利］	H	Wb/A
摄氏温度	摄氏度	℃	—
光通量	流［明］	lm	$cd \cdot sr$
光照度	勒［克斯］	Lx	lm/m^2
放射性活度	贝可［勒尔］	Bq	s^{-1}
吸收剂量	戈［瑞］	Gy	J/kg
剂量当量	希［沃特］	Sv	J/kg

表 B-4 用于构成十进制倍数和分数单位的词头

所表示的因数	词头名称	词头符号	所表示的因数	词头名称	词头符号
10^{18}	艾［可萨］	E	10^{-1}	分	d
10^{15}	拍［它］	P	10^{-2}	厘	c
10^{12}	太［拉］	T	10^{-3}	毫	m
10^{9}	吉［咖］	G	10^{-6}	微	μ
10^{6}	兆	M	10^{-9}	纳［诺］	n
10^{3}	千	k	10^{-12}	皮［可］	p
10^{2}	百	h	10^{-15}	飞［母托］	f
10^{1}	十	da	10^{-18}	阿［托］	a

附录C　本书涉及到的部分计量单位

量的名称	量的符号	单位名称	单位符号
长度	L	米	m
面积	A	平方米	m^2
直线位移	x	米	m
角位移	α	弧度	rad
速度	v	米每秒	m/s
加速度	a	米每二次方秒	m/s^2
转速	n	转每分钟	r/min
力	F	牛［顿］	N
压力（压强、真空度）	p	帕［斯卡］	Pa
力矩（转矩、扭矩）	T	牛［顿］米	N·m
杨氏模量	E	牛［顿］每平方米	N/m^2
应变	ε	微米每米（微应变）	μm/m
质量（重量）	m	千克，吨	kg，t
体积质量 ［质量］密度	ρ	千克每立方米 吨每立方米 千克每升	kg/m^3 t/m^3 kg/L
体积流量	q	立方米每秒 升每秒	m^3/s L/s
质量流量	q	千克每秒 吨每小时	kg/s t/h
物位［液位］	h	米	m
热力学温度	T	开［尔文］	K
摄氏温度	t	摄氏度	℃
电场强度	E	伏特每米	V/m
磁感应强度	H	安培每米	A/m
光亮度	L	坎德拉每平方米	cd/m^2
光通量	Φ	流明	lm
光照度	E	流明每平方米，勒克司	lm/m^2，lx
辐射强度	I	瓦特每球面度	W/sr

附录D　工业热电阻分度表①

工作端温度/℃	电阻值/Ω		工作端温度/℃	电阻值/Ω	
	Cu50	Pt100		Cu50	Pt100
-200		18.52	-180		27.10
-190		22.83	-170		31.34

（续）

工作端温度/℃	电 阻 值/Ω		工作端温度/℃	电 阻 值/Ω	
	Cu50	Pt100		Cu50	Pt100
-160		35.54	310		215.61
-150		39.72	320		219.15
-140		43.88	330		222.68
-130		48.00	340		226.21
-120		52.11	350		229.72
-110		56.19	360		233.21
-100		60.26	370		236.70
-90		64.30	380		240.18
-80		68.33	390		243.64
-70		72.33	400		247.09
-60		76.33	410		250.53
-50	39.24	80.31	420		253.96
-40	41.40	84.27	430		257.38
-30	43.56	88.22	440		260.78
-20	45.71	92.16	450		264.18
-10	47.85	96.09	460		267.56
0	50.00	100.00	470		270.93
10	52.14	103.90	480		274.29
20	54.29	107.79	490		277.64
30	56.43	111.67	500		280.98
40	58.57	115.54	510		284.30
50	60.70	119.40	520		287.62
60	62.84	123.24	530		290.92
70	64.98	127.08	540		294.21
80	67.12	130.90	550		297.49
90	69.26	134.71	560		300.75
100	71.40	138.51	570		304.01
110	73.54	142.29	580		307.25
120	75.69	146.07	590		310.49
130	77.83	149.83	600		313.71
140	79.98	153.58	610		316.92
150	82.13	157.33	620		320.12
160		161.05	630		323.30
170		164.77	640		326.48
180		168.48	650		329.64
190		172.17	660		332.79
200		175.86	670		335.93
210		179.53	680		339.06
220		183.19	690		342.18
230		186.84	700		345.28
240		190.47	710		348.38
250		194.10	720		351.46
260		197.71	730		354.53
270		201.31	740		357.59
280		204.90	750		360.64
290		208.48	760		363.67
300		212.05	770		366.70

（续）

工作端温度/℃	电　阻　值/Ω		工作端温度/℃	电　阻　值/Ω	
	Cu50	Pt100		Cu50	Pt100
780		369.71	820		381.65
790		372.71	830		384.60
800		375.70	840		387.55
810		378.68	850		390.84

① ITS-1990 国际温标所颁布的分度表的温度间隔是 1℃，本书为节省篇幅，将间隔扩大到 10℃，仅供读者练习查表用，附录 E 亦如此。若读者欲获知每 1℃的对应阻值或毫伏数，可查阅有关 ITS-1990 国际温标的手册。

附录 E　镍铬-镍硅（镍铝）K 型热电偶分度表（自由端温度为 0℃）

工作端温度/℃	热电动势/mV	工作端温度/℃	热电动势/mV	工作端温度/℃	热电动势/mV	工作端温度/℃	热电动势/mV
-270	-6.458	-30	-1.156	210	8.539	450	18.516
-260	-6.441	-20	-0.778	220	8.940	460	18.941
-250	-6.404	-10	-0.392	230	9.343	470	19.366
-240	-6.344	0	0.000	240	9.747	480	19.792
-230	-6.262	10	0.397	250	10.153	490	20.218
-220	-6.158	20	0.798	260	10.561	500	20.644
-210	-6.035	30	1.203	270	10.971	510	21.071
-200	-5.891	40	1.612	280	11.382	520	21.497
-190	-5.730	50	2.023	290	11.795	530	21.924
-180	-5.550	60	2.436	300	12.209	540	22.350
-170	-5.354	70	2.851	310	12.624	550	22.776
-160	-5.141	80	3.267	320	13.040	560	23.203
-150	-4.913	90	3.682	330	13.457	570	23.629
-140	-4.669	100	4.096	340	13.874	580	24.055
-130	-4.411	110	4.509	350	14.293	590	24.480
-120	-4.138	120	4.920	360	14.713	600	24.905
-110	-3.852	130	5.328	370	15.133	610	25.330
-100	-3.554	140	5.735	380	15.554	620	25.755
-90	-3.243	150	6.138	390	15.975	630	26.179
-80	-2.920	160	6.540	400	16.397	640	26.602
-70	-2.587	170	6.941	410	16.820	650	27.025
-60	-2.243	180	7.340	420	17.243	660	27.447
-50	-1.889	190	7.739	430	17.667	670	27.869
-40	-1.527	200	8.138	440	18.091	680	28.289

（续）

工作端温度 /℃	热电动势 /mV	工作端温度 /℃	热电动势 /mV	工作端温度 /℃	热电动势 /mV	工作端温度 /℃	热电动势 /mV
690	28.710	870	36.121	1050	43.211	1230	49.926
700	29.129	880	36.524	1060	43.595	1240	50.286
710	29.548	890	36.925	1070	43.978	1250	50.644
720	29.965	900	37.326	1080	44.359	1260	51.000
730	30.382	910	37.725	1090	44.740	1260	51.000
740	30.798	920	38.124	1100	45.119	1260	51.000
750	31.213	930	38.522	1110	45.497	1280	51.708
760	31.628	940	38.918	1120	45.873	1290	52.060
770	32.041	950	39.314	1130	46.249	1300	52.410
780	32.453	960	39.708	1140	46.623	1310	53.759
790	32.865	970	40.101	1150	46.995	1320	53.106
800	33.275	980	40.494	1160	47.367	1330	53.451
810	33.685	990	40.885	1170	47.737	1340	53.795
820	34.093	1000	41.276	1180	48.105	1350	54.138
830	34.501	1010	41.665	1190	48.473	1360	54.479
840	34.908	1020	42.053	1200	48.838	1370	54.819
850	35.313	1030	42.440	1210	49.202		
860	35.718	1040	42.826	1220	49.565		

部分习题参考答案

第一章　检测技术的基本概念

3. 1）1℃；2）$\gamma_{x20}=5\%$

4. 1）$A_m=1.44$，取0.5级

2）取0.2级；3）取0.2级

5. $\gamma_{x1}=3.57\%$，$\gamma_{x2}=1.43\%$

6. 1）0.1℃，0.05%；2）0.5%，±1℃；

4）0.55%；5）179.6～181.6℃

第二章　电阻传感器

3. 2）5×10^3N；3）$K_A=166.7$

4. 2）119.25Ω

第三章　电感传感器

3. 1）$p=50$kPa

4. 提示：1）$a_0=4$mA，$a_1=16$mA/MPa；

3）4mA，20mA，12mA；6）62.5kPa

第四章　电涡流传感器

3. 1）$A=1.6$mm；2）$f=50$Hz；4）$\delta=2.5$mm

第五章　电容传感器

2. 3）8m/32；4）26线

第六章　压电传感器

2. 1）平均值2.1V；2）$C_f=100$pF

4. 1）$v=120$km/h；2）$d=3.5$m

第七章　超声波传感器

2. 5）$q_{总}=25434$t

3. $L=3.54$m

第八章　霍尔传感器

2. 线性型：图8-8、图8-9（放大、整形后转为开关量）、图8-12、图8-13

3. 0.023T，0.007T（70Gs）

4. 提示：$z=11$

6. 2）$I_S=300$mA

7. 3）$R_S=250$kΩ；4）$R_1=50$kΩ；

5）$P_{1S}=5$W；7）$\Delta_m=2.5$V

第九章　热电偶传感器

3. $t=740$℃

4. 1）$t_X=950$℃；2）950℃

第十章　光电传感器

3. 取12V

4. 1）$I_\Phi=160\mu$A，$U_o=1.6$V；3）$U_{o2}=0.4$V

5. 1）$I_{VL}=7.45$mA；2）$f=300$Hz；3）$n=300$r/min

第十一章　数字式位置传感器

3. 1）$\theta=0.1°$；4）$\alpha_{总}=25°$

4. 2）250mm；

5. 1）50圈又90°；2）$n=603$r/min，

4）$v=60.3$mm/s

第十二章　检测系统的抗干扰技术

2. 1）S/N=20dB

参考文献

[1] 施文康．检测技术［M］.4 版．北京：机械工业出版社，2015.
[2] 常健生．检测与转换技术［M］.3 版．北京：机械工业出版社，2015.
[3] 景博．智能网络传感器与无线传感器网络［M］. 北京：国防工业出版社，2011.
[4] 王元庆．新型传感器原理及应用［M］. 北京：机械工业出版社，2011.
[5] 张福学．传感器应用及其电路精选［M］. 北京：电子工业出版社，2011.
[6] 宋国翠．传感器选型与应用［M］. 北京：电子工业出版社，2015.
[7] 金伟．现代检测技术［M］. 北京：北京邮电大学出版社，2012.
[8] 费业泰．误差理论与数据处理［M］.7 版．北京：机械工业出版社，2015.
[9] 张如一．应变电测与传感器［M］. 北京：清华大学出版社，1999.
[10] 王健石，朱炳林．热电偶与热电阻技术手册［M］. 北京：中国标准出版社，2012.
[11] 周志敏，热敏电阻及其应用电路［M］. 北京：中国电力出版社，2012.
[12] 孙广．氧化物半导体气敏材料制备与性能［M］. 北京：化学工业出版社，2018.
[13] 任吉林．涡流检测［M］. 北京：机械工业出版社，2013.
[14] 蔡武昌．流量测量方法和仪表的选用［M］. 北京：化学工业出版社，2001.
[15] 周明昌．仪表工［M］. 北京：化学工业出版社，2011.
[16] 黄志坚．机械设备振动故障监测与诊断［M］. 北京：化学工业出版社，2010.
[17] 丁康．齿轮及齿轮箱故障诊断实用技术［M］. 北京：机械工业出版社，2005.
[18] 生利英．超声波检测技术［M］. 北京：化学工业出版社，2014.
[19] 张俊哲．无损检测技术及其应用［M］. 北京：科学出版社，2011.
[20] 国家技术监督局计量司．90 国际温标通用热电偶分度表手册［M］. 北京：中国计量出版社，1994.
[21] 陈黎敏．集成温度传感器的应用［M］.2 版．北京：机械工业出版社，2015.
[22] 浦昭邦．光电测试技术［M］.3 版．北京：机械工业出版社，2015.
[23] 徐洁．电子测量与仪器［M］.2 版．北京：机械工业出版社，2008.
[24] 金发庆．传感器技术及其工程应用［M］.2 版．北京：机械工业出版社，2017.
[25] 王侃夫．数控机床控制技术与系统［M］.3 版．北京：机械工业出版社，2017.
[26] 刘培国．电磁兼容技术［M］. 北京：科学出版社，2015.
[27] 姜立标．汽车传感器及其应用［M］. 北京：电子工业出版社，2010.
[28] 于海东．汽车传感器入门到精通全国解［M］. 北京：化学工业出版社，2018.
[29] 杨杰忠．工业机器人技术基础［M］. 北京：电子工业出版社，2017.
[30] 郭彤颖．机器人传感器及其信息融合技术［M］. 北京：化学工业出版社，2017.
[31] 王用伦．智能楼宇技术［M］. 北京：人民邮电出版社，2014.
[32] 李乃夫．电梯结构与原理［M］. 北京：机械工业出版社，2014.